Eckart K. W. Moltrecht, DJ4UF
Amateurfunk-Lehrgang, Teil 1
Elektrotechnik/Elektronik

Fachbücher von

vth

aus der Reihe funk-technik-berater:

DX-World-Guide (411 003)

Packet-Radio (411 0006)

CB-Funk leicht gemacht (411 0007)

Englisch für CB-Funker (411 0008)

Fax für Funkamateure (411 0009)

Meine Rechte als CB-Funker (411 0010)

RTTY und AMTOR (411 0012)

Betriebstechnik für Funkamateure (411 0013)

CB-Funk - Weitverbindungen mit Erfolg (411 0014)

Kurzwelle Hören (411 0015)

„QRP" – Mit kleiner Leistung rund um die Welt (411 0017)

Nachrichtentechnik der Nationalen Volksarmee – Teil 1: Funkmittel und Antennen 1956 - 1990 (411 0018)

Minispione-Schaltungstechnik Band 1 (411 0019)

Minispione-Schaltungstechnik Band 2 (411 0020)

Radio in der BRD (411 0021)

Erfolgreiche DX-Praxis für Funkamateure und Kurzwellenhörer (411 0022)

CB-Funk - Zusatzgeräte und Zubehör – Alles für den optimalen Funkeinsatz (411 0023)

funk Antennen-Report (411 0024)

Amateurfunk DX-Praxis (411 0025)

CW-Handbuch für Funkamateure – Grundlagen - Technik - Praxis (411 0026)

Das QRP-Baubuch – Entwurf und Bau von Amateurfunkgeräten mit kleiner Leistung (411 0027)

Praxiserprobte Meßtechnik für Funkamateure (411 0028)

Tips und Tricks rund um das Funkgerät (411 0029)

funk-Bauanleitungen für Funkamateure und Hobbyelektroniker (411 0030)

Amateurfunk-Elektronik – Zusatzgeräte selbst gebaut (411 003 1)

Zusatz- und Meßgeräte im CB-Funk (411 0032)

Packet-Radio im CB-Funk (411 0033)

Flugfunk in der Praxis (411 0034)

Kurzwellenhörer unterwegs (411 0035)

Kurzwellendrahtantennen für Funkamateure (411 0036)

CB-Funk Antennen (411 0037)

Minispione-Schaltungstechnik Band 3 (411 0038)

Packet-Radio Worldconvers (411 0039)

Nachrichtentechnik der Nationalen Volksarmee – Teil 2 (411 0040)

Amateurfunk-Lehrgang Teil 2 – Funktechnik (411 0041)

Das AX.25-Protokoll (411 0042)

Scope-Tuning (411 0043)

Selbstbau-Aktivantennen (411 0044)

Minispione - Schaltungstechnik Band 4 (411 0045)

10-GHz-ATV-Transceiver (411 0046)

Technisches Handbuch für Radiomonitoring (411 0047)

LPD und Freenet – Die Funkdienste für jedermann (411 0048)

CB-Funk-Zubehör im Selbstbau (411 0049)

Amateurfunk – Portrait eines vielseitigen Hobbys (411 0050)

Amateurfunk-Lehrgang Teil 1

Elektrotechnik/ Elektronik

Eckart K. W. Moltrecht, DJ4UF

Verlag für Technik und Handwerk
Baden-Baden

vth Fachbuch
funk-technik-berater
Best.-Nr.: 411 0051

Redaktion: Michael Büge

Die Deutsche Bibliothek – CIP-Einheitsaufnahme

Moltrecht, Eckart:
Amateurfunk-Lehrgang Elektrotechnik, Elektronik /
Eckart K. W. Moltrecht. - 1. Aufl. - Baden-Baden :
Verl. für Technik und Handwerk, 1998
(Funk-Technik-Berater ; 51) (vth-Fachbuch)
ISBN 3-88180-351-3

Der Verlag bittet zu beachten
Unsere Veröffentlichung von Schaltungen und Verfahren erfolgt ohne Rücksicht auf bestehende Patente, da sie nur für Amateur- und Lehrzwecke bestimmt sind. Eine gewerbliche Nutzung ist ausdrücklich untersagt.
Trotz sorgfältiger Überprüfung aller Schaltungen und Angaben durch Verfasser und Verlag lassen sich Fehler nie ganz vermeiden. Der Verlag kann deshalb weder für Fehlerlosigkeit garantieren noch die juristische Verantwortung oder irgendeine Haftung übernehmen.
Verfasser und Verlag sind für Hinweise auf Fehler sowie für Verbesserungs- oder Ergänzungsvorschläge dankbar.

ISBN 3-88180-351-3

Hinweis zur 1. Auflage 1998
Die Reihe Amateurfunk-Lehrgang von DJ4UF erschien 1984 als vierbändiges Werk mit den Bänden: Teil 1: Grundlagen der Elektrotechnik, Teil 2: Grundlagen der Elektronik, Teil 3: Sender- und Empfängertechnik und Teil 4: Antennentechnik, Betriebsarten, Meßtechnik in der TOPP-Buchreihe beim Frech-Verlag, Stuttgart. Nachdem dort ab 1991 die Reihe Technik nicht mehr weitergeführt wurde, erschienen die Bücher beim Beam-Verlag, Marburg. Dieser hat die Rechte an den Verfasser zurückgegeben, und ab 1996 erscheint dieser Lehrgang in veränderter Form beim Verlag für Technik und Handwerk, Baden-Baden.
Der Band „Funktechnik", bestehend aus den früheren Teilen 3 und 4 komplett mit der gesamten Übertragungstechnik, Sender- und Empfängertechnik, Antennentechnik, Meßtechnik, Betriebsarten und Betriebstechnik ist bereits 1997 beim Verlag für Technik und Handwerk erschienen. Wegen der großen Nachfrage auch nach den Grundlagen der Elektrotechnik und der Elektronik wurden nun die Teile 1 und 2 des ehemaligen Lehrgangs zu diesem Band „Amateurfunk-Lehrgang Teil 1 Elektrotechnik/Elektronik" zusammengefaßt und auf den neuesten Stand gebracht. Weitere Informationen zu geplanten Erweiterungen wie zum Beispiel Betriebstechnik oder Amateurfunk und Computer erhalten Sie beim Verfasser: Eckart K. W. Moltrecht, Raafstraße 36, D-52076 Aachen.

Printed in Germany
Druck: WAZ-Druck, Duisburg

Inhaltsverzeichnis

Vorwort

Den „Amateurfunk-Lehrgang“ von Eckart K. W. Moltrecht gibt es als Artikelserie bereits seit 1976 und als Buchreihe seit 1984. Er ist so konzipiert, daß man ohne zusätzliche Hilfe die notwendige Theorie zur Prüfung für das Amateurfunkzeugnis selbständig erlernen kann. Er dient häufig als Begleitung eines Amateurfunkkurses. Der Lehrgang wurde immer wieder den Gegebenheiten angepaßt und erscheint nun vollkommen überarbeitet beim Verlag für Technik und Handwerk.

Der „Amateurfunk-Lehrgang“ besteht jetzt aus zwei Teilen, dem Band „Funktechnik“, der bereits 1997 erschien und nun auf vielfachen Wunsch durch den Band „Elektrotechnik/Elektronik“ ergänzt wird. In dieser neuen Auflage wurde besonderer Wert auf die moderne Funktechnik der digitalen Nachrichtenübertragung inklusive Packet-Radio gelegt. Damit steht wieder ein aktueller Amateurfunk-Lehrgang zur Verfügung, der den neuen Prüfungsanforderungen Rechnung trägt. Besonders der Band „Funktechnik“ dient auch dem bereits lizenzierten Funkamateur als Einstieg in die digitalen Betriebsarten.

Hinweise für Lehrgangsleiter

Der „Amateurfunk-Lehrgang" hat sich seit zwei Jahrzehnten sehr gut als Begleitbuch für die Ausbildung zum Funkamateur bewährt. Beginnen Sie doch einmal Ihren Lehrgang direkt mit der Funktechnik und nicht mit den Grundlagen der Elektrotechnik. Wenn es dann an der einen oder anderen Stelle an Grundlagen fehlt, schieben Sie diese Kapitel bei Bedarf ein. Damit erhalten Sie das Interesse der Teilnehmer an Ihrem Lehrgang.

Für einen modernen Funkamateur ist es viel wichtiger, die Möglichkeiten der verschiedenen Betriebsarten zu kennen, als beispielsweise die Verstärkung eines Transistors berechnen zu können. Er sollte zum Beispiel wissen, wie sich eine Übersteuerung seines Senders auf die Bandbreite auswirkt oder welchen Einfluß eine hohe Feldstärke auf die Umgebung ausübt (EMVU). Er wird vorwiegend kommerzielle Geräte in Betrieb nehmen und weniger selbst bauen. Aber er wird seine Antennenanlage selbst bauen und vielleicht Änderungen an vorhandenen Geräten vornehmen oder Zusatzgeräte entwickeln. Auf diese Gegebenheiten sollte sich die Ausbildung zum Funkamateur einstellen.

Für den Unterricht hat sich die Methode gut bewährt, daß man den Lehrgangsteilnehmern am Ende einer Unterrichtseinheit die zugehörigen Aufgaben als Hausaufgaben aufgibt und die Teilnehmer außerdem bittet, das folgende Kapitel bereits einmal selbst durchzuarbeiten. Dann kann sich der Ausbildende im Unterricht auf die wesentlichen Dinge konzentrieren und Unklarheiten ausräumen, Fragen beantworten und vielleicht das eine oder andere Experiment vorführen.

Hinweise für Lehrgangsteilnehmer

Wenn Sie ein paar Grundlagen der Elektrotechnik mitbringen, beispielsweise aus Strom und Spannung einen Widerstand und die Leistung berechnen können oder wissen, daß eine Diode den Strom nur in einer Richtung leitet und ein Transistor ein Verstärkerbauelement ist, sollten Sie mit dem Band „Funktechnik" beginnen.

Wenn Sie merken, daß es noch an vielen Stellen am Verständnis der Dinge fehlt, nehmen Sie sich die Grundlagen der Elektrotechnik und der Elektronik dieses Bandes vor. Der Lehrgang ist so konzipiert, daß er auch ohne zusätzliche Hilfe verständlich ist. Wenn Sie keine Möglichkeit haben, an einem Fortbildungslehrgang teilzunehmen, können Sie allein mit Hilfe dieser beiden Bände des „Amateurfunk-Lehrgangs" das notwendige Wissen für die Prüfung zum Amateurfunkzeugnis erwerben.

Aachen/Baden-Baden, Oktober 1998

Lektion 1: Elementare Kenntnisse der Elektrotechnik

Um die Vorgänge bei der Stromleitung in den Leiter- und Halbleiterwerkstoffen richtig verstehen zu können, ist es notwendig, zunächst den unsichtbaren Aufbau der Atome kennenzulernen.

1.1 Der Aufbau der Atome

Bis zum Ende des vorigen Jahrhunderts glaubte man noch an die Unteilbarkeit der Atome. Dann fand man durch komplizierte Versuche und Berechnungen heraus, daß jedes Atom selbst aus noch kleineren Teilchen besteht (Bild 1-1).

Aufgabe 1: Wenn Sie den Aufbau der Atome noch aus dem Schulunterricht kennen, müßten Sie im Bild 1-1 die einzelnen Teile des Atoms mit ihren Namen kennzeichnen können. Die Lösung finden Sie im Anhang am Ende dieses Buches.

Die wichtigsten Eigenschaften dieser Teilchen sind folgende (Bild 1-2). Der Atomkern besteht aus Neutronen und Protonen. Fast die gesamte Masse befindet sich im Atomkern. Ein Proton ist etwa 2000mal schwerer als ein Elektron. Die Neutronen im Atomkern üben keine Anziehungskräfte aus, weder auf Protonen noch auf Elektronen. Sie verhalten sich neutral. Neutronen haben dasselbe Gewicht wie Protonen. Protonen und Elektronen ziehen sich gegenseitig an. Jedes Proton kann genau ein Elektron festhalten (binden).

Das alles haben Sie sicher schon gewußt, zumindest einmal gelernt. Eine Wiederholung sollte deshalb nur kurz ausfallen. Diese Eigenschaften sind wichtig für das Verständnis des elektrischen Stromes.

Da man den Aufbau der Atome mit unseren Mitteln nicht sehen kann, haben sich die Forscher Anschauungsmodelle geschaffen, die den Aufbau verdeutlichen sollen. Ein solches Modell ist das Bohrsche Atommodell, das von

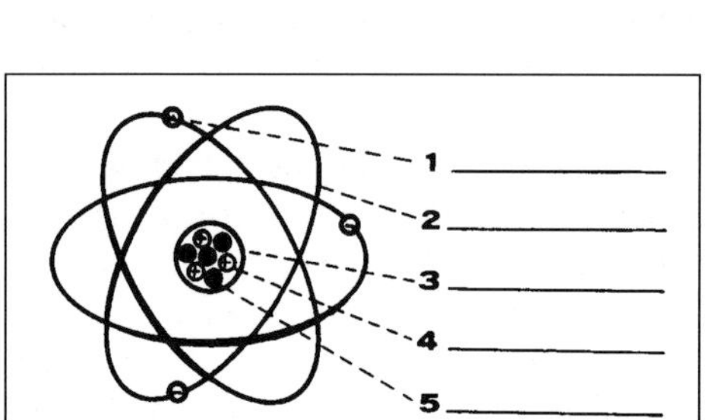

Abbildung 1-1: Aufbau der Atome

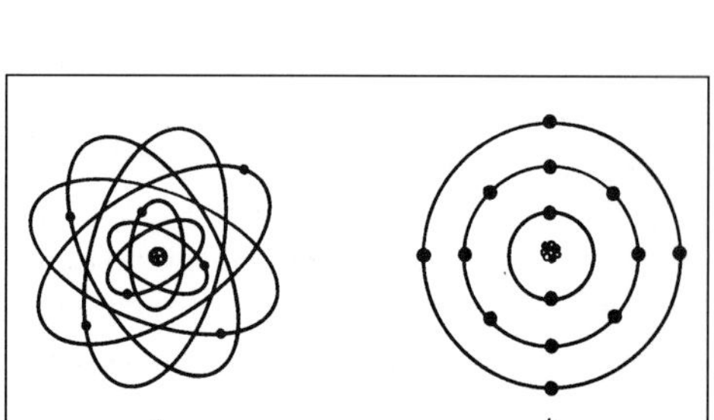

Abbildung 1-2: Das Bohrsche Atommodell

allen Modellen am bekanntesten ist. Können Sie dieses Modell vom Schulunterricht her auch noch beschreiben?

Hier folgt eine kurze Zusammenfassung:

Die Elektronen kreisen ähnlich dem Sonnensystem auf verschiedenen Bahnen um den Atomkern. Sie haben unterschiedliche Abstände vom Kern.

Elektronenbahnen, die denselben Radius haben, bilden eine sogenannte Elektronenschale. Die kernnächste Elektronenschale kann maximal zwei Elektronen aufnehmen. Die nächste Schale kann maximal acht, die dritte 18 und die vierte 32 Elektronen aufnehmen. Es gibt Atome, die auch noch die fünfte, sechste und siebente Elektronenschale besitzen.

Die äußere Schale kann allerdings nie mehr als acht Elektronen aufnehmen. Die Elektronen auf der äußeren Schale eines Atoms nennt man Valenzelektronen. Die Valenzelektronen sind sowohl für das chemische als auch für das elektrische Verhalten der Elemente verantwortlich. Sind genau acht Elektronen auf der äußeren Schale, verhält sich dieses Atom chemisch neutral. Ansonsten versuchen die Atome sich so zu verbinden, daß gemeinsam immer acht Elektronen auf der gemeinsamen äußeren Schale zusammen kommen.

Die Valenzelektronen sind für die Elektrotechnik von besonderem Interesse. Bei der Bindung der Atome in einem Metall werden nämlich die Valenzelektronen an das gesamte Raumgitter der Metallatome abgegeben. Dadurch sind sie nicht mehr an ein bestimmtes Atom gebunden, sondern frei beweglich. Man bezeichnet sie als freie Elektronen. Sie sind für die Stromleitung in metallischen Werkstoffen verantwortlich. Freie Elektronen spielen in der Halbleitertechnik eine entscheidende Rolle.

1.2 Die elektrische Ladung

Nach dem kurzen Rückblick zum Aufbau der Materie sollen nun die ebenfalls unsichtbaren Vorgänge der Stromleitung in der Elektrotechnik behandelt werden.

Haben Sie schon irgendwann einmal diesen kleinen Versuch gemacht: Man reibt einen Kunststoffstab, beispielsweise einen Kugelschreiber, an Wolle oder Seide und hält ihn dann in die Nähe von kleinen Papierschipseln. Ergebnis: Die Papierteilchen werden vom Kunststoffstab angezogen.

Ein ähnliches Experiment machten im Altertum bereits griechische Naturforscher. Sie rieben Bernstein (griechisch: Elektron) an Wolle. Das Bernsteinstück zieht kleine Stoffteilchen an. Nach dem griechischen Wort für Bernstein heißen die bei den beschriebenen Versuchen auftretenden Kräfte „elektrische" Kräfte. Ein Körper mit der Eigenschaft, elektrische Kräfte auf andere Körper auszuüben, besitzt eine elektrische Ladung.

> **Definition** (Festlegung): Elektrische Ladung ist die Eigenschaft eines Körpers, elektrische Kräfte auszuüben.

Elektronen und Atomkerne üben aufeinander elektrische Kräfte aus. Sie besitzen also eine elektrische Ladung. Dies ist der Grund dafür, daß die um die Atomkerne kreisenden Elektronen nicht durch ihre Fliehkraft das Atom verlassen.

Die elektrische Ladung der Elektronen ist gleich der Ladung der Protonen. Die Protonen sind Träger der elektrischen Ladung im Atomkern. In einem Atom stimmt die Zahl der Elektronen und der Protonen überein. Die Anzahl der Protonen gibt die Zahl der Ladungen im Atomkern an. Man bezeichnet diese Gesamtladung als Kernladungszahl.

Beispiel: Wie viele Elementarteilchen hat ein Neonatom? Neon hat die Ordnungszahl 10, was bedeutet, daß es zehn Elektronen hat.

Lösung: Neon hat zehn Elektronen, also auch zehn Protonen. Damit enthält ein Neonatom zehn negative und zehn positive, also insgesamt 20 Elementarladungen.

Zwischen den Teilchen eines Atoms können zwei verschiedene Kräfte auftreten: Anziehung und Abstoßung. Daraus folgt: Elektronen haben eine andere elektrische Ladung als Protonen.

Definition (Festlegung): Elektronen haben negative elektrische Ladungen (–), Protonen haben positive elektrische Ladungen (+).

Aufgabe 2: Überlegen Sie bitte einmal mit! In dem Kohlenstoffatom (Bild 1-3) fehlen zwei Elektronen (Kreuze im Bild). Welche Ladung überwiegt im gesamten Atom?

Werden alle Elektronen aus der Hülle eines Atoms entfernt, bleibt nur der Atomkern mit den fünf positiven Ladungen der Protonen übrig. Nähert man einen solchen Atomkern einem anderen Atomkern, treten elektrische Abstoßungskräfte auf. Bringt man ein Elektron in die Nähe eines anderen Elektrons, lassen sich ebenfalls elektrische Abstoßungskräfte beobachten. Bei ungleichen Ladungen (z.B. Elektron–Kern) treten Anziehungskräfte auf (Bild 1-4).

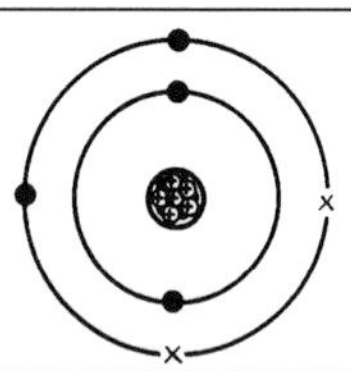

Abbildung 1-3: Unvollständiges Kohlenstoffatom

Zusammenfassung:
Gleichnamige Ladungen stoßen sich ab, ungleichnamige Ladungen ziehen sich an.

In der Physik erhält jede Größe ein Kurzzeichen (Formelzeichen). Diese Formelzeichen ersparen beim Rechnen Schreibarbeit. Ferner hat jede Größe eine Maßeinheit.

Beispiele für Formelzeichen und Maßeinheiten

Physikalische Größe	Formelzeichen	Maßeinheit	Abkürzung
Länge	*l*	Meter	*m*
Fläche	*A*	Quadratmeter	m^2
Kraft	*F*	Newton	*N*
Leistung	*P*	Watt	*W*
Ladung	*Q*	Coulomb	*C*

Für die elektrische Ladung wurde das Formelzeichen Q festgelegt. Die Maßeinheit ist das Coulomb, abgekürzt C.

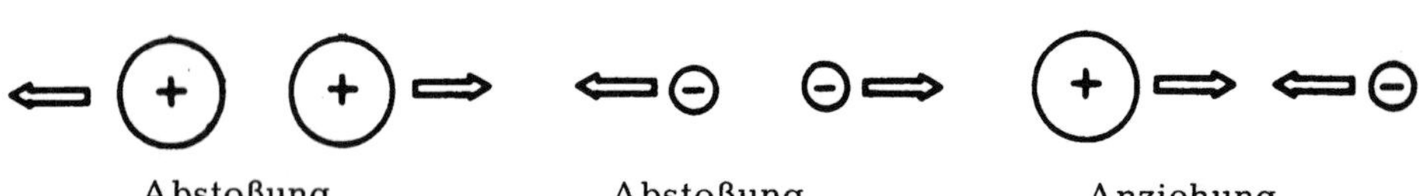

Abbildung 1-4: Kräfte bei verschiedenen Ladungen

Die Ladung von 1 Coulomb entspricht der Ladung von 6,25 Trillionen ($6{,}25 \times 10^{18}$) Elektronen. Dies ist eine unvorstellbar hohe Zahl. Wir werden sie uns nicht merken müssen. Bei der Betrachtung des elektrischen Stroms kommen wir auf diese Zahl noch einmal zurück.

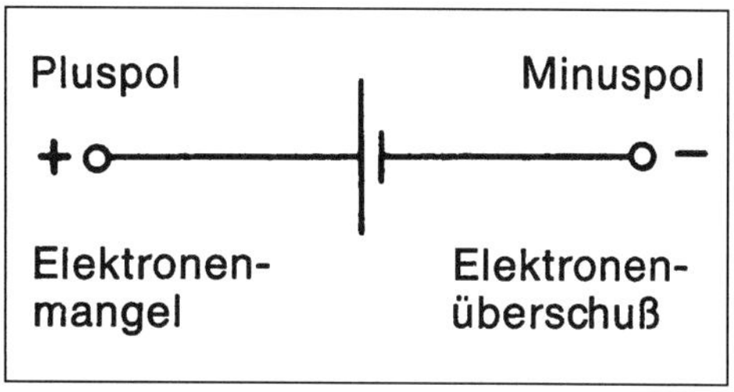

Abbildung 1-5: Schaltzeichen für eine Spannungsquelle

1.3 Die elektrische Spannung

Sie wissen nun, daß in einem Atom gleich viel negative Ladungen (Elektronen) und positive Ladungen (Protonen) vorhanden sind. Nach außen ist ein Atom und damit das gesamte Material, das aus diesen Atomen besteht, elektrisch neutral. Gelingt es irgendwie, dieses natürliche Gleichgewicht zwischen den positiven und den negativen Ladungen aufzuheben (zu stören), so werden die voneinander getrennten verschiedenen Ladungen das Bestreben haben, durch die Anziehungskräfte wieder zusammenzukommen.

Das Ausgleichsbestreben unterschiedlicher elektrischer Ladungen nennt man elektrische Spannung.

Das Trennen der Ladungen bei einer Spannungsquelle geschieht durch Energiezufuhr, zum Beispiel Reibung (Glasstab), chemische Vorgänge (Batterie, Akkumulator), durch Bewegen eines Magneten in einer Drahtschleife (Induktion beim Generator), durch Wärmewirkung (Thermoelement), durch Belichtung (Fotoelement), durch Druck (Piezoeffekt beim Feuerzeug) und so weiter.

Die Elektrode (Anschlußklemme) einer Spannungsquelle, an der Elektronenüberschuß herrscht, ist der Minuspol, denn die negative Ladung der Elektronen überwiegt. Am Pluspol einer Spannungsquelle herrscht Elektronenmangel (Bild 1-5).

Alle Bauelemente in der Elektrotechnik stellt man zeichnerisch durch ein (genormtes) Schaltzeichen dar. Eine Gleichspannungsquelle (Monozelle) wird durch folgendes Zeichen dargestellt.

Zwischen den Klemmen (Polen) einer Spannungsquelle besteht also ein Ladungsunterschied oder auch Potentialunterschied. In einer Schaltung versteht man unter Potential die Spannung eines beliebigen Meßpunktes bezogen auf einen Bezugspunkt. Als Bezugspunkt wird im allgemeinen das Null- oder Erdpotential gewählt, das aus Sicherheits- oder Schaltungsgründen Verbindung mit Erde oder „Masse" besitzt. Man sagt, elektrische Spannung ist „Potentialdifferenz" (Bild 1-6).

Das Formelzeichen für die elektrische Spannung ist U (merke: Unterschied). Die Einheit für die Spannung ist das Volt, abgekürzt V.

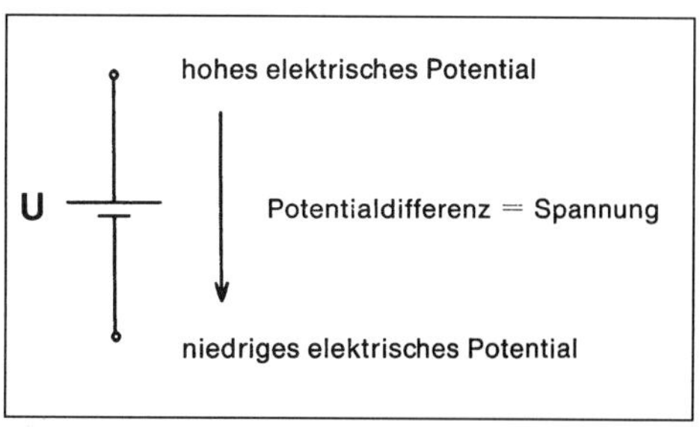

Abbildung 1-6: Spannung als Potentialdifferenz

Beispiele
Die Netzspannung im Haushalt beträgt U = 230 V.
Die Spannung eines Akkumulators im Auto beträgt U = 12 V.

Neben dieser Grundeinheit 1 Volt verwendet man Vielfache und Teile dieser Einheit, wie es beispielsweise beim Meter Millimeter und Kilometer gibt.

1 Kilovolt	= 1 kV	= 10^3 V	= 1000 V
1 Millivolt	= 1 mV	= 10^{-3} V	= 1/1000 V
1 Mikrovolt	= 1 µV	= 10^{-6} V	= 1/1000000 V

1.4 Spannungsmessung

Die Spannung kann mit einem Spannungsmesser zwischen zwei Punkten einer Schaltung gemessen werden, zwischen denen ein Potentialunterschied herrscht. Der Spannungsmesser muß parallel zur zu messenden Spannung geschaltet werden.

Ein Spannungsmesser wird rund gezeichnet (Anzeigegerät). Er erhält als Zusatzsymbol ein V für die Einheit Volt im Schaltzeichen (Bild 1-7).

Beim Anschluß eines Spannungsmessers ist auf die Polarität zu achten, das heißt, der Pluspol des Spannungsmessers wird an die Plusklemme der Batterie und der Minuspol an die Minusklemme angeschlossen. Es gibt elektronische Meßgeräte (digitale Meßgeräte), die eine automatische Umschaltung vornehmen. Die Polarität wird dann durch ein Plus- oder Minuszeichen angezeigt.

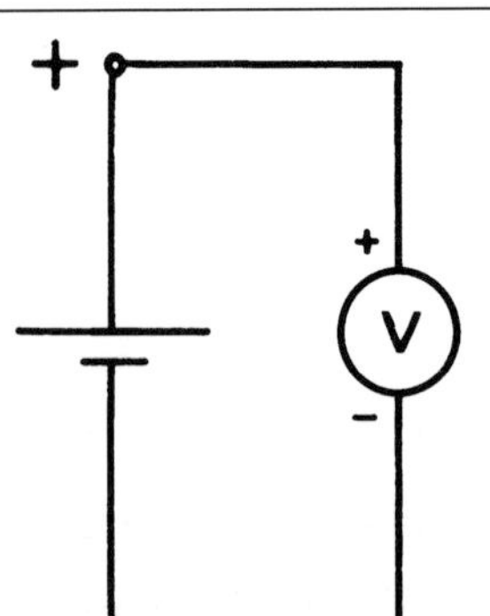

Abbildung 1-7: Schaltung eines Spannungsmessers

Bei den früher gebräuchlichen analogen Meßgeräten hat die Skala eines Vielfachspannungsmessers oft mehrere Einteilungen, wie es im Bild 1-8 dargestellt ist. Es gibt Einteilungen nach dem Prinzip 3 – 10 – 30 – 100, also jeweils etwa 3:1 für Bereichswechsel, oder nach dem Prinzip 2 – 10 – 20 – 100, also abwechselnd 5:1 und 2:1, was nicht so praktisch ist.

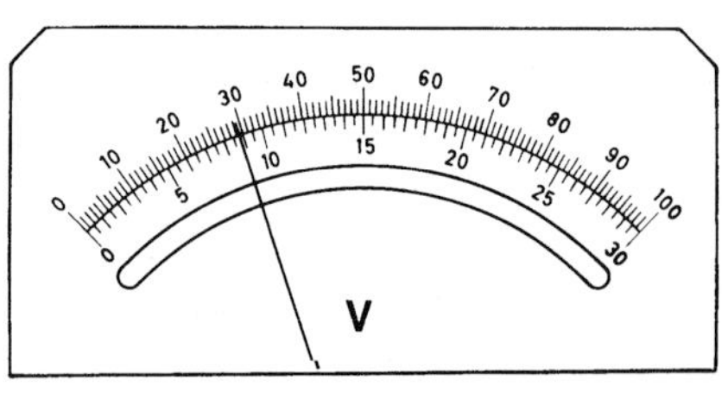

Abbildung 1-8: Skala eines analogen Vielfachspannungsmessers

Wie groß ist die Spannung, die der Spannungsmesser im Bild 1-8 anzeigt? Die Frage ist allein mit der Zeigerstellung nicht zu beantworten. Bei einem Vielfachmeßgerät muß der eingeschaltete Bereich (Endausschlag) bekannt sein.

Aufgabe 3: Wie groß ist die Spannung, wenn ein Bereich von 10 Volt eingeschaltet ist?

Aufgabe 4: Wie groß ist die Spannung, wenn ein Bereich von 30 Volt eingeschaltet ist?

1.5 Reihenschaltung von Spannungsquellen

Mehrere Spannungsquellen, zum Beispiel käufliche Monozellen, lassen sich zu sogenannten „Batterien" zusammenschalten. Schaltet man zum Beispiel zwei Monozellen von je 1,5 Volt so hintereinander, daß der Pluspol der einen mit dem Minuspol der anderen zusammengeschaltet wird, mißt man mit einem Spannungsmesser eine Gesamtspannung von 3 Volt (Bild 1-9).

Man nennt diese Schaltung eine Reihenschaltung.

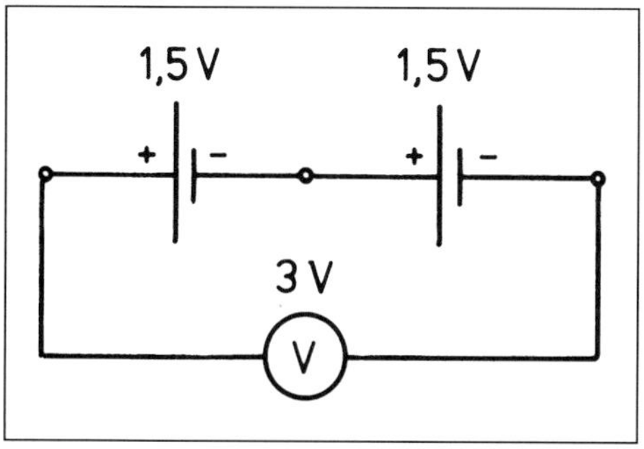

Abbildung 1-9: Reihenschaltung von zwei Spannungsquellen

Merken Sie sich bitte: In einer Reihenschaltung addieren sich die Teilspannungen zur Gesamtspannung.

Besitzen Sie einen Spannungsmesser? (Als Funkamateur sollten Sie einen besitzen!) Dann messen Sie einmal die Gesamtspannung folgender Gegenreihenschaltung (Bild 1-10), bei der die Monozellen so hintereinander geschaltet sind, daß sich die beiden Pluspole oder die beiden Minuspole berühren.

Bei der Gegenreihenschaltung werden die beiden Spannungen voneinander subtrahiert (abgezogen). Bei der Schaltung im Bild1-10

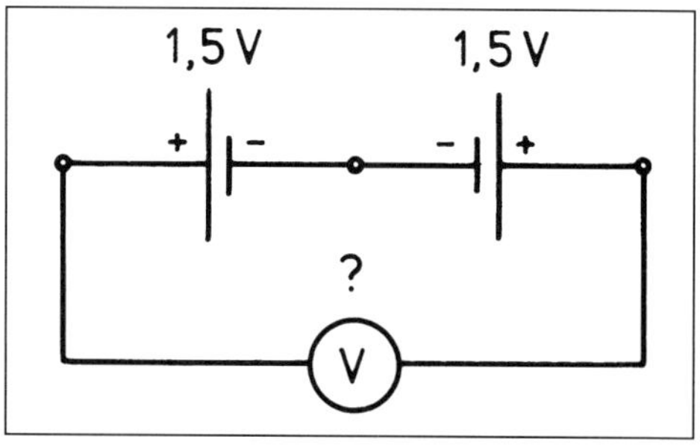

Abbildung 1-10: Gegenreihenschaltung von zwei Spannungsquellen

messen Sie bei genau gleichen Teilspannungen eine Gesamtspannung von 0 Volt.

Es lassen sich beliebig viele Einzelzellen zu einer hohen Gesamtspannung zusammenschalten. Beim Bleiakkumulator, wie er im Auto verwendet wird, werden zum Beispiel sechs Zellen von je 2 Volt so hintereinander geschaltet, daß die Gesamtspannung 12 Volt beträgt (Bild 1-11).

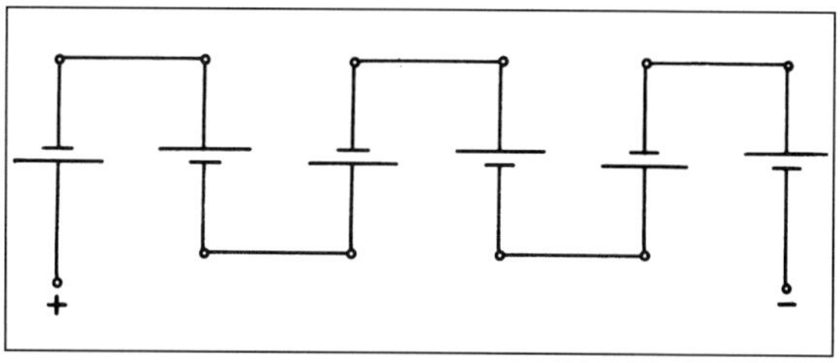

Abbildung 1-11: Schaltung eines Akkus für 12 V aus sechs Zellen von je 2 V

Es gibt sehr hohe und sehr niedrige Spannungen. Im Amateurfunk verarbeitet ein guter Empfänger Signale, die mit einer Spannung von weniger als 1 Mikrovolt (1 µV = 1 millionstel V) von der Antenne geliefert werden, zu lesbaren Lautstärken. In Amateurfunksendern arbeiten starke Endstufen manchmal mit Röhren, die mit Spannungen von mehr als 2 Kilovolt betrieben werden.

Achtung! Alle Spannungen über 50 Volt sind lebensgefährlich. Ein Berühren kann tödlich sein.

Deshalb darf bei Spannungen über 42 Volt nach den Vorschriften des Verbandes Deutscher Elektrotechniker (VDE) das zufällige Berühren spannungsführender Teile nicht möglich sein. Bei Spannungen über 50 Volt sind besondere Schutzmaßnahmen erforderlich. Denken Sie beim Bau von Geräten an diese Vorschrift! Nehmen Sie diese bitte ernst!

1.6 Aufgaben zur Lektion 1

Bitte versuchen Sie zunächst, die Aufgaben selbst zu lösen, und vergleichen Sie diese dann erst mit den Lösungen im Anhang.

Raum für Ihre Lösungen

1. Wie verhalten sich gleichnamige Ladungen?
2. Wie groß wäre die gemessene Spannung, wenn das Vielfachmeßgerät in Bild 1-8 im Bereich 300 V eingestellt wäre?
3. Wieviel Volt sind a) 2,5 kV, b) 3 mV, c) 60 µV?
4. Wieviel Millivolt sind a) 0,055 V, b) 0,2 V?
5. Mit einem Spannungsmesser mißt man an einem Bauelement in einer Schaltung an der einen Seite ein Potential von 28 V und am anderen Ende 19 V. Wie groß ist die Spannung am Bauelement?

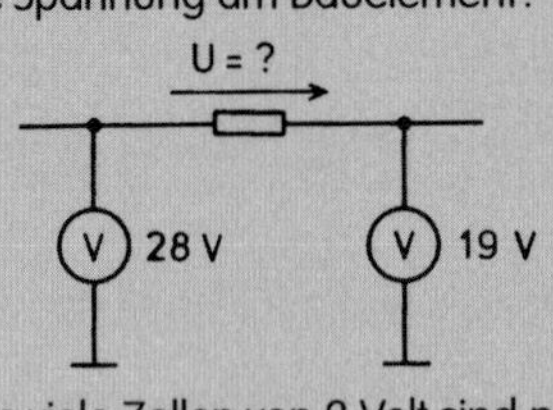

6. Wie viele Zellen von 2 Volt sind nötig, um eine Gesamtspannung von 60 Volt zu erhalten?
7. Bestimmen Sie die Gesamtspannung folgender Schaltung, wenn jede Zelle 1,5 V hat.

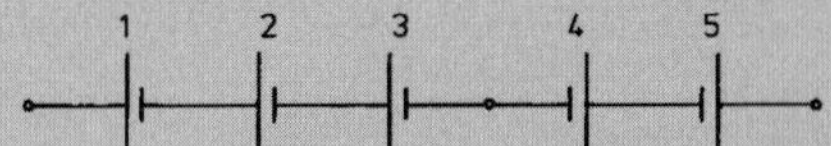

8. Wie groß ist die Spannung an der Z-Diode, wenn die Betriebsspannung 12 Volt beträgt und die Spannung am Vorwiderstand mit 3 Volt gemessen wurde?

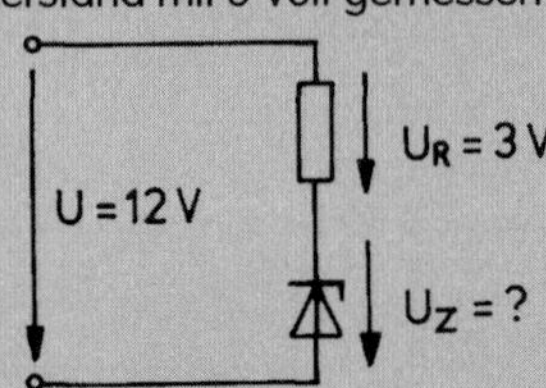

9. Ab welcher Größe sind Spannungen für den Menschen lebensgefährlich?
10. Was bedeutet VDE?

Die Lösungen finden Sie im Anhang zu dieser Lektion 1 am Ende des Buches.

Lektion 2: Der elektrische Strom

Wie Sie in der vorigen Lektion gelernt haben, entsteht eine elektrische Spannung durch Ladungstrennung. Verbindet man die beiden Pole einer Spannungsquelle mit einem elektrischen Leiter, findet ein Ladungsausgleich statt. Den Ladungsausgleich beziehungsweise Ladungstransport nennt man elektrischen Strom.

2.1 Der Stromkreis

Die Bewegung von Ladungsträgern allein ist noch kein elektrischer Strom, denn die Elektronen bewegen sich unter dem Einfluß der Temperatur sowieso ständig regellos umher. Erst wenn die Bewegung der Ladungsträger im Mittel in einer Richtung verläuft, findet ein Ladungstransport statt. In diesem Fall spricht man von elektrischem Strom.

Definition: Elektrischer Strom ist die gerichtete Bewegung von Ladungsträgern.

Ein elektrischer Strom kann nur fließen, wenn eine Spannungsquelle vorhanden ist, an die ein geschlossener Stromkreis angeschlossen ist (Bild 2-1).

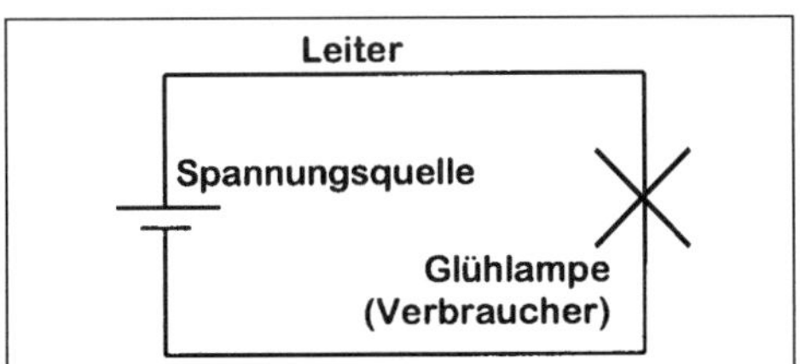

Abbildung 2-1: Der geschlossene Stromkreis

Frage: Kann in Schaltung Bild 2-2 ein Strom fließen, wenn nur der Pluspol einer Spannungsquelle mit dem Minuspol einer anderen verbunden ist?

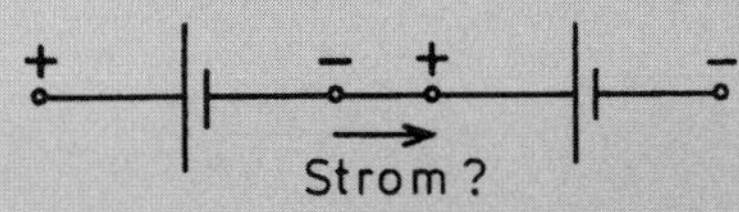

Abbildung 2-2: Strom fließt nur in einem geschlossenen Stromkreis.

Antwort: Nein, denn es ist kein geschlossener Stromkreis vorhanden. Es handelt sich hier nur um die Reihenschaltung von zwei Spannungsquellen.

2.2 Die Stromstärke

Um über den elektrischen Strom eine Aussage machen zu können, muß man ihn mit geeigneten Anzeigegeräten messen. Dazu benötigt man eine Einheit der Stromstärke.

Das Formelzeichen für die elektrische Stromstärke ist I (merke: Intensität).

Die Einheit der elektrischen Stromstärke ist das Ampere, Abkürzung A. Der Strom von 1 Ampere fließt, wenn die Ladung von 1 Coulomb ($6{,}25 \cdot 10^{18}$ Elektronen) in einer Sekunde einen Leiterquerschnitt passiert.

Da man so viele Ladungsträger nicht zählen kann, hat man die Wirkung des elektrischen Stromes zur Festlegung der Einheit herangezogen. So hat man früher festgelegt: Ein elektrischer Strom hat die Stärke von 1 Ampere, wenn er aus einer wäßrigen Silbernitratlösung in einer Sekunde 1,118 Milligramm

Silber ausscheidet. In neuerer Zeit wird die Einheit der Stromstärke über die abstoßende Kraftwirkung zweier stromdurchflossener paralleler Leiter festgelegt.

In der Nachrichtentechnik und damit auch in der Amateurfunktechnik verwendet man häufig Teile der Einheit von 1 Ampere:

1 Milliampere	= 1 mA	= 10^{-3} A	= 1/1000 A
1 Mikroampere	= 1 µA	= 10^{-6} A	= 1/1000000 A

2.3 Die Stromdichte

Stromdichte ist Stromstärke pro Flächeneinheit:

$$S = \frac{I}{A}\left[\frac{A}{\mathrm{mm}^2}\right]$$

Für bestimmte Leiter wird eine maximale Stromdichte angegeben. Damit erhält man eine Aussage, wieviel Strom durch den Leiter fließen darf, ohne daß er zu stark überhitzt wird.

Beispiel: Eine Transformatorwicklung hat einen Drahtdurchmesser von 0,5 mm. Die zulässige Stromdichte beträgt 2,5 A/mm². Wie groß ist der zulässige Strom?

Lösung: Zunächst muß man die Querschnittsfläche des kreisrunden Drahtes ausrechnen:

$$A = \frac{\pi \cdot d^2}{4} = \frac{\pi \cdot 0{,}5\,\mathrm{mm} \cdot 0{,}5\,\mathrm{mm}}{4} = 0{,}196\,\mathrm{mm}^2$$

Dann stellt man die Formel um nach der Stromstärke:

$$I = S \cdot A = 2{,}5\,\frac{\mathrm{A}}{\mathrm{mm}^2} \cdot 0{,}196\,\mathrm{mm}^2 = 0{,}49\,\mathrm{A}$$

Es ist also ein Strom von rund einem halben Ampere zulässig.

2.4 Der Strommesser

Die Messung der Stromstärke I geschieht mit dem Strommesser (Amperemeter). Dieses Meßgerät muß praktisch die Anzahl der Ladungsträger bestimmen, die in einer Zeiteinheit durch den Leiter fließen. Der elektrische Strom muß durch das Meßgerät fließen. Ein Strommesser muß also stets in den zu messenden Stromkreis geschaltet werden (Bild 2-3).

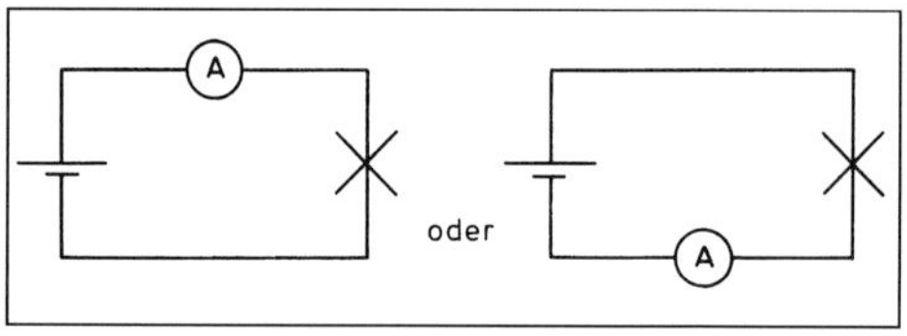

Abbildung 2-3: Schaltungen für einen Strommesser

Der Strommesser kann an beliebiger Stelle in den Stromkreis geschaltet werden, denn die Anzahl der Elektronen, die in einer Sekunde den Leiter passieren, ist an jeder Stelle gleich.

2.5 Die Stromrichtung

Besondere Aufmerksamkeit erfordert der folgende Abschnitt. In der Elektrotechnik wird zwischen der Bewegungsrichtung der Elektronen (tatsächlicher Ladungstransport) und der technischen Richtung des Stromes unterschieden. Als man noch nicht soviel über die Vorgänge in Leitern und Spannungsquellen wußte, wurde die Stromrichtung von Plus nach Minus festgelegt. Sie wird als positive konventionelle (früher auch als technische) Stromrichtung bezeichnet. Diese Stromrichtung ist der Richtung der Elektronenbewegung im gesamten Stromkreis entgegengesetzt (Bild 2-4).

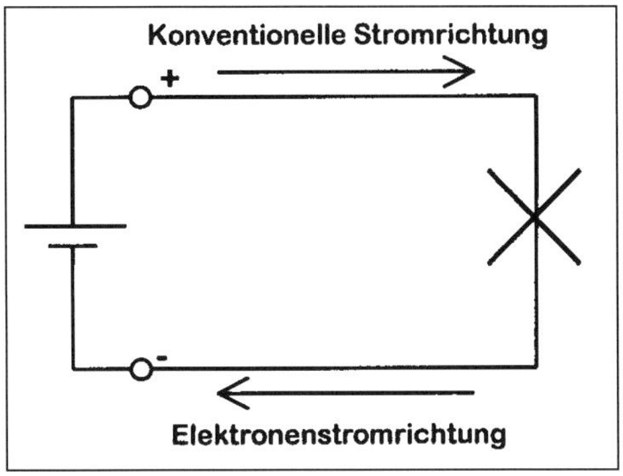

Abbildung 2-4: Die Richtung des elektrischen Stromes

> **Merken Sie sich bitte:** Im äußeren Stromkreis ist die konventionelle Stromrichtung von Plus nach Minus und die Bewegungsrichtung der Elektronen von Minus nach Plus.

Nicht nur metallische Werkstoffe mit ihren freien Elektronen können elektrischen Strom leiten. Auch Flüssigkeiten und Gase können unter bestimmten Voraussetzungen zum elektrischen Leiter werden. Während allerdings bei metallischen Werkstoffen die positiven Ionen (Atomreste ohne Valenzelektronen) ein festes räumliches Gitter darstellen und nur die freien Elektronen den Strom leiten, verhalten sich Flüssigkeiten und Gase wesentlich anders.

In Flüssigkeiten und ganz besonders in Gasen sind die Atome beziehungsweise Moleküle nicht an einen festen Platz gebunden. Die positiven Ionen in einer wäßrigen Lösung zum Beispiel bewegen sich beim Anlegen einer Spannung zum Minuspol. In Flüssigkeiten und Gasen gibt es Ionenströme, in metallischen Leitern nur Elektronenströme.

2.6 Die Ladungsmenge

Nun kennen Sie bereits drei elektrische Größen und deren Einheiten. Können Sie die dazugehörigen Formelbuchstaben, Einheiten und Abkürzungen der Einheiten angeben?

> **Aufgabe:** Tragen Sie die Formelbuchstaben und die Abkürzungen der Einheiten in folgende Tabelle ein.

Größe	Formelzeichen	Einheit
Elektrische Ladung		1
Elektrische Spannung		1
Elektrischer Strom		1

> Die Lösung finden Sie im Anhang.

Zwischen diesen elektrischen Größen bestehen Zusammenhänge. Sie werden in dieser Lektion noch den Zusammenhang zwischen Stromstärke und Ladungsmenge und in der Lektion 4 den Zusammenhang zwischen Spannung und Stromstärke kennenlernen.

Bei der Definition der Einheit der Stromstärke wurde bereits dargelegt, daß die Stromstärke von der Anzahl der elektrischen Ladungen und von der Zeit abhängig ist. Je größer die Ladungsmenge ist, die in einer bestimmten Zeit durch einen Leiter fließt, desto größer ist der Strom. Je kürzer die Zeit ist, in der diese Ladungsmenge den Leiterquerschnitt passiert, desto stärker ist ebenfalls der Strom.

Faßt man die Größen Stromstärke I, Ladungsmenge Q und Zeit t zu einer Gleichung zusammen, so muß man schreiben:

$$I = \frac{Q}{t}$$

Auf die Einheit der Stromstärke bezogen wird aus dieser Gleichung:

$$1\ \text{Ampere} = \frac{6{,}25 \cdot 10^{18}\ \text{Elementarladungen}}{1\ \text{Sekunde}}$$

oder: $$1\ \text{A} = \frac{1\ \text{C}}{1\ \text{s}}$$

Können Sie die Gleichung $I = \frac{Q}{t}$ nach der Ladung Q umstellen?
Wenn Sie beide Seiten der Gleichung mit der Zeit t multiplizieren, wird daraus die Formel für die Ladungsmenge:

$$\boxed{Q = I \cdot t}$$

Setzt man in dieser Gleichung die Einheiten der drei Größen ein, wird daraus:

1 Coulomb	= 1 Ampere · 1 Sekunde
oder 1 C	= 1 A · 1 s
abgekürzt 1 C = 1 As	

Ein Coulomb ist genau eine Amperesekunde. Man kann die Ladung auch in Amperestunden angeben. Beim Aufladen einer Autobatterie kann man beispielsweise die Ladungsmenge Q errechnen.

Beispiel 1: Ein Akku wird 10 Stunden lang mit einer Stromstärke von 5,5 Ampere geladen. Wie groß ist die aufgenommene Ladungsmenge?

Lösung:

$$Q = I \cdot t = 5{,}5\ \text{A} \cdot 10\ \text{h} = 55\ \text{Ah}$$

Der Akku hat eine Ladungsmenge von 55 Amperestunden aufgenommen.

Beispiel 2: Wie lange könnte man mit dieser Ladungsmenge von 55 Amperestunden einen Amateurfunk-Empfänger betreiben, der einen Strom von 2 Ampere aufnimmt?

Lösung: Es wird nach der Zeit t gefragt. Stellt man die Formel $Q = I \cdot t$ nach der Zeit t um, erhält man:

$$t = \frac{Q}{I} = \frac{55\ \text{A h}}{2\ \text{A}} = 27{,}5\ \text{h}$$

Die Einheiten Ampere im Zähler und im Nenner kürzen sich heraus, und es ergibt sich eine Zeit von 27,5 Stunden.

2.7 Die Ladungsträgergeschwindigkeit

Zum Schluß der Lektion über den elektrischen Strom sollen Sie noch kennenlernen, mit welcher Geschwindigkeit sich die Elektronen durch den Leiter bewegen. Aus Erfahrung wissen Sie, daß eine elektrische Glühlampe genau in dem Augenblick aufleuchtet, wenn der Schalter betätigt wird. Beim Telefonieren über Hunderte von Kilometern antwortet der Partner sofort.

Stromimpulse breiten sich im Freien mit Lichtgeschwindigkeit von 300000 Kilometer pro Sekunde fort, auf Leitungen ist sie etwas geringer und liegt bei ungefähr 200000 Kilometer in der Sekunde.

Das wären ungefähr fünfmal um die Erde in einer Sekunde. Die wirkliche Elektronengeschwindigkeit ist aber gering. Bei einem Strom von 1 Ampere bewegen sich die Elektronen in einer normalen Lichtleitung mit einer Geschwindigkeit von etwa einem Zehntel Millimeter pro Sekunde.

Mit dem Stromimpuls verhält es sich etwa wie mit einer Reihe von Kugeln, die man hintereinander legt. Stößt man die erste an, bewegt sich die letzte sofort, obwohl sich jede einzelne Kugel nur ganz geringfügig bewegt hat.

2.8 Das Umstellen von Formeln

In dieser Lektion tauchte das erste Mal im Abschnitt 2.3 das Problem auf, eine Formel mathematisch nach einer anderen Größe umzustellen.

> **Beispiel:** Gegeben sei die Grundformel $Q = I \cdot t$, und bekannt waren die Ladungsmenge Q und der Strom I. Es sollte die Zeit ausgerechnet werden.

Die Aufgabe ist also, diese Formel nach der Größe t umzustellen. Mathematisch geht man folgendermaßen vor. Man schaut zunächst, ob die gesuchte Größe eventuell im Nenner eines Bruches steht. Ist es nicht der Fall, dann bringt man mit Hilfe von Additionen, Subtraktionen oder Divisionen alle Größen auf die andere Seite der Gleichung bis auf die gesuchte Größe. In diesem Fall ist es sehr einfach. Man dividiert die Gleichung auf beiden Seiten durch I:

$$1)\ Q = I \cdot t \rightarrow (2)\ \frac{Q}{I} = t \text{ oder } t = \frac{Q}{I}$$

Etwas schwieriger ist es, wenn die gesuchte Größe im Nenner eines Bruches steht. Gegeben sei folgende Formel (1), diese soll nach der Größe I umgestellt werden:

$$1)\ R = \frac{U}{I} \rightarrow (2)\ I \cdot R = U \rightarrow (3)\ I = \frac{U}{R}$$

Man muß zunächst durch eine Multiplikation mit I die gesuchte Größe in den Zähler auf die andere Seite bringen (2) und dann wie beim ersten Beispiel durch Division mit R dafür sorgen, daß die gesuchte Größe allein auf einer Seite steht (3).
Für das häufig in der Elektrotechnik vorkommende Ohmsche Gesetz gibt es eine einfache

Merkhilfe durch nebenstehendes „URI-Dreieck“. Hält man den Buchstaben für die gesuchte Größe mit einem Finger zu, ergibt der sichtbare Rest die Ergänzung der Formel. Wird U gesucht, halten Sie den Buchstaben U zu, es bleibt R · I sichtbar, also U = R · I. Der waagerechte Strich ersetzt den Bruchstrich.

Erheblich schwieriger ist es, wenn in einer Formel sowohl eine Addition als auch eine Multiplikation vorkommt wie in der Gleichung:

$$y = a \cdot x + b$$

> **Beispiel:** Gegeben sei die folgende Gleichung (1), diese soll nach der Stromstärke I umgestellt werden:
>
> (1) $U_1 = R \cdot I + U_2 \rightarrow$
>
> (2) $U_1 - U_2 = R \cdot I \rightarrow$ (3) $\frac{U_1 - U_2}{R} = I$
>
> Zunächst muß der Summand weggebracht werden (alles hinter dem Pluszeichen), indem man auf beiden Seiten U_2 abzieht (2). Dann teilt man auf beiden Seiten durch R und erhält die Gleichung (3). Wenn die gesuchte Größe allein auf einer Seite steht, ist das Problem gelöst.

2.9 Das Rechnen mit Einheiten

Elektroniker rechnen nach dem internationalen Einheitensystem (SI). Die Abkürzung „SI“ steht für "Système Internationale d'Unités". Das System wird manchmal auch mit MKSA-System (Meter – Kilogramm – Sekunde – Ampere) bezeichnet.

In diesem Einheitensystem ist für jede Größe immer nur eine Einheit vorhanden. Die Einheiten sind ausschließlich durch Einheitengleichung miteinander verbunden, in denen nur der Faktor 1 vorkommt.

Das internationale Einheitensystem ist auf folgenden Basisgrößen aufgebaut:

Größe	Abk.	Einheit	Abk.
Länge	l	Meter	m
Masse	m	Kilogramm	kg
Zeit	t	Sekunde	s
Stromstärke	I	Ampere	A
Temperatur	T	Kelvin	K
Lichtstärke	ϕ	Candela	Cd

Man nennt dieses System in der Reihenfolge der Einheiten auch MKSAKC-System oder kurz MKSA-System. Alle anderen Einheiten können hieraus abgeleitet werden.

Wie rechnet man mit diesen Einheiten? In diesem Lehrgang werden noch viele Beispiele aus der Elektrotechnik folgen, in welchen immer mit den Einheiten gerechnet wird. Da bisher erst eine Formel bekannt ist, soll nochmals auf die Beispiele aus dem Abschnitt 2.4 zurückgegriffen werden.

Größengleichung $Q = I \cdot t$

Einheitengleichung $1\,\text{C} = 1\,\text{A} \cdot 1\,\text{s}$

Gesucht sei die Ladungsmenge eines Akkus, der 30 Minuten lang mit 5 Ampere geladen wird. Man setzt in die Größengleichung, die nach der gesuchten Größe umgestellt sein muß, alle gegebenen Größen mit den zugehörigen Einheiten ein:

(1) $Q = I \cdot t \rightarrow$

(2) $Q = 5\text{A} \cdot 30\,\text{min} \rightarrow Q = 150\text{A min}$

Ampereminuten ist eine ungebräuchliche Einheit. Man kann die Ladungsmenge in Amperestunden oder Amperesekunden umwandeln, indem man in Gleichung (2) für 30 Minuten 0,5 Stunden einsetzt:

$$Q = 5\text{A} \cdot 30\,\text{min}$$
$$Q = 5\text{A} \cdot 0{,}5\,\text{h} = 2{,}5\text{ Ah}$$

oder für Minuten 60 Sekunden einsetzt:

(2) $Q = 5\text{A} \cdot 30 \cdot 60\,\text{s}$
$Q = 9000\,\text{As}$

Für das Endergebnis werden einfach alle Zahlen und auch alle Einheiten miteinander multipliziert.

2.10 Aufgaben zur Lektion 2

Zum Schluß jeder Lektion folgen immer Aufgaben, mit denen Sie überprüfen können, ob Sie den Stoff der Lektion beherrschen. Die Lösungen dazu befinden sich im Anhang dieses Buches. Bevor Sie sich die Lösungen anschauen, sollten Sie auf jeden Fall selbst versuchen, eine Lösung zu finden.

1. Wieviel Milliampere sind
   a) 2 A, b) 0,2 A, c) 0,02 A?
2. Welche Stromstärke wird von dem Vielfachstrommesser (Bild 2-5) angezeigt, wenn er auf folgende Bereiche eingestellt ist?
   a) Bereich 30 mA
   b) Bereich 100 mA
   c) Bereich 3 A

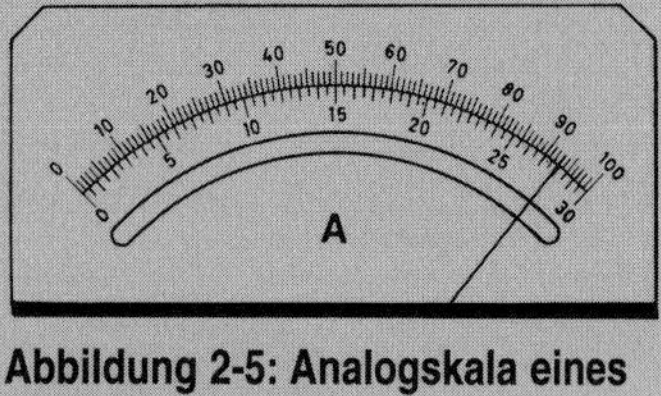

Abbildung 2-5: Analogskala eines Strommessers

3. Wie groß ist die aufgenommene Ladung a) in Amperestunden, b) in Amperesekunden, wenn ein Sonnenkollektor 2 Stunden lang einen Strom von 500 mA liefert?
4. Ein Akkumulator hat eine maximale Ladung von 66 Amperestunden. Durch Parallelschalten zweier Akkus mit genau der gleichen Spannung läßt sich die Ladung verdoppeln. Wie viele Akkus von 66 Amperestunden müßten parallelgeschaltet werden, um für einen Amateurfunk-Fieldday mit einer Dauer von 24 Stunden ständig einen Strom von 20 Ampere entnehmen zu können?
5. Stellen Sie folgende Formel um nach den Größen a) R_3, b) R_4.

$$\frac{R_1}{R_2} = \frac{R_3}{R_4}$$

6. Stellen Sie folgende Formel um nach den Größen a) $\Delta\vartheta$, b) α.

$$R_w = R_k + R_k \cdot \alpha \cdot \Delta\vartheta$$

7. Wie groß ist die tatsächliche Elektronengeschwindigkeit bei ein Ampere und wie schnell pflanzt sich ein Impuls auf einer Leitung fort?
8. Welches sind die Einheiten von a) Stromstärke, b) Spannung, c) Ladung?

Raum für Ihre Lösungen

Lektion 3: Kenngrößen der Wechselspannung

In diesem Abschnitt lernen Sie viele Begriffe über Wechselspannung und Wechselstrom. Die Kenntnis dieser Dinge ist für das bessere Verständnis der folgenden Lektionen notwendig.

3.1 Die Wechselspannung

Bisher wurde in diesem Lehrgang eine gleichbleibende Bewegungsrichtung der Ladungsträger angenommen. Dies nennt man Gleichstrom. Ändert sich die Bewegungsrichtung der Ladungsträger ständig, fließt also der Strom hin und her, spricht man von Wechselstrom beziehungsweise als Ursache des Stromes von Wechselspannung (Bild 3-1).

Gleichstrom und Wechselstrom können in einem Stromkreis auch gemeinsam auftreten. Diesen Strom nennt man Mischstrom bzw. als Ursache des Stromes Mischspannung (Bild 3-2).

Mischstrom tritt zum Beispiel in Verstärkern auf, wo sich der zu verstärkende Wechselstrom dem Betriebsgleichstrom überlagert.

Die technische Wechselspannung, wie sie im Haushalt vorkommt, hat einen sinusförmigen Verlauf (Bild 3-3). Nach einer fünfzigstel Sekunde wiederholt sich der Vorgang (1 Periode). Auch Hochfrequenzspannungen, die ein Sender erzeugt, verlaufen normalerweise sinusförmig.

Größen, die sich zeitlich ändern, kennzeichnet man in der Elektronik häufig durch

Abbildung 3-1: Gleichstrom und Wechselstrom

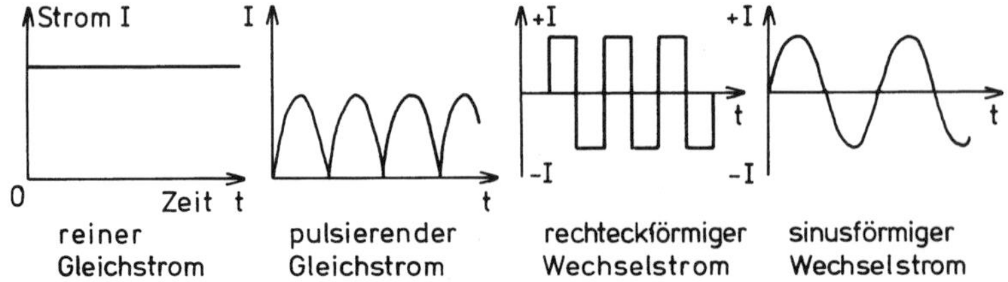

Abbildung 3-2: Mischstrom läßt sich in Gleichstrom und Wechselstrom zerlegen

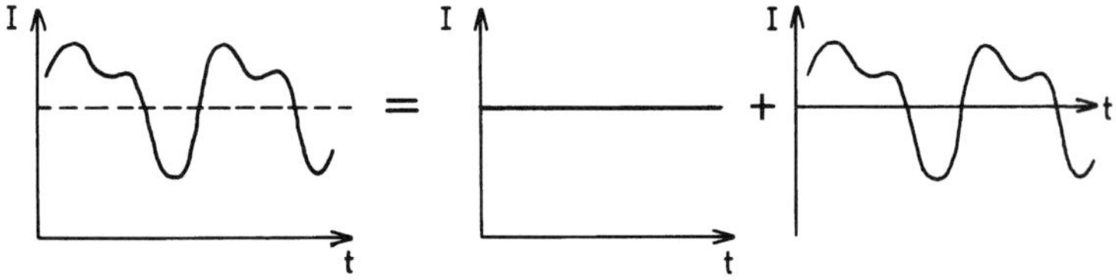

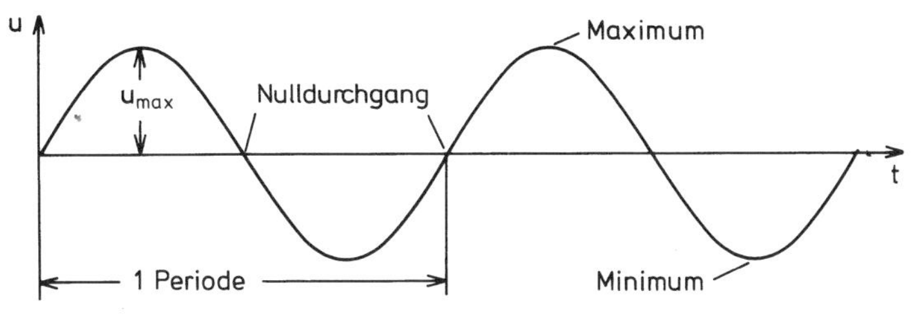

Abbildung 3-3: Sinusförmige Wechselspannung

kleine Buchstaben. Eine Wechselspannung hat als Formelzeichen demnach ein u, Wechselstrom ein i.

3.2 Die Frequenz

Die Anzahl der Perioden je Sekunde ist die Frequenz f einer Wechselspannung mit der Einheit Hertz (Hz).
1 Hertz = 1 Periode je Sekunde

$$\boxed{1\,\mathrm{Hz} = \frac{1}{\mathrm{s}}}$$

Die Anzahl der Perioden ist nur eine Zahl ohne Einheit. Deshalb steht im Zähler nur eine Eins.

Die technische Wechselspannung in Europa hat 50 Perioden pro Sekunde, also 50 Hertz. In den USA beträgt die Frequenz der Netzwechselspannung 60 Hz.

Für hohe Frequenzen verwendet man folgende Maßeinheiten:

Maßeinheit	Abk.	Potenz	Angabe in Hz	Umrechnung
1 Kilohertz	1 kHz	10^3 Hz	1000 Hz	
1 Megahertz	1 MHz	10^6 Hz	1000000 Hz	1000 kHz
1 Gigahertz	1 GHz	10^9 Hz	1000000000 Hz	1000 MHz

Tonfrequenz zur Übertragung von Sprache oder Musik zum Beispiel enthält die Frequenzen 20 Hz bis 20 kHz. Der Frequenzbereich zur Übertragung von Sprache im Telefonverkehr und im Amateurfunk beträgt 300 Hz bis 3 kHz. Hochfrequenz ist der Bereich zur Funkübertragung. Er enthält den Frequenzbereich von zirka 100 kHz (Langwelle) bis weit in den Gigahertzbereich hinein für Satellitenfunk.

Die Zeitdauer T für eine Periode nennt man Periodendauer. Sie beträgt zum Beispiel für den technischen Wechselstrom eine fünfzigstel Sekunde:

$$\frac{1}{50}\,\mathrm{s} = 0{,}02\,\mathrm{s} = 20\,\mathrm{ms}$$

Allgemein kann mit folgender Formel die Periodendauer aus der Frequenz errechnet werden:

$$\boxed{T = \frac{1}{f}}$$

wobei auch hier die Einheiten in ihrer Grundform Sekunde und Hertz eingesetzt werden.

Aufgabe 1: Berechnen Sie die Periodendauer einer Frequenz von 2 kHz.

Lösung: siehe Anhang!

3.3 Die Wellenlänge

Eine weitere Kenngröße der (hochfrequenten) Wechselspannung ist die Wellenlänge. Eine elektrische Schwingung breitet sich in einer Leitung oder als Hochfrequenz im Raum aus. Mißt man die Entfernung, bis sich der Vorgang wiederholt (beispielsweise zwischen zwei Maxima), so nennt man diese geometrische Abmessung Wellenlänge λ (sprich: lambda). Kennt man die Ausbreitungsgeschwindigkeit v und die Frequenz f, kann man mit folgender Formel die Wellenlänge berechnen:

$$\lambda = \frac{v}{f} \quad \text{oder:} \quad \boxed{\lambda = \frac{c}{f}}$$

wenn die Ausbreitung nicht auf einer Leitung, sondern als Hochfrequenz im freien Raum stattfindet. Hierbei ist dann die Ausbreitungsgeschwindigkeit c = 300 000 km/s.

Aufgabe 2: Berechnen Sie die Wellenlänge für eine Frequenz von 3,5 MHz.

Aufgabe 3: Berechnen Sie die Wellenlängen für folgende Frequenzen: 10 kHz, 100 kHz, 1 MHz, 10 MHz, 100 MHz, 1 GHz, 10 GHz, 100 GHz, und stellen Sie die Ergebnisse in Form einer Tabelle dar.
(Lösung im Anhang Seite 199).

3.4 Der Augenblickswert

Weitere Kenngrößen einer Wechselspannung sind: Augenblickswert, Maximalwert und Spitze-Spitze-Wert.

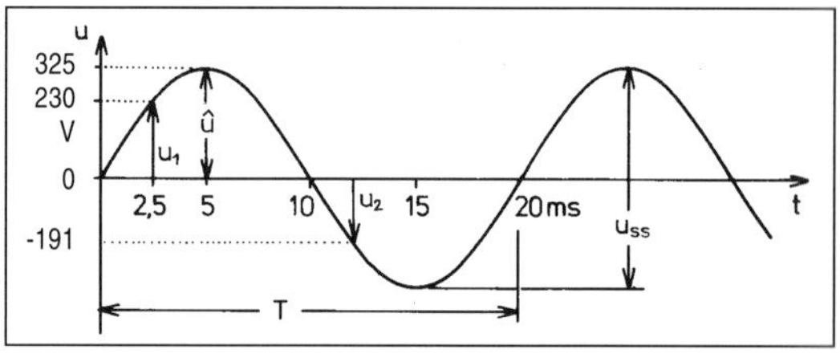

Abbildung 3-4: Periodendauer, Augenblickswert, Maximalwert und Spitze-Spitze-Wert der technischen Wechselspannung

Der Augenblickswert ist die tatsächliche Höhe der Spannung oder des Stromes zu bestimmten Zeiten. Zeichnet man den zeitlichen Verlauf der technischen Wechselspannung (230-V-Netz) auf, so ist der Augenblickswert von null aus gerechnet nach 2,5 Millisekunden genau 230 Volt, nach 5 Millisekunden ist der Maximalwert mit 325 Volt erreicht. Nach 12 Millisekunden beträgt der Augenblickswert beispielsweise –191 Volt (Bild 3-4).

Für interessierte Leser, die aus der Mathematik den Sinus eines Winkel mit Hilfe eines Taschenrechners berechnen können, kann hier

Allgemein werden folgende Frequenzabschnitte benannt:

Frequenzabschnitt	Wellenlänge	Wellenbereich	Abk.	engl. Bedeutung
3–30 kHz		Myriameter	VLF	very low frequency
30–300 kHz		Kilometer	LF	low frequency
300–3 000 kHz		Hektometer	MF	medium frequency
3–30 MHz		Dekameter	HF	high frequency
30–300 MHz		Meter	VHF	very high frequency
300–3 000 MHz		Dezimeter	UHF	ultra high frequency
3–30 GHz		Zentimeter	SHF	super high frequency
30–300 GHz		Millimeter	EHF	extremely high frequency
300–3 000 GHz		Dezimillimeter		

ein rechnerischer Zusammenhang zwischen Augenblickswert und Maximalwert angegeben werden. Diese Berechnung wird aber weder bei der Prüfung zum Amateurfunkzeugnis noch im weiteren Zusammenhang des Amateurfunk-Lehrgangs benötigt.

$$u = \hat{u} \cdot \sin(\frac{t}{T} 360°)$$

Beispiel: Es soll der Augenblickswert der technischen Wechselspannung ($\hat{u}$ = 325 V) zur Zeit t = 12 ms nach dem Nulldurchgang berechnet werden.

Lösung:

$$u = 325\ \text{V} \cdot \sin(\frac{3{,}33\ \text{ms}}{20\ \text{ms}} 360°)$$

$$u = 325\ \text{V} \cdot \sin(60°) \qquad \sin(60°) = 0{,}866$$

u = 281 V

Aufgabe 4: Zur Übung können Sie bei Bedarf die Werte aus Bild 3-4 nachrechnen.

3.5 Die Phase

Um den Begriff Phase zu verstehen, soll hier zunächst die Erzeugung der sinusförmigen Wechselspannung kurz erläutert werden.

Eine Spule dreht sich gleichmäßig in einem konstanten Magnetfeld (Bild 3-5). Durch die Bewegung eines Leiters in einem Magnetfeld wird eine Spannung erzeugt (Induktion). Diese Spannung ist null, wenn die Spule quer zum Magnetfeld steht. Sie hat einen Maximalwert, wenn sie sich um 90° weiterbewegt hat.

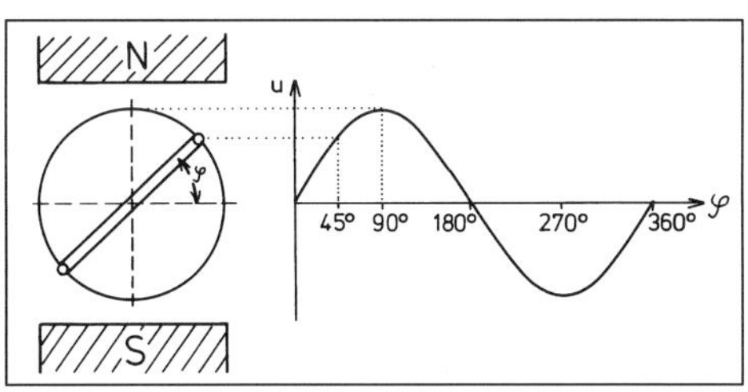

Abbildung 3-5: Erzeugung einer sinusförmigen Wechselspannung

Dann nimmt der Augenblickswert wieder ab und erreicht bei 180° wieder den Wert null. Dort ändert die Induktionsspannung ihre Richtung. Sie hat einen positiven Wert von 0 bis 180° und einen negativen Wert zwischen 180° und 360°. So läßt sich also jedem Augenblickswert der Spannung ein bestimmter Drehwinkel der Spule zuordnen. Diesen Drehwinkel nennt man Phasenwinkel oder kurz Phase.

Beispiel: Durch verschiedene Bauelemente der Elektrotechnik kann eine Verzögerung einer Spannung gegenüber einer anderen erreicht werden. Um wieviel Grad ist im Bild 3-6 die Spannung u_2 gegenüber der Spannung u_1 verzögert (phasenverschoben) worden?

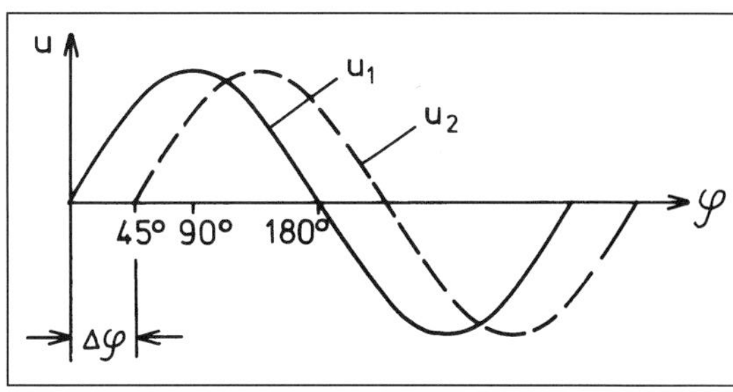

Abbildung 3-6: Phasenverschobene Spannungen

Man sagt, die Spannung u_2 eilt der Spannung u_1 um 45° nach oder die Phasenverschiebung beträgt $\Delta\varphi = 45°$.

3.6 Die Kreisfrequenz

Eine weitere Kenngröße der Wechselspannung ist die Kreisfrequenz. Bei Wechselstromberechnungen wird die Drehung der Spule nicht im Winkelmaß, sondern im Bogenmaß angegeben. Im Einheitskreis mit dem Radius r = 1 entspricht der Winkel 360° dem Bogenmaß 2 π r = 2 π = Kreisumfang. Bei f Umdrehungen je Sekunde beträgt das gesamte Bogenmaß 2 π f. Diese Größe bezeichnet man als Kreisfrequenz ω (sprich: omega).

$$\boxed{\omega = 2\pi f} \quad \text{in } \frac{1}{s} \text{ (pro Sekunde)}$$

3.7 Der Effektivwert

Legt man eine Wechselspannung an einen Verbraucher, zum Beispiel eine Glühlampe, so kann man feststellen, daß ein bestimmter Wert dieser Wechselspannung dieselbe Wirkung hervorruft wie eine entsprechende Gleichspannung (zum Beispiel gleiche Helligkeit). Diesen Wert nennt man Effektivwert der Wechselspannung. Er hat den gleichen Effekt (Wirkung).

Da der Effektivwert einer Gleichspannung entspricht, schreibt man dafür meistens wieder einen großen Buchstaben, also u_{eff} = U.

Beispiel: Der Effektivwert der Netzwechselspannung beträgt U = 230 Volt.

Für den Maximalwert u_{max} gibt es in der technischen Literatur oft auch die Bezeichnung û (gesprochen: u-scheitel oder u-dach).

Beispiel: Der Scheitelwert der Netzwechselspannung beträgt U = 325 Volt.

Bei einem sinusförmigen Verlauf der Wechselspannung kann man einen einfachen Zusammenhang zwischen dem Maximalwert (Scheitelwert oder Spitzenwert) und dem Effektivwert nachweisen (Bild 3-7).

$$\boxed{U = \frac{\hat{u}}{\sqrt{2}}} \quad \text{oder} \quad u_{eff} = \frac{u_{max}}{\sqrt{2}}$$

Aufgabe 5: Wie groß ist der Effektivwert einer sinusförmigen Spannung, wenn der Scheitelwert û = 100 V beträgt?

Der Effektivwert einer sinusförmigen Wechselspannung beträgt etwa 70,7% des Scheitelwertes. Gleiches gilt auch für den Strom. In der Praxis rechnet man häufig einfach mit 0,7 oder 70 Prozent.

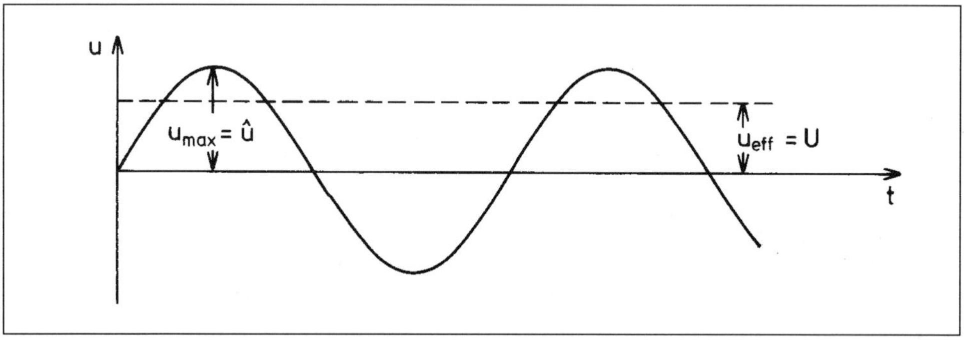

Abbildung 3-7: Effektivwert einer Sinusgröße

$$I = \frac{\hat{i}}{\sqrt{2}} \quad \text{oder} \quad i_{eff} = \frac{i_{max}}{\sqrt{2}}$$

Aufgabe 6: Wie groß ist der Scheitelwert eines sinusförmigen Stromes von 10 mA? Hinweis: Wird bei einer Wechselspannung oder bei einem Wechselstrom keine nähere Angabe gemacht, ist grundsätzlich der Effektivwert gemeint.

Lösung: siehe Anhang!

$$\hat{i} = \sqrt{2} \cdot I$$

Diesen Faktor $\sqrt{2}$ nennt man Formfaktor. Er gilt nur für die Sinusform. Bei einer sägezahnförmigen und bei einer dreieckförmigen Wechselspannung gilt der Formfaktor $\sqrt{3}$. Bei rechteckförmiger Wechselspannung ist der Formfaktor gleich 1.

Hierauf muß man achten, wenn man mit einem Wechselspannungsmeßgerät den Effektivwert mißt. Die Meßgeräteskalen sind üblicherweise nur für sinusförmige Wechselspannung ausgelegt.

3.8 Aufgaben zur Lektion 3

Beantworten Sie folgende Fragen auf einem separaten Blatt, und vergleichen Sie dann Ihre Antworten mit denen im Anhang.

1. Wodurch unterscheidet sich Wechselstrom von Gleichstrom?
2. Was verstehen Sie unter Mischstrom?
3. Was verstehen Sie unter Frequenz einer Wechselspannung und in welcher Einheit wird sie angegeben?
4. a) Welchen Frequenzbereich umfaßt Tonfrequenz, allgemein?
   b) Welchen Frequenzbereich umfaßt Sprachfrequenz im Amateurfunk?
5. Was verstehen Sie unter Hochfrequenz?
6. Welches ist der formelmäßige Zusammenhang zwischen Frequenz und Periodendauer?
7. Wie berechnet man die Kreisfrequenz?
8. Was verstehen Sie unter dem Effektivwert einer Wechselspannung (Definition)?
9. Berechnen Sie den Scheitelwert einer sinusförmigen Wechselspannung von 230 Volt.
10. Eine rechteckförmige Wechselspannung hat eine Frequenz von 1 kHz. Berechnen Sie die Zeit für zwei volle Perioden.
11. Bei welchem der folgenden Diagramme handelt es sich nicht um Wechselspannung?

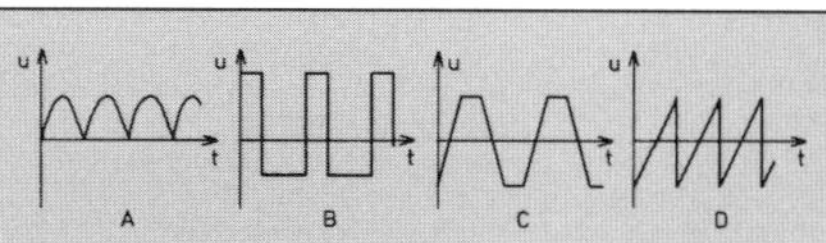

12. Welcher der im folgenden Diagramm eingetragenen Buchstaben steht für die Periodendauer T?

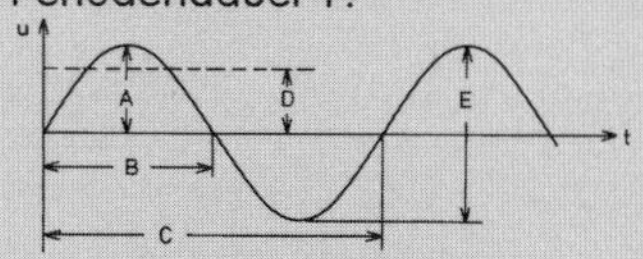

13. Welcher der im obigen Diagramm eingetragenen Buchstaben steht für den Effektivwert der Wechselspannung?
14. Welcher der im obigen Diagramm eingetragenen Buchstaben steht für den Scheitelwert?
15. Die Periodendauer einer Schwingung beträgt 1 ms. Wie groß ist die Frequenz?
16. Wie groß ist die Wellenlänge einer Schwingung von 28,5 MHz?
17. Der Effektivwert einer Spannung beträgt 10 Volt. Wie groß ist der Spitze-Spitze-Wert?

Lektion 4: Zusammenhänge von Strom und Spannung

Inzwischen kennen Sie die Größen Ladung, Spannung und Stromstärke sowie Begriffe aus der Wechselstromtechnik wie beispielsweise Frequenz, Effektivwert, Wellenlänge und so weiter.

Größe	Formel buch-	Maß- einheit stabe	Abkür- zung der Einheit
Ladung	Q	Coulomb	C
Spannung	U	Volt	V
Stromstärke	I	Ampere	A
Periodendauer	T	Sekunden	s
Frequenz	f	Hertz	Hz
Wellenlänge	λ	Meter	m

Sie kennen auch bereits einige Zusammenhänge zwischen diesen Größen bzw. deren Einheiten:

$$Q = I \cdot t \qquad 1\,\mathrm{C} = 1\,\mathrm{As}$$

$$f = \frac{1}{T} \qquad 1\,\mathrm{Hz} = \frac{1}{\mathrm{s}}$$

In dieser Lektion geht es um den Zusammenhang zwischen Spannung und Stromstärke.

4.1 Das Ohmsche Gesetz

Folgender Versuch zeigt, daß es zwischen Spannung und Strom einen Zusammenhang gibt. Erhöht man beim Betrieb einer Glühlampe die Spannung, so leuchtet sie heller. Dies ist ein Zeichen, daß höherer Strom fließt (Bild 4-1).

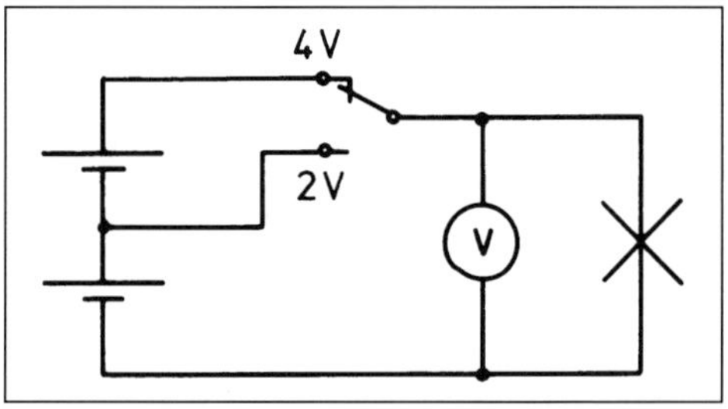

Abbildung 4-1: Nachweis der Abhängigkeit des Stromes von der Spannung

Daß nicht ein unendlich großer Strom fließt, liegt daran, daß der Leiterwerkstoff des Glühfadens in der Glühlampe dem Stromfluß einen Widerstand entgegensetzt. Dieser Widerstand wird sowohl von der vorhandenen Zahl der frei beweglichen Leitungselektronen als auch vom Atomgitteraufbau des Werkstoffes bestimmt. Darüber mehr in der folgenden Lektion.

Der Widerstand der Glühlampe oder jeder andere Widerstand kann allgemein durch folgendes Symbol dargestellt werden:

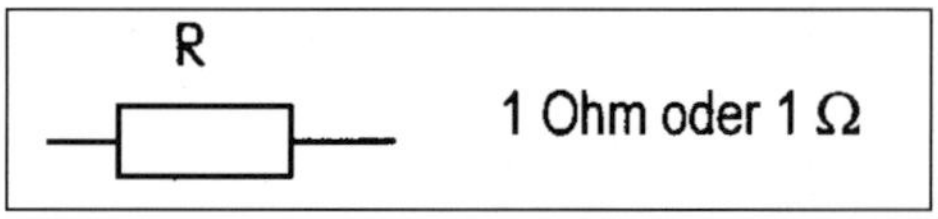

Abbildung 4-2: Symbol und Einheit für den elektrischen Widerstand

Die Größe eines Widerstandes kennzeichnet man mit dem Buchstaben R (von englisch: resistor), seine Einheit ist Ohm, abgekürzt Ω.

Definition: Ein Widerstand hat den Wert R = 1 Ω (sprich: ein Ohm), wenn bei Anlegen einer Spannung von 1 Volt ein Strom von 1 Ampere fließt.

Genau ist diese Einheit in der „Ausführungsverordnung zum Gesetz über Einheiten im Meßwesen" vom 26.6.1970 im § 26 festgelegt: Die abgeleitete SI-Einheit des elektrischen Widerstandes ist das Ohm (Einheitszeichen: Ω). 1 Ohm ist gleich dem elektrischen Widerstand zwischen zwei Punkten eines fadenförmigen homogenen und gleichmäßig temperierten metallischen Leiters, durch den bei der elektrischen Spannung 1 Volt zwischen den beiden Punkten ein zeitlich unveränderlicher Strom der Stärke 1 Ampere fließt. (Alles klar?)

Mit einer verstellbaren Spannungsquelle soll der Zusammenhang zwischen Strom, Spannung und Widerstand genauer untersucht werden (Bild 4-3).

Versuch A: Bei einem festen Widerstand von R_1 = 10 Ω wird die Spannung verändert und der Strom gemessen.

Bei U =	10 V	20 V	30 V	40 V
beträgt I =	1 A	2 A	3 A	4 A

Tragen Sie bitte diese Meßwerte zusätzlich in das Diagramm Bild 4-3 b ein! Es muß sich eine Gerade ergeben. Verlängern Sie die Gerade! Sie muß durch den Nullpunkt gehen, denn natürlich fließt kein Strom (I = 0), wenn man keine Spannung (U = 0) anlegt. Für einen Widerstand R_2 = 20 Ω sind die Meßwerte bereits in das Diagramm eingetragen.

Aus dem Diagramm und aus der Tabelle kann man folgendes erkennen: Bei Verdopplung der Spannung fließt genau der doppelte Strom, wenn man den Widerstand konstant läßt. Man sagt: Spannung und Strom sind proportional und schreibt:

U ~ I (sprich: U proportional I)

Versuch B: Es soll ein konstanter Strom von 2 A fließen. Der Widerstand wird verändert und die notwendige Spannung gemessen.

Bei R =	5 Ω	10 Ω	20 Ω
benötigt man U =	10 V	20 V	40 V

Bei Verdopplung des Widerstandes benötigt man eine doppelt so große Spannung, damit der gleiche Strom fließt. Also Spannung und Widerstand sind proportional:

U ~ R

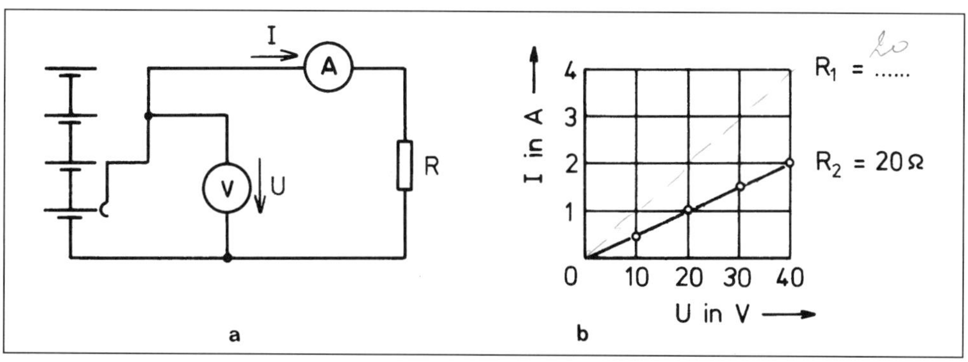

Abbildung 4-3: Meßanordnung (a) und Kennlinien (b) zur Messung des Zusammenhangs zwischen Spannung und Stromstärke bei konstantem Widerstand

Beide Zusammenhänge lassen sich als Formel schreiben und ergeben das Ohmsche Gesetz:

$$\boxed{U = R \cdot I}$$

Der Widerstand R ist gewissermaßen der Proportionalitätsfaktor zwischen U und I.
Die Grundform des Ohmschen Gesetzes läßt sich leicht merken, wenn man an den Schweizer Kanton URI denkt. Durch Umstellen dieser Grundformel erhält man weitere Formen des Ohmschen Gesetzes:

$$I = \frac{U}{R} \qquad R = \frac{U}{I}$$

Das Umstellen dieser Formel wurde bereits in der Lektion 2 im Abschnitt 2.5 geübt. Erinnern Sie sich an das Dreieck? Schauen Sie gegebenenfalls dort nach! Aus der letzten Formel ergibt sich die Einheitengleichung:

$$\boxed{1\,\Omega = \frac{1\,\mathrm{V}}{1\,\mathrm{A}}}$$

Mit Hilfe des Ohmschen Gesetzes sind die beiden Grundgrößen Strom und Spannung über den Widerstand miteinander verknüpft. Dieser Zusammenhang gilt sowohl für Gleichspannung als auch für Wechselspannungen (Effektivwerte). Um eine Größe ausrechnen zu können, müssen die zwei anderen bekannt sein.

Beispiel 1: Welche Spannung wird benötigt, wenn ein Relais mit einem Gleichstromwiderstand von 50 Ohm bei 120 Milliampere anzieht?

Gegeben:	R = 50 Ω
	I = 120 mA = 0,12 A
Gesucht:	U in V
	(Spannung in Volt)
Lösung	U = R · I
	U = 50 Ω · 0,12 A
	(Ω · A = V)
	U = 6 V

Beispiel 2: In einem Stromkreis wird ein Strom von 15 mA bei Anschluß an 24 V gemessen. Wie groß ist der Widerstand im Stromkreis?

Gegeben:	I = 15 mA = 0,015 A
	U = 24 V
Gesucht:	R in Ω (Widerstand in Ohm)
Lösung:	$U = R \cdot I$ (Grundformel)
	$R = \frac{U}{I}$ (umgestellte Formel)
	$\mathrm{R} = \frac{24\,\mathrm{V}}{0{,}015\,\mathrm{A}} \qquad \frac{\mathrm{V}}{\mathrm{A}} = \Omega$
	R = 1600 Ω
	R = 1,6 kΩ

Als Elektroniker (auch Funkamateure sind Elektroniker) sollte man sich merken:

$$\boxed{\frac{1\,\mathrm{V}}{1\,\mathrm{mA}} = 1\,\mathrm{k}\Omega}$$ oder:

$$\boxed{\frac{\text{Volt}}{\text{Milliampere}} = \text{Kiloohm}}$$

Damit kann man im Beispiel 2 sofort rechnen:

$$\mathrm{R} = \frac{24\,\mathrm{V}}{15\,\mathrm{mA}} = 1{,}6\,\mathrm{k}\Omega$$

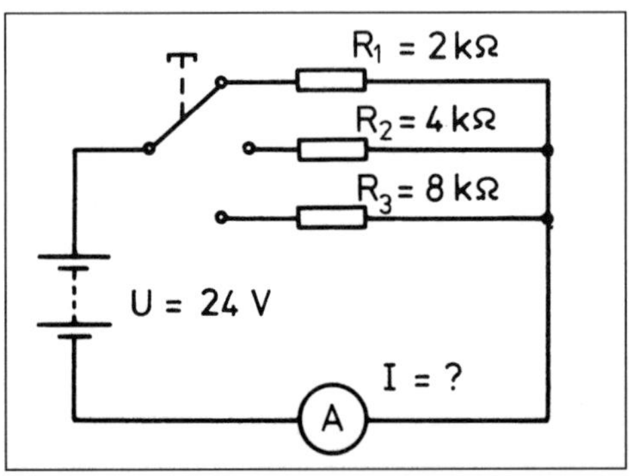

Abbildung 4-4: Aufgabe 1 zum Ohmschen Gesetz

Aufgabe 1: Mit einem dreipoligen Taster (Bild 4-4) werden nacheinander drei verschiedene Widerstände eingeschaltet. Welche Ströme werden jeweils gemessen?
Lösung (ergänzen Sie bitte folgende Tabelle):

R	2 kΩ	4 kΩ	8 kΩ
I	___ mA	___ mA	___ mA

Prüfen Sie Ihre Ergebnisse folgendermaßen nach: Die Widerstände wurden jeweils verdoppelt, dann muß der Strom jeweils halb so groß werden.

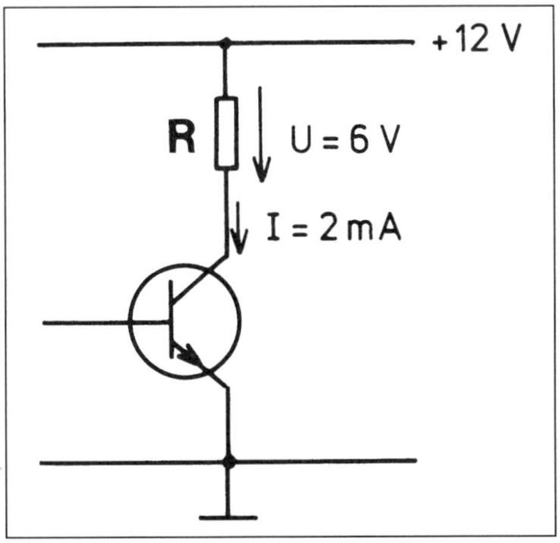

Abbildung 4-5: Schaltung zur Aufgabe 2

Aufgabe 2: Für eine Transistorschaltung (Bild 4-5) soll der Arbeitswiderstand berechnet werden. Die Verstärkerschaltung wird mit einer Betriebsspannung von 12 V betrieben. Günstig ist immer, wenn die Hälfte der Betriebsspannung am Arbeitswiderstand abfällt. Der Hersteller gibt für den Transistor als NF-Verstärker einen Strom von 2 mA an. Welchen Wert muß der Arbeitswiderstand haben?

Hinweis: Der im Bild 4-5 gezeichnete Kreis um den Transistor braucht nach Norm nicht mehr gezeichnet werden.

4.2 Die elektrische Leistung

Je nach der erforderlichen Leistung gibt es verschieden große Widerstände. Welche Belastbarkeit muß der Widerstand für die Transistorschaltung der Aufgabe 2 haben? Mit der Beantwortung der Frage sind wir beim nächsten Thema: „Die elektrische Leistung".

Fließt durch einen Widerstand Strom, so wird im Widerstand eine Wärmeleistung erzeugt (Bügeleisen, Glühlampe). Diese Leistung ist um so größer, je größer Strom und Spannung sind. Die elektrische Leistung P (englisch: power) ist das Produkt aus Spannung U und Strom I:

$$\boxed{P = U \cdot I}$$

Die Maßeinheit für die elektrische Leistung ergibt sich aus dem Produkt Volt mal Ampere (V · A). Für die Leistung bei Gleichstrom wurde anstelle dieses Produktes die Maßeinheit 1 Watt (1 W) festgelegt:

$$1\,\mathrm{W} = 1\,\mathrm{V} \cdot 1\,\mathrm{A}$$

Neben dieser Grundeinheit gibt es auch wieder Vielfache oder Teile der Einheit.

1 Megawatt	1 MW	10^6 W	1000000 W
1 Kilowatt	1 kW	10^3 W	1000 W
1 Milliwatt	1 mW	10^{-3} W	$^1/_{1000}$ W
1 Mikrowatt	1 µW	10^{-6} W	$^1/_{1000000}$ W

Die Formel P = U · I gilt grundsätzlich bei Gleichstrom. Bei Wechselstrom gilt sie nur dann, wenn keine Phasenverschiebung (siehe Lektion 3) zwischen Strom und Spannung auftritt, wenn nur eine sogenannte „rein ohmsche" Belastung vorliegt.

Näher soll hier im Rahmen des „Amateurfunk-Lehrgangs" nicht darauf eingegangen werden.

Beispiel: Wie groß ist die Belastung (Leistung) an einem Widerstand (siehe Aufgabe 2), an dem bei 2 mA Strom eine Spannung von 6 V abfällt?
Gegeben: U = 6 V
I = 2 mA
Gesucht: P
Lösung P = U · I
P = 6 V · 2 mA = 12 mW
Es entsteht nur eine Leistung von 12 Milliwatt.

Aufgabe 3: Ein Mobiltransceiver (Sende-Empfänger) hat bei Sendebetrieb eine Leistungsaufnahme von 100 Watt aus dem 12-V-Bordnetz des Kraftfahrzeuges. Wie groß ist die Stromaufnahme?

Wenn nicht direkt Strom und Spannung zur Leistungsberechnung bekannt sind, sondern Strom und Widerstand oder Spannung und Widerstand, kann man entweder mit Hilfe des Ohmschen Gesetzes die erforderliche Größe ausrechnen oder aber folgende Formeln benutzen, die durch Einsetzen des Ohmschen Gesetzes in die Leistungsformel entstehen:

a) Strom und Widerstand seien bekannt:

$$U = R \cdot I$$
$$P = U \cdot I$$
$$P = R \cdot I \quad \cdot I$$
$$\boxed{P = R \cdot I^2}$$

oder umgestellt:

$$I = \sqrt{\frac{P}{R}}$$

Die eingerahmte Formel sollten Sie sich merken.

b) Spannung und Widerstand sind bekannt:

$$I = \frac{U}{R}$$
$$P = U \cdot I$$
$$P = U \cdot \frac{U}{R}$$
$$\boxed{P = \frac{U^2}{R}}$$

oder umgestellt:

$$U = \sqrt{P \cdot R}$$

Die eingerahmte Formel sollten Sie sich merken.

Aufgabe 4: Zur HF-Ausgangsleistungsmessung hat man an einem 50-Ω-Widerstand mit dem Oszilloskop eine Spannung von 100 V gemessen. Welche Leistung gibt der Sender ab?

4.3 Die elektrische Arbeit

Wie auch in der Mechanik ist die elektrische Arbeit W (englisch: work) um so größer, je länger eine Leistung verrichtet wird:

Arbeit = Leistung · Zeit
W = P · t

Dieses Gesetz gilt auch in der Elektrotechnik. Setzt man für die Leistung noch Strom mal Spannung ein, kann man für die elektrische Arbeit auch schreiben:

$$\boxed{W = U \cdot I \cdot t}$$

Die Maßeinheit ergibt sich aus dieser Formel, indem man die Grundeinheiten Volt, Ampere und Sekunde einsetzt, also VAs oder Ws (Volt · Ampere = Watt), also Wattsekunden.

Merken Sie sich bitte: **Die Einheit der Arbeit ist 1 Wattsekunde.**

Für größere Arbeit ist diese Einheit etwas unpraktisch. Im Haushalt verwendet man besser Kilowattstunden.

Aufgabe 5: Wieviel Wattsekunden hat eine Kilowattstunde?
Hinweis: Ersetzen Sie 1 Stunde durch Sekunden!

Daraus ergibt sich eine einfache Kostenberechnung für elektrische Arbeit. Denn für elektrische Arbeit aus dem Stromnetz muß man bezahlen, nicht für die Leistung. Es hängt davon ab, wie lange eine Leistung verrichtet wird.

Beispiel: Ein Computer nimmt 120 Watt Leistung auf. a) Wie groß ist der „Stromverbrauch" (elektrische Arbeit in Kilowattstunden), wenn dieser den ganzen Tag von 8 bis 18 Uhr eingeschaltet bleibt?
b) Wie hoch sind die „Stromkosten" (Kosten für die erbrachte elektrische Arbeit), wenn für eine Kilowattstunde 20 Cent bezahlt werden muß?
Lösung:
$W = P \cdot t = 120\ W \cdot 10\ h = 1200\ Wh$
$= 1{,}2\ kWh$
Kosten $K = 1{,}2\ kWh \cdot 20\ Cent/kWh$
$= 24\ Cent$
Es müssen also 24 Cent dafür bezahlt werden. Betreibt man den Computer täglich 10 Stunden, kommen fast 8 Euro an Stromkosten für einen Monat zusammen.

4.4 Aufgaben zur Lektion 4

Zu dieser Lektion mit den Themen Ohmsches Gesetz, elektrische Leistung, elektrische Arbeit gibt es viele Aufgaben, die schon in den Prüfungen zum Amateurfunkzeugnis vorgekommen sind. Bitte versuchen Sie wieder, zunächst selbst die Aufgaben zu lösen, und vergleichen Sie erst dann mit den Lösungen im Anhang!

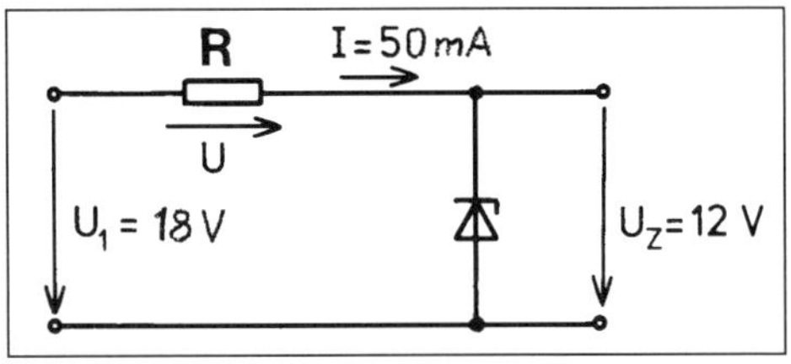

Abbildung 4-6: Spannungsstabilisierung mit Z-Diode

1. An einem Vorwiderstand für eine Z-Diode soll eine Spannung von 6 V abfallen, da die Betriebsspannung 18 V beträgt und die Z-Diode auf 12 V stabilisieren soll (Bild 4-6). Die Z-Diode soll einen Strom von 50 mA aufnehmen. a) Welchen Wert muß der Vorwiderstand haben? b) Welche Leistung entsteht am Vorwiderstand? c) Welche Leistung nimmt die Z-Diode auf?
2. Am Emitterwiderstand von 220 Ω eines Transistors soll eine Spannung von 2 V abfallen. Berechnen Sie die Belastbarkeit (Hinweis: das ist die Leistung) des Emitterwiderstandes.
3. Auf einem Widerstand steht: 10 kΩ/4 W. Welchen Strom dürfen Sie maximal durch den Widerstand schicken?
4. Ein Sonnenkollektor liefert bei Portabelbetrieb einen Strom von 2 A an einen 12-V-Akku. Die Sonne scheint am Tag 10 Stunden lang. Welche elektrische Arbeit in Kilowattstunden hat der Sonnenkollektor vollbracht?
5. Ein Laptop benötigt einen Ladestrom von 1,5 A bei 8 V. Er soll aus einem 12-V-Akku betrieben werden ($U_{mittel} = 12{,}5\ V$). a) Welcher Vorwiderstand mit b) welcher Belastbarkeit müßte davor geschaltet werden? c) Welche elektrische Arbeit muß der Akku liefern, wenn es 4 Stunden dauert, bis der Akku des Laptops voll geladen ist?

Lektion 5: Der Widerstand

Woran liegt es, daß einige Stoffe den Strom leiten können (Metalle, Kohle, Halbleiter), während andere Stoffe wie Glas, Gummi, Kunststoffe den Strom nicht leiten?

Nachdem Sie in der vorigen Lektion als Zusammenhang zwischen Strom und Spannung den elektrischen Widerstand kennengelernt haben und diesen Widerstand mit Hilfe des Ohmschen Gesetzes aus den elektrischen Werten errechnet haben, werden Sie in dieser Lektion lernen, wie der Widerstand auch aus seinen geometrischen Abmessungen und den Materialeigenschaften errechnet werden kann, wie Widerstände aufgebaut sind und wie man sie kennzeichnet.

Sie haben in der Lektion 2 gelernt, daß elektrischer Strom dann fließt, wenn elektrische Ladungsträger bewegt werden. Bei Nichtleitern (Isolatoren) kann keine Ladung bewegt werden, weil die Elektronen fest an die Atomkerne gebunden sind.

Wie sieht es nun bei Metallen aus? Die Valenzelektronen auf der äußeren Schale sind schon bei normaler Zimmertemperatur im gesamten Atomverband frei beweglich. Damit stehen bei Metallen genügend freie Ladungsträger zum Transport von elektrischen Ladungen zur Verfügung.

Ein Kubikzentimeter Kupfer besitzt zum Beispiel 10^{23} (das ist eine 1 mit 23 Nullen) frei bewegliche Elektronen. Deshalb kann bei angelegter Spannung ein starker Strom fließen.

Fließt ein Strom durch einen Leiter, zum Beispiel durch den Glühfaden einer Glühlampe, müssen sich die Elektronen zwischen den Atomen des Leiters „hindurchzwängen". Die Atome sind außerdem schon bei Zimmertemperatur nicht in Ruhe, sondern vibrieren hin und her, und zwar um so stärker, je höher die Temperatur ist. Die beweglichen Ladungsträger haben auf ihrem Weg durch den Leiter ständig Zusammenstöße mit den Atomen und werden dadurch abgebremst. Der Leiter setzt somit dem Stromfluß einen Widerstand entgegen. Dieser Widerstand wird elektrischer Widerstand genannt.

5.1 Der spezifische Widerstand

Wovon hängt nun die Größe des Widerstandswertes ab? Bei langen Drähten müssen auf dem Weg viele „Hindernisatome" überwunden werden. Damit steigt auch der Widerstand mit zunehmender Länge. Je geringer die Querschnittsfläche ist, desto stärker werden die Ladungsträger behindert.

> Der Widerstand R ist also um so größer
> 1. je größer die Länge l des Leiters ist und
> 2. je kleiner die Querschnittsfläche A ist.

Außerdem hängt der Widerstand noch vom Material des Leiters ab, denn es gibt gute und schlechte Leiter, je nachdem wie viele freie Elektronen vorhanden sind. Diese Materialkonstante wird spezifischer Widerstand r (griechischer Buchstabe rho) genannt. Den Widerstand eines Leiters kann man mit folgender Formel berechnen:

$$R = \frac{\rho \cdot l}{A}$$

Darin sind der elektrische Widerstand in Ohm (Ω), die Länge *l* des Leiters in Metern (m) und die Querschnittsfläche A in Quadratmillimetern (mm^2) einzusetzen.

Aus obiger Gleichung läßt sich die Einheitengleichung für den spezifischen Widerstand ableiten:

$$[\rho] = \frac{\Omega \cdot mm^2}{m}$$

Werkstoff	**Spezifischer Widerstand**	**in**
Silber Kupfer Aluminium	0,016 0,018 0,027	$\frac{\Omega \cdot mm^2}{m}$

Beispiel 1: Eine Drosselspule hat eine Wicklung aus CuL (Kupferlackdraht) mit dem Drahtdurchmesser d = 0,4 mm und der Drahtlänge l = 800 m. Wie groß ist der Ohmsche Widerstand der Wicklung?

Lösung: Zunächst muß die Querschnittsfläche des Leiters berechnet werden, da nur der Durchmesser angegeben ist:

$$A = \frac{\pi}{4} d^2 \text{ (Kreisfläche)}$$

$$A = \frac{3{,}14}{4} d^2 = 0{,}785 \cdot 0{,}16 \text{ mm}^2 = 0{,}125 \text{ mm}^2$$

Der Drahtwiderstand wird damit berechnet zu:

$$R = \frac{\rho \cdot l}{A} = \frac{0{,}018 \cdot 800}{0{,}125} \Omega = 115\,\Omega$$

Häufig wird anstatt des spezifischen Widerstandes die Leitfähigkeit κ (griechischer Buchstabe kappa) des Werkstoffes angegeben. Die Leitfähigkeit ist jedoch nichts anderes als der Kehrwert des spezifischen Widerstandes.

Damit erhält man Zahlen größer als 1, die sich leichter merken lassen als diese 0,00...-Werte.

Beispiel 2: Wie groß ist die elektrische Leitfähigkeit von Kupfer?

Lösung:
Den spezifischen Widerstand entnehmen wir der Tabelle oben und berechnen den Kehrwert:

$$\kappa = \frac{1}{\rho} = \frac{1 \text{ m}}{0{,}0179\,\Omega \text{ mm}^2} = 56 \frac{\text{m}}{\Omega \text{ mm}^2}$$

Der Wert 56 ist „handlicher" als 0,0179.

Damit wird die Formel zur Widerstandsberechnung:

$$R = \frac{l}{\kappa \cdot A}$$

5.2 Bauformen der Widerstände

Widerstände werden in Festwiderstände, verstellbare und veränderliche Widerstände eingeteilt. Bei verstellbaren Widerständen ist der Widerstandswert einstellbar (Potentiometer und Trimmer). Bei veränderlichen Widerständen ändert sich der Widerstand durch den Einfluß einer physikalischen Größe, beispielsweise Temperatur (NTC und PTC) oder Spannung (VDR).

Bei *Festwiderständen* unterscheidet man Kohleschichtwiderstände, Metalloxidwiderstände, Metallschichtwiderstände und Drahtwiderstände.

Abbildung 5-1: Schaltzeichen von Widerständen

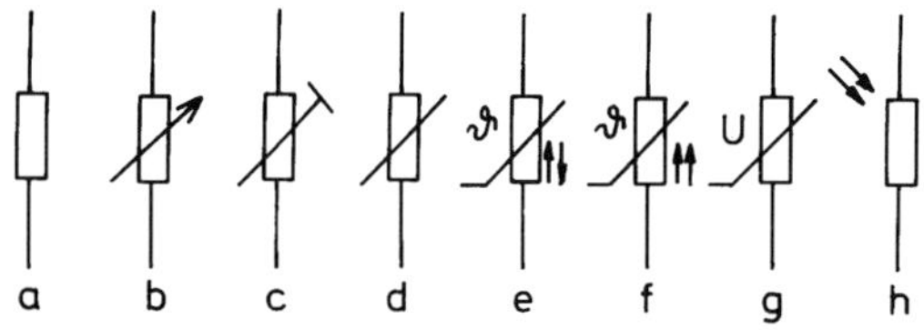

a) Widerstand, allgemein; b) einstellbarer Widerstand (Potentiometer); c) Trimmer; d) selbsttätig veränderbarer Widerstand, allgemein; e) temperaturabhängiger Widerstand, NTC; f) temperaturabhängiger Widerstand PTC; g) spannungsabhängiger Widerstand, VDR; h) lichtabhängiger Widerstand LDR

Kohleschichtwiderstände haben als Widerstandswerkstoff eine dünne Kohleschicht, die auf einen Träger aufgedampft wird. Große Widerstandswerte erreicht man durch Einschleifen einer durchgehenden Wendel über die gesamte Länge des Widerstandes. Die Kohleschicht wird durch einen eingebrannten Lack- oder Kunstharzüberzug geschützt und der Widerstandswert mit Farbringen gekennzeichnet. Diese Widerstandswerte gibt es für Leistungen zwischen $^1/_{10}$ und 2 Watt.

Metalloxidwiderstände sind induktionsarm, eignen sich deshalb für sehr hohe Frequenzen und haben eine wesentlich größere Belastbarkeit als Kohleschichtwiderstände gleicher Abmessungen.

Metallschichtwiderstände haben eine Edelmetallschicht (EMS) als Widerstandsmaterial, oder ein dünner Metallfilm bildet die Widerstandsschicht. Diese Widerstände haben enge Toleranzen und werden als Präzisionswiderstände in der Meßtechnik verwendet.

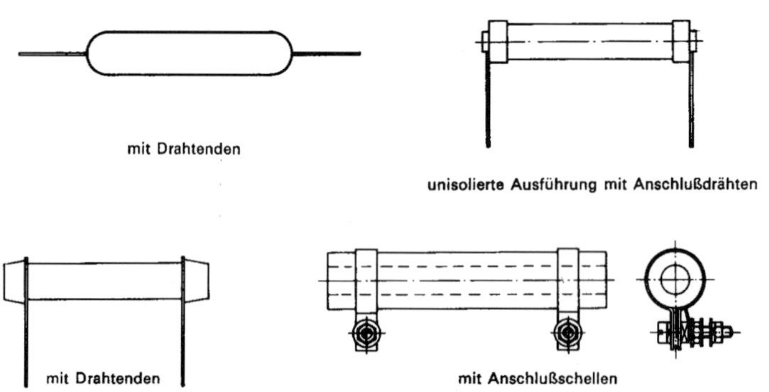

Abbildung 5-2: Bauformen von Festwiderständen

Abbildung 5-3: Bauformen von Drehwiderständen

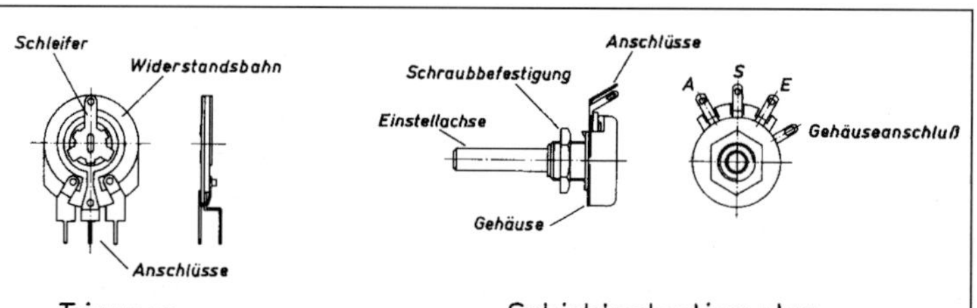

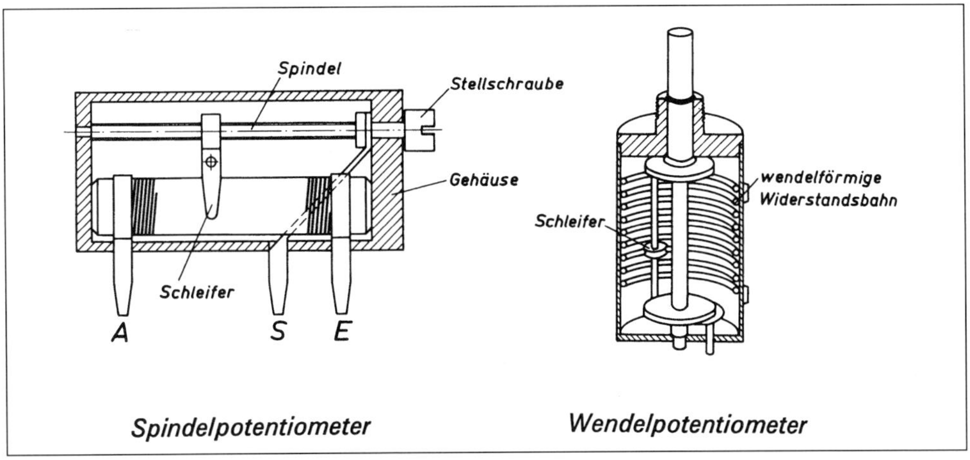

Abbildung 5-4: Andere Bauformen von einstellbaren Widerständen

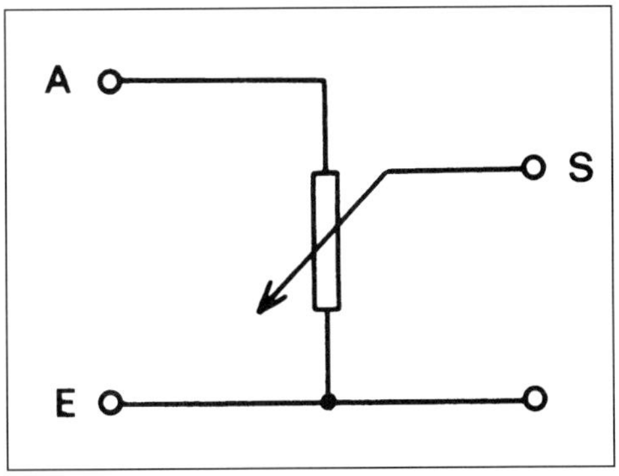

Abbildung 5-5: Schaltung für ein Potentiometer

Drahtwiderstände bestehen aus einem Wickel aus Widerstandsdraht auf einem keramischen Isolierkörper. Sie haben höhere Belastbarkeiten als Schichtwiderstände, aber den Nachteil der Frequenzabhängigkeit wegen der großen Induktivitäten durch die Wicklung. Drahtwiderstände gibt es glasiert und zementiert.

Verstellbare Widerstände sind überwiegend als Spannungsteiler mit verstellbarem Teilerverhältnis geschaltet. Da mit einem Spannungsteiler (folgt in Lektion 6, Abschnitt 6.2) verschiedene Spannungspotentiale eingestellt werden können, hat sich für dieses Bauelement auch die Bezeichnung Potentiometer (kurz: Poti) eingebürgert (Bild 5-5).

A und E bezeichnen Anfang und Ende der Widerstandswicklung oder -schicht. S kennzeichnet den verstellbaren Abgriff. Dieser ist meist als Schleifkontakt (Schleifer) ausgeführt.

Beim Drehwiderstand wird der Schleifer über eine ebene, kreisförmig angeordnete Bahn geführt, beim Spindelpotentiometer über eine Spindel geradlinig über die Widerstandsbahn gezogen.

Bei den Drehwiderständen unterscheidet man zwischen linearen und logarithmischen Widerstandskurven der Potentiometer.

Lineare Widerstände (lin) ändern ihren Widerstandswert proportional der Drehbewegung, das heißt bei halbem Drehwinkel halber Widerstandswert. Trimmer zum Einstellen von bestimmten Meßwerten an Sendern und Empfängern haben normalerweise eine lineare Widerstandskurve.

Drehwiderstände mit logarithmischer Kurve verwendet man zur Lautstärkeeinstellung in Empfängern (Bild 5-6).

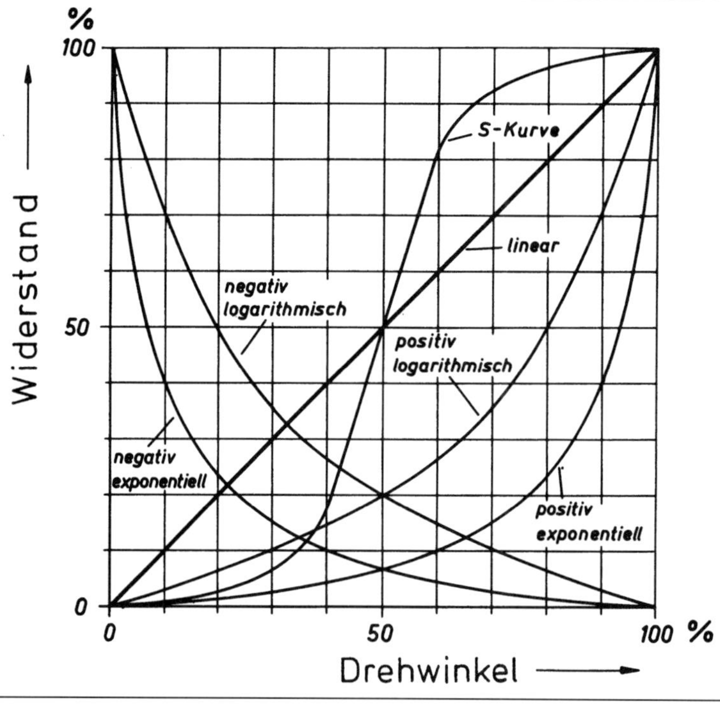

Abbildung 5-6: Widerstandskurven

5.3 Kennzeichnung von Festwiderständen nach dem Farbcode

Früher hat man den Nennwert des Widerstandes als Zahlenwert aufgedruckt. Allerdings mußte man beim Einbau auf die Lage der Widerstände achten, damit die Beschriftung von oben sichtbar blieb. Bei der automatischen Bestückung von Leiterplatten ist dies schwierig zu erreichen.

Außerdem gestatten die kleinen Abmessungen moderner Widerstände nicht mehr die Beschriftung mit Ziffern oder Buchstaben. Dies gilt ganz besonders in der SMD-Technik (surface mounted device), bei der die Abmessungen der auf die Oberfläche der Leiterplatte gelöteten Bauteile nur noch Millimetergröße haben.

Die Nennwerte werden in Form von Farbringen nach einem international festgelegten Code aufgedruckt. Man zählt die Ringe von außen nach innen. Bei Widerständen mit axialen Anschlüssen sind die Ringe so verteilt, daß sie einem Ende näher sind. Dies ist der erste Ring.

Es gibt Widerstände mit vier und mit fünf Ringen. Beim System mit vier Ringen bedeuten die ersten drei Ringe den Wert und der vierte Ring die Toleranz. Beim System mit fünf Ringen für Präzisionswiderstände benötigt man vier Ringe für den Wert, der fünfte Ring bedeutet die Toleranz.

Die ersten Ringe bedeuten jeweils eine Ziffer, der Ring vor der Toleranz bedeutet die Zehnerpotenz bzw. Anzahl der Nullen.

Internationaler Farbcode

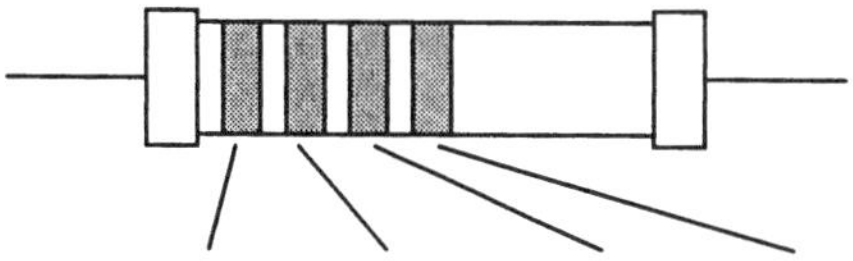

Farbring	1. Ziffer	2. (3.) Ziffer	Nullen	Toleranz
schwarz	–	0	–	–
braun	1	1	0	±1 %
rot	2	2	00	±2 %
orange	3	3	000	–
gelb	4	4	0000	–
grün	5	5	00000	±0,5 %
blau	6	6	000000	–
violett	7	7	–	–
grau	8	8	–	–
weiß	9	9	–	–
gold	–	–	×0,1	±5 %
silber	–	–	×0,01	±10 %
ohne	–	–	–	±20 %

Beispiel 1: Ein Widerstand hat folgende vier Farbringe: orange – weiß – rot – gold. Welchen Widerstandswert hat er?
Lösung:
orange: 3 – weiß: 9 – rot: 00 – gold: 5%, also 3.900 Ω mit 5% Toleranz.

Beispiel 2: Ein Metallfilmwiderstand hat folgende fünf Ringe: braun – braun – grün – rot – rot. Welchen Widerstandswert hat er?
Lösung:
braun: 1 – braun: 1 – grün: 5 – rot: 00 – rot: 2%, also 11500 Ω ±2% oder 11,5 kΩ ±2%.

5.4 Das Toleranzschema

Sie werden sicher schon selbst festgestellt haben, daß es nicht alle Werte von Widerständen gibt. Für normale elektronische Schaltungen reichen Widerstände mit 10% Toleranz vollkommen aus. In der IEC-Reihe E12 gibt es folgende bevorzugte Widerstandswerte pro Dekade:

10 – 12 – 15 – 18 – 22 – 27 – 33 – 39 – 47 – 56 – 68 – 82

Diese internationale Normreihe geht in dieser Form von 1 Ohm bis 10 Megohm. Also gibt es auch die Werte: 100 – 120 – 150 usw. oder 1,0 – 1,2 – 1,5 usw. Diese Normreihe E12 mit den zwölf Widerstandswerten pro Dekade entsteht durch die Auslieferungstoleranz von ±10%. Die Überschneidung erkennt man im folgenden Diagramm (Bild 5-7).

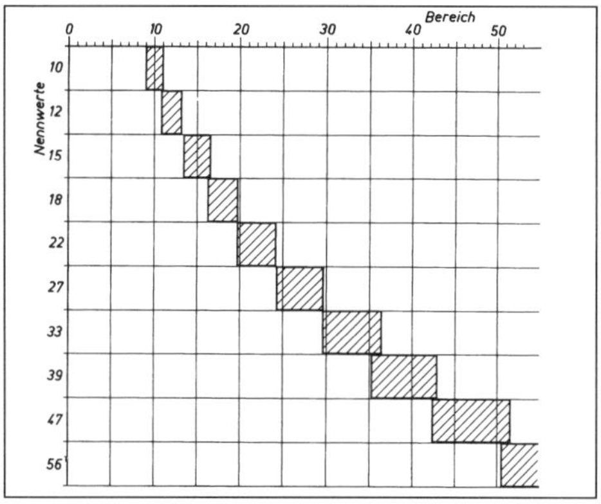

Abbildung 5-7: Zeichnerische Darstellung der Toleranzfelder der Reihe E12 im Ausschnitt

Aufgabe 1: Ermitteln Sie die Widerstandswerte von folgenden Widerständen mit den angegebenen Farbringen. Schreiben Sie die Ziffern bzw. Nullen unter die Farben, und tragen Sie in der letzten Spalte den Wert ein!

1. Ring	2. Ring	3. Ring	4. Ring	5. Ring	Wert (Lösung)
orange	orange	orange	silber	–	
grün	braun	rot	gold	–	
braun	rot	grün	rot	braun	

Beispiel: Welchen größten und welchen kleinsten Wert kann ein Widerstand von 18 kΩ und der nächste mit 22 kΩ jeweils haben?
Lösung
10% von 18 kΩ sind 1,8 kΩ
R_{max} = 18 kΩ + 1,8 kΩ = 19,8 kΩ
R_{min} = 18 kΩ - 1,8 kΩ = 16,2 kΩ

10% von 22 kΩ sind 2,2 kΩ
R_{max} = 22 kΩ + 2,2 kΩ = 24,2 kΩ
R_{min} = 22 kΩ - 2,2 kΩ = 19,8 kΩ

Hieraus erkennen Sie, daß der größte vorkommende Widerstand 18 kΩ mit 19,8 kΩ den kleinstmöglichen Widerstand von 22 kΩ mit 19,8 kΩ gerade erreicht. Dies ist lückenlos der Fall.

Außer der Reihe E12 mit den zwölf Widerstandswerten in einer Dekade gibt es beispielsweise auch die E24-Reihe mit 24 Werten pro Dekade für Toleranzen mit 5%. Die Reihe E48 mit 48 Werten ist für Widerstände mit 2% und die Reihe E96 mit 96 Werten für einprozentige Widerstände.

5.5 Temperaturabhängigkeit von Widerständen

Der Widerstand der Leiterwerkstoffe ist von der Temperatur abhängig. Kohle und die meisten Halbleiterwerkstoffe leiten in heißem Zustand besser als im kalten. Es werden mehr Elektronen frei. Diese Stoffe nennt man deshalb auch Heißleiter. Ihr Widerstand wird geringer bei höherer Temperatur. Man sagt, Heißleiter haben einen negativen Temperaturkoeffizienten (NTC).

Der Widerstand von metallischen Leitern nimmt bei Temperaturerhöhung zu, da schon bei normaler Temperatur alle Valenzelektronen frei sind und sie sich nur mehr behindern bei stärker Bewegung. Sie haben einen positiven Temperaturkoeffizienten (PTC). Man nennt sie auch Kaltleiter, da sie im kalten Zustand besser leiten.

Die Temperaturabhängigkeit wird durch den Temperaturbeiwert oder Temperaturkoeffizienten α angegeben. Der Temperaturkoeffizient gibt die Widerstandsänderung pro Grad Temperaturänderung an. Der Bezugswert ist 20° Celsius.

Mit dem Temperaturbeiwert α kann ein Widerstand bei einer Temperaturänderung ($\Delta\vartheta = \vartheta - 20°$) folgendermaßen berechnet werden:

$$R_{\vartheta} = R_{20} \pm \alpha \cdot \Delta\vartheta \cdot R_{20}$$

Dabei bedeutet R_{20} der Widerstand bei 20°C. Die Widerstandsänderung

$$\Delta P = \pm\alpha \cdot \Delta\vartheta \cdot R_{20}$$

kann positiv (PTC) oder negativ (NTC) sein (Bild 5-8).

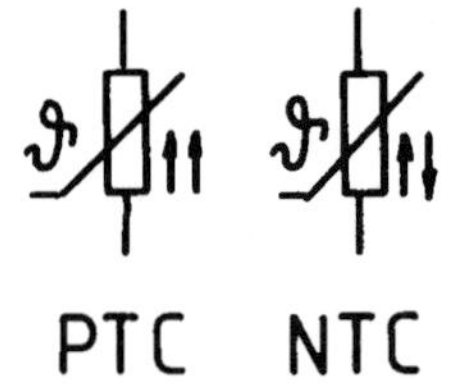

Abbildung 5-8: Schaltzeichen für temperaturabhängige Widerstände

Beispiel: Um welchen Wert ändert sich ein Widerstand von 22 kΩ, wenn sich in einem Sender die Temperatur von 20°C auf 70°C ändert und der Widerstand einen Temperaturkoeffizienten von $\alpha = +100\ 10^{-6}$/K hat?

Lösung: Die Temperaturänderung beträgt $\Delta\vartheta$ = 50°C. Die Widerstandsänderung beträgt:

$$\Delta R = 100 \cdot 10^{-6} \frac{1}{\mathrm{K}} \cdot 50\mathrm{K} \cdot 22\mathrm{k}\Omega$$

$$\Delta R = 110\,\Omega$$

5.6 Fragen zur Lektion 5

Zu dieser Lektion werden zunächst acht Fragen gestellt, die Sie schriftlich beantworten sollen. Danach folgen noch zehn Testaufgaben zu diesem Gebiet.

1. Metalle leiten den elektrischen Strom gut, Glas nicht. Woran liegt es, daß einige Werkstoffe den Strom leiten und andere nicht?
2. Widerstände können nicht nur aus den elektrischen Meßdaten von Spannung und Strom errechnet werden, sondern auch aus den mechanischen Größen. Wovon hängt die Größe des Widerstandswertes eines Leiters ab?
3. Man unterscheidet verschiedene temperaturabhängige Widerstände. Was verstehen Sie unter einem NTC?
4. Es gibt veränderbare und Festwiderstände. Welche Arten von Festwiderständen kennen Sie?
5. Drahtwiderstände haben wegen ihrer Wicklung eine Eigeninduktivität und sind dadurch frequenzabhängig. In welchem Fall verwendet man Drahtwiderstände in der Elektronik?
6. Den internationalen Farbcode sollten Funkamateure, die auch immer Elektronikbastler sind, kennen. Welchen Widerstandswert hat ein Widerstand mit den Farbringen gelb, violett, orange, silber?
7. Es gibt internationale Normreihen von Widerständen. Welches sind die Widerstandswerte von 10 kΩ bis 100 kΩ der Normreihe E12?
8. Es gibt verschiedene Arten von Widerstandskurven von Potentiometern. Was verstehen Sie unter einem logarithmischen Potentiometer?

Vergleichen Sie Ihre Antworten mit denen im Anhang!

Raum für Ihre Lösungen

5.7 Test zur Lektion 5

Sehen Sie sich bitte die Normreihe E12 und den Farbcode noch einmal genau an, und beginnen Sie dann mit dem Test. Es ist immer nur eine Antwort richtig. Tragen Sie den entsprechenden Buchstaben in das Lösungskästchen ein.

1. Durch welche physikalische Eigenschaft eines Leiters ergibt sich die gute Leitfähigkeit von Metallen?
A geringe Abstände zwischen den Atomen
B große Bindekräfte
C geringe Beweglichkeit der Ladungsträger
D sehr große Anzahl freier Elektronen

2. Die Länge eines Leiters wird verdoppelt. Wie groß ist danach der Widerstand des Leiters verglichen mit dem Widerstand vorher?
A doppelt so groß **B** halb so groß
C viermal so groß **D** ein Viertel so groß

3. Der Durchmesser eines Leiters (nicht die Querschnittsfläche) wird verdoppelt. Wie groß ist danach der Widerstand des Leiters, verglichen mit dem Widerstand zuvor?
A doppelt so groß **B** halb so groß
C viermal so groß **D** ein Viertel so groß

4. In einem Schaltplan ist folgendes Zeichen zu sehen. Für welches Bauelement steht dieses Symbol?
A Potentiometer
B NTC-Widerstand
C PTC-Widerstand
D VDR

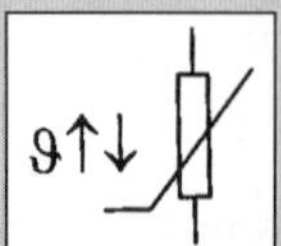

5. Die Normreihe E12 für Widerstände enthält zwölf bevorzugte Werte in einer Dekade. Welcher Widerstandswert von 100 bis 1000 gehört nicht in folgende Reihe?
100, 120, 150, 180, 200, 270, 330, 390, 470, 560, 680, 820
A 150 **B** 180 **C** 200 **D** 390

6. Welchen Farbcode hat ein Widerstand von 10 Kiloohm ±10 Prozent?
A sw br or si **B** sw br rt si
C br sw rt si **D** br sw or si

7. Auf einem Schichtwiderstand befinden sich der Reihe nach folgende Farbringe: gelb – violett – braun – rot. Um welchen Widerstandswert handelt es sich?
A 4,7 kΩ ±2% **B** 47 Ω ±2%
C 470 Ω ±2% **D** 4700 Ω ±2%

8. Ein Schichtwiderstand hat den Farbcode: rot – rot – rot – gold. Welchen Kleinst- und welchen Größtwert könnte er haben?
A 2156 ... 2244 Ω **B** 2090 ... 2310 Ω
C 1980 ... 2420 Ω **D** 1760 ... 2640 Ω

9. Ein Vorwiderstand dürfte laut Berechnung einen Maximalwert von 600 Ω und einen Minimalwert von 400 Ω haben. Welchen Normwert würden Sie nehmen, wenn Sie möglichst leistungsarm arbeiten wollen?
A 470 Ω ±5% **B** 470 Ω ±10%
C 560 Ω ±5% **D** 560 Ω ±10%

10. Für die Lautstärkeeinstellung im Empfänger wird ein spezielles Potentiometer benötigt. Welcher Art müßte die Kennlinie sein?
A quadratisch **B** logarithmisch
C linear **D** positiv

Lösung:

1	2	3	4	5	6	7	8	9	10

Lektion 6: Die Schaltung von Widerständen

In den beiden vorangegangenen Lektionen wurde der Widerstand als Einzelbauelement ausführlich behandelt. In der Praxis werden mehrere Widerstände zusammengeschaltet oder der Widerstand mit anderen Bauelementen kombiniert, wie dies im Bestückungsplan eines Transistor-Vorverstärkers zu sehen ist (Bild 6-1).
Die Zusammenschaltung von Widerständen läßt sich auf zwei Grundformen zurückführen: Reihenschaltung und Parallelschaltung (Bild 6-2).

6.1 Die Reihenschaltung von Widerständen

Eine Reihenschaltung entsteht, wenn man das Ende des ersten Widerstandes mit dem Anfang des zweiten verbindet und so weiter. Der Anfang des ersten und das Ende des zweiten Widerstandes liegen an den Polen der Spannungsquelle. Die Reihenschaltung wird auch Serienschaltung genannt.

Abbildung 6-1: Bestückungsplan eines dreistufigen Transistorverstärkers

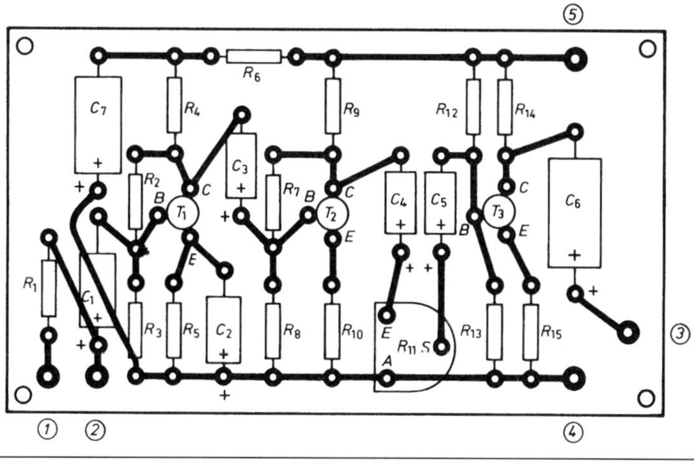

Abbildung 6-2: Schaltung von Widerständen

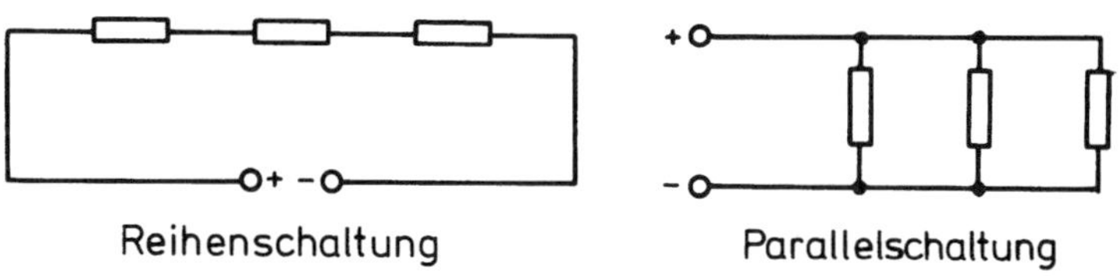

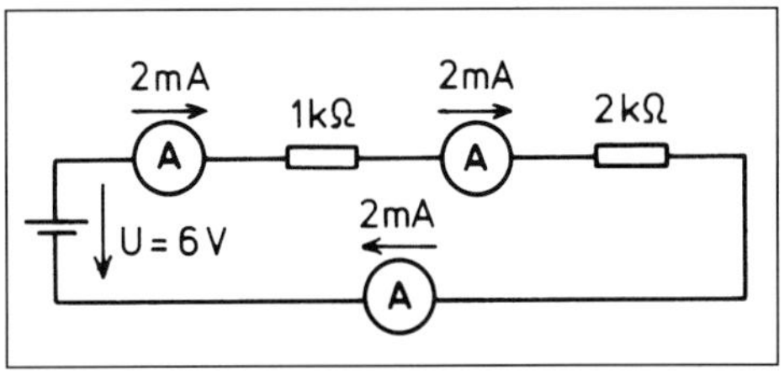

Abbildung 6-3: In einem unverzweigten Stromkreis ist der Strom überall gleich.

Bei der Schaltung für einen Strommesser haben Sie bereits in Lektion 2 gelernt, daß der Strom in einem unverzweigten Stromkreis überall gleich ist. Messen Sie es bitte selbst einmal nach: Man kann den Strommesser an jeder beliebigen Stelle einschalten, er zeigt überall den gleichen Wert (Bild 6-3).

Da jeder Widerstand vom gleichen Strom durchflossen wird, verursacht dieser Strom nach dem Ohmschen Gesetz folgende Teilspannungen (Bild 6-4).

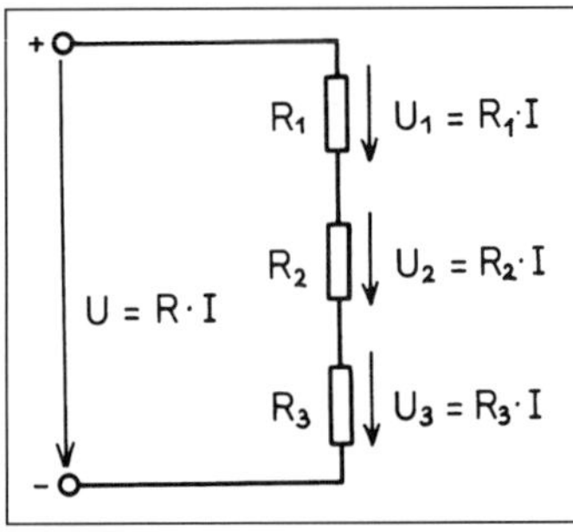

Abbildung 6-4: Spannungsabfall an Reihenwiderständen

Die Gesamtspannung liegt dabei an dem Gesamtwiderstand der drei Widerstände:

$$U = R \cdot I$$

Die Summe aller Teilspannungen ist bei der Reihenschaltung so groß wie die Gesamtspannung (siehe Lektion 1):

$$U = U_1 + U_2 + U_3 + U_4 + \ldots$$

Setzt man in diese Formel die Werte aus Bild 6-4 ein ($U = R \cdot I$, $U_1 = R_1 \cdot I$ usw.), erhält man:

$$R \cdot I = R_1 \cdot I + R_2 \cdot I + R_3 \cdot I + \ldots$$

Da der Strom überall gleich ist, kann der Buchstabe I auf beiden Seiten der Gleichung gekürzt werden. Man erhält damit die Formel zur Berechnung des Gesamtwiderstandes einer Reihenschaltung:

$$\boxed{R = R_1 + R_2 + R_3 + \ldots}$$

Bei der Reihenschaltung ist die Summe der Teilwiderstände gleich dem Gesamtwiderstand.

Beispiel: Drei Widerstände mit 500 Ω, 1 kΩ und 1,5 kΩ liegen in Reihe geschaltet an einer Spannung von 6 V. Berechnen Sie den Gesamtwiderstand, die Stromstärke und die Teilspannungen an den Widerständen.

Gegeben: $R_1 = 500\ \Omega = 0{,}5\ k\Omega$
$R_2 = 1\ k\Omega$
$R_3 = 1{,}5\ k\Omega$
$U = 6\ V$

Gesucht: a) Gesamtwiderstand R
b) Stromstärke I
c) Teilspannungen U_1, U_2, U_3

Lösung: Schaltung siehe Bild 6-4

a) $R = R_1 + R_2 + R_3$
$R = 0{,}5\ k\Omega + 1\ k\Omega + 1{,}5\ k\Omega$
$R = 3\ k\Omega$

b) $I = \frac{U}{R} = \frac{6V}{3k\Omega}$
$I = 2\ mA$

c) $U1 = R_1 \cdot I = 0{,}5\ k\Omega \cdot 2\ mA = 1\ V$
$U2 = R_2 \cdot I = 1\ k\Omega \cdot 2\ mA = 2\ V$
$U3 = R_3 \cdot I = 1{,}5\ k\Omega \cdot 2\ mA = 3\ V$

Die Probe ergibt: 1 V + 2 V + 3 V = 6 V

Merken Sie sich bitte: **Die Summe der Teilspannungen ist gleich der Gesamtspannung.**

6.2 Der Spannungsteiler

Aus den Ergebnissen dieser Berechnung läßt sich noch eine wichtige Formel ableiten. Beginnen wir mit einem Merksatz:

Merken Sie sich bitte: **Bei der Reihenschaltung verhalten sich die Teilspannungen wie die zugehörigen Widerstände.**

Als Formel geschrieben:

$$\frac{U_1}{U_2} = \frac{R_1}{R_2} \quad \text{oder} \quad \frac{U_1}{U} = \frac{R_1}{R}$$

Hier im Beispiel verhalten sich die Spannungen zu den Widerständen folgendermaßen:

$$\frac{1\,\text{V}}{2\,\text{V}} = \frac{0{,}5\,\text{k}\Omega}{1\,\text{k}\Omega} \quad \text{oder} \quad \frac{1\,\text{V}}{6\,\text{V}} = \frac{0{,}5\,\text{k}\Omega}{3\,\text{k}\Omega}$$

Man sieht: Am doppelt so großen Widerstand liegt eine doppelt so hohe Spannung an.

Merken Sie sich bitte für die Praxis: **Großer Spannungsabfall am großen Teilwiderstand, kleiner Spannungsabfall am kleinen Teilwiderstand.**

Der Spannungsteiler ist eine der wichtigsten Anwendungen der Reihenschaltung von Widerständen. Sehr häufig wird diese Schaltung benötigt, um bestimmte Spannungen zu erzielen.

Wenn beispielsweise die Spannung für ein Meßwerk oder für ein Relais zu hoch ist, kann man durch Vorschalten eines Widerstands diese Spannung reduzieren.

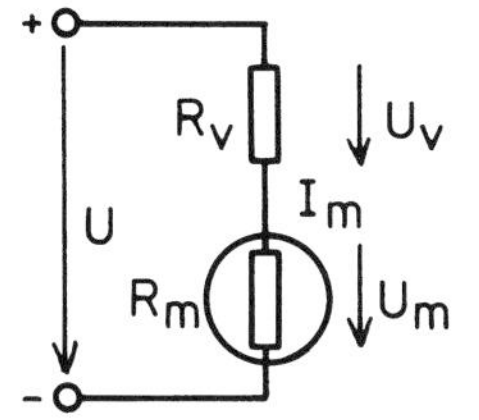

Abbildung 6-5: Meßbereichserweiterung eines Spannungsmessers

Beispiel: Mit einem Spannungsmesser, dessen Meßwerk eine Spannung von 1 Volt für Vollausschlag benötigt, wobei ein Strom von 100 µA fließt, soll eine Spannung von 10 Volt gemessen werden (Bild 6-5). Welcher Vorwiderstand wird benötigt?

Gegeben: $U_m = 1\,\text{V}$
(U_m Spannung am Meßwerk)
$I_m = 100\,\mu\text{A}$
$U = 10\,\text{V}$

Gesucht: R_V

Lösungsweg A mit dem Ohmschen Gesetz:

$U = U_V + U_m$
$U_V = U - U_m$
$U_V = 10\,\text{V} - 1\,\text{V} = 9\,\text{V}$

Am Vorwiderstand muß eine Spannung von 9 V abfallen. Der Strom I_m fließt auch durch den Vorwiderstand R_V. Ohmsches Gesetz:

$$R_V = \frac{U_V}{I_m} = \frac{9\,\text{V}}{0{,}1\,\text{mA}} = 90\,\text{k}\Omega$$

Lösungsweg B mit der Spannungsteilerformel:

Der Meßwerkswiderstand beträgt:

$$R_m = \frac{U_m}{I_m} = \frac{1\,\text{V}}{0{,}1\,\text{mA}} = 10\,\text{k}\Omega$$

Die Spannungen verhalten sich wie die zugehörigen Widerstände (Spannungsteilerformel):

$\frac{U_V}{U_m} = \frac{R_V}{R_m}$, wird umgestellt nach R_V

$$R_V = \frac{U_V}{U_m} \cdot R_m = \frac{9\,\text{V}}{1\,\text{V}} \cdot 10\,\text{k}\Omega = 90\,\text{k}\Omega$$

6.3 Die Potentiometer-schaltung

In der vorigen Lektion haben Sie bei den Bauformen der Widerstände das Potentiometer kennengelernt. Mit dem Potentiometer soll man verschiedene Spannungspotentiale einstellen können.

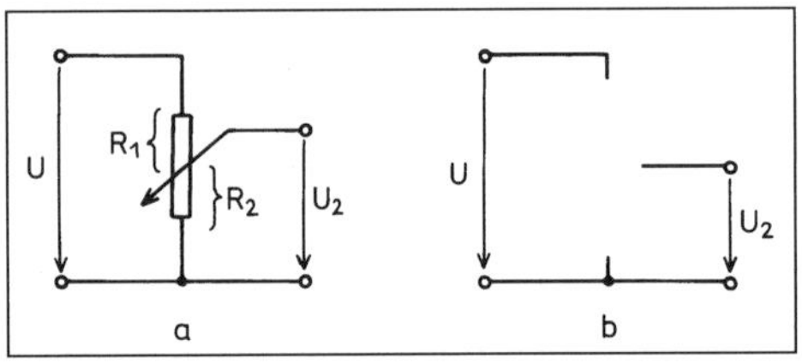

Abbildung 6-6: Schaltung (a) und Ersatzschaltung (b) für ein Potentiometer

> **Aufgabe 1:** Zeichnen Sie für das Potentiometer eine Reihenschaltung zweier Widerstände als Ersatzschaltung in das Bild 6-6.

Der Schleifer des Potentiometers kann mechanisch verstellt werden. Meist wird dies durch eine Drehbewegung einer Achse oder eine Schiebebewegung erreicht (Drehpoti, Schiebepoti). Steht der Schleifer ganz oben, hat man volle Spannung, ganz unten keine Spannung. Zwischen diesen beiden Werten kann die Spannung beliebig eingestellt werden.

> **Beispiel:** Ein lineares Potentiometer von 10 kΩ liegt an einer Niederfrequenz-Wechselspannung von 100 mV. Wie groß ist die Ausgangsspannung, wenn das Poti genau in der Mitte steht?
> Natürlich halb so groß! Das soll nun einmal mit der Spannungsteilerformel nachgewiesen werden.
> Gegeben: U = 100 mV
> R = 10 kΩ
> $R_1 = R_2 = 5$ kΩ
> Gesucht: U_2

> **Lösung:**
> $$\frac{U_2}{U} = \frac{R_2}{R}$$
> Auf beiden Seiten wird die Gleichung mit U multipliziert, um nach U_2 aufzulösen:
> $$U_2 = \frac{R_2}{R} \cdot U = \frac{5\,\text{k}\Omega}{10\,\text{k}\Omega} \cdot 100\,\text{mV} = 50\,\text{mV}$$

Frage: Wie groß würde die Ausgangsspannung sein, wenn das Potentiometer a) auf 1/3, b) auf 1/10 des Endwertes eingestellt wäre?

Antwort: Sie haben recht, wenn Sie meinen, daß die Spannung im Fall a) 33,33 mV und im Fall b) 10 mV beträgt.

6.4 Die Parallelschaltung von Widerständen

Eine Parallelschaltung entsteht, wenn man alle Anfänge und alle Enden der Bauteile miteinander verbindet (Bild 6-7).

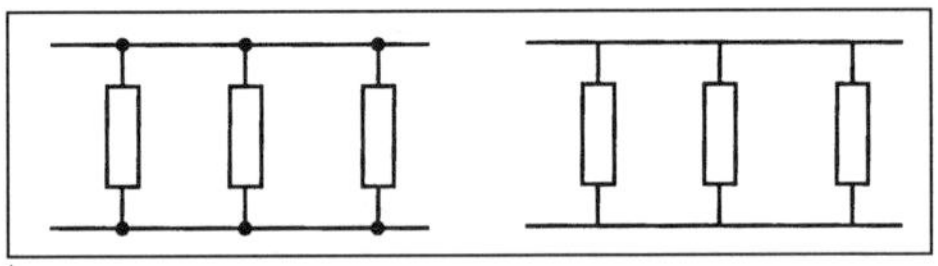

Abbildung 6-7: Parallelschaltung von Widerständen

Hinweis: Man muß die Verbindungspunkte heutzutage nicht mehr unbedingt zeichnen, wenn die Verbindungsleitung stumpf auf einer anderen Leitung endet.

> **Praxis:** Schließen Sie je einen Widerstand von 1 kΩ, 2 kΩ und 3 kΩ in Parallelschaltung an eine Spannungsquelle mit U = 6 V, und messen Sie alle Teilströme und den Gesamtstrom.
> Sie müßten folgende Meßergebnisse erzielen (Bild 6-8).

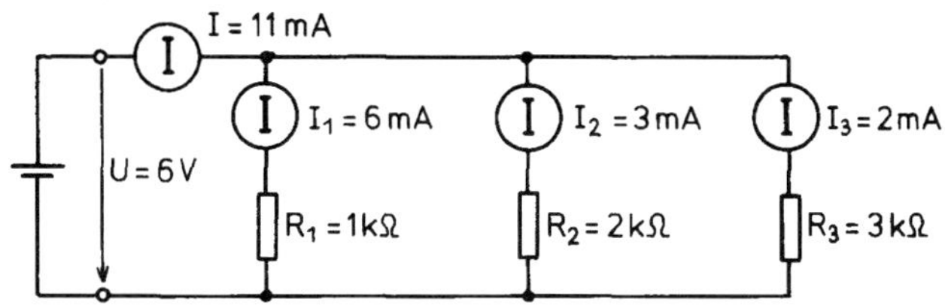

Abbildung 6-8: Meßschaltung und Ergebnisse zur Parallelschaltung von Widerständen

Aus diesen Versuchsergebnissen lassen sich folgende wichtige Gesetzmäßigkeiten für die Parallelschaltung ableiten.

Bei der Parallelschaltung ist die Spannung an allen Widerständen gleich groß:

$$\boxed{U_1 = U_2 = U_3 = U}$$

Der Gesamtstrom ist so groß wie die Summe der Einzelströme:

$$\boxed{I = I_1 + I_2 + I_3 + \dots}$$

Was man nicht so recht erkennen kann, aber gleich einmal nachgerechnet werden soll, ist folgende Gesetzmäßigkeit:

Die Ströme verhalten sich umgekehrt wie die Widerstände.

Beispiele aus Bild 6-8:

$$\frac{I_1}{I_2} = \frac{R_2}{R_1} \rightarrow \frac{6\,\text{mA}}{3\,\text{mA}} = \frac{2\,\text{k}\Omega}{1\,\text{k}\Omega} \rightarrow \frac{6}{3} = \frac{2}{1}$$

$$\frac{I_2}{I_3} = \frac{R_3}{R_2} \rightarrow \frac{3\,\text{mA}}{2\,\text{mA}} = \frac{3\,\text{k}\Omega}{2\,\text{k}\Omega} \rightarrow \frac{3}{2} = \frac{3}{2}$$

Aufgabe 2: Prüfen Sie es mit R_3 zu R_1 einmal selbst nach! Die Lösung finden Sie im Anhang.

Genau so, wie Sie es schon bei der Reihenschaltung kennengelernt haben, soll im folgenden eine Formel für die Berechnung des Gesamtwiderstandes (besser: Ersatzwiderstandes) für die Parallelschaltung abgeleitet werden.

Ausgehend von der Stromteilerformel:

$$I = I_1 + I_2 + I_3 + \dots$$

werden nach dem Ohmschen Gesetz für die einzelnen Glieder folgende Formeln eingesetzt. Die Spannung ist überall gleich:

$$I = \frac{U}{R},\ I_1 = \frac{U}{R_1},\ I_2 = \frac{U}{R_2}\ \text{usw.}$$

Aus der Stromteilerformel wird dadurch:

$$\frac{U}{R} = \frac{U}{R_1} + \frac{U}{R_2} + \frac{U}{R_3} + \dots$$

Durch Kürzen der Größe U auf beiden Seiten kann die Gleichung vereinfacht werden. Es ergibt sich die wichtige Formel zur Berechnung des Ersatzwiderstandes einer Parallelschaltung:

$$\boxed{\frac{1}{R} = \frac{1}{R_1} + \frac{1}{R_2} + \frac{1}{R_3} + \dots}$$

In Worten ausgedrückt: Bei der Parallelschaltung ist der Kehrwert des Ersatzwiderstandes gleich der Summe der Kehrwerte der Einzelwiderstände. Man nennt den Kehrwert eines Widerstandes auch Leitwert.

Bei der Parallelschaltung ist der Gesamtleitwert gleich der Summe der Einzelleitwerte.

Beispiel: Berechnen Sie den Ersatzwiderstand und den Gesamtstrom der Parallelschaltung der drei Widerstände der Schaltung von Bild 6-8.

Gegeben: $R_1 = 1\,\text{k}\Omega$, $R_2 = 2\,\text{k}\Omega$, $R_3 = 3\,\text{k}\Omega$
$U = 6\,\text{V}$

Gesucht: a) Ersatzwiderstand R
b) Gesamtstrom I

Lösung:

$$\frac{1}{R} = \frac{1}{R_1} + \frac{1}{R_2} + \frac{1}{R_3} + \ldots$$

$$\frac{1}{R} = \frac{1}{1} + \frac{1}{2} + \frac{1}{3} \quad \text{alles k}\Omega$$

Man addiert die Brüche, indem man den Hauptnenner bildet:

$$\frac{1}{R} = \frac{6}{6} + \frac{3}{6} + \frac{2}{6} = \frac{11}{6}$$

Man bildet auf beiden Seiten den Kehrwert:

$$\frac{R}{1} = \frac{6}{11} \rightarrow R = \frac{6}{11}\,\text{k}\Omega = 0{,}545\,\text{k}\Omega$$

Der Ersatzwiderstand beträgt 545 Ohm.

Damit kann man den Gesamtstrom berechnen, der sich natürlich auch aus der Addition der Teilströme ergibt:

$$I = \frac{U}{R} = \frac{6\,\text{V}}{0{,}545\,\text{k}\Omega} = 11\,\text{mA}$$

Da der Gesamtstrom immer größer ist als jeder einzelne Teilstrom, muß der Gesamtwiderstand immer kleiner sein als jeder einzelne Widerstand der Parallelschaltung. Diese Tatsache sollte man beachten bei einer nachträglichen Rechenkontrolle. Hier ist 0,545 kΩ kleiner als 1 kΩ.

Sind nur zwei Widerstände parallelgeschaltet, läßt sich die Formel zur Berechnung des Gesamtwiderstandes auch anders schreiben. Können Sie in folgender Gleichung für die rechte Seite der Formel den Hauptnenner bilden und dann den Kehrwert dieses Ergebnisses schreiben?

$$\frac{1}{R} = \frac{1}{R_1} + \frac{1}{R_2}$$

Als Lösung muß herauskommen:

$$\boxed{R = \frac{R_1 \cdot R_2}{R_1 + R_2}}$$

Beispiel: Zwei Widerstände von 20 Ω und 30 Ω sind parallelgeschaltet. Wie groß ist der Ersatzwiderstand?

Lösung: $R = \dfrac{20 \cdot 30}{20+30}\,\Omega = \dfrac{600}{50}\,\Omega = 12\,\Omega$

Schaltet man n gleiche Widerstände parallel, ergibt sich der Ersatzwiderstand, indem man den Einzelwert durch die Gesamtzahl n teilt:

$$\boxed{R = \frac{R_1}{n}}$$

Beispiel: Vier Widerstände von je 2 kΩ sind parallelgeschaltet. Wie groß ist der Ersatzwiderstand?

Lösung: $R = \dfrac{R_1}{n} = \dfrac{2000\Omega}{4} = 500\,\Omega$

Ein letztes Beispiel soll die Anwendung der Parallelschaltung abschließen. So wie die Reihenschaltung von Widerständen bei der Meßbereichserweiterung eines Spannungsmessers (Bild 6-5) angewendet wird, benutzt man die Parallelschaltung zur Meßbereichserweiterung eines Strommessers (Bild 6-9).

Der zu messende Gesamtstrom fließt nur zu einem Teil durch den Strommesser. Der übrige Strom wird durch einen Nebenwider-

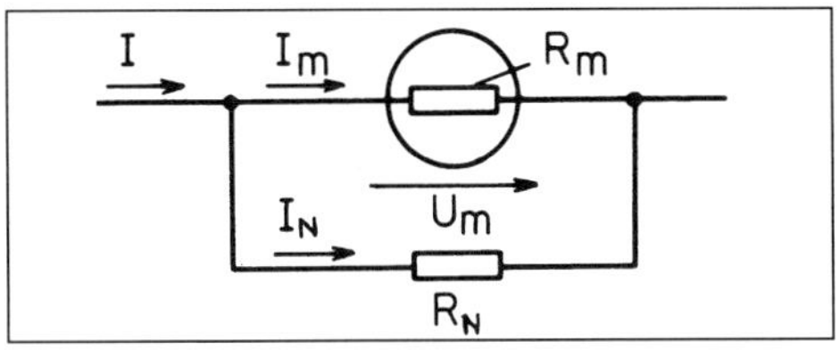

Abbildung 6-9: Meßbereichserweiterung eines Strommessers

stand (auch „Shunt" genannt, gesprochen: schant) über den Nebenwiderstand „umgeleitet".

Beispiel: Der Meßbereich eines Milliamperemeters mit einem inneren Widerstand von 45 Ohm soll von 1 mA auf 10 mA erweitert werden. Zeichnen Sie die Schaltung, und berechnen Sie den Widerstandswert und die Belastbarkeit des zusätzlich erforderlichen Bauteils. So lautete einmal eine Prüfungsaufgabe.

Lösung: Soll ein Widerstand berechnet werden, benötigt man den Strom durch diesen Widerstand und die anliegende Spannung. Es müssen von dem gesamten Strom 9 mA umgeleitet werden. Diese fließen durch den gesuchten Nebenwiderstand. Die Spannung an dem Widerstand ist die gleiche wie am Meßgerät. Diese muß erst mit Hilfe des Ohmschen Gesetzes errechnet werden, denn man kennt nur den Meßwerkswiderstand von 45 Ohm und den Meßwerksstrom von 1 mA. Dies ergibt eine Meßwerksspannung von:

$$U_m = R_m \cdot I_m = 45\,\Omega \cdot 1\,\text{mA} = 45\,\text{mV}$$

Damit berechnet sich der Nebenwiderstand zu:

$$R_N = \frac{U}{I_N} = \frac{45\,\text{mV}}{9\,\text{mA}} = 5\,\Omega$$

Die Belastbarkeit (Leistung) für den Nebenwiderstand berechnet man mit der Leistungsformel:

$$P_N = U_N \cdot I_N = 0{,}045\text{V} \cdot 9\,\text{mA} = 0{,}4\,\text{mW}$$

6.5 Die „gemischte Schaltung" von Widerständen

In der Praxis hat man es meistens mit gemischten Schaltungen aus teils in Reihe und teils parallelgeschalteten Widerständen zu tun. In der Grundschaltung Bild 6-10-1 ist zu einer Parallelschaltung von R_2 und R_3 noch ein Widerstand R_1 in Reihe geschaltet. In der Grundschaltung 2 ist zu der Reihenschaltung aus R_1 und R_2 noch ein Widerstand R_3 parallelgeschaltet worden. Entsprechend dieser Beschreibung erfolgt auch die Lösung zur Berechnung des Gesamtwiderstandes.

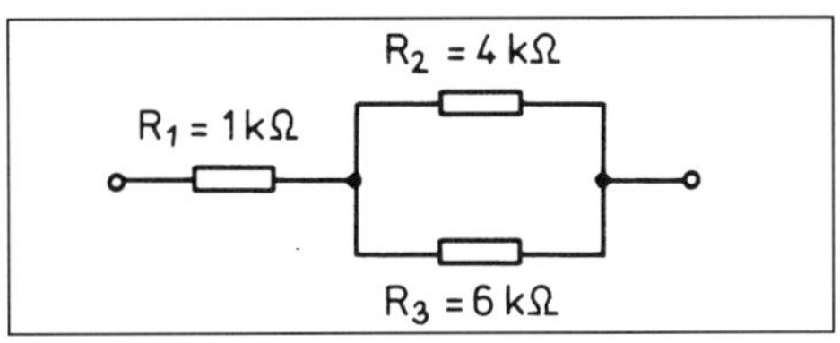

Abbildung 6-11: Beispiel zur Grundschaltung 1

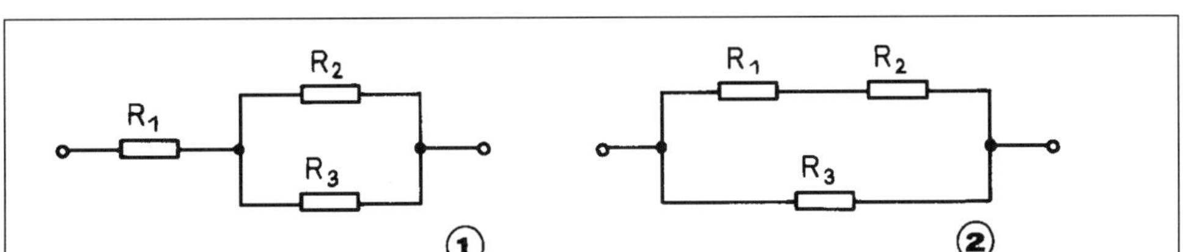

Abbildung 6-10: Grundschaltungen von „gemischten Schaltungen"

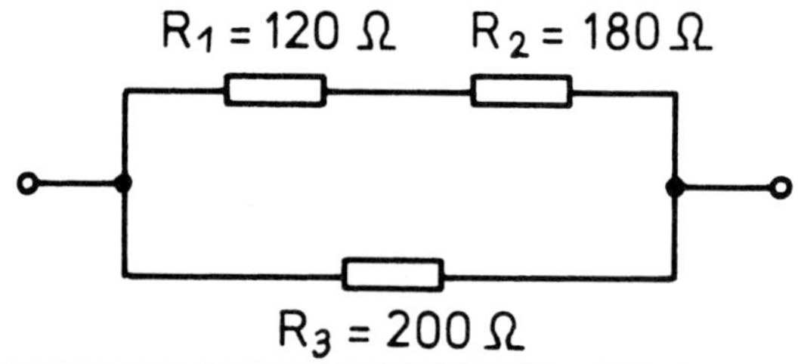

Abbildung 6-12:
Beispiel zur
Grundschaltung 2

Grundschaltung 1
Zunächst wird die Parallelschaltung von R_2 und R_3 berechnet (Bild 6-11):

$$R_{2/3} = \frac{4 \cdot 6}{4+6} = \frac{4 \cdot 6}{10} \text{ alles in k}\Omega$$

$R_{2/3} = 2{,}4\ \text{k}\Omega$

Zu diesem Ersatzwiderstand wird der Reihenwiderstand addiert:

$R_{ges} = 1\ \text{k}\Omega + 2{,}4\ \text{k}\Omega = \underline{\underline{3{,}4\ \text{k}\Omega}}$

Grundschaltung 2
Zunächst wird die Reihenschaltung von R_1 und R_2 berechnet (Bild 6-12):

$R_{1/2} = 120\ \Omega + 180\ \Omega = 300\ \Omega$

Dieser Ersatzwiderstand wird zu R_3 parallel geschaltet:

$$R_{ges} = \frac{300 \cdot 200}{300+200} = \frac{300 \cdot 200}{500} \text{ alles in k}\Omega$$

$\underline{\underline{R_{ges} = 120\ \Omega}}$

Parallelschaltung
1. Die Spannung ist überall gleich.
2. Die Summe der Teilströme ist gleich dem Gesamtstrom
3. Die Ströme verhalten sich umgekehrt wie die zugehörigen Widerstände
4. Der Gesamtleitwert ist gleich der Summe der Einzelleitwerte.
5. Anwendung: Meßbereichserweiterung eines Strommessers.

6.6 Zusammenfassung

Reihenschaltung
1. Der Strom ist überall gleich.
2. Die Summe der Teilspannungen ist gleich der Gesamtspannung.
3. Die Spannungen verhalten sich wie die zugehörigen Widerstände
4. Der Gesamtwiderstand ist gleich der Summe der Einzelwiderstände.
5. Anwendung: Meßbereichserweiterung eines Spannungsmessers.

6.7 Test zur Lektion 6

Bei folgenden Testaufgaben ist immer nur eine Antwort richtig. Tragen Sie den zutreffenden Buchstaben in die Tabelle am Schluß ein und vergleichen Sie dann mit den Lösungen im Anhang.

1. Welche der folgenden Widerstandskombinationen ist eine reine Reihenschaltung? Hinweis: Zeichnen Sie die Schaltung solange um, bis Sie die Grundschaltung eindeutig erkennen können.

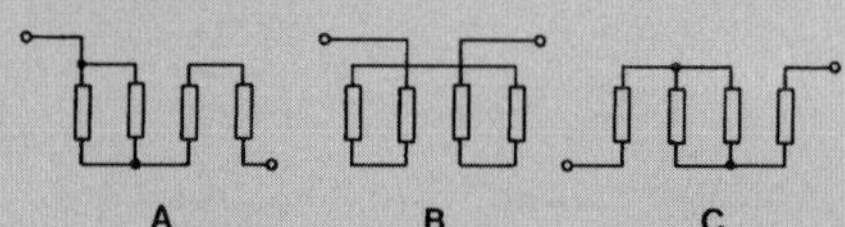

2. Welche der folgenden Widerstandskombinationen ist eine reine Parallelschaltung?

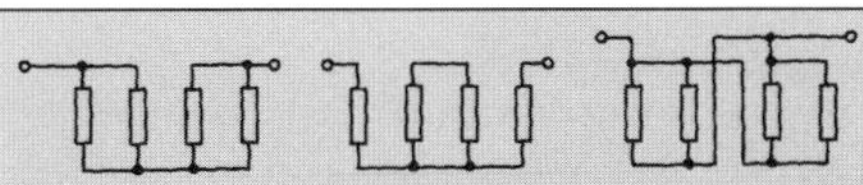

A B C

3. Welche elektrische Größe ist bei der Reihenschaltung und bei der Parallelschaltung von Widerständen gleich? Suchen Sie die Zeile heraus, in der beide Aussagen richtig sind.

	Reihen-schaltung	**Parallel-schaltung**
A	Strom	Spannung
B	Strom	Strom
C	Spannung	Strom
D	Spannung	Spannung

4. Wie groß ist die Spannung U_1?

A 40 V
B 20 V
C 30 V
D 3 V

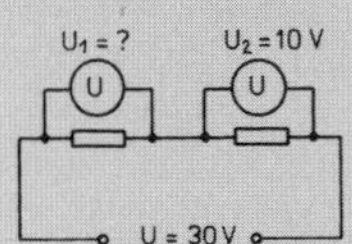

5. Welcher Strom fließt in der Lampe?

A 0
B 2,5 A,
C 4 A
D 5 A

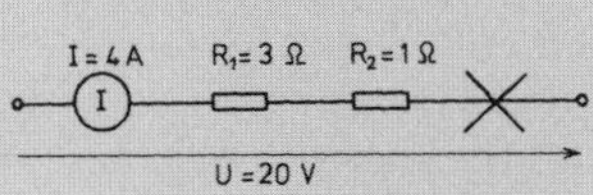

6. Wie groß sind U_1 und U_2, wenn R_1 dreimal so groß ist wie R_2?

	U_1	U_2
A	1,5 V	4,5 V
B	4,5 V	1,5 V
C	6 V	2 V
D	18 V	6 V

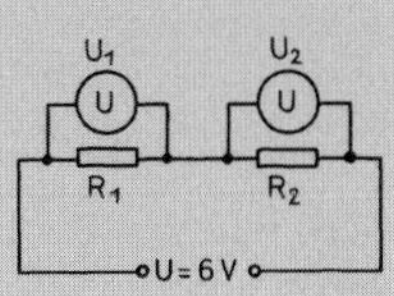

7. Nach welcher Regel können Sie das Ergebnis Ihrer Berechnung des Gesamtwiderstandes einer Parallelschaltung kontrollieren?
Der Gesamtwiderstand ist immer ...

A ... kleiner als der kleinste Einzelwiderstand.
B ... größer als der kleinste Einzelwiderstand.
C ... größer als der größte Einzelwiderstand.

8. Mit welcher Formel läßt sich der Gesamtwiderstand einer Parallelschaltung von zwei Widerständen berechnen?

A $R = R_1 + R_2$ **B** $R = \frac{R_1 + R_2}{R_1 \cdot R_2}$

C $R = \frac{R_1 \cdot R_2}{R_1 + R_2}$ **D** $\frac{1}{R} = \frac{1}{R_1 + R_2}$

9. Wie groß ist der Gesamtwiderstand folgender Schaltung?

A 1,2 Ω **C** 16,7 Ω
B 12 Ω **D** 50 Ω

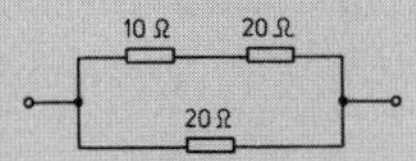

10. Wie groß ist der Gesamtwiderstand folgender Schaltung?

A 0,25 kΩ **C** 2,5 Ω
B 1 kΩ **D** 4 Ω

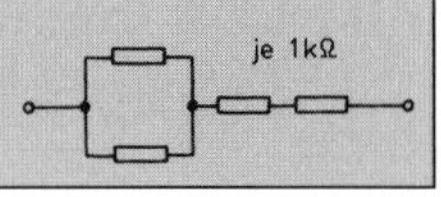

Tragen Sie hier Ihre Lösungen ein

1	2	3	4	5	6	7	8	9	10

Lektion 7: Der Kondensator

In den vorangegangenen Lektionen haben Sie als wichtigstes Bauelement der Elektrotechnik den elektrischen Widerstand mit seinen Schaltungsarten kennengelernt. In dieser und der folgenden Lektion werden Sie in ähnlicher Weise den Kondensator als Bauelement und in seinen Schaltungsarten kennenlernen. In elektronischen Geräten, in Sendern und Empfängern werden Sie an Bauelementen außer Widerständen recht häufig Kondensatoren finden.

Ein Kondensator besteht aus zwei voneinander isolierten, sich gegenüberstehenden Metallflächen (Bild 7-1) und dem dazwischen liegenden Isolierstoff (Dielektrikum, sprich: Di-Elektrikum).

7.1 Die elektrische Feldstärke

Wird an den beiden voneinander isolierten Metallplatten eine Gleichspannung gelegt, entsteht im Raum zwischen den Platten ein elektrisches Feld. Die Stärke des elektrischen Feldes ist um so größer, je höher die Spannung U zwischen den Platten und je kleiner der Abstand l ist.

Elektrische Feldstärke $\boxed{E = \frac{U}{l}}$

Achtung! Es heißt nicht U durch I wie beim Widerstand, sondern U durch l (kleines L wie Länge).

Ab einer bestimmten Feldstärke wird das Dielektrikum leitend, das heißt, solch ein Kondensator „schlägt durch". In Senderendstufen mit Röhren, bei denen mit sehr hohen Spannungen gearbeitet wird, müssen also Kondensatoren verwendet werden, deren Dielektrikum eine hohe Feldstärke verträgt beziehungsweise bei denen der Abstand der Platten relativ groß ist.

Beispiel: An einen Plattenkondensator, dessen Platten einen Abstand von 1 mm haben, wird eine Gleichspannung von 250 V gelegt. Wie groß ist die elektrische Feldstärke?

Lösung:

$$E = \frac{U}{l} = \frac{250\,\text{V}}{0{,}001\,\text{m}} = 250\,000\,\frac{\text{V}}{\text{m}}$$

Die Einheit der elektrischen Feldstärke ist das Volt pro Meter.

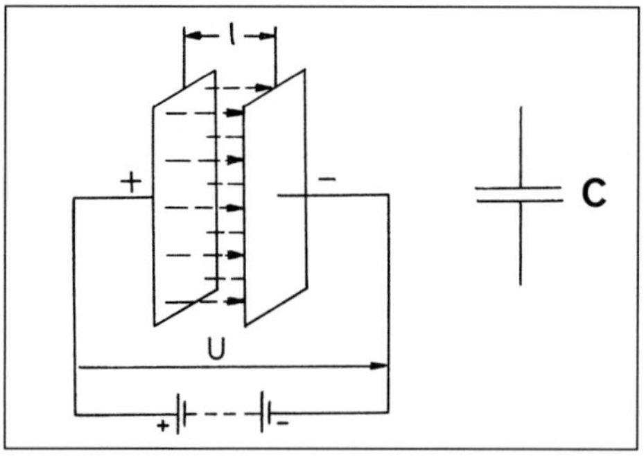

Abbildung 7-1: Kondensator und Schaltsymbol

7.2 Die Kapazität

Der Werkstoff zwischen den Platten (das Dielektrikum) ist elektrisch isolierend. In elektrischen Isolierstoffen gibt es nur wenige freie Elektronen. Fast alle Elektronen sind an den Atomkern gebunden. Liegt eine Gleichspannung an den Platten, erfolgt in dem Isolierstoff eine Ladungsverschiebung, da die negativen Elektronen von der positiven Platte angezogen werden. Es entstehen sogenannte Molekulardipole (Bild 7-2).

Entfernt man nun die Spannung als Ursache des elektrischen Feldes von den beiden Elektroden, dann bleibt der derzeitige Zustand erhalten. Durch die Molekulardipole werden die Ladungen auf den Platten gehalten.

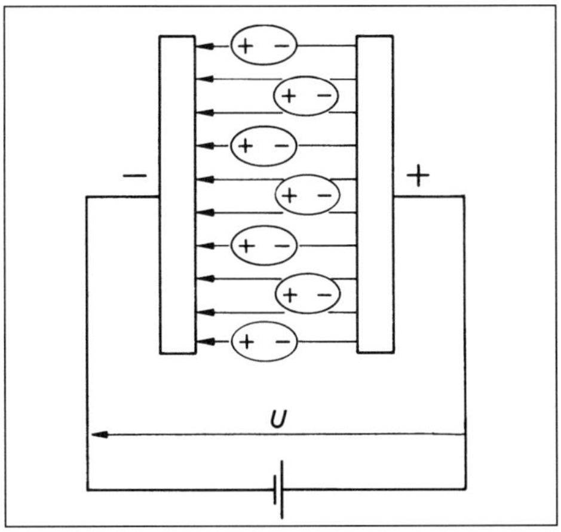

Abbildung 7-2: Molekulardipole

Es können also elektrische Ladungen auf den Platten eines Kondensators gespeichert werden. Dieses Speichervermögen bezeichnet man als Kapazität C. Ein Kondensator vermag um so mehr elektrische Ladungen zu speichern, je größer seine Kapazität und je höher die angelegte Spannung sind:

$$\boxed{Q = C \cdot U}$$

Die Kapazität *C* hängt von der Flächengröße *A* der gegenüberliegenden Metallflächen und dem Abstand *l* zwischen den Platten sowie von dem Werkstoff des Dielektrikums ab. Die, abhängig vom Werkstoff, mehr oder weniger ausgeprägten Molekulardipole des Dielektrikums beeinflussen die Fähigkeit des Kondensators, Ladungen zu speichern. Diese Eigenschaft wird in der Dielektrizitätszahl ε (griechisch: epsilon) ausgedrückt:

$$\varepsilon = \varepsilon_0 \cdot \varepsilon_r$$

Die Zahl ε_r gibt an, um wieviel mal größer die Kapazität des Kondensators bei einem bestimmten Dielektrikum gegenüber Vakuum ist. ε_r von Luft ist ungefähr 1. Das Speichervermögen im Vakuum wird durch die elektrische Feldkonstante ε_0 (epsilon null) ausgedrückt:

$$\varepsilon_0 = 8{,}85 \cdot 10^{-12} \frac{\mathrm{A\,s}}{\mathrm{V\,m}}$$

Die Einheit der Kapazität ist das Farad, abgekürzt F:

$$1\,\mathrm{F} = 1 \frac{\mathrm{A\,s}}{\mathrm{V}}$$

Die Einheit 1 Farad ist für die Praxis viel zu groß. Man rechnet mit Teilen der Einheit:

1 Mikrofarad	=	1 µF	=	10^{-6} F
1 Nanofarad	=	1 nF	=	10^{-9} F
1 Pikofarad	=	1 pF	=	10^{-12} F

Damit läßt sich die Kapazität eines Kondensators aus seinen geometrischen Abmessungen errechnen:

$$\boxed{C = \frac{\varepsilon_0 \cdot \varepsilon_r \cdot A}{l}}$$

Beispiel: Welche Kapazität besitzt ein Plattenkondensator, dessen quadratische Platten eine Kantenlänge von 4 cm (40 mm) haben und dessen Dielektrikum aus 0,3 mm dickem Glimmer mit $\varepsilon_r = 4$ besteht?

Lösung:
Fläche A = 40 mm · 40 mm = 0,0016 m²
Länge in m: l = 0,0003 m

$$C = \frac{8{,}85 \cdot 10^{-12}\ \mathrm{As} \cdot 4 \cdot 0{,}0016\,\mathrm{m}^2}{\mathrm{V\,m} \quad 0{,}0003\,\mathrm{m}}$$

$$C = \frac{188{,}8 \cdot 10^{-12}\ \mathrm{As} \cdot \mathrm{m}^2}{\mathrm{V\,m} \cdot \mathrm{m}} = 188{,}8\,\mathrm{pF}$$

7.3 Die Parallelschaltung von Kondensatoren

Wie bei Widerständen gibt es auch bei Kondensatoren eine Reihenschaltung, eine Parallelschaltung und die gemischte Schaltung.

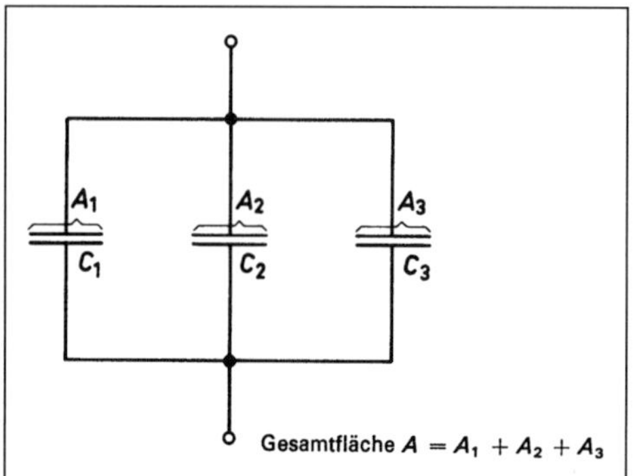

Abbildung 7-3: Parallelschaltung von Kondensatoren

Bei der Parallelschaltung vergrößert sich die wirksame Fläche der gegenüberstehenden Platten. Mit größerer Fläche ergibt sich eine im Verhältnis größere Kapazität. Daraus läßt sich folgendes ableiten:

Die Gesamtkapazität C bei der Parallelschaltung von Kondensatoren ist gleich der Summe der Einzelkapazitäten:

$$C = C_1 + C_2 + C_3 + \ldots$$

Beispiel: Zwei Kondensatoren mit den Kapazitäten C_1 = 330 pF und C_2 = 470 pF werden parallel geschaltet. Wie groß ist die Gesamtkapazität?
Lösung: C = 330 pF + 470 pF = 800 pF

Die Berechnung der Parallelschaltung von Kondensatoren entspricht der Berechnung der Reihenschaltung bei Widerständen.

7.4 Die Reihenschaltung von Kondensatoren

Die Reihenschaltung mehrerer Kondensatoren (Bild 7-4) entspricht einer Vergrößerung des Plattenabstandes, was wiederum eine Kapazitätsverminderung bedeutet. Die Gesamtkapazität ist bei einer Reihenschaltung kleiner als die kleinste Einzelkapazität:

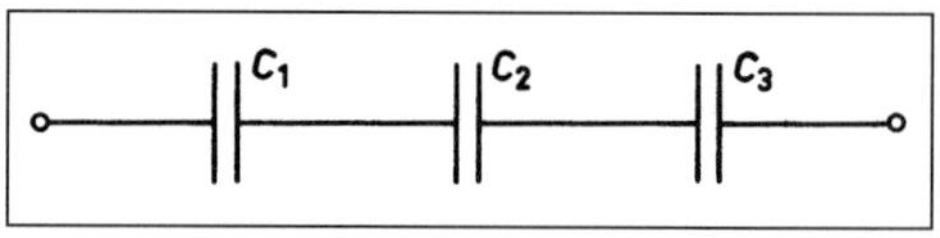

Abbildung 7-4: Reihenschaltung von Kondensatoren

$$\frac{1}{C} = \frac{1}{C_1} + \frac{1}{C_2} + \frac{1}{C_3} + \ldots$$

Diese Formel entspricht der Parallelschaltung von Widerständen. Weil es nicht sehr kompliziert ist, soll für interessierte Leser diese Formel aus bekannten Gesetzen hergeleitet werden. Die anderen Leser können hinter dem klein geschriebenen Text nach der Formel mit dem Beispiel weitermachen.

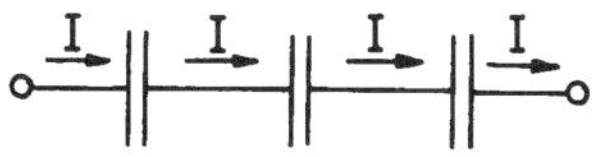

In einer Reihenschaltung muß bei der Ladung in jedem Kondensator kurzzeitig der gleiche Ladestrom fließen, denn die Elektronen, die eine Platte verlassen, fließen auf die andere Seite herauf. Damit erhält jeder Kondensator die gleiche Ladung.

Aus $Q = C \cdot U$ folgt $U = \frac{Q}{C}$

Die Gesamtspannung bei der Reihenschaltung ergibt sich aus der Summe der Einzelspannungen:

$$U = U_1 + U_2 + U_3 + \ldots$$

und jeweils für U = Q/C eingesetzt:

$$\frac{Q}{C} = \frac{Q_1}{C_1} + \frac{Q_2}{C_2} + \frac{Q_3}{C_3} + \ldots$$

Da die Ladungen alle gleich sind, kann man Q links und rechts kürzen und man erhält die oben bereits vorgestellte Formel.

Entsprechend der Formel für die Parallelschaltung von zwei Widerständen kann für die Reihenschaltung von zwei Kondensatoren folgende Formel hergeleitet werden:

$$C = \frac{C_1 \cdot C_2}{C_1 + C_2}$$

Beispiel: Berechnen Sie die Kapazität folgender gemischter Schaltung von Kondensatoren.

$C_1 = 2\ \mu F$
$C_2 = 1\ \mu F$
$C_3 = 2\ \mu F$

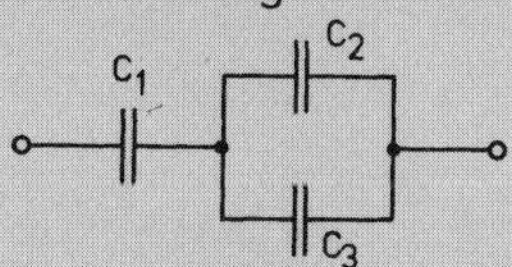

Lösung: Zunächst wird die Parallelschaltung von C_1 und C_2 berechnet:

$$C_{2/3} = 1\ \mu F + 2\ \mu F = 3\ \mu F$$

Dann wird die Reihenschaltung von C_1 und $C_{2/3}$ berechnet:

$$C = \frac{2 \cdot 3}{2 + 3} \mu F = 1{,}2\ \mu F$$

7.5 Das Temperaturverhalten der Kapazität

Genau wie Widerstände werden auch Kapazitätswerte von Kondensatoren durch die Temperatur beeinflußt. Den Zusammenhang zwischen Kapazität und Temperatur zu kennen ist für Funkamateure, die Funkgeräte noch selbst bauen, besonders wichtig, da nur durch richtige Wahl des Temperaturkoeffizienten der Kondensatoren im Oszillatorkreis die Senderfrequenz auch bei Temperaturänderungen konstant bleibt.

Der Temperaturbeiwert α_c (auch Temperaturkoeffizient TK_c genannt) gibt die Größe der Kapazitätsänderung pro Grad Temperaturerhöhung an. Die Kapazitätsänderung beträgt dann:

$$\Delta C = \pm\alpha_c \cdot C_{20} \cdot \Delta\vartheta$$

wobei C_k der Kapazitätswert bei 20°C und $\Delta\vartheta$ die Temperaturänderung in Kelvin bedeutet. Ein Kelvin Temperaturunterschied entspricht einem Grad Celsius Unterschied. Ist α_c positiv, bedeutet dies, daß die Kapazität des Kondensators bei Erwärmung größer wird, umgekehrt ist es bei negativem Beiwert.

Beispiel: Ein Kondensator vom Typ N100 mit der Kapazität 0,1 µF erwärmt sich bei Betrieb im Gerät von 20°C auf 60°C. Welche Kapazitätsänderung ergibt sich bei dieser Erwärmung?

Lösung: Der Temperaturbeiwert wird bei Kondensatoren meistens durch den Handelsnamen ausgedrückt. Der Buchstabe N bedeutet negativ, P positiv. Die Zahl gibt den TK in 10^{-6} pro Grad Temperaturänderung an. N100 bedeutet also $\alpha_c = -100 \cdot 10^{-6}/K$.

Die Temperaturänderung beträgt:

$\Delta\vartheta = 60\ °C - 20\ °C = 40\ °C = 40\ K$

Damit beträgt die Kapazitätsänderung:

$$\Delta C = -100 \cdot 10^{-6} \cdot 0{,}1\ \mu F \cdot 40 = -400\ pF$$

Die Kapazität des Kondensators wird also bei der Erwärmung um 400 pF kleiner.

7.6 Der Kondensator im Gleichstromkreis

Wird ein Kondensator an Gleichspannung angeschlossen, wird er aufgeladen. Hierzu soll ein Versuch gemacht werden (Bild 7-6).

Zu Beginn des Ladevorgangs zeigt der Strommesser kurzzeitig einen großen Strom, der mit zunehmender Ladezeit abnimmt (Bild 7-7).

Die Ladezeit wird gekennzeichnet durch die sogenannte Zeitkonstante τ (sprich: tau). In dieser Zeit steigt die Spannung auf 63 % der angelegten Ladespannung. Der Strom geht von seinem Anfangswert auf 37% zurück.

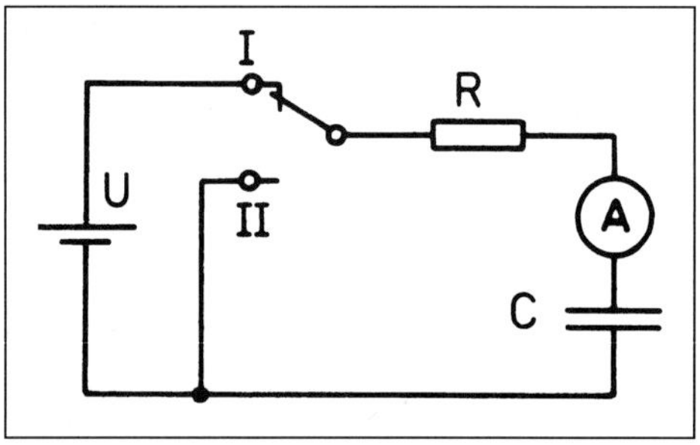

Abbildung 7-6: Schaltung zum Laden (I) und Entladen (II) eines Kondensators

Die Zeitkonstante ist abhängig von der Kapazität des Kondensators und vom Widerstand im Ladestromkreis:

$$\boxed{\tau = R \cdot C} \qquad \Omega \cdot \mathrm{F} = \frac{\mathrm{V}}{\mathrm{A}} \cdot \frac{\mathrm{A\,s}}{\mathrm{V}} = \mathrm{s}$$

τ ergibt sich in Sekunden, wenn man R in Ohm und C in Farad einsetzt.

Nach einer Zeit von 5 τ ist die Spannung auf etwa 99% angestiegen, der Strom hat nur noch etwa 1% seines Anfangswertes. Man sagt, nach 5 τ ist der Kondensator praktisch voll aufgeladen.

Beispiel: Berechnen Sie die Zeit, bis ein Kondensator von 10 µF über einen Widerstand von 100 kΩ voll aufgeladen ist.

Lösung:
$\tau = R \cdot C = 100 \cdot 10^3 \cdot 10 \cdot 10^{-6}\ \mathrm{s} = 1\ \mathrm{s}$
$5\tau = 5\ \mathrm{s}$
Voll aufgeladen ist der Kondensator nach fünf Sekunden.

Ähnlich verläuft der Vorgang beim Entladen (Bild 7-8).

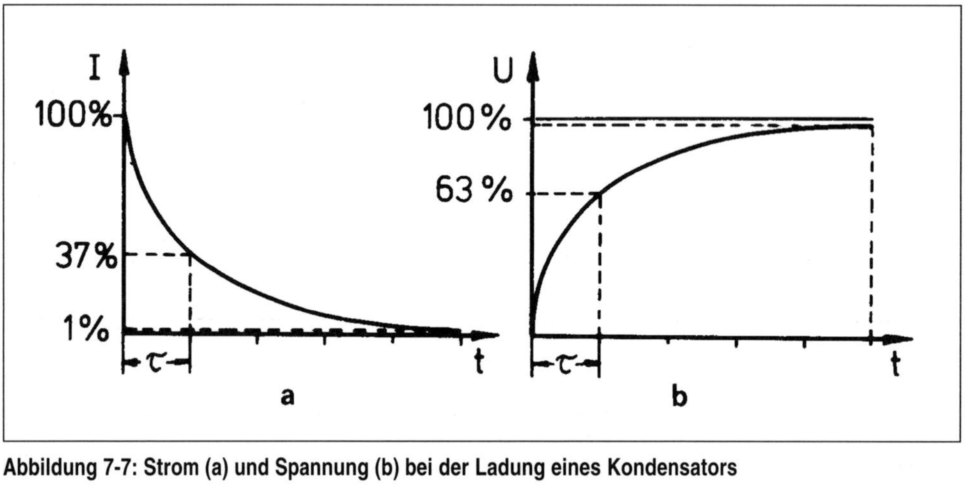

Abbildung 7-7: Strom (a) und Spannung (b) bei der Ladung eines Kondensators

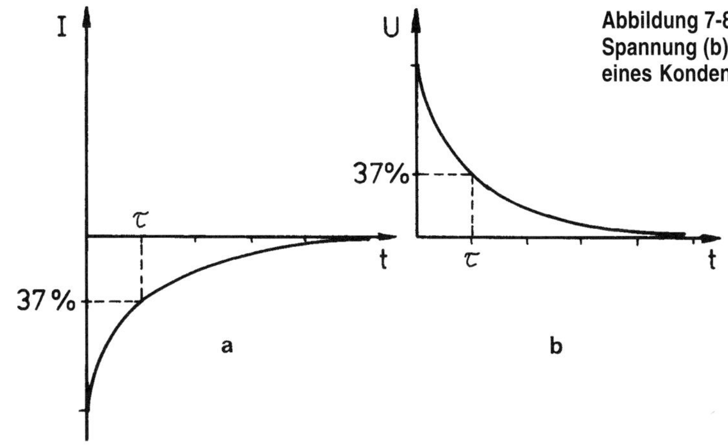

Abbildung 7-8: Strom (a) und Spannung (b) bei der Entladung eines Kondensators

Der auf U voll aufgeladene Kondensator entlädt sich über den Widerstand R. Es fließt ein Strom in entgegengesetzter Richtung (–I) durch das Meßinstrument. Es dauert wieder eine Zeitkonstante τ, bis der Strom von seinem Anfangswert auf 37% abgesunken ist. Nach der gleichen Funktion verläuft die Spannung des Kondensators.

7.7 Der Wechselstromwiderstand des Kondensators

Bei ständig abwechselnder Ladung und Entladung ergibt sich folgender Kurvenverlauf von Strom und Spannung (Bild 7-9).

Schließt man einen Kondensator an Wechselspannung an, entspricht dies einer dauernden Ladung und Entladung des Kondensators. Je schneller die Wechsel sind, desto rascher erfolgt die Umladung. Dabei zeigt ein Strommesser, der in den Stromkreis geschaltet ist,

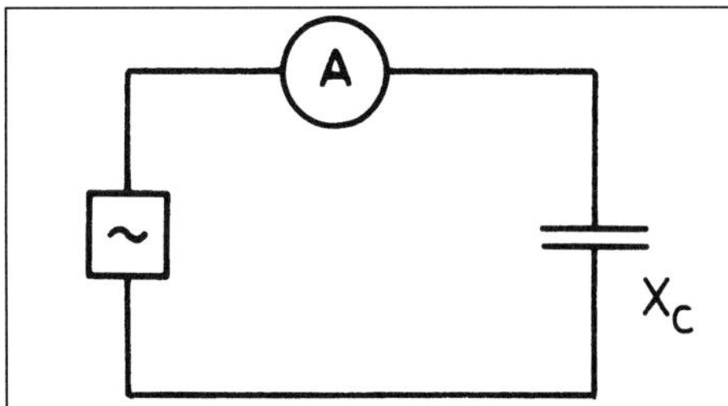

Abbildung 7-10: Kondensator an Wechselspannung

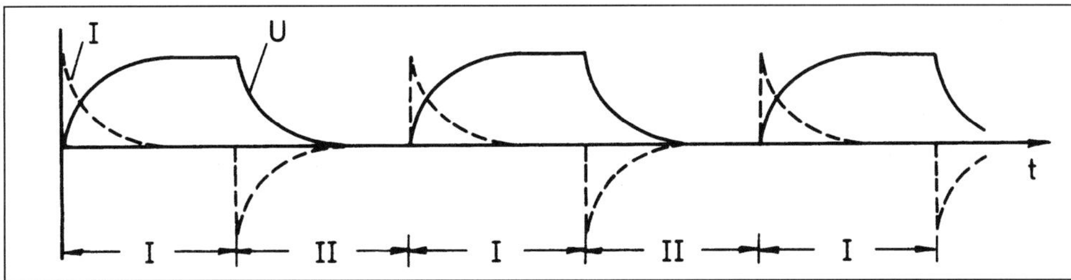

Abbildung 7-9: Kurvenverlauf bei ständiger Ladung (I) und Entladung (II) eines Kondensators

einen Wechselstrom an, der sich aus Lade- und Entladestrom zusammensetzt (Bild 7-10).

Wie beim "normalen" Widerstand nach dem Ohmschen Gesetz bezeichnet man das Verhältnis aus anliegender Spannung zum fließenden Wechselstrom als „Wechselstromwiderstand" des Kondensators X_C:

$$X_C = \frac{U_C}{I_C}$$

Strom und Spannung läßt sich im Wechselstromkreis bei relativ hohen Frequenzen schlecht messen. Deshalb soll noch eine andere Formel für den Wechselstromwiderstand eines Kondensators abgeleitet werden, wobei man X_C aus der Kapazität und der Frequenz berechnen kann.

Folgende Überlegungen dienen der Ableitung dieser Formel. Der Wechselstrom IC ist um so größer, je größer die Kapazität des Kondensators ist und je häufiger die Umladung erfolgt. Dies entspricht der Frequenz. Außerdem ist der Strom natürlich auch proportional der angelegten Spannung. Setzt man als Frequenz die Kreisfrequenz $\omega = 2\pi f$ ein, erhält man schon den gesuchten Zusammenhang:

$$I_C = \omega \cdot C \cdot U_C$$

Diese Gleichung wird etwas umgestellt und für U/I = X eingesetzt:

$$\frac{1}{\omega \cdot C} = \frac{U_C}{I_C} = X_C$$

oder:

$$X_C = \frac{1}{\omega \cdot C}$$

Mit dieser Formel läßt sich der Wechselstromwiderstand des Kondensators (auch kapazitiver Widerstand oder Blindwiderstand genannt) allein aus der Kapazität und der anliegenden Frequenz $\omega = 2\pi f$ berechnen.

Beispiel: Es soll der Wechselstromwiderstand eines Kondensators von 10 nF bei folgenden Frequenzen berechnet werden.
a) f = 15,9 kHz, b) f = 100 kHz,
c) f = 159 kHz.

Lösung:

a) $X_C = \frac{1}{\omega \cdot C} = \frac{1}{2\pi \cdot 15{,}9\,\text{kHz} \cdot 10\,\text{nF}} = 1\,\text{k}\Omega$

Bei der Eingabe in den Taschenrechner müssen Sie für k (kilo) Exponent +3 und für n (nano) Exponent –9 eintippen.
b) $X_C = 159\ \Omega$
c) $X_C = 100\ \Omega$

Aufgabe: Tragen Sie bitte diese drei Werte und eventuell einige weitere in das Diagramm (Bild 7-11) ein. Verbinden Sie die Werte durch eine Kurve. Schreiben Sie an diese Kurve den Wert C = 10 nF dran.

Mit steigender Frequenz sinkt der Wechselstromwiderstand des Kondensators.

Abbildung 7-11: Diagramm zum Eintragen der Werte für den Wechselstromwiderstand eines Kondensators

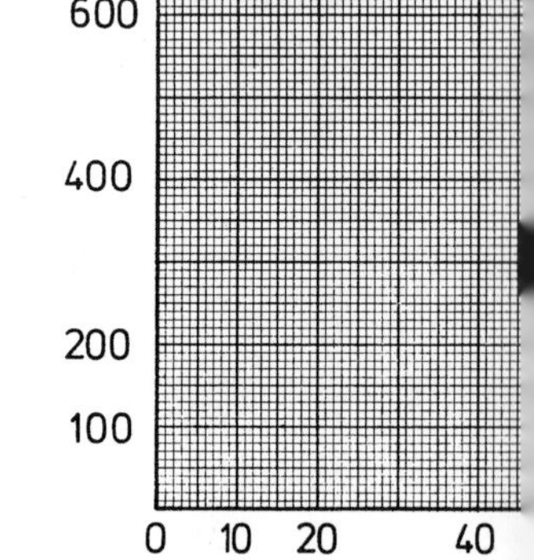

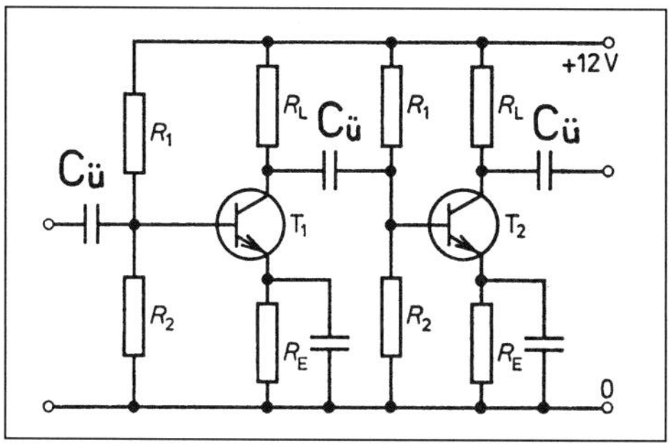

Abbildung 7-12: Zweistufiger Transistorverstärker mit Kondensatorkopplung

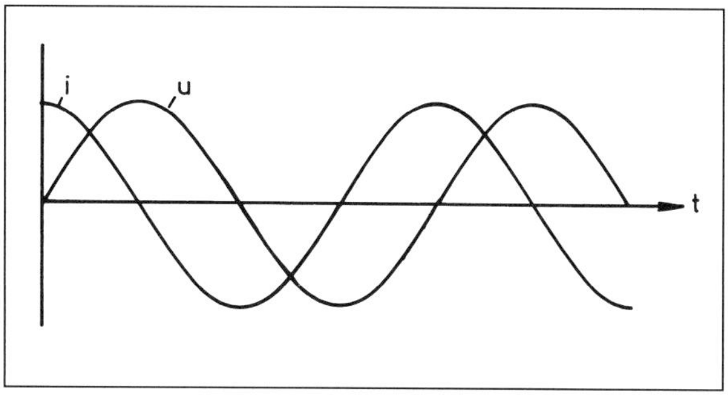

Abbildung 7-13: Strom und Spannung am Kondensator

Ein Kondensator stellt also für Wechselstrom einen Widerstand dar, während er Gleichstrom sperrt. Deshalb wird ein Kondensator (Übertragungskondensator $C_Ü$) zur Kopplung von Verstärkerstufen eingesetzt (Bild 7-12).

Zwischen Strom und Spannung herrscht bei einem idealen Kondensator an Wechselspannung eine Phasenverschiebung von 90° (Bild 7-13).

Und zwar eilt der Strom der angelegten Spannung vor. Dieses ist folgendermaßen erklärbar. Legt man an einen ungeladenen Kondensator (U_C = 0) eine Spannung an, fließt zunächst ein großer Ladestrom, dann steigt die Spannung am Kondensator und der Strom nimmt ab.

Eselsbrücke:
Kondensat<u>or</u> – Strom eilt <u>vor</u>.

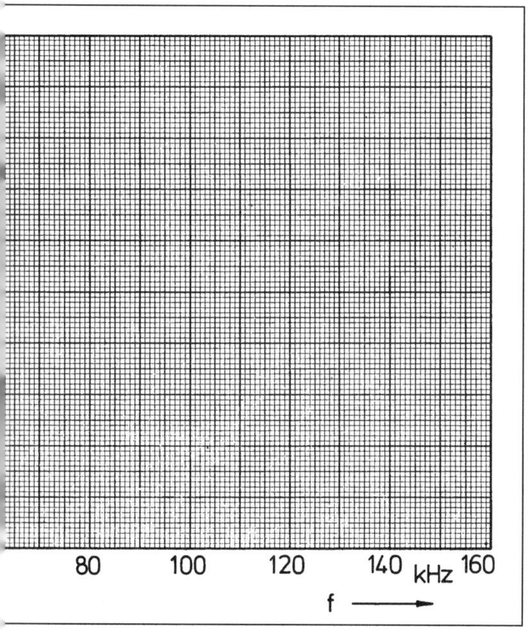

7.8 Der Verlustfaktor des Kondensators

Liegt eine Wechselspannung am Kondensator, wird ein kleiner Teil der zur Elektronenverschiebung im Dielektrikum geleisteten Arbeit in Verlustwärme umgesetzt. Die Stärke der Wärmeentwicklung ist vom Material und von der Frequenz der angelegten Wechselspannung abhängig (Bild 7-14).

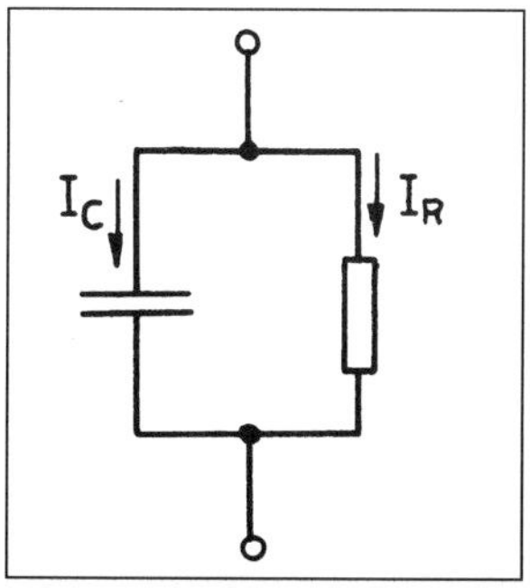

Abbildung 7-14: Der Verlustwiderstand

Man stellt sich vor, daß die Verlustwärme durch den Strom eines parallelgeschalteten Widerstandes hervorgerufen wird. Das Verhältnis des Wechselstroms I_R durch diesen Widerstand zum Strom I_C durch den Kondensator bezeichnet man als Verlustfaktor tan δ (sprich: tangens delta). Dieser ist im Diagramm Bild 7-15 aufgetragen.

$$\tan\delta = \frac{I_R}{I_C} = \frac{X_C}{R}$$

Für die Anwendung im Hochfrequenzbereich muß ein Kondensator nach diesem Verlustfaktor ausgewählt werden.

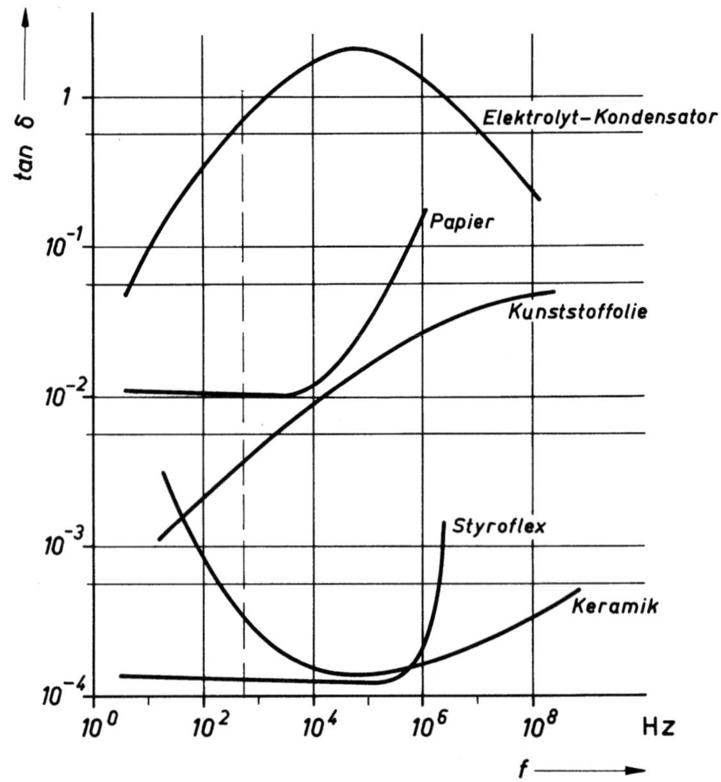

Abbildung 7-15: Abhängigkeit des Verlustfaktors von der Frequenz für verschiedene Kondensatortypen

7.9 Aufgaben zur Lektion 7

Bitte versuchen Sie zunächst ohne Hilfe die acht Aufgaben zu lösen. Vergleichen Sie Ihre Ergebnisse mit den im Anhang angegebenen Lösungen, und ermitteln Sie die erreichte Punktzahl. Die Maximalpunktzahl ist jeweils in Klammern angegeben. Bei 26 Punkten von maximal 35 Punkten (75%) hätten Sie die Prüfung zum Amateurfunkzeugnis bestanden.

1. a) (3) Von welchen Größen ist die Kapazität eines Plattenkondensators abhängig?
b) (3) Wie ist der formelmäßige Zusammenhang zwischen diesen Größen?

2. Wie groß ist die Gesamtkapazität, wenn drei Kondensatoren von 40, 60 und 120 pF a) (3) in Reihe, b) (2) parallel geschaltet sind?

3. (4) Je ein Kondensator von 20 und 30 pF werden in Serie geschaltet. Wie groß ist die Ersatzkapazität dieser Reihenschaltung?

4. Zwei Kondensatoren sind in Reihe geschaltet. Wie können Sie a) (2) die Gesamtkapazität b) (2) den Wechselstromwiderstand berechnen (Formeln)?

5. (3) Wie ändert sich der Wechselstromwiderstand eines Kondensators, wenn die Frequenz steigt?

6. (4) Berechnen Sie den Wechselstromwiderstand eines Kondensators von 159 pF bei einer Frequenz von 2 MHz.

7. (4) Der Wechselstromwiderstand eines Kondensators beträgt 318 Ω bei einer Frequenz von 1 kHz. Wie groß ist der Wechselstromwiderstand bei 2 kHz?

8. (5) Wie lange dauert es, bis ein voll geladener Kondensator von 4000 μF über einen Widerstand von 12 kΩ praktisch ganz entladen ist?

Raum für Ihre Lösungen

Lektion 8: Bauformen von Kondensatoren

Nachdem Sie in der vorigen Lektion viel Theorie über den Kondensator erfahren haben, geht es in dieser Lektion um den Kondensator in der Praxis. Kondensatoren lassen sich grundsätzlich in Festkondensatoren und veränderbare Kondensatoren unterteilen. Festkondensatoren werden meistens nach der Art ihres Dielektrikums bezeichnet. Zur Kennzeichnung von Kondensatoren benötigt man folgende Angaben:

- **Kapazitätswert (Nennwert)**
- **zulässige Abweichung vom Nennwert (Toleranz)**
- **höchstzulässige Betriebsspannung**
- **zulässiger Temperaturbereich**

8.1 Luftkondensatoren

Typisch beim Luftkondensator ist ein Aufbau aus Aluminiumplatten. Zwischen den Platten befindet sich als Dielektrikum nichts, also die normale Umgebungsluft. Das Dielektrikum Luft hat eine niedrige Dielektrizitätskonstante, genauer gesagt keine, also $\varepsilon_r = 1$. Deshalb lassen sich bei relativ großen Abmessungen nur relativ kleine Kapazitätswerte erreichen. In bezug auf Konstanz, Belastbarkeit und Verlusten haben sie allerdings sehr günstige Werte. Außerdem kann man durch mechanische Anordnung sehr leicht eine Veränderbarkeit erreichen (Bild 8-1).

Bei der Berechnung der Kapazität des Plattenkondensators werden die Kapazitätswerte der gegenüberstehenden Plattenflächen addiert. Da immer eine Platte mehr vorhanden ist als Zwischenräume, errechnet sich die Kapazität nach folgender Formel, wobei n die Anzahl der Platten bedeutet:

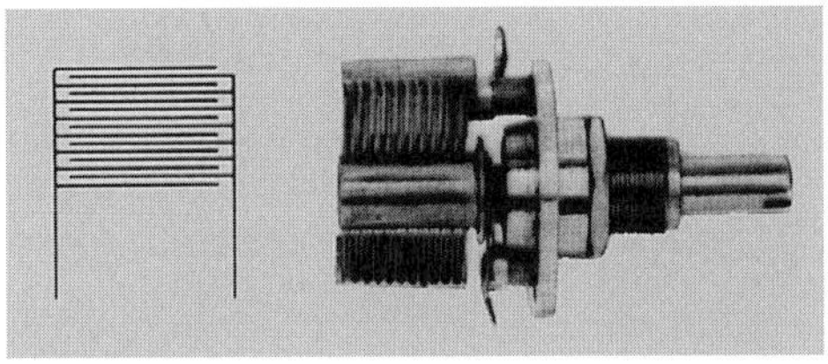

Abbildung 8-1: Bauform eines Luftkondensators

$$C = (n-1)\frac{\varepsilon \cdot A}{l}$$

Beispiel: Wie groß ist die Kapazität eines Luftdrehkondensators, bei dem die Fläche der gegenüberstehenden Platten maximal 10 cm² beträgt? Der Abstand zwischen den drehbaren Platten und den feststehenden Platten ist 1 mm. Der Kondensator besteht aus 19 Rotor- und 20 Statorplatten.

Hinweis: $\varepsilon = \varepsilon_0 \cdot \varepsilon_r$

$$\varepsilon_0 = 8{,}85 \cdot 10^{-12}\,\frac{\mathrm{A\,s}}{\mathrm{V\,m}}$$

Lösung: n = 39

$$C = 38\,\frac{8{,}85 \cdot 10^{-12}\ \mathrm{A\,s} \cdot 10\,\mathrm{cm} \cdot 10\,\mathrm{cm}}{\mathrm{V\,m} \cdot 0{,}1\,\mathrm{cm}}$$

Einmal kann man cm kürzen. Die 10 cm wandelt man in 0,1 m um und kürzt dann m. As/V ergeben dann Farad und 10^{-12} ist piko.
Ergebnis mit dem Taschenrechner gerechnet: C = 336 pF

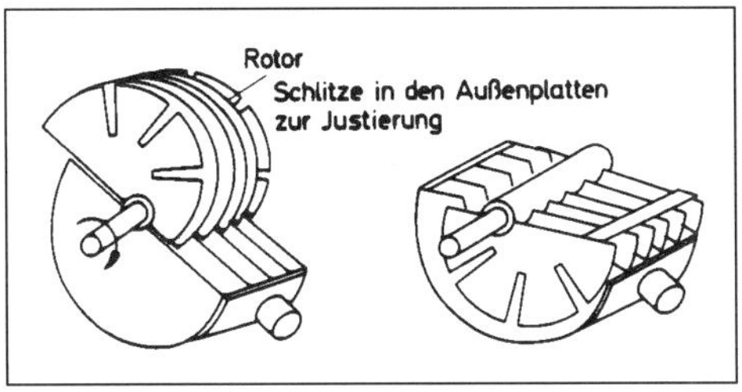

Abbildung 8-2: Bauform eines Drehkondensators

Veränderbare Kondensatoren werden vorwiegend als Luftkondensatoren oder mit eingefügten Kunststoffolien ausgeführt. Bei Drehkondensatoren (Drehkos) wird durch Drehung die gegenüberliegende Fläche der Platten verändert. Die Kapazität ändert sich mit dem Drehwinkel. Der bewegliche Teil des Drehkos heißt Rotor, der andere Stator (Bild 8-2).

Ist der veränderbare Kondensator nur mit Hilfe eines Werkzeuges (z.B. Schraubendreher) im Innern des Gerätes zu bedienen, nennt man ihn „Trimmerkondensator" oder kurz Trimmer. Trimmer gibt es in den verschiedensten Ausführungsformen (Bild 8-3).

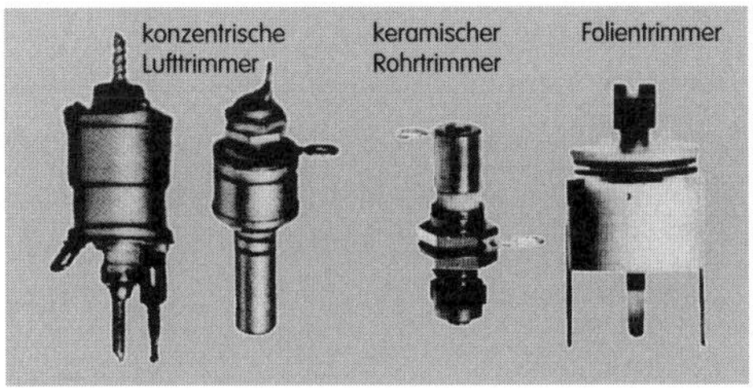

Abbildung 8-3: Ausführungsformen von Trimmern

8.2 Papierkondensatoren

Die Kondensatorbeläge werden von dünnen Metallfolien gebildet, die durch ein dünnes getränktes Papier als Dielektrikum getrennt sind. Um große Kapazitätswerte auf kleinstem Raum zu erreichen, rollt man die Folien samt Dielektrikum unter Verwendung eines weiteren Isolierpapiers zu einem Kondensatorwickel (Bild 8-4).

Zum Schutz gegen Beschädigung und Feuchtigkeit werden die Wickel entweder in einer geeigneten Masse eingegossen (Wickelkondensator Bild 8-5 a) oder in einem Metallgehäuse untergebracht (Becherkondensator Bild 8-5 b).

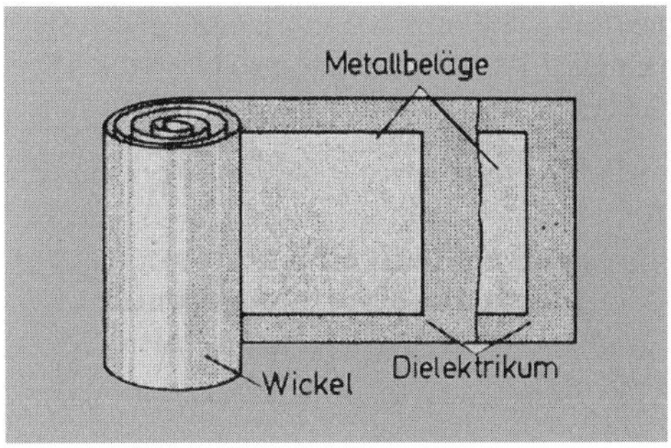

Abbildung 8-4: Aufbau des Wickelkondensators

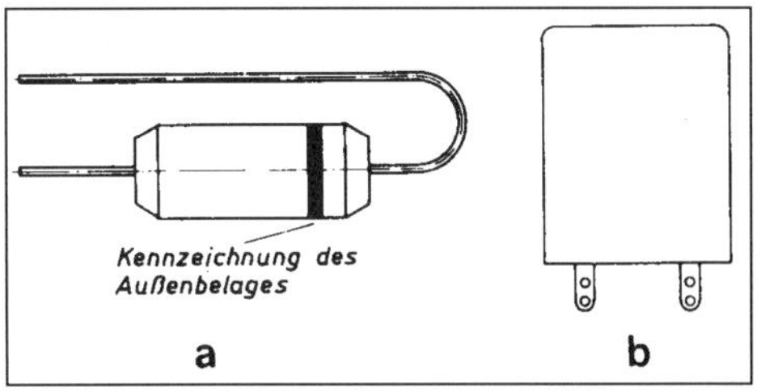

Abbildung 8-5: Papierkondensatoren

Papierkondensatoren sind preiswert. Sie werden im Niederfrequenzbereich bei kleinen Spannungen angewendet und überall da, wo der verhältnismäßig große Verlustfaktor und die durch Alterung hervorgerufene Kapazitätsänderung keine große Rolle spielen. Sie sind für Sender mit hohen Spannungen und den hohen Frequenzen nicht geeignet.

8.3 Metallpapierkondensatoren

Bei Metallpapierkondensatoren (MP-Kondensatoren) ist auf ein dünnes getränktes Papier eine dünne Metallschicht (etwa 0,1 µm stark, also weniger als ein tausendstel Millimeter) aufgedampft. Dadurch werden die Abmessungen noch verkleinert, und es können höhere Kapazitätswerte erreicht werden. MP-Kondensatoren werden etwa wie Papierkondensatoren als Wickelkondensatoren hergestellt (Bild 8-6).

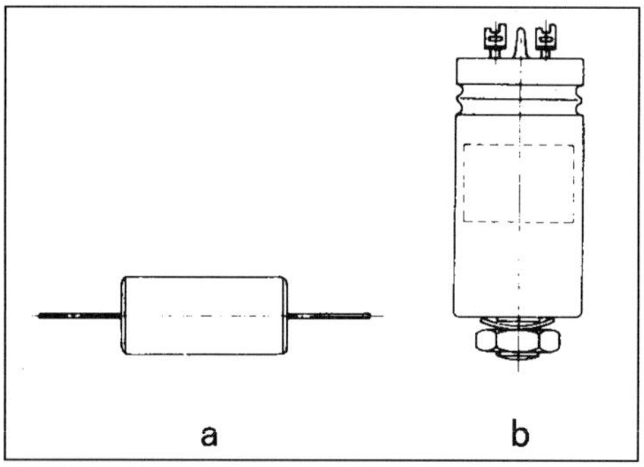

Abbildung 8-6: Bauformen von MP-Kondensatoren

Die sehr dünnen Metallschichten als Beläge haben noch folgenden Vorteil: Im Falle eines Durchschlags entsteht im Dielektrikum ein kurzer Lichtbogen, dessen Wärme die Metallschicht in der Nähe des Durchschlags verdampfen läßt. Die Fehlerstelle wird auf diese Weise vom leitfähigen Belag befreit. MP-Kondensatoren sind „selbstheilend".

8.4 Kunststoffolienkondensatoren

Kunststoffolienkondensatoren werden in verschiedenen Ausführungen mit unterschiedlichen elektrischen Eigenschaften angeboten. Kennzeichnend für alle Kunststoffolienkondensatoren ist das Dielektrikum in Form einer Kunststoffolie aus Polyester oder Polykarbonat. Als elektrisch leitender Belag dient entweder eine Aluminiumfolie oder aufgedampftes Metall (Bild 8-7).

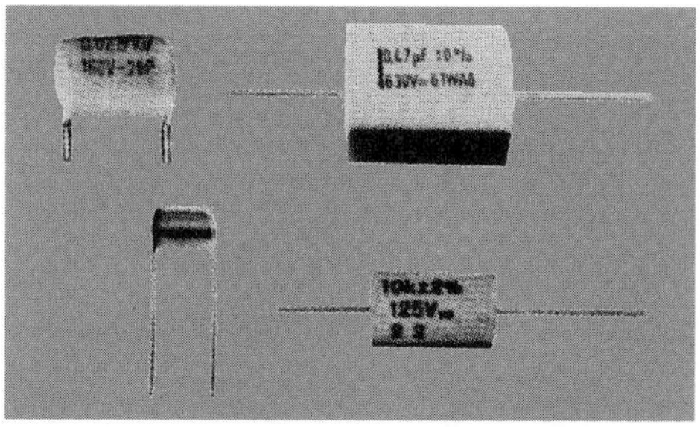

Abbildung 8-7: Bauformen von Kunststoffolienkondensatoren

Auch die Styroflexkondensatoren mit dem Dielektrikum Polystyrolfolie gehören zu den Kunststoffolienkondensatoren. Der Belag besteht aus Aluminium- oder Zinnfolie.

Nach dem Wickeln läßt man die Folie durch Wärme schrumpfen, wodurch eine hohe Konstanz der Kennwerte erreicht wird. Polystyrol hat außerdem geringe Verluste, so daß Styroflexkondensatoren besonders bei Schwingkreisen für Hochfrequenz eingesetzt werden. Hier ist auch der negative Temperaturkoeffizient des Kondensators günstig, weil

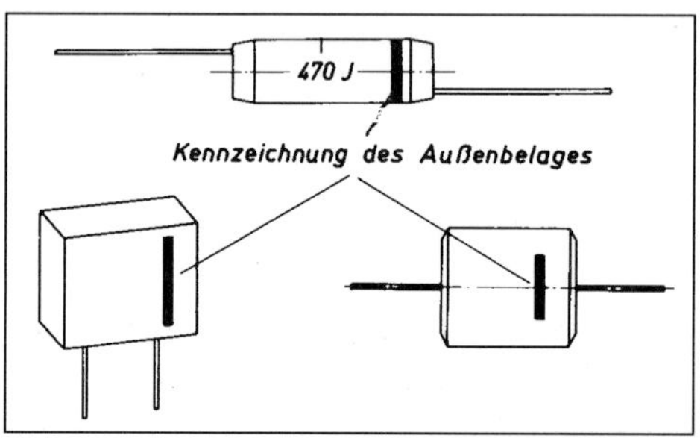

Abbildung 8-8: Bauformen von Styroflexkondensatoren

der TK der Spulen meistens positiv ist und dadurch der Gesamttemperaturkoeffizient besser wird.

Die Nennkapazität wird in pF angegeben. Der Kennbuchstabe gibt die Kapazitätstoleranz an und die Farbe der Außenbelagskennzeichnung die Spannung in Volt (Bild 8-8).

	Toleranz	Farbe	
F	± 1 pF (C≤40 pF)	Blau	25 V
H	± 2,5 %	Gelb	63 V
J	± 5 %	Rot	160 V
K	± 10 %	Schwarz	630 V
M	± 20 %		

8.5 Glimmerkondensatoren

Glimmerkondensatoren sind meistens als Schichtkondensatoren mit dünnen Glimmerblättchen als Dielektrikum aufgebaut.

Glimmer besitzt eine hohe Durchschlagsfestigkeit, ist weitgehend unempfindlich gegen Wärme, hat sehr geringe Verluste und ei-

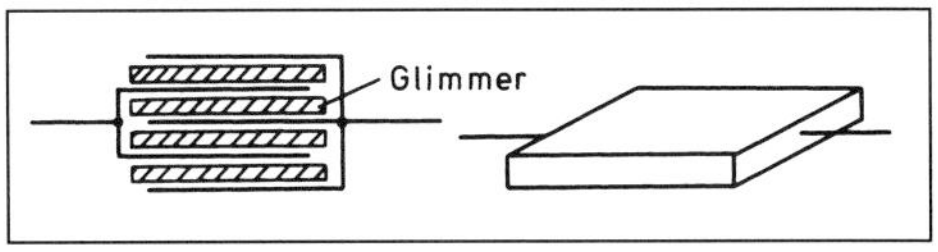

Abbildung 8-9: Aufbau des Glimmerkondensators

nen kleinen TK. Aus diesen Gründen sind Glimmerkondensatoren zum Einsatz bei Senderendstufen gut geeignet.

8.6 Keramikkondensatoren

Keramikkondensatoren werden im Amateurfunk am häufigsten verwendet. Deshalb sollen Aufbau und Kennzeichnung hier besonders ausführlich beschrieben werden.

Erst die Entwicklung von Keramikmassen mit den sehr hohen Dielektrizitätszahlen war der Anlaß für den einfachen und raumsparenden Aufbau von Kondensatoren. Die Keramikmasse stellt gleichzeitig Grundkörper und Gehäuse dar.

Es gibt es sie als Röhrchenkondensatoren (Bilder 8-10 a und b), als Scheibenkondensatoren (Bild 8-10 c), als Durchführungskonden-

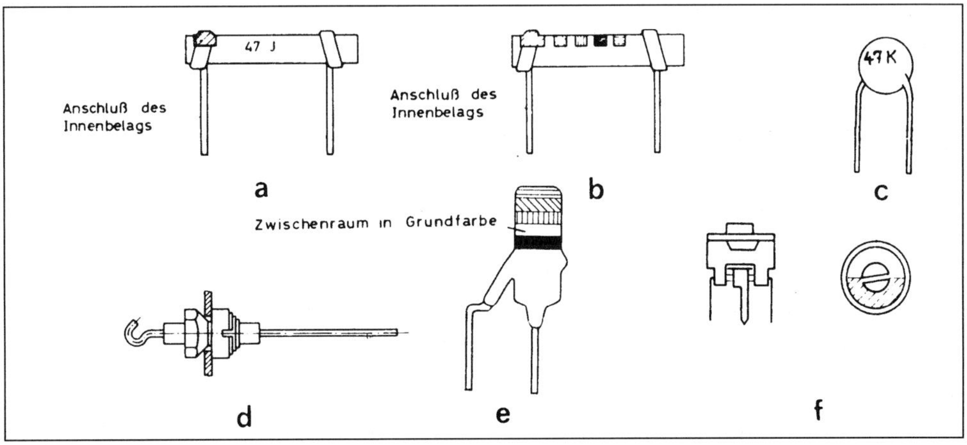

Abbildung 8-10: Bauformen von Keramikkondensatoren

satoren (d), als Standkondensatoren (e) oder als Trimmer (f). Als Anschluß der aufgebrannten Metallbeläge dienen Lötfahnen oder Anschlußdrähte.

Bei der SMD-Technik (surface mounted device) entfallen die Anschlußdrähte. Die äußeren Beläge selbst werden zum Auflöten auf die Schaltungsplatine oder zum Befestigen des Bauteils benutzt.

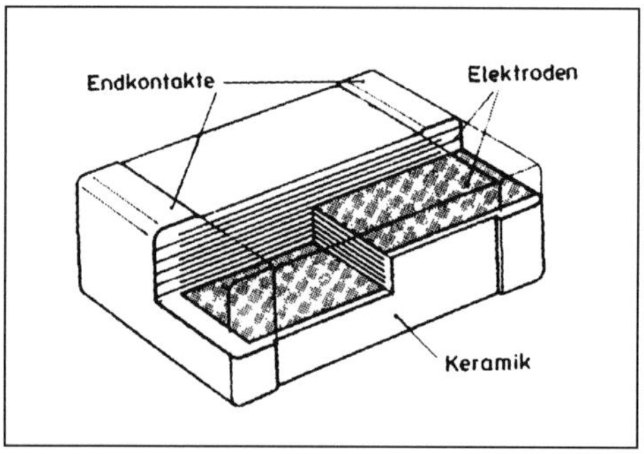

Abbildung 8-11: Keramik-Chip-Vielschicht-Kondensator

Um eine größere Kapazität zu erzielen, werden diese SMD-Kondensatoren ebenfalls geschichtet, wie es bei den Luftkondensatoren bereits gezeigt wurde (Bild 8-11).

Die keramischen Kondensatoren werden nach den Richtlinien der Internationalen Elektrotechnischen Kommission (IEC) in drei Klassen eingeteilt:

- Typ 1: Keramikkondensator mit niedriger Dielektrizitätskonstante (NDK)
- Typ 2: Keramikkondensator mit hoher Dielektrizitätskonstante (HDK)
- Typ 3: Sperrschichtkondensatoren

Keramische Kondensatoren vom Typ 1 haben einen kleinen Verlustfaktor und je nach Keramikmasse geringe positive sowie sehr geringe bis mittlere negative Werte des TKC. Sie werden deshalb in frequenzbestimmenden Schwingkreisen und Filtern der Hochfrequenz eingesetzt. Ihre Grundfarbe ist grau.

Keramikkondensatoren mit hoher Dielektrizitätszahl (Typ 2) werden für hohe Kapazitätswerte bei kleinsten Abmessungen angeboten. Dafür sind die elektrischen Eigenschaften etwas ungünstiger. Sie werden für Siebung, Kopplung und zum Abblocken im Hochfrequenzbereich eingesetzt, soweit hoher Verlustfaktor und hoher TKC von geringer Bedeutung sind. Der Einsatz in Starkstromanlagen ist nicht zulässig. Ihre Grundfarbe ist braun.

Bei keramischen **Sperrschichtkondensatoren** (Typ 3) wird eine nicht leitende Keramik durch eine bestimmte Behandlung leitend gemacht. Sie erhält dann eine dünne isolierende Schicht (Bild 8-12).

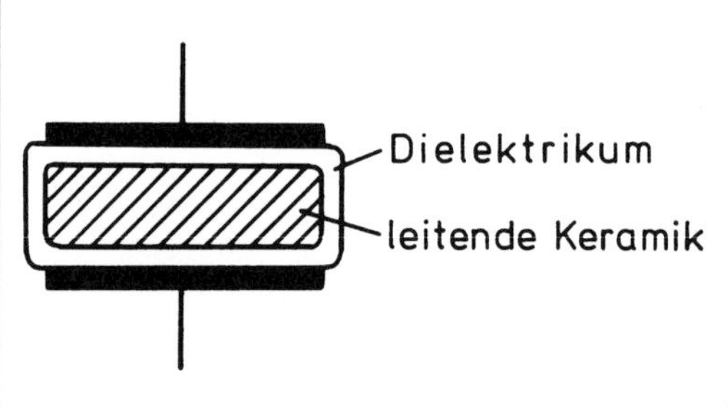

Abbildung 8-12: Aufbau des Sperrschichtkondensators

Auf jeder Seite der Keramikscheibe wird ein Belag angebracht. Es ergibt sich dann zwischen den Belägen eine Reihenschaltung zweier Kondensatoren hoher Kapazität.

Keramische **Leistungskondensatoren** werden eingesetzt, wenn Kleinkondensatoren hinsichtlich ihrer Belastbarkeit durch Spannung, Strom (z.B. hochfrequenter Wechselstrom beim Sender) nicht ausreichen. Durch besondere keramische Werkstoffe und großen Abstand der Beläge können Kondensatoren bis etwa 15 kV Nennspannung hergestellt werden. Es gibt sie als Topfkondensator (Bild

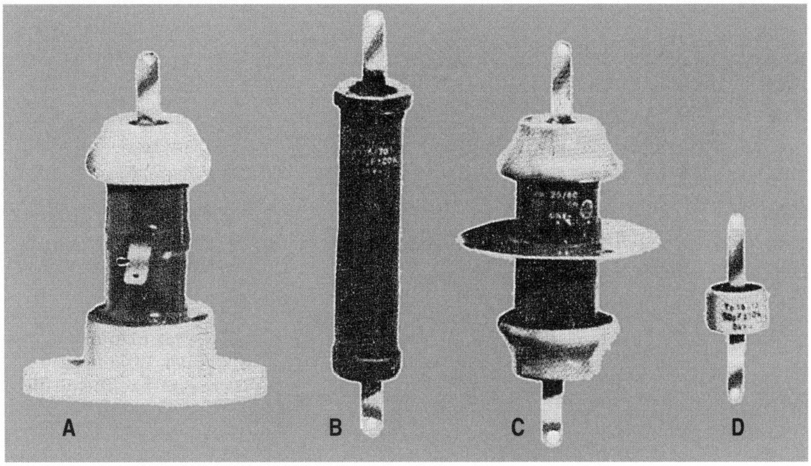

Abbildung 8-13: Leistungskondensatoren

8-13 A), Wulstkondensator (B), Durchführungskondensator (C) oder Tonnenkondensator (D). Sie werden bei den Senderendstufen hoher Leistung verwendet.

Keramische **Durchführungskondensatoren** unterscheiden sich in ihrer physikalischen Wirkungsweise nicht von anderen keramischen Kondensatoren. Das Wesentliche ist ihr mechanischer Aufbau (Bild 8-10 d und 8-13 C). Die beiden Drahtanschlüsse bilden eine Durchführung (Leitung), und der Schraubanschluß verbindet die Gegenelektrode des Kondensators mit dem Chassis. Durchführungskondensatoren werden zum Abblocken von stromführenden Leitungen vor allem im UKW-Bereich eingesetzt.

8.7 Der Elektrolytkondensator

Eine Elektrode des Elektrolytkondensators besteht aus einer Metallschicht (meistens Aluminium), deren Oberfläche zur Vergrößerung der wirksamen Fläche aufgerauht ist. Die Gegenelektrode bildet eine leitende, eingedickte Flüssigkeit, der Elektrolyt (Bild 8-14).

Bei richtiger Polung – Plus an Alu-Elektrode, Minus an Gegenelektrode mit Elektrolyt – bildet sich zwischen Aluminiumelektrode und Elektrolyt eine sehr dünne, nicht leitende Aluminiumoxidschicht aus, die als Dielektrikum wirkt. Bei entgegengesetzter Polung wird die Oxidschicht zersetzt und der Kondensator leitet.

Bei gepolten Elektrolytkondensatoren muß also unbedingt auf die richtige Polung geachtet werden. *Ungepolte* Elkos erhält man durch Gegenreihenschaltung.

Elektrolytkondensatoren besitzen wegen des durch die dünne Oxidschicht bedingten Elektrodenabstands sehr hohe Kapazitätswerte. Sie sind empfindlich gegen Überspannungen und haben einen hohen Verlustfaktor. Sie werden als Koppelkondensatoren im Niederfrequenzbereich und als Siebkondensatoren verwendet.

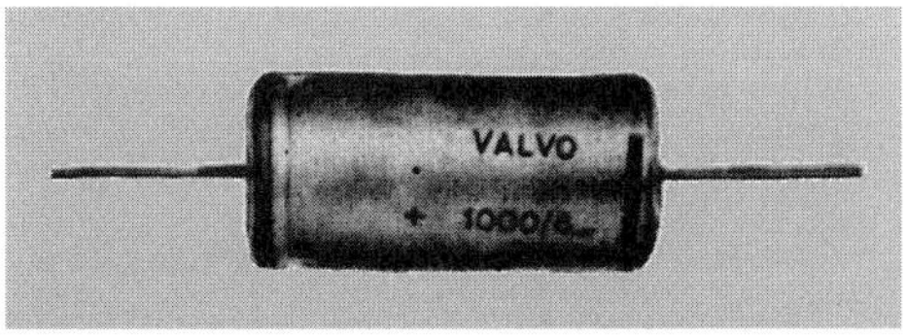

Abbildung 8-14: Elektrolytkondensator

Bei längerer spannungsloser Lagerung bilden sich Fehlstellen in der Oxidschicht, die nach Anlegen einer Gleichspannung wieder ausheilen. Um festzustellen, ob ein Elko noch gut ist, legt man ihn an Nennspannung und mißt nach 5 Minuten den Gleichstrom. Er sollte 0,2 µA pro µF und pro Volt nicht übersteigen, bei Niedervoltelkos zuzüglich 200 µA.

Die Kapazität kann man nach folgendem Verfahren messen. Der Elko wird auf Nennspannung aufgeladen und 5 Minuten nach Erreichen dieser Spannung über einen Spannungsmesser mit hohem Innenwiderstand bis auf 37% der Nennspannung entladen. Die Entladezeit wird gemessen und die Kapazität aus der Beziehung über die Zeitkonstante $\tau = R \cdot C$ errechnet:

$$C = \frac{\tau}{R}$$

τ in Sekunden
R in MΩ
C in µF

Beispiel: Über ein Meßgerät mit einem Innenwiderstand von 0,5 MΩ wurde ein Elko bis auf 37% der Anfangsspannung entladen. Es dauerte 60 Sekunden. Wie groß ist die Kapazität des Elkos?

Lösung:

$$C = \frac{\tau}{R} = \frac{60}{0{,}5}\,\mu F = 120\,\mu F$$

8.7.1 Kennzeichnung von Elektrolytkondensatoren

Wie im Bild 8-14 zu sehen ist, wird der Kapazitätswert in Mikrofarad und die Nennspannung in Volt als Zahlenwert mit Schrägstrich aufgedruckt, z.B. 1000/6, also 1000 µF und 6 Volt.

Entweder wird der Pluspol durch das Pluszeichen (+) oder der Minuspol durch einen schwarzen Ring gekennzeichnet. Bei Becherkondensatoren liegt der Minuspol meistens am Gehäuse. Oft werden noch Herstellungstoleranz, Temperaturbereich und Herstellungsdatum verschlüsselt aufgedruckt.

8.8 Der Tantal-Elektrolytkondensator

Der Tantal-Elko ist im Prinzip ein weiterentwickelter Aluminiumelektrolytkondensator. Der Pluspol (Anode) besteht aus porösem gesintertem Tantal und ist mit einer durch Formierung erzeugten Tantaloxidschicht überzogen, die als Dielektrikum wirkt (Bild 8-15).

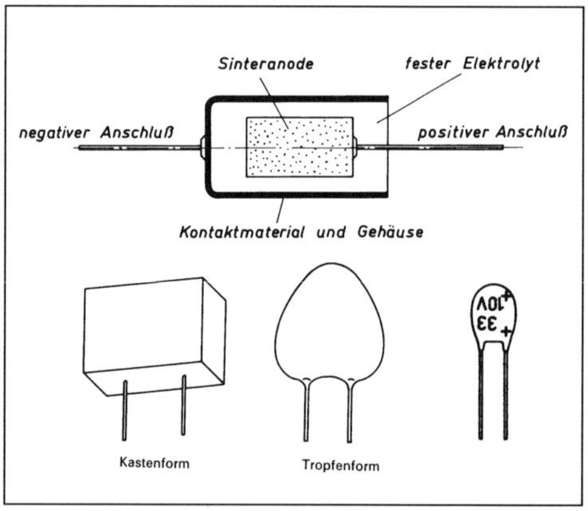

Abbildung 8-15: Der Tantal-Elko

Tantal-Elektrolytkondensatoren mit festem Elektrolyt sind wesentlich unempfindlicher gegenüber Frequenz- und Temperatureinflüssen als alle anderen Arten von Elektrolytkondensatoren.

Dieser Tantal-Elektrolytkondensator ist am weitesten verbreitet. Seine wesentliche Eigenschaft ist die hohe Lebensdauer und die gute Beständigkeit der Kennwerte, da der Elektrolyt aus einem Halbleiter in festem Zustand über sehr lange Zeit unverändert bleibt.

8.9 Farbkennzeichnung von Kondensatoren

Der erste und der zweite Ring geben die zwei Ziffern des Wertes an. Der dritte Ring (bei Tantals der Farbpunkt) ergeben den Multiplikator, bei keramischen Kondensatoren in pF, bei Elkos in µF gemäß folgender Tabelle:

Farbe	1./2.	3. Ring keram. Kond.	3. Ring Elkos
sw	0	$\times 10^0$ = 1 pF	$\times 10^0$ = 1 µF
bn	1	$\times 10^1$ = 10 pF	$\times 10^1$ = 10 µF
rt	2	$\times 10^2$ = 100 pF	$\times 10^2$ = 100 µF
or	3	$\times 10^3$ = 1 000 pF	
ge	4	$\times 10^4$ = 10 000 pF	
gn	5		
bl	6		
vio	7		
gr	8	$\times 10^{-2}$ = 0,01 pF	$\times 10^{-2}$ = 0,01 µF
ws	9	$\times 10^{-1}$ = 0,1 pF	$\times 10^{-1}$ = 0,1 µF

Abbildung 8-16: Farbkennzeichnung

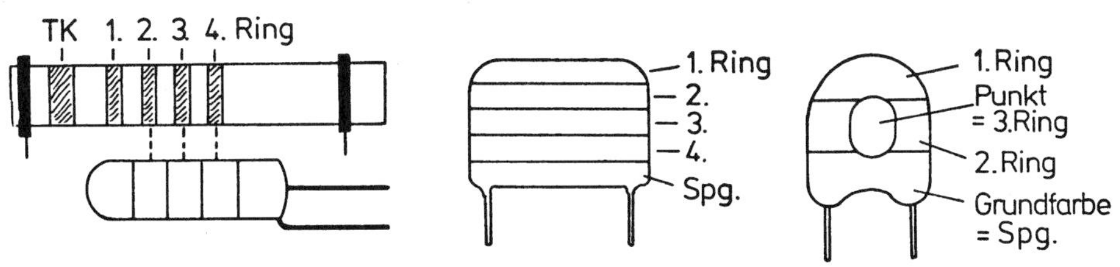

Ein Farbpunkt oder dicker Ring am Anfang bei keramischen Kondensatoren zeigt den Temperaturkoeffizienten an, der vierte Ring bedeutet eine Aussage über die Kapazitätstoleranz, und ein noch verbleibender Rest des Körpers, sozusagen die Grundfarbe, gibt eine Aussage über die Spannung. Alle diese Kennzeichnungen hier aufzuführen würde den Rahmen des Amateurfunklehrgangs sprengen.

Aber eine andere Art der Kennzeichnung bei keramischen Scheibenkondensatoren des Typs 2 (braune Grundfarbe) mittels dreistelliger Zahl (Bild 8-17) soll hier noch dargestellt werden. Die ersten beiden Ziffern bedeuten den Wert und die dritte Ziffer die Anzahl der Nullen, also hier 5000 pF.

Abbildung 8-17: Kennzeichnung der Kapazität durch eine dreistellige Zahl

a) Kondensator, allgemein;
b) Trimmer;
c) einstellbarer Kondensator;
d) gepolter Kondensator, allgemein;
e) Elko, gepolt;
f) ungepolter Elko.

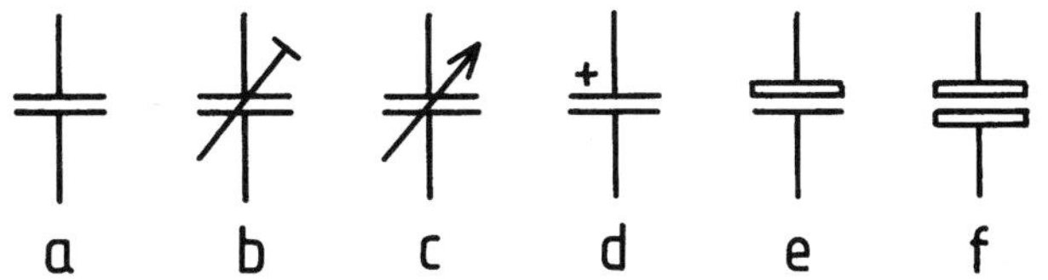

Abbildung 8-18: Schaltzeichen von Kondensatoren

8.10 Test zur Lektion 8

1. Das Dielektrikum des Kondensators ist:
A Vakuum
B Luft
C Folie
D Keramik

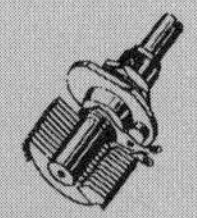

2. Das Dielektrikum des Kondensators ist:
A Vakuum
B Luft
C Folie
D Keramik

3. Welche besondere Eigenschaft haben Metallpapierkondensatoren?
A Sie haben hohe Spannung.
B Sie sind selbstheilend.
C Sie haben hohe Dielektrizitätswerte.
D Sie haben hohe Kapazitätswerte.

4. Der Kondensator im Bild 8-21 hat folgende Eigenschaft:
(Achtung: Mehrere Lösungen können richtig sein.)
A Er hat Durchgang von a nach b.
B Er hat Kapazität von a nach b.
C Er hat Durchgang von a nach c.
D Er hat Kapazität von a nach c.

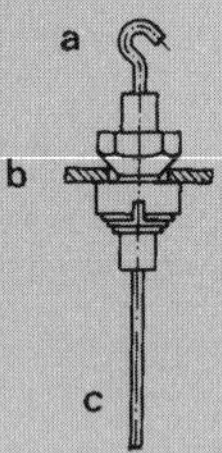

5. Welche Aussage ist falsch? Elektrolytkondensatoren ...
A ... haben große Kapazitäten.
B ... sind normalerweise gepolt.
C ... müssen nach längerer Lagerung formatiert werden.
D ... vertragen sehr hohe Spannungen.

6. Dieser Kondensator hat folgende Werte:

A 47 pF / 16 V + links
B 47 pF / 16 V+ rechts
C 47 µF / 16 V + links
D 47 µF / 16 V+ rechts

7. Ein brauner Scheibenkondensator trägt die Ziffer 104. Er hat folgende Kapazität:
A 104 pF **C** 10 nF
B 104 µF **D** 0,1 µF

8. Ein linearer Drehkondensator hat einen Kapazitätsbereich von 10 bis 100 pF. Er wurde halb heraus gedreht.
Damit hat er folgende Kapazität:
A 45 pF
B 50 pF
C 55 pF

9. Welche besondere Eigenschaft haben Styroflexkondensatoren?
A Sie sind hochspannungsfest.
B Sie haben eine hohe Güte und sind deshalb für hohe Frequenzen geeignet.
C Sie haben hohe Kapazitätswerte.
D Sie haben einen geringen Temperaturkoeffizienten.

10. Welche Eigenschaft haben Tantalkondensatoren?
A Sie sind hochspannungsfest.
B Sie haben eine hohe Güte und sind deshalb für hohe Frequenzen geeignet.
C Sie haben große Kapazitäten.
D Sie sind ungepolt.

Tragen Sie hier Ihre Lösungen ein:

1	2	3	4	5	6	7	8	9	10

Lektion 9: Die Spule

Außer den im Verlauf des Lehrgangs bisher bekannten Bauelementen der Elektrotechnik ist die Spule nach dem Widerstand und dem Kondensator ein wichtiges Bauelement, ohne das ein Empfänger oder ein Sender kaum funktionieren kann.

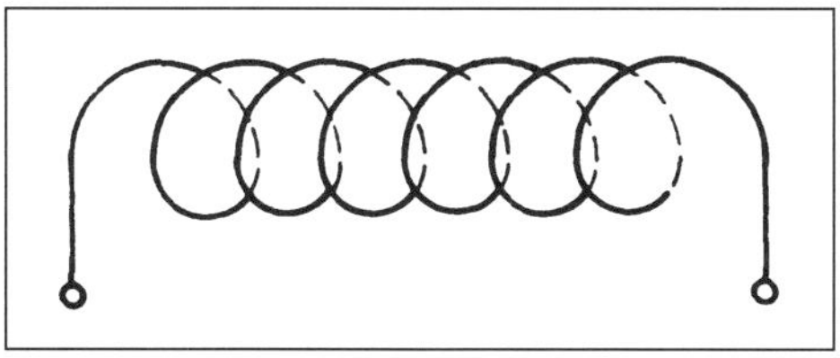

Abbildung 9-1: Die Spule

Eine Spule besteht aus aufgewickeltem Draht. Wenn durch diesen Draht ein elektrischer Strom fließt, wird in der Spule ein magnetisches Feld erzeugt. Es ist deshalb notwendig, daß Sie einige Gesetze des magnetischen Feldes kennenlernen.

9.1 Der Magnetismus

Ein Magnetfeld, wie es von einem Stabmagneten den meisten Lesern wohl bekannt sein wird, kann auch von einer stromdurchflossenen Spule erzeugt werden.

Die Stärke des magnetischen Feldes (Feldstärke H) ist um so größer, je größer die Stromstärke ist und je mehr Windungen die Spule hat. Die Feldstärke wird kleiner, wenn die Spule auseinandergezogen wird, wenn ihre mechanische Länge also größer wird. Diesen Zusammenhang kann man als Formel schreiben:

Magnetische Feldstärke:

$$\boxed{H = \frac{I \cdot n}{l}} \qquad [\mathrm{H}] = \frac{\mathrm{A}}{\mathrm{m}}$$

Setzt man die Stromstärke in Ampere ein und die Länge in Metern (n ist eine reine Zahl),

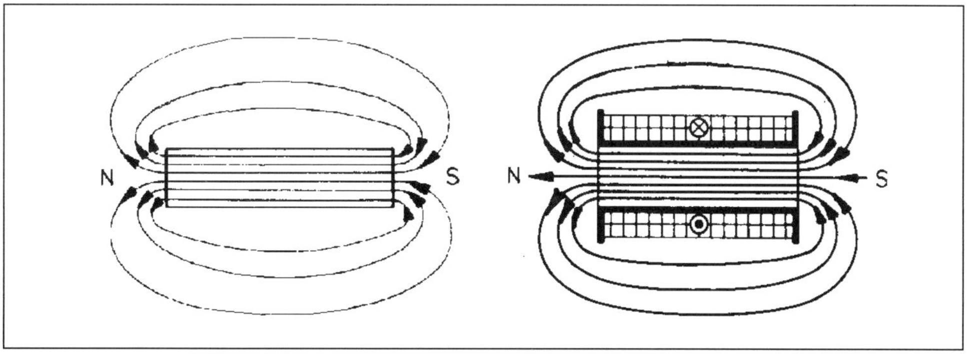

Abbildung 9-2: Links Magnetfeld eines Stabmagneten, rechts Magnetfeld einer Spule

erhält man als Einheit für die elektrische Feldstärke Ampere pro Meter.

Eine ähnlich Formel haben Sie in der Lektion 7 für die elektrische Feldstärke kennengelernt:

Elektrische Feldstärke:

$$\boxed{E = \frac{U}{l}} \qquad [E] = \frac{V}{m}$$

Vergleicht man die beiden Formeln, dann entspricht also der Spannung U beim elektrischen Feld das Produkt I · n beim magnetischen Feld. Dieses Produkt wird deshalb auch *magnetische Spannung* genannt, die man mit einer eigenen Formel abkürzt:

Magnetische Spannung:

$$\boxed{\Theta = I \cdot n}$$

Aufgabe 1: Berechnen Sie die magnetische Feldstärke, wenn durch eine 6 cm lange Spule mit 100 Windungen ein Strom von 0,3 A fließt.
Die Lösung finden Sie im Anhang zu dieser Lektion.

9.2 Die Induktivität

Wird an eine Spule eine Gleichspannung geschaltet, kann man meßtechnisch feststellen, daß der Strom durch die Spule langsam ansteigt. Er wird sozusagen verzögert. Sehr einfach kann man diese Tatsache durch folgenden Versuch demonstrieren.

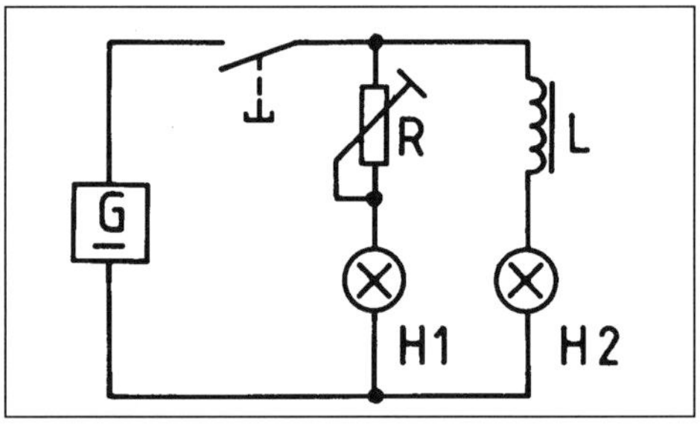

Abbildung 9-3: Versuch zur Demonstration der Selbstinduktion

Schaltet man zwei Glühlampen gleichzeitig an eine Spannungsquelle, wobei eine Glühlampe über einen Widerstand und die andere über eine Spule mit vielen Windungen und Eisenkern (z.B. Netzdrossel) angeschlossen ist, so leuchtet die Lampe mit der Spule deutlich später auf, obwohl nachher beide Lampen gleich hell leuchten (Helligkeitsunterschied wird mit dem Widerstand ausgeglichen.) Der Strom wird also verzögert (Bild 9-3).

Diese Verzögerung kommt dadurch zustande, daß zunächst in dem Draht der Spule eine Gegenspannung erzeugt wird, sobald sich der Strom durch eine Spule ändert. Diese Gegenspannung wird *Selbstinduktionsspannung* genannt. Eine ähnliche Zeitabhängigkeit haben Sie bereits im Abschnitt 7.6 bei der Ladung des Kondensators kennengelernt (Bild 9-4).

Abbildung 9-4: Spannungsverlauf beim Kondensator (links) und Stromverlauf bei der Spule (rechts)

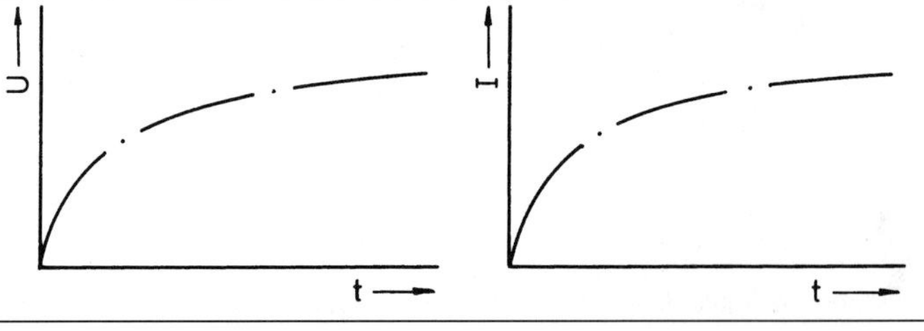

Die Größe der Zeitverzögerung bei der Spule, also die Größe der Selbstinduktionsspannung, ist abhängig vom magnetischen Feld der Spule. Das magnetische Feld ist seinerseits abhängig vom magnetischen Werkstoff des eventuell vorhandenen Spulenkerns, von der Anzahl der Windungen und von den Abmessungen der Spule. Diese Größen werden zusammengefaßt in dem Selbstinduktionskoeffizienten, der *Induktivität L*.

Die Induktivität läßt sich aus ihren geometrischen Abmessungen und den Werkstoffeigenschaften des verwendeten Kerns berechnen:

$$L = \frac{\mu_0 \cdot \mu_r \cdot A}{l} n^2$$

Die Werkstoffeigenschaften werden durch die Permeabilität μ gekennzeichnet. Diese entspricht der Dielektrizitätskonstanten beim Kondensator:

$$\mu = \mu_0 \cdot \mu_r$$

Die Zahl μ_r gibt an, um wieviel mal größer die Induktivität der Spule bei einem bestimmten Werkstoff gegenüber Vakuum ist. μ_r von Luft ist ungefähr 1. Die Permeabilitätskonstante des Vakuums ist:

$$\mu_0 = 1{,}25 \cdot 10^{-6} \frac{\text{As}}{\text{Vm}}$$

Aufgabe 2: Welche Induktivität besitzt eine Luftspule zur Antennenverlängerung mit 30 Windungen, einer Länge von 10 cm und einem Durchmesser von 4 cm? Der Drahtdurchmesser kann vernachlässigt werden. **Hinweis:** Berechnen Sie mit Hilfe des Durchmessers zunächst die Querschnittsfläche der Spule!

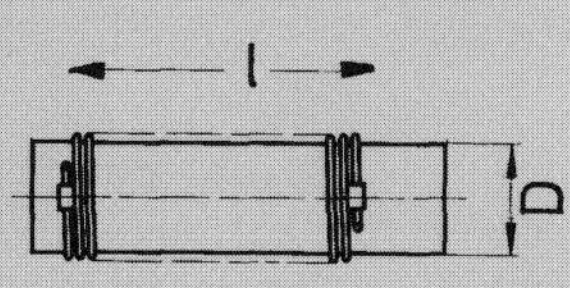

Abbildung 9-5: Zylinderspule

Interessierte Lehrgangsteilnehmer mögen einmal nachrechnen: Eine Spule mit zwölf Windungen, 1 cm Länge und 1 cm Durchmesser hat etwa 1 μH. Die Abmessungen einer solchen 1-μH-Spule sollten Sie sich merken, da man durch einfache Überlegungen weitere Werte leicht abschätzen kann.

Verdoppelt man beispielsweise die Windungszahl auf 24, so erhält man wegen n^2 den vierfachen Wert, also 4 μH. Verdoppelt man den Durchmesser, wird die Querschnittsfläche viermal so groß, also ergibt sich wieder ein Vierfach der Induktivität und so weiter.

Nach DIN sind zwei Schaltzeichen zulässig, wobei das rechte Schaltzeichen vorwiegend bei Hochfrequenz angewendet wird (Bild 9-6).

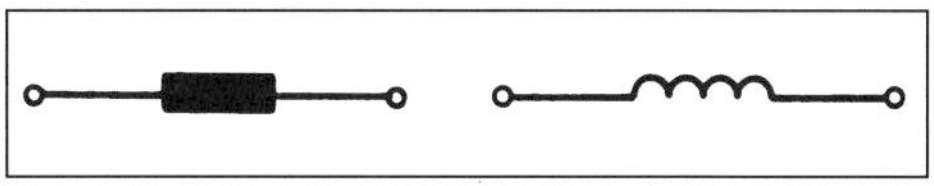

Abbildung 9-6: Die Schaltzeichen der Induktivität

Weil die Berechnung mit der oben angegebenen Formel so kompliziert ist, wird vielfach der Faktor

$$\frac{\mu_0 \cdot \mu_r \cdot A}{l} = A_L$$

als Kernfaktor A_L zusammengefaßt und vom Hersteller des Spulenkörpers als Wert angegeben. Dann lautet die Formel zur Berechnung der Induktivität nur noch:

$$L = A_L \cdot n^2$$

Die Kerngröße A_L einer Spule ist diejenige Induktivität, die sich für eine einzige Windung ergibt. Die Induktivität einer Spule mit mehreren (n) Windungen ist das n^2-fache von A_L.

Aufgabe 3: Ein Hersteller gibt für einen Ferrit-Schalenkern einen Kernfaktor von A_L = 0,4 µH an und es wird eine Spule mit einer Induktivität von L = 4 mH benötigt. Wie viele Windungen muß die Spule erhalten?

Die beiden Berechnungsbeispiele in diesem Abschnitt übersteigen den Schwierigkeitsgrad bei der Prüfung zum Amateurfunkzeugnis bei weitem. Dieser Lehrgang soll aber nicht nur Prüfungswissen vermitteln.

9.3 Der Wechselstromwiderstand der Spule

Schließt man eine Spule an Wechselspannung an, entspricht dies einer dauernden Änderung des Stromflusses, was eine ständige Entstehung einer Selbstinduktionsspannung und damit eine Verringerung des Stromflusses zur Folge hat. Dies wirkt sich also wie ein Widerstand aus.

Auch dies bezeichnet man wie beim Kondensator als Wechselstromwiderstand der Spule oder auch als *induktiven Blindwiderstand* X_L:

$$X_L = \frac{U_L}{I_L}$$

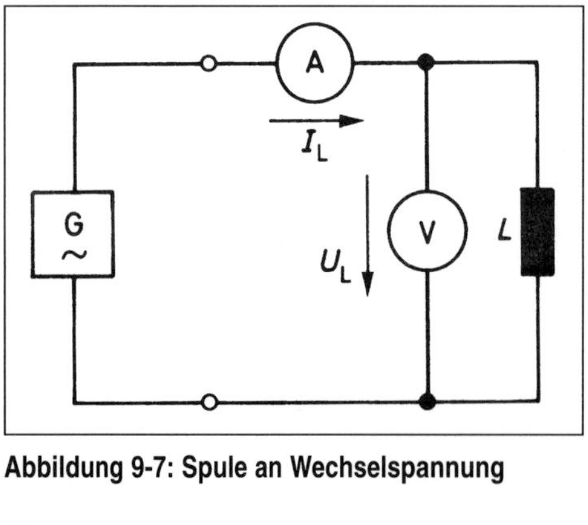

Abbildung 9-7: Spule an Wechselspannung

Der Wechselstromwiderstand ist um so größer, je größer die Induktivität der Spule ist und je rascher sich der Strom ändert, je höher also die Frequenz des Wechselstroms ist (Bild 9-7). Dies kann man in einer Formel ausdrükken. Als Frequenz gilt hier die Kreisfrequenz:

$$X_L = \omega \cdot L = 2 \cdot \pi \cdot f \cdot L$$

Aufgabe 4: Berechnen Sie den Wechselstromwiderstand einer Spule mit 1 H bei 50 Hz.

Aufgabe 5: Um die Frequenzabhängigkeit des Wechselstromwiderstandes zu zeigen, berechnen Sie bitte noch den induktiven Widerstand der Drosselspule von Aufgabe 4 für die Frequenzen 100 Hz, 500 Hz und 1 kHz, und tragen Sie die Werte in das Diagramm Bild 9-8 ein.

Merken Sie sich bitte: **Mit steigender Frequenz wird der Wechselstromwiderstand der Spule größer.**

Zwischen Strom und Spannung herrscht bei einer idealen Spule an Wechselspannung eine Phasenverschiebung von 90° (Bild 9-9).

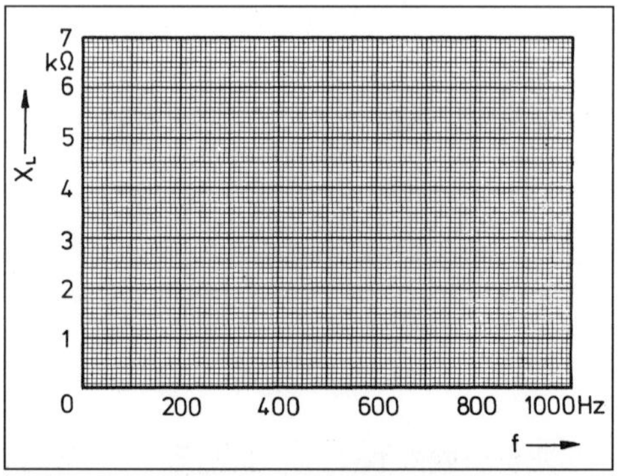

Abbildung 9-8: Abhängigkeit des Wechselstromwiderstandes einer Spule von der Frequenz

Abbildung 9-9: Strom und Spannung an der Spule

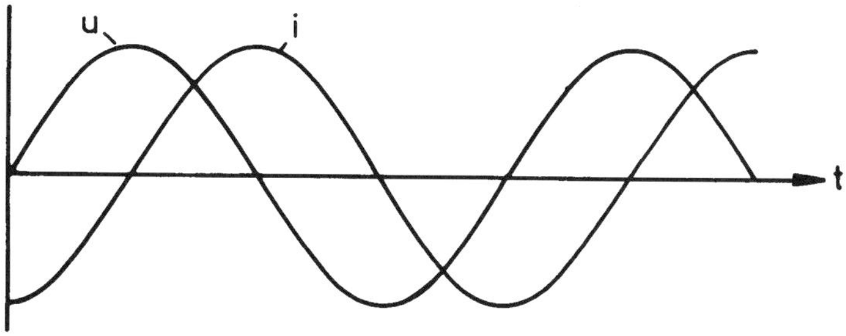

Und zwar eilt der Strom der Spannung nach. Dieses ist folgendermaßen erklärbar: Nach dem Anlegen einer Spannung an eine Spule wird zunächst durch Selbstinduktion eine Gegenspannung erzeugt, die den Stromfluß verhindert. Erst nach einer gewissen Zeit beginnt der Strom zu fließen (siehe auch Versuch Bild 9-3).

Eselsbrücken im Vergleich:
Induktivität – Strom zu spät.
Kondensator – Strom eilt vor.

9.4 Die Reihenschaltung von Spulen

Die Berechnung der Gesamtinduktivität bei der Reihen- und der Parallelschaltung von Spulen ist sehr einfach, weil sie genau der Berechnung bei Widerständen entspricht.

Für Interessierte sei hier die Ableitung der Formel für die Reihenschaltung vorgeführt. Bei einer Reihenschaltung induktiver Blindwiderstände ist die Gesamtspannung gleich der Summe der Teilspannungen (Bild 9-10):

$$U_L = U_{L1} + U_{L2} + U_{L3} + \ldots$$

Die Spannungen werden durch Produkte aus Strom und Widerstand ersetzt, U = X · I.

$$I \cdot X_L = I \cdot X_{L1} + I \cdot X_{L2} + I \cdot X_{L3} + \ldots$$

$$X_L = X_{L1} + X_{L2} + X_{L3} + \ldots$$

$$\omega \cdot L = \omega \cdot L_1 + \omega \cdot L_2 + \omega \cdot L_3 + \ldots$$

$$\boxed{L = L_1 + L_2 + L_3 + \ldots}$$

9.5 Die Parallelschaltung von Spulen

Die Berechnung erfolgt wie bei Widerständen durch Addition der Leitwerte (Kehrwerte):

$$\frac{1}{X_L} = \frac{1}{X_{L1}} + \frac{1}{X_{L2}} + \frac{1}{X_{L3}} + \ldots$$

$$\boxed{\frac{1}{L} = \frac{1}{L_1} + \frac{1}{L_2} + \frac{1}{L_3} + \ldots}$$

oder für zwei Spulen:

$$\boxed{L = \frac{L_1 \cdot L_2}{L_1 + L_2}}$$

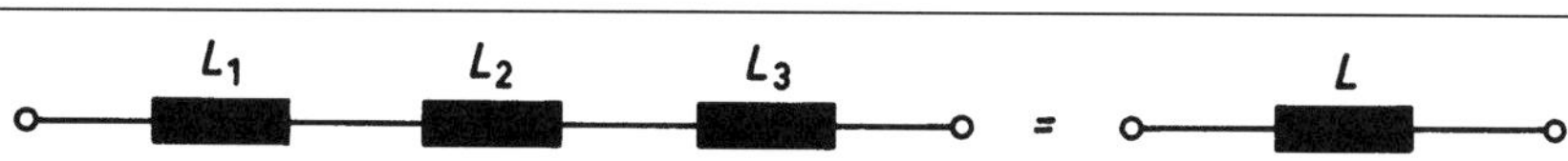

Abbildung 9-10: Reihenschaltung von Spulen

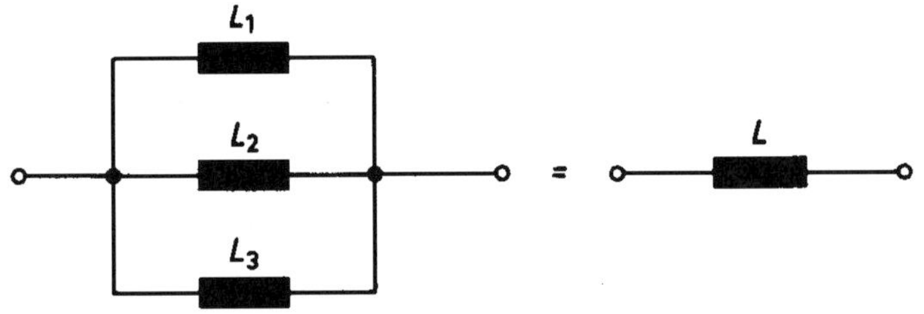

Abbildung 9-11: Die Parallelschaltung von Spulen

Aufgabe 6: Berechnen Sie die Gesamtinduktivität zweier Spulen von je 4 mH
in Reihenschaltung,
in Parallelschaltung.

Aufgabe 7: Sie zählen bei einem alten Netztransformator für die 4-Volt-Wicklung 20 Windungen.
a) Welches Übersetzungsverhältnis hat der Übertrager?
b) Sie wollen die Wicklung für 5 Volt (Computernetzteil) ergänzen. Wie viele Windungen müssen Sie dazuwickeln?

9.6 Übertrager – Transformator

Werden zwei elektrisch getrennte Spulen von einem gemeinsamen Magnetfeld durchdrungen, z.B. wenn sie auf einen gemeinsamen Kern gewickelt sind, verhalten sich die induzierten Spannungen in den Wicklungen wie deren Windungszahlen:

$$\frac{U_1}{U_2} = \frac{n_1}{n_2} = \ddot{u}$$

Das Verhältnis der Windungszahlen nennt man Übersetzungsverhältnis.

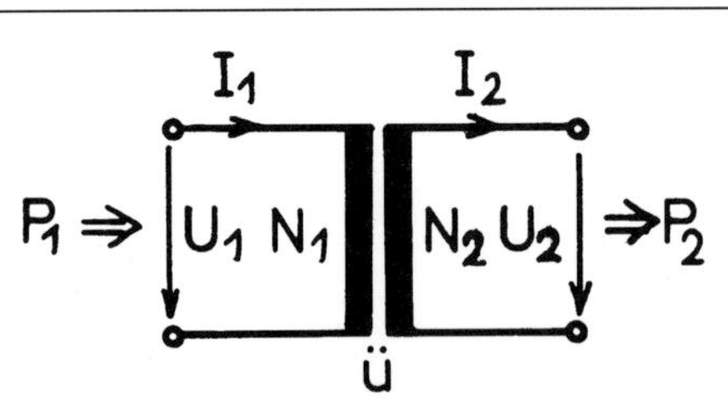

Abbildung 9-12: Übertrager – Transformator

Die Eingangswicklung eines Übertragers nennt man Primärseite, die Ausgangswicklung Sekundärseite. Einen verlustlosen Transformator nennt man Übertrager. Mit einem Übertrager lassen sich Widerstände (z.B. Hochfrequenz-Wechselstromwiderstände) übersetzen, was im folgenden gezeigt werden soll.
Bei einem verlustlosen Übertrager gilt $P_1 = P_2$.

Setzt man für $P = \frac{U^2}{R}$, erhält man:

$$\frac{U_1^2}{R_1} = \frac{U_2^2}{R_2} \rightarrow \frac{U_1^2}{U_2^2} = \frac{R_1}{R_2}$$

$$\left(\frac{U_1}{U_2}\right)^2 = \frac{R_1}{R_2} \rightarrow \ddot{u}^2 = \frac{R_1}{R_2}$$

$$\ddot{u} = \sqrt{\frac{R_1}{R_2}}$$

Das Übersetzungsverhältnis berechnet sich als Wurzel aus den Widerständen. Wenn man beispielsweise auf der Sekundärseite einen Widerstand von 400 Ohm anschließt und die

Windungszahlen sich wie 1 (primär) zu 2 (sekundär) verhalten, verhält sich der Übertrager so, daß man am Eingang einen Widerstand von einem Viertel feststellt.

Beispiel: An einen Übertrager mit primär vier Windungen und sekundär acht Windungen ist am Ausgang eine Antenne mit 200 Ohm Fußpunktwiderstand angeschlossen. Welchen Eingangswiderstand „sieht" der Sender?

Lösung:

$$\ddot{u}^2 = \frac{R_1}{R_2} \rightarrow R_1 = \ddot{u}^2 \cdot R_2$$

$$R_1 = \left(\frac{n_1}{n_2}\right)^2 \cdot R_2 \rightarrow \left(\frac{4}{8}\right)^2 \cdot 200\,\Omega$$

$R_1 = 50\,\Omega$

9.7 Bauformen von Spulen

Spulen werden von den bastelnden Funkamateuren häufig noch selbst gewickelt. Aber es gibt auch fertige Spulen im Handel zu kaufen (Bild 9-13).

Der Wickelkörper (Bild 9-14 a) besteht meistens aus Hartpapier oder Pertinax. Es können Eisenbleche eingeschoben werden. Die Spulenwicklung besteht aus mehreren Lagen Kupferlackdraht. Diese Spulen werden meistens als Netztransformatoren eingesetzt.

Für kleinere Induktivitäten im NF-Bereich bis hinauf für Schwingkreise bis in den HF-Bereich verwendet man gern Schalenkerne aus gepreßtem, magnetischem Werkstoff (Ferrit), für HF-Spulen bis in den VHF-Bereich Spulenkörper in Zylinderform, in die ein Gewindekern zur Veränderung der Induktivität

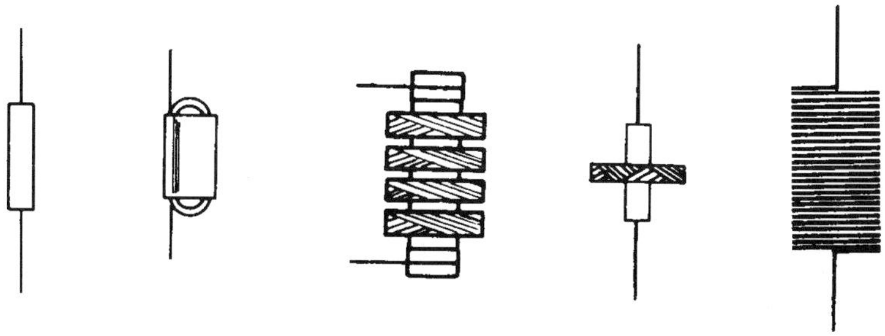

Abbildung 9-13: Spulen mit kleiner Induktivität

Abbildung 9-14: Spulenkörper

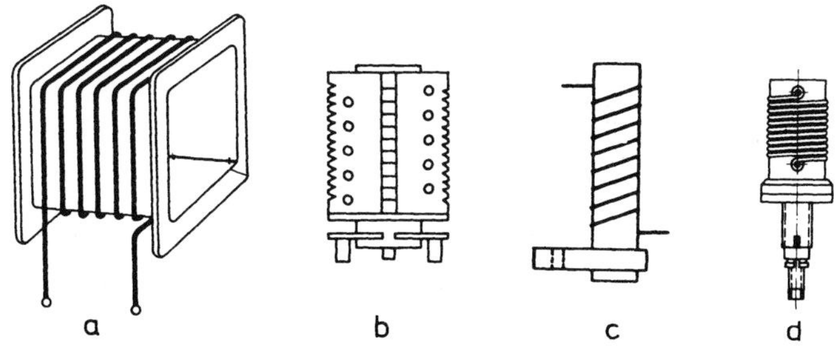

hineingedreht werden kann (Bilder 9-14 c und d). Wird ein Ferritkern in eine Spule hineingeführt, vergrößert sich die Induktivität, verwendet man einen Kupferkern, verringert sie sich.

Die Drähte der Spulen bilden gegenseitig schädliche Kapazitäten. Deshalb verwendet man bei mehrlagigen Zylinderspulen gern Spulenkörper, die in Kammern unterteilt sind, wodurch die Kapazität der Wicklung herabgesetzt wird, oder man verwendet Kreuzwickelspulen, wie sie im Bild 9-16 links dargestellt sind.

Im UHF-Bereich verwendet man Print-Spulen (Bild 9-17). Sie werden flach wie gedruckte Leiterplatten im Fotoätzverfahren oder im Siebdruckverfahren hergestellt.

In manchen Fällen, z.B. bei Drahtwiderständen im HF-Bereich, ist die Induktivität der Wicklung unerwünscht. Die Drahtwicklung des Widerstandes wird dann so ausgeführt, daß der Strom in nebeneinander liegenden Windungen entgegengesetzte Richtung hat. Diese Wicklung nennt man bifilar. Die magnetischen Wirkungen beider Windungen heben sich auf (Bild 9-18).

Abbildung 9-16: Kreuzwickelspule und Kammerwickelkörper

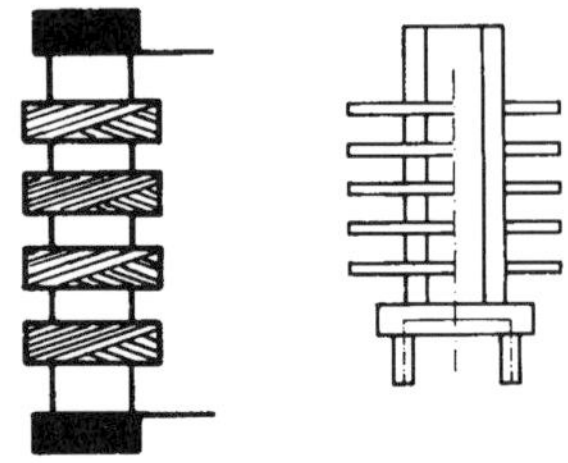

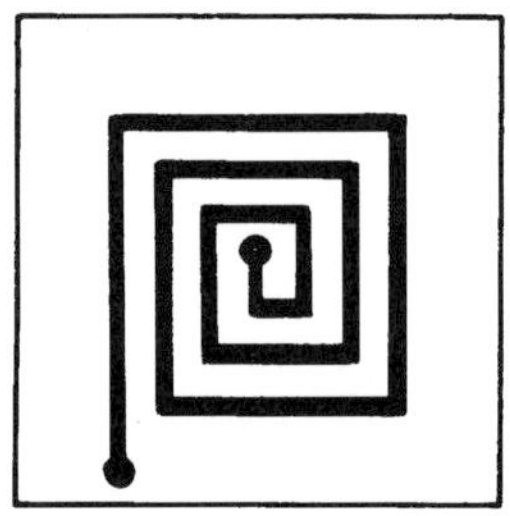

Abbildung 9-17: Print-Spule

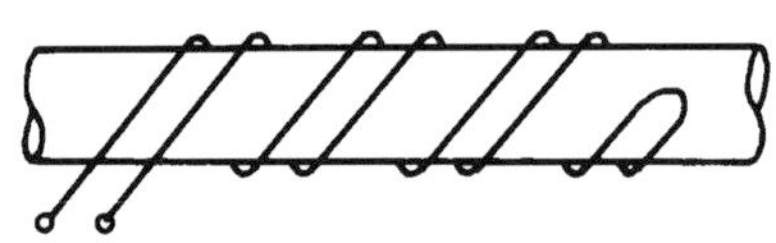

Abbildung 9-18: Bifilare Wicklung

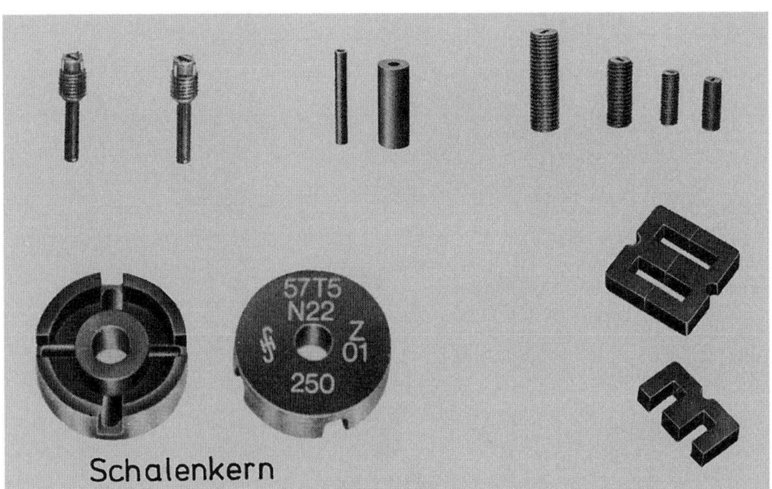

Abbildung 9-15: Verschiedene Ferritkerne

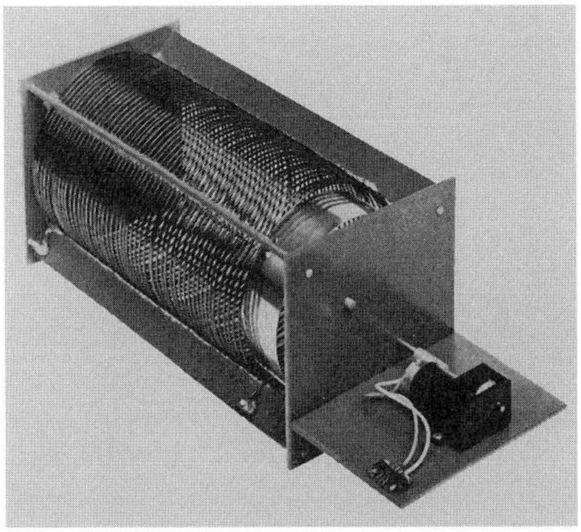

Abbildung 9-19: Variable Spule mit Motorantrieb

9.8 Aufgaben zur Lektion 9

1. Ein Netztrafo für 230 V hat primärseitig 690 Windungen. Welche Windungszahl wird auf der Sekundärseite für 15 V benötigt?
2. Wie ändert sich die Induktivität einer HF-Spule, wenn Sie bei sonst gleichen Abmessungen
   a) die Windungszahl auf das Doppelte erhöhen,
   b) einen Ferritkern einführen,
   c) einen Kupferkern einführen?
3. Wie groß ist die Gesamtinduktivität von zwei Spulen mit 3 mH und 6 mH
   a) in Parallelschaltung,
   b) in Serienschaltung?
4. Wie ändern sich die Wechselstromwiderstände
   a) einer Spule,
   b) eines Kondensators, wenn die Frequenz steigt?
5. Wieviel Henry sind 5,2 µH?
6. Geben Sie ohne Berechnung an: Welche Induktivität etwa hat eine Spule mit zwölf Windungen, 1 cm Durchmesser und 2 cm Wickellänge?
7. Was verstehen Sie unter einer bifilaren Wicklung?

Raum für Ihre Lösungen

Lektion 10: Der Schwingkreis

Der Schwingkreis ist ein Sonderfall der Zusammenschaltung von Spule und Kondensator. Man unterscheidet den Reihenschwingkreis als Reihenschaltung und den Parallelschwingkreis als Parallelschaltung von Spule und Kondensator (Bild 10-1).

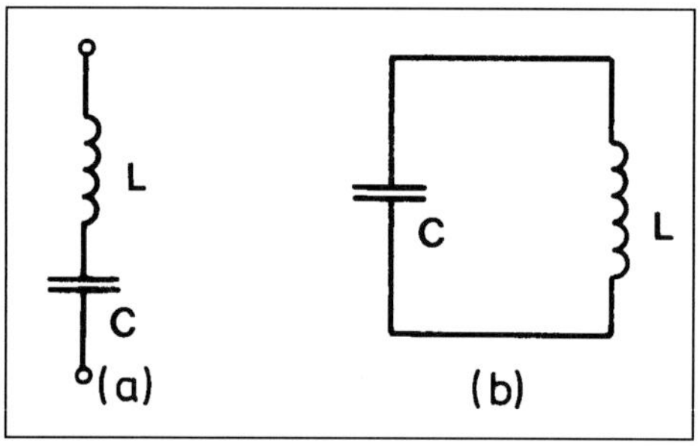

Abbildung 10-1: (a) Reihenschwingkreis, (b) Parallelschwingkreis

10.1 Der Schwingungsvorgang

Den beiden Bauelementen Spule und Kondensator ist gemeinsam, daß sie während einer bestimmten Zeit Energie aufnehmen, die sie dann später wieder abgeben können.

Der Kondensator benötigt elektrische Energie zum Aufbau des elektrischen Feldes (Laden des Kondensators), die dann bei der Entladung wieder frei wird. Die Spule benötigt ebenfalls elektrische Energie, aber zum Aufbau eines magnetischen Feldes. Beim Abbau dieses Feldes wird diese Energie wieder frei. Dies zeigt sich zum Beispiel ganz besonders beim Abschalten von Relaisspulen, wo die frei werdende Energie einen Öffnungsfunken am Abschaltkontakt bewirkt.

Gibt man auf eines dieser zusammengeschalteten Bauelemente Energie, zum Beispiel durch eine von außen her zugeführte Ladung des Kondensators, so pendelt die Energie zwischen beiden hin und her. Spule und Kondensator wirken abwechselnd als Energiequelle und als Energiespeicher.

Schließt man (gedanklich) einen geladenen Kondensator an eine Spule an (siehe Bild 10-2, Fall 1), so wird sich der Kondensator über die Spule entladen, wodurch in der Spule durch den Stromfluß ein magnetisches Feld entsteht, während das elektrische Feld im Kondensator abgebaut wird.

Nach Beendigung der Entladung steckt die gesamte Energie in Form des Magnetfeldes in der Spule. Sobald kein Strom mehr fließt (Fall 2), bricht das Magnetfeld zusammen, und die dadurch erzeugte Induktionsspannung bewirkt einen Strom, mit dem der Kondensator

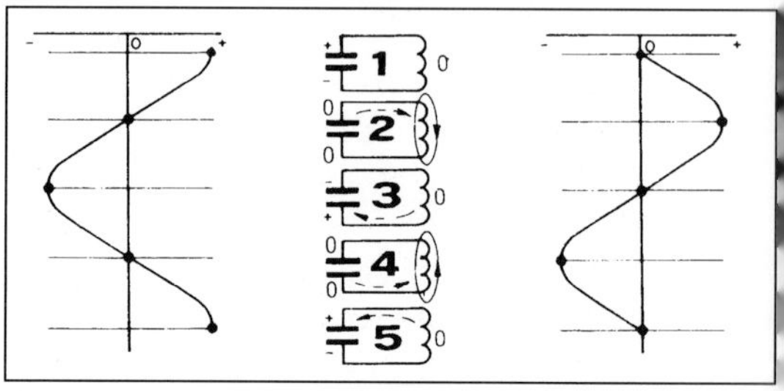

Abbildung 10-2: Bei einem Schwingkreis pendelt die Energie zwischen Kondensator (links) und Spule (rechts) hin und her.

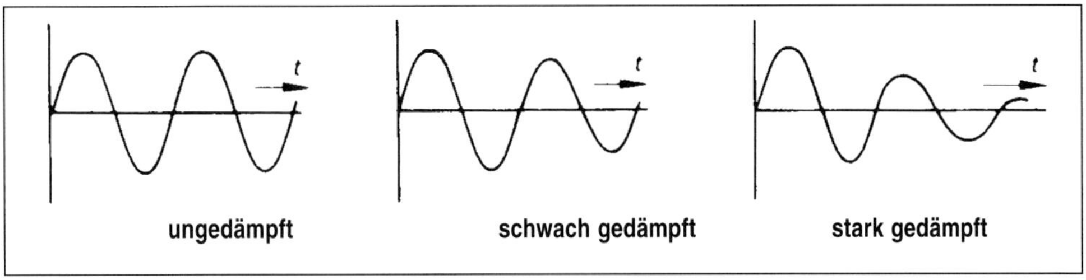

Abbildung 10-3: Ungedämpfte und gedämpfte Schwingung

in entgegengesetzter Richtung wieder geladen wird.

Wenn der Schwingkreis keine Verluste hätte, würde nun die gesamte Energie wieder im Kondensator stecken (Fall 3) und nun der Vorgang wieder in umgekehrter Richtung ablaufen (Fall 4 und Fall 5). Es ergäbe sich eine ungedämpfte Schwingung (Bild 10-3).

Da aber jede Spule einen Ohmschen Widerstand (Kupferdraht!) besitzt, wird bei diesem Pendelvorgang jedes Mal ein wenig Energie in Wärme umgesetzt, so daß die Schwingungen immer kleiner werden. Man sagt, die Schwingungen sind gedämpft. Wenn man ungedämpfte Schwingungen erzeugen will (Sender), so muß dem Schwingkreis von außen die entsprechende Energie im richtigen Augenblick wieder zugeführt werden.

10.2 Die Resonanzfrequenz

Die Zeitdauer einer Pendelschwingung hängt von den Größen der Kapazität und der Induktivität ab. Ist die Kapazität zum Beispiel sehr groß, dauert es sehr lange, bis der Kondensator entladen ist. Die Frequenz der Schwingung ist also sehr niedrig (Bild 10-2).

Die beste Energiependelung stellt sich ein, wenn der kapazitive Widerstand X_C und der induktive Widerstand X_L gleich groß sind. Diesen Zustand nennt man Resonanz.

Aus der Beziehung

$$\boxed{X_L = X_C}$$

läßt sich die Frequenz berechnen, die diese Bedingung erfüllt. Setzt man für

$$X_C = \frac{1}{\omega \cdot C} \quad \text{und} \quad X_L = \omega \cdot L$$

ein und löst die Gleichung nach ω auf, ergibt sich folgender Rechengang:

$$\omega \cdot L = \frac{1}{\omega \cdot C}$$

$$\omega^2 = \frac{1}{L \cdot C}$$

$$\omega = \frac{1}{\sqrt{L \cdot C}}$$

Nun wird für die Kreisfrequenz $\omega = 2\pi f$ eingesetzt und dann durch 2π geteilt, man erhält die Frequenz, bei der die Bedingung $X_L = X_C$ erfüllt ist. Diese Frequenz nennt man die Resonanzfrequenz f_{res}:

$$\boxed{f_{res} = \frac{1}{2\pi\sqrt{L \cdot C}}}$$

Diese Formel – nach dem Ohmschen Gesetz die zweitwichtigste Formel für den Funkamateur – wird als „Thomsonsche Schwingkreisformel" bezeichnet.

Beispiel: Berechnen Sie die Resonanzfrequenz eines Schwingkreises mit L = 0,8 µH und C= 20 pF mit Hilfe der Thomsonschen Schwingkreisformel.

Lösung: $f_{res} = \frac{1}{2\pi\sqrt{0{,}8\mu\text{H} \cdot 20\text{pF}}}$

Für µ (mikro) setzen Sie bei der Taschenrechnereingabe 10^{-6} (E:-06) und für p (piko) 10^{-12} (E:-12) ein. Die Frequenz ergibt sich in Hertz.

$f_{res} = 39{,}8$ MHz

Aufgabe 1: Berechnen Sie die Resonanzfrequenz des Schwingkreises von obigem Beispiel, wenn die Kapazität viermal so groß ist, also C = 80 pF.
Lösungshinweis: Zu dieser Aufgabe gibt es im Anhang keine Lösung. Die Rechnung erfolgt wie oben. Jedoch kann man durch Überlegung auch schon sagen, daß die Frequenz genau halb so groß sein muß, da unter der Wurzel der Faktor 4 für die Kapazität gewählt wurde. Es muß sich also eine Frequenz von ungefähr 20 MHz ergeben.

Merken Sie sich bitte:
Erhöht man bei einem Schwingkreis die Kapazität auf den vierfachen Wert, erniedrigt sich die Resonanzfrequenz auf die Hälfte. Wird umgekehrt die Kapazität auf ein Viertel verkleinert, wird die Frequenz doppelt so hoch. Gleiches gilt für die Induktivität.

Nach diesem Prinzip gab es immer mal wieder Prüfungsaufgaben zum Schwingkreis, indem für eine bestimmte Kapazität die Resonanzfrequenz vorgegeben wurde und man dann die Resonanzfrequenz bei zum Beispiel vierfacher Kapazität suchte. Bei doppelter Kapazität erniedrigt sich die Frequenz übrigens um den Faktor Wurzel 2, also 1/1,414 = 0,7. Die Berechnung der Resonanzfrequenz nach der oben angegebenen Formel ist schon ziemlich aufwendig. Man kann mit folgendem Diagramm (Bild 10-4), das „HF-Tapete“ genannt wird, die Frequenz ungefähr abschätzen.

Die schräg nach oben rechts verlaufenden Linien stellen die Induktivität L dar und die schräg nach unten rechts verlaufenden Linien die Kapazität. Der Schnittpunkt ergibt auf der unteren Achse die Resonanzfrequenz.

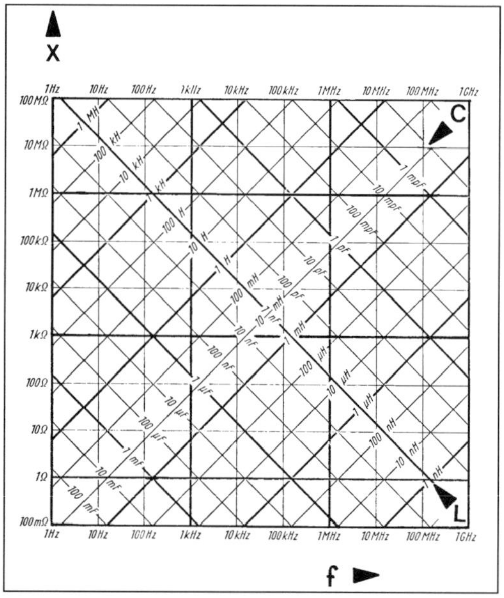

Abbildung 10-4: HF-Tapete

Aufgabe 2: Suchen Sie in Bild 10-4 den Schnittpunkt für obiges Beispiel mit 20 pF und 0,8 µH. Das Ergebnis wird zwischen 10 MHz und 100 MHz liegen.

Aufgabe 3: Wenn Sie Lust haben, überprüfen Sie einmal die Ergebnisse aus folgender Tabelle sowohl mit dem Taschenrechner als auch mit der HF-Tapete.

C	22 nF	10 nF	68 pF	27 pF
L	1 mH	10 µH	21 µH	45 nH
f	**34 kHz**	**500 kHz**	**4,2 MHz**	**145 MHz**

Hinweis: Zu den Aufgaben 1–3 gibt es keine Lösungen im Anhang, da man die Ergebnisse immer aus dem darauf folgenden Text erkennen kann.

10.3 Der Reihenschwingkreis

Schaltet man die Bauelemente Spule und Kondensator hintereinander (in Reihe also), so nennt man diese Schaltung Reihenschwingkreis (Bild 10-5).

Abbildung 10-5:

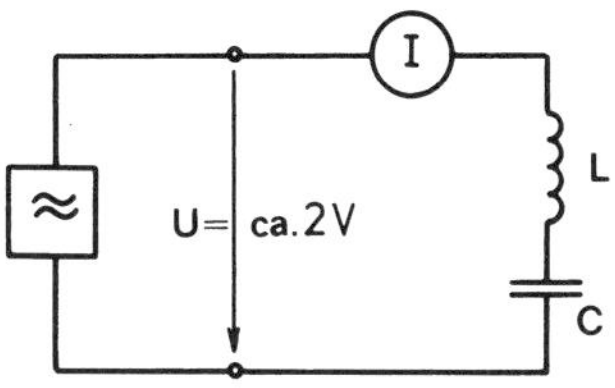

Reihenschwingkreis an einem Wechselspannungsgenerator

Aufgabe 4: Tragen Sie zunächst die Meßwerte für den Strom in das Diagramm Bild 10-6 links ein.

Experiment
Wenn Sie im Rahmen eines Amateurfunk-Lehrgangs die Möglichkeit haben, mit Schul- oder Clubgeräten zu arbeiten, führen Sie einmal folgenden Versuch durch: Bauen Sie die Schaltung nach Bild 10-5 mit L = 100 mH und C = 10 nF auf. Schalten Sie einen Strommesser für Wechselstrom mit möglichst niedrigem Innenwiderstand in Reihe. Ändern Sie dann die Frequenz zwischen zirka 100 Hertz und 10 Kilohertz und messen Sie den Strom. Achten Sie darauf, daß sich die Generatorspannung möglichst nicht ändert.
Für diejenigen, die keine Meßmöglichkeit haben, sei folgende Tabelle mit Meßwerten vorgegeben. Hinweis: Der gemessene Strom kann bei Ihrer Messung kleiner oder größer sein. Dies hängt vom Widerstand der Spule und vom Innenwiderstand des Generators ab.
Bei konstanter Generatorspannung von 2,5 V wurden gemessen:

f	1	2	3	4	4,7	5	5,3	6	7	10	kHz
I	3	5	8	16	70	100	70	20	12	5	mA
Z								125			Ω

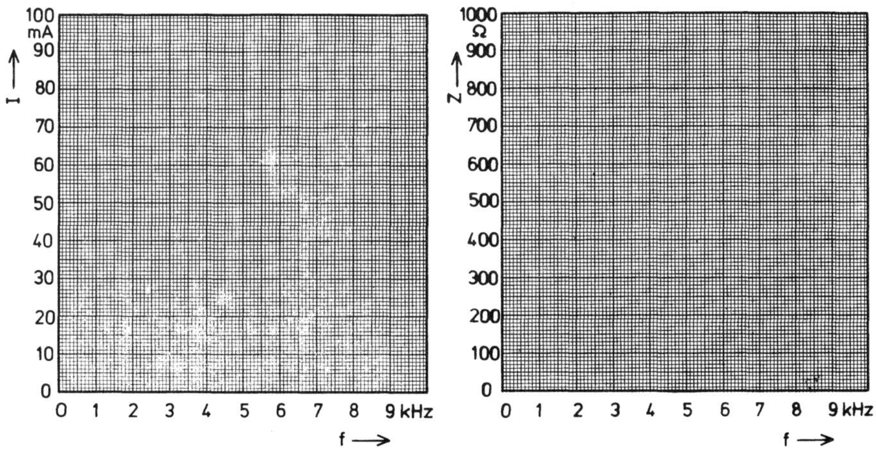

Abbildung 10-6: Strom und Scheinwiderstand in Abhängigkeit von der Frequenz

Wenn man bei Wechselstromwerten die anliegende Spannung durch den fließenden Strom teilt, erhält man wie beim Ohmschen Gesetz einen Widerstandswert in Ohm, den man hier aber Scheinwiderstand Z nennt. Bei 6 kHz wurden bei U = 2,5 V beispielsweise 20 mA gemessen. Dies ergibt einen Scheinwiderstand von:

$$Z = \frac{U}{I} = \frac{2{,}5\,\text{V}}{0{,}02\,\text{A}} = 125\,\Omega$$

Aufgabe 5: Berechnen Sie mit Ihren gemessenen Werten oder mit den Werten aus der Tabelle Seite 85 den Scheinwiderstand bei den angegebenen Frequenzen. Tragen Sie die Ergebnisse in die Tabelle und anschließend auch in das rechte Diagramm von Bild 10-6 ein. Wenn Sie richtig gerechnet und gezeichnet haben, ergeben sich Kurven, die bei f = 5 kHz ein Strommaximum beziehungsweise ein Scheinwiderstandsminimum haben.

Solche Kurven, also die Abhängigkeit des Stromes, der Spannung oder des Scheinwiderstandes von der Frequenz eines Schwingkreises, nennt man Resonanzkurven. Den Scheinwiderstand bei der Resonanzfrequenz nennt man Resonanzwiderstand. Er ist beim Reihenschwingkreis recht klein. Hier beträgt er beispielsweise 25 Ohm.
Diese im Niederfrequenzbereich durchgeführten Überlegungen gelten ebenso im Hochfrequenzbereich. Allerdings treten hier außer den Ohmschen Verlusten (Wicklungswiderstand der Spule) auch noch Verluste im Kernmaterial und Verluste der verminderten Leitfähigkeit des Drahtes infolge Skineffektes auf.

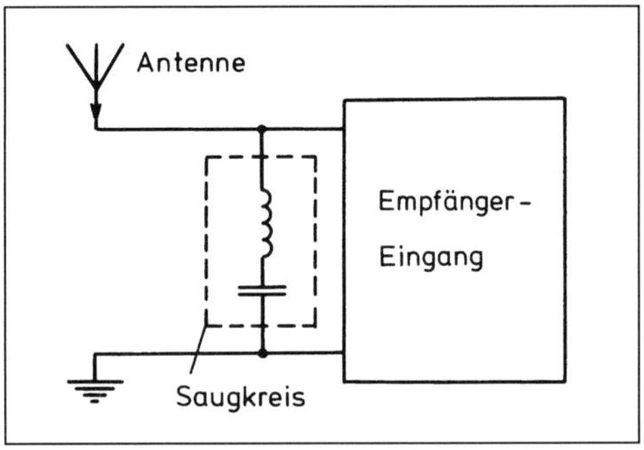

Abbildung 10-7: Anwendung des Reihenschwingkreises als Saugkreis

Merken Sie sich bitte: **Bei einem Reihenschwingkreis ist der Resonanzwiderstand klein. Er ist ungefähr so groß wie der Verlustwiderstand der Spule.**

Im Bild 10-7 ist eine typische Anwendung des Serienschwingkreises im Amateurfunk dargestellt.

Ein Reihenschwingkreis wird wegen der Eigenschaft, daß er bei einer Frequenz (Resonanzfrequenz) praktisch einen Kurzschluß darstellt, zur Störungsunterdrückung beim gestörten Empfänger eingesetzt.

10.4 Der Parallelschwingkreis

Abbildung 10-8: Versuchsaufbau zur Messung der Resonanzkurve eines Parallelschwingkreises

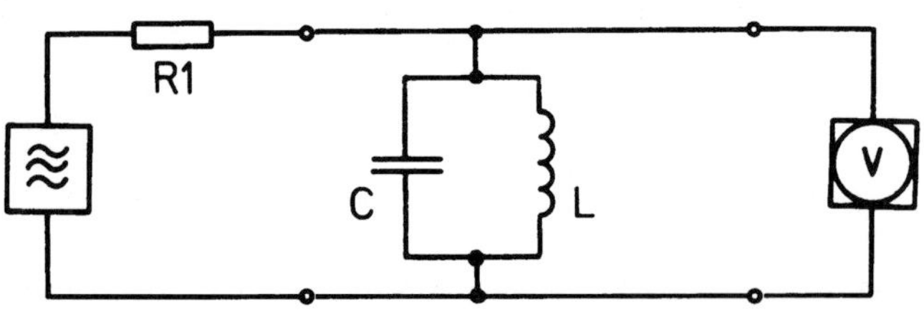

Experiment
Schalten Sie die beiden Bauelemente L und C, die Sie beim Reihenschwingkreis verwendet haben, nach Schaltung Bild 10-8 parallel. Um den Strom einigermaßen konstant zu halten, vergrößern Sie den Innenwiderstand des Generators durch Hinzufügen eines Widerstandes auf 1 Megohm. Messen Sie dann die Spannung am Schwingkreis mit einem elektronischen Wechselspannungsmeßgerät in Abhängigkeit von der Frequenz. Sie können für die Spannungsmessung auch ein Oszilloskop verwenden.
Ergeben sich bei Ihnen ähnliche Meßwerte wie die in folgender Tabelle?

f	1	2	3	4	4,7	5	5,3	6	7	10	kHz
U	0,02	0,04	0,06	0,1	0,7	1	0,7	0,15	0,1	0,05	V
Z			20			333					kΩ

Den Strom kann man als ungefähr konstant annehmen mit 3V / 1 MΩ = 3 μA.

Aufgabe 6: Berechnen Sie für die einzelnen gemessenen Spannungen den jeweiligen Scheinwiderstand, und tragen Sie die Werte in obige Tabelle ein. Zwei Werte sind bereits eingetragen.

Aufgabe 7: Tragen Sie die Meßwerte für die Spannung und die berechneten Werte für den Scheinwiderstand in die Diagramme Bild 10-9 ein.

Es sollten sich Kurven wie beim Reihenschwingkreis ergeben, allerdings in beiden Fällen ein Maximum.

Merken Sie sich bitte: **Bei einem Parallelschwingkreis ist der Scheinwiderstand bei der Resonanzfrequenz am größten.**

Bei dieser Frequenz erreicht auch die Spannung ihr Maximum, wenn man den Schwingkreis mit einem Generator mit hohem Innenwiderstand speist. Wegen dieser Eigenschaft wird der Parallelschwingkreis in Hochfrequenzverstärkern (siehe Lektion 16) bei Empfängern und Sendern eingesetzt. Die zu verstärkende Spannung erreicht bei der Resonanzfrequenz ihren Höchstwert.

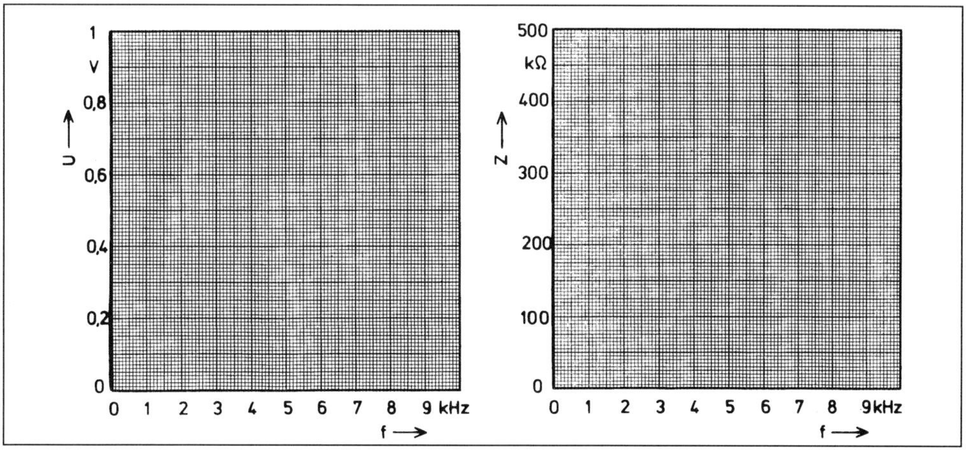

Abbildung 10-9: Resonanzkurven für Spannung (links) und Scheinwiderstand (rechts) eines Parallelschwingkreises

10.5 Die Bandbreite

Ein Hochfrequenzverstärker, der mit einem Schwingkreis als Arbeitswiderstand beschaltet ist, verstärkt nicht nur eine einzige Frequenz, sondern einen gewissen Frequenzbereich, ein Frequenzband. Diesen bevorzugten Bereich, bei der die Spannung oder der Scheinwiderstand jeweils auf 70% des Maximalwertes abgefallen ist, nennt man Bandbreite (Bild 10-10).

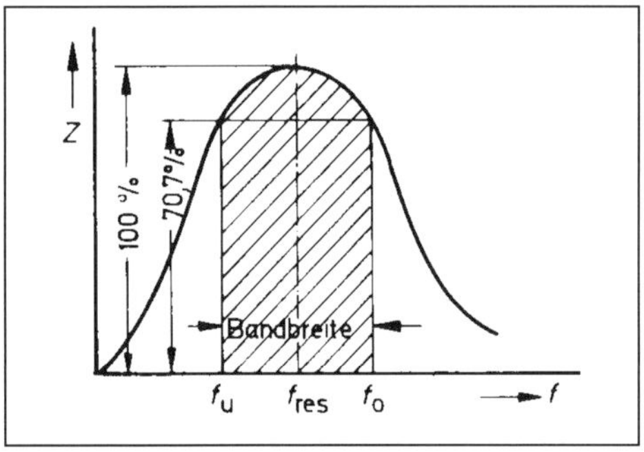

Abbildung 10-10: Die Bandbreite eines Parallelschwingkreises

Aufgabe 8: Ermitteln Sie die Bandbreite des Parallelschwingkreises aus dem Diagramm Bild 10-9.
Die Lösung finden Sie im Anhang.

Die Bandbreite eines Schwingkreises ist abhängig von der Güte Q des Schwingkreises. Die Güte wiederum ist im wesentlichen vom Verlustwiderstand der Spule abhängig. Die Verluste des Kondensators sind bei niedrigen und mittleren Frequenzen meistens vernachlässigbar klein.
Wenn Güte Q und Resonanzfrequenz f_{res} eines Schwingkreises bekannt sind, läßt sich die Bandbreite mit folgender Formel berechnen:

$$b = \frac{f_{res}}{Q}$$

Aufgabe 9: Schwingkreise mit jeweils der Güte Q = 100 sollen bei folgenden Resonanzfrequenzen betrieben werden. Berechnen Sie die jeweilige Bandbreite und tragen Sie die Ergebnisse in die Tabelle ein. Ein Wert ist bereits eingetragen.

f_{res}	3,5	7	14	21	28	MHz
b	35					kHz

Lösungshinweis: Wenn Sie die Bandbreite bei den anderen angegebenen Frequenzen richtig errechnet haben, muß die Bandbreite bei zunehmender Frequenz proportional größer werden.

Wenn also bei einem Hochfrequenzverstärker eine geringe Bandbreite (hohe Trennschärfe) gewünscht wird, muß entweder die Güte des Schwingkreises hoch sein, oder man wählt eine möglichst niedrige Frequenz, zum Beispiel bei der Wahl des Zwischenfrequenzverstärkers eines Empfängers.

10.6 Der Quarz als Schwingkreis

Ein ähnliches Verhalten wie ein LC-Schwingkreis aus Kondensator und Spule hat ein Schwingquarz (Bild 10-11).

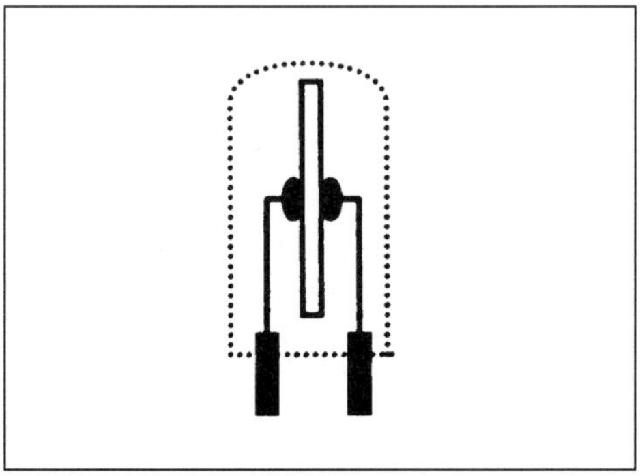

Abbildung 10-11: Der Quarz

Dieser besteht aus sehr reinem Siliziumdioxid und wird als dünnes Plättchen aus einem Quarzkristall herausgeschnitten. Sein Verhalten ist durch den umkehrbaren piezoelektrischen Effekt gekennzeichnet. Unter dem piezoelektrischen Effekt versteht man die Erscheinung, daß zwischen zwei Seiten eines Kristalls bei Druck- oder Zugbeanspruchung elektrische Spannung entsteht. Eine Anwendung dieser Erscheinung findet man bei Gasanzündern oder Feuerzeugen.

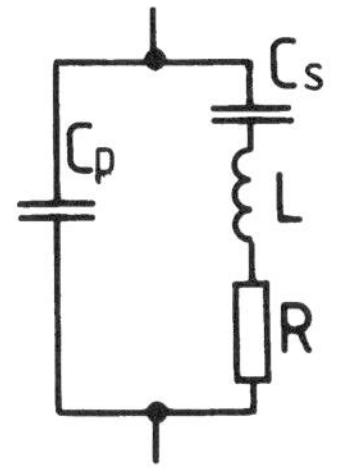

$$f_S = \frac{1}{2 \cdot \pi \cdot \sqrt{L \cdot C_S}}$$

$$f_P = \frac{1}{2 \cdot \pi \cdot \sqrt{L \cdot C_{ges}}}$$

Abbildung 10-12: Der Quarz als Schwingkreis

Beim Quarz ist dieser Effekt umkehrbar, das heißt, bei Anlegen einer Spannung verbiegt sich das Quarzplättchen (Biegeschwinger) oder verändert seine Dicke (Dickenschwinger). Durch das Verbiegen entsteht wieder eine Spannung, die ihrerseits wieder eine Verbiegung bewirkt und so weiter.

Durch die Laufzeit der Druckwelle ist dieser Effekt von der Dicke des Quarzplättchens abhängig. Je dünner das Plättchen ist, desto schneller schwingt der Quarz, desto höher ist also die Frequenz. Herstellbar sind Grundwellenquarze für Frequenzen von 50 kHz bis etwa 15 MHz.

Die Dämpfung dieser Schwingung ist sehr gering, so daß praktisch ein Schwingkreis hoher Güte entsteht. Für einen Schwingquarz kann man in der Nähe seiner Resonanz folgende Ersatzschaltung (Bild 10-12) angeben.

Die Serienkapazität C_S und die Ersatzinduktivität L hängen dabei von den Abmessungen des Quarzes ab. R ist der Verlustwiderstand. Er beschreibt die Verluste bei Resonanz. Die Parallelkapazität C_P ist vor allem durch die Halterung des Quarzes bestimmt. Sie beträgt einige Pikofarad (3...30 pF). Die Kapazität C_S liegt bei den einzelnen Schwingkreistypen fast immer in der Größenordnung von $^1/_{10}$ bis $^1/_{100}$ Pikofarad.

Aus der Ersatzschaltung geht hervor, daß der Schwingkreis zwei Resonanzstellen haben muß. C_S, L und R stellen einen Serienkreis dar. Dies nennt man die Serienresonanzfrequenz f_S. Ferner kann man sich die beiden Kondensatoren C_S und C_P als in Reihe geschaltete Kondensatoren denken, die dann zur Spule mit dem Verlustwiderstand parallel liegen und eine etwas höhere Resonanzfrequenz ergeben, die Parallelresonanz f_P.

Quarze werden angewendet für Generatoren (Oszillatoren) im Hochfrequenzbereich, die eine sehr konstante Frequenz haben sollen. Man erreicht Genauigkeiten von 10^{-6} bis 10^{-8}, das heißt Abweichungen von einem Millionstel bis sogar ein Hundertstel von einem Millionstel.

Beispiel: Ein Hersteller gibt für einen Quarz bei einer Resonanzfrequenz von 7,042 MHz eine Genauigkeit von 2×10^{-6} an. Gesucht ist die maximale Frequenzabweichung.

Lösung:

$$\Delta f = 7{,}042 \cdot 10^{6}\ \text{Hz} \cdot 2 \cdot 10^{-6} = 14{,}084\ \text{Hz}$$

Nur 14 Hertz weicht die Frequenz maximal ab.

10.7 Bandfilter

Koppelt man zwei oder mehr Parallelschwingkreise in bestimmter Weise (Bild 10-12), so nennt man die entstehende Schaltung *Bandfilter*. Die Schaltung heißt deshalb Bandfilter, weil sie ein bestimmtes Frequenzband (Frequenzbereich) durchläßt und die anderen Frequenzen sperrt.

Es gibt verschiedene Kopplungsarten von Bandfiltern, die im Bild 10-13 dargestellt sind. Je nachdem, wie fest man die Schwingkreise miteinander verkoppelt, entstehen unterschiedliche Bandbreiten des Bandfilters (Bild 10-14).

Bei sehr fester Kopplung (überkritische Kopplung) entsteht eine Einsattelung der Resonanzkurve. Bei der kritischen Kopplung hat die Kurve ein waagerechtes Dach (flat top) und bei unterkritischer Kopplung oder loser Kopplung erhält man die Resonanzkurve wie bei einem Einzelkreis (Bild 10-14).

10.8 Tiefpaß – Hochpaß

Nicht ganz zum Thema Schwingkreis paßt dieser folgende Abschnitt. Es handelt sich zwar auch um Kombinationen von Spule und

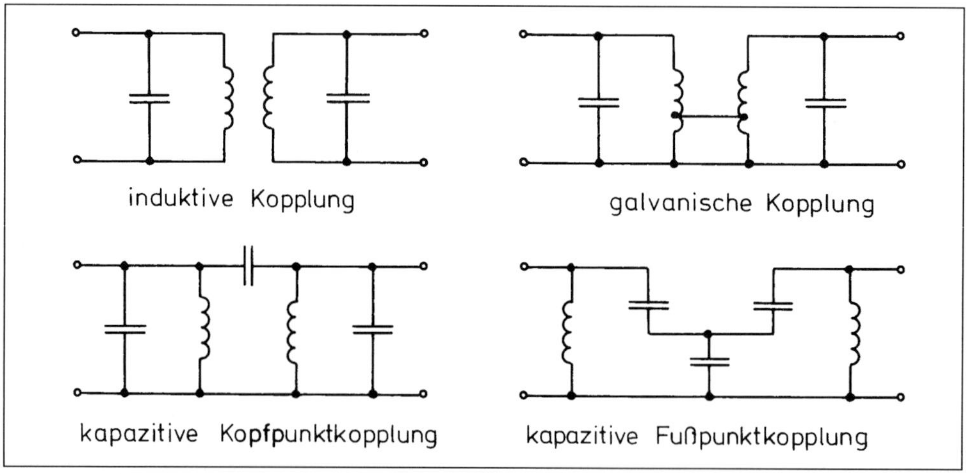

Abbildung 10-13: Kopplungsarten bei Bandfiltern

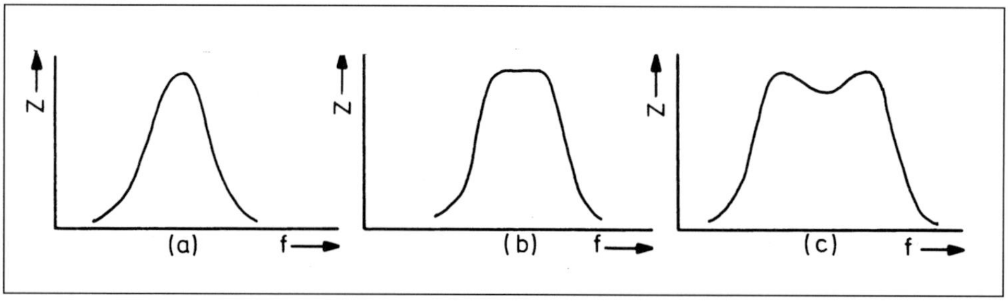

Abbildung 10-14: Kopplungsarten: a) überkritische; b) kritische; c) unterkritische Kopplung

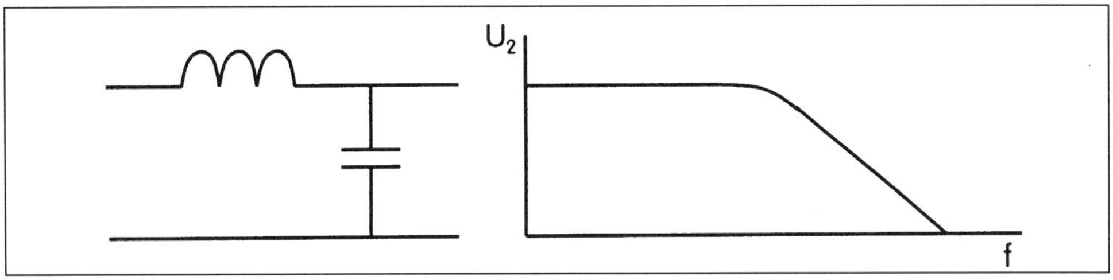

Abbildung 10-15: Der Tiefpaß (links) und der zugehörige Frequenzgang (rechts)

Kondensator, jedoch werden diese nicht in Reihe oder parallel geschaltet, sondern ein Bauteil in Reihe zum Signalfluß und das andere parallel.

Schaltet man eine Spule in Reihe zum Signalweg und den Kondensator dahinter parallel zum Signal, erhält man einen Tiefpaß (Bild 10-15). Die Tiefpaßwirkung entsteht folgendermaßen: Hat man eine zunächst niedrige Frequenz, stellt die Spule einen geringen induktiven Widerstand dar und der Kondensator hat einen großen kapazitiven Widerstand. Es entsteht ein Spannungsteiler, bei dem ein kleiner Widerstand oben in Serie und ein großer am Ausgang parallelgeschaltet ist. Nur wenig Spannung geht verloren. Die Ausgangsspannung ist fast genau so groß wie die Eingangsspannung (Bild 10-15 rechts).

Steigt die Frequenz, wird der induktive Widerstand größer und der kapazitive kleiner. Immer mehr Spannung geht verloren. Die hohen Frequenzen kommen also nicht so gut durch oder anders herum ausgedrückt: Die tiefen Frequenzen werden gut durchgelassen (sie können passieren) – Tiefpaß. Die Frequenz, bei der die Ausgangsspannung nur noch 70% so groß ist wie die Eingangsspannung, nennt man Grenzfrequenz.

In der Schaltung 10-16 sind gegenüber Bild 10-15 Kondensator mit Spule vertauscht. Haben wir nun eine tiefe Frequenz, stellt der Kondensator in Serie einen großen Widerstand dar und die Spule einen geringen. Deshalb kommt wenig Spannung durch. Erst bei hohen Frequenzen läßt der Kondensator die Spannung „passieren“ und die Spule schließt nicht mehr kurz – Hochpaß.

Diese Schaltungen werden im Amateurfunk recht häufig angewendet, um beispielsweise den Kurzwellenbereich zu sperren und den UKW- und Fernsehbereich durchzulassen, wenn durch Sender elektromagnetische Unverträglichkeiten beim Radio- oder Fernsehempfang auftreten.

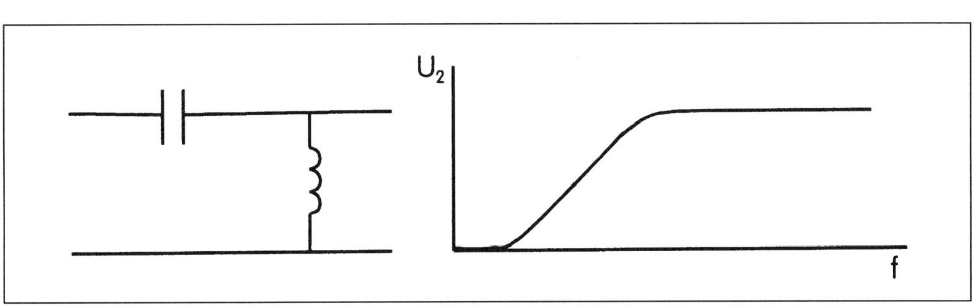

Abbildung 10-16: Der Hochpaß (links) und der zugehörige Frequenzgang

10.9 Aufgaben zur Lektion 10

Bei folgenden Prüfungsfragen werden diesmal alle Aufgaben mit fünf Punkten bewertet. Entscheiden Sie anschließend selbst, wieviel Punkte Sie sich bei auch teilweise nur richtigen Lösungen geben wollen. Mit mehr als 37 (>75%) von den maximal möglichen 50 Punkten hätten Sie die Prüfung zum Amateurfunkzeugnis bestanden.

1. Skizzieren Sie den Verlauf des Scheinwiderstandes eines Parallel- und eines Reihenschwingkreises in Abhängigkeit von der Frequenz. Markieren Sie die Resonanzfrequenz.
2. Ein Parallelschwingkreis hat bei C = 100 pF Resonanz auf 7000 kHz. Wie groß muß C werden, um bei gleicher Induktivität Resonanz auf 3500 kHz zu erreichen?
3. Ein Reihenresonanzkreis mit einer Kapazität von 15 pF ist mit 28200 kHz abgestimmt. Welche Kapazität muß zu dem vorhandenen C parallel geschaltet werden, um mit unverändertem L die Frequenz 14100 kHz zu erreichen?
4. Ein Schwingkreis hat bei einer Kapazität von 100 pF eine Resonanzfrequenz von 3000 kHz. Wie groß ist die Resonanzfrequenz bei einer Kapazität von 50 pF?
5. Welche Güte muß ein Schwingkreis haben, wenn er als „Einkreiser" bei einer Frequenz von 3,5 MHz eingesetzt werden soll und eine Bandbreite von 3,5 kHz erwünscht ist?
6. Zeichnen Sie die Resonanzkurven des Scheinwiderstandes a) eines Einzelkreises (Parallelkreises), b) eines kritisch gekoppelten Bandfilters und c) eines überkritisch gekoppelten Bandfilters.
7. Sie messen bei der Bandfilterkurve die Frequenzen, bei denen die Spannung auf 70% des Maximalwertes abgesunken ist, mit f_1 = 457,5 kHz und f_2 = 472,5 kHz.
   a) Wie groß ist die Bandbreite dieses Filters?
   b) Welche Güte hat das Filter?
8. Erläutern Sie die Eigenschaften und Anwendungsmöglichkeiten von Bandfiltern.
9. Welche Eigenschaften hat ein Quarz?
10. Skizzieren Sie a) ein LC-Tiefpaßfilter, b) ein entsprechendes Hochpaßfilter.

Erreichte Punktezahl:

1	2	3	4	5	6	7	8	9	10	Gesamt

Lektion 11: Die Halbleiterdiode

Mit dieser Lektion beginnt der Teil „Elektronik" des „Amateurfunk-Lehrgangs". Unter Elektronik versteht man allgemein alle die elektrischen Vorgänge, die mit der Bewegung von Elektronen zu tun haben. Daraus entwikkeln sich die Halbleiter und alle Bauelemente, die aus Halbleitermaterialien bestehen. Die Elektronenröhre gehört ebenfalls dazu. Der Gesamtkomplex der Elektronik ist so umfangreich, daß hier im Rahmen des „Amateurfunk-Lehrgangs" nur ein grundlegender Teil behandelt werden kann.

In dieser ersten Lektion aus dem Bereich der Elektronik lernen Sie die Wirkungsweise und Anwendung der Halbleiterdiode kennen. Da Halbleiterdioden aus dotierten Halbleiterwerkstoffen bestehen, erfahren Sie zunächst etwas über Halbleiterwerkstoffe und ihre Dotierung.

11.1 Halbleiterwerkstoffe

Sie wissen aus dem ersten Teil dieses Lehrgangs, daß man grundsätzlich zwischen elektrischen „Leitern" und elektrischen „Nichtleitern" (Isolatoren) unterscheiden kann. Zu den Leitern gehören beispielsweise Metalle, zu den Nichtleitern z.B. Glas, Porzellan und so weiter.

Es gibt Werkstoffe, deren elektrische Leitfähigkeit kleiner ist als die der Leiter, aber größer als die der Nichtleiter. Man nennt sie Halbleiterwerkstoffe. Im engeren Sinne versteht man unter Halbleitern die Werkstoffe, die für die Herstellung elektronischer Bauelemente verwendet werden.

In der Halbleitertechnik hat der Werkstoff Silizium zur Zeit die größte Bedeutung. Weitere technisch wichtige Werkstoffe sind Germanium, Selen, Galliumarsenid, Indiumphosphid und Indiumantimonid. Diese Werkstoffe haben Kristallstruktur, d.h., die Atome sitzen nach einem bestimmten Schema geordnet auf vorgegebenen Plätzen (Bild 11-1).

Bei den wichtigsten Halbleiterwerkstoffen Silizium und Germanium hat dieses Schema eine Tetraeder-Struktur, so daß jedes Atom immer vier Nachbaratome hat. Diese vier Bindungen (Vierwertigkeit) sind charakteristisch für die Halbleiter. Bei einer vollständig reinen Kristallstruktur sind also alle Valenzelektronen (siehe Lektion 2) gebunden. Bei niedrigen Temperaturen sind diese Werkstoffe

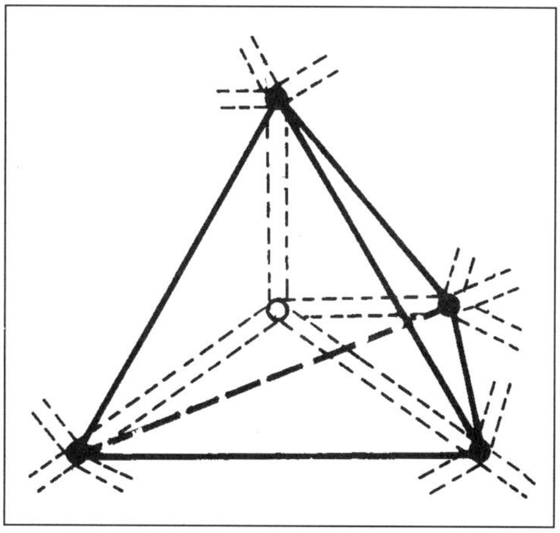

Abbildung 11-1: Siliziumkristallgitter

Nichtleiter, aber auch bei Raumtemperatur ist die Leitfähigkeit außerordentlich gering.

Dies gilt allerdings nur, wenn das Material sehr rein ist. Die geringste Beimengung von Atomen fremder Elemente stört den kristallinen Aufbau derart, daß die Leitfähigkeit erheblich ansteigt. Die Forderung an den Reinheitsgrad liegt bei 10^{-10} (Germanium) bis 10^{-20} (Silizium). Der geforderte Reinheitsgrad ist außerordentlich hoch. Ein Vergleich macht dieses deutlich: In einem Güterzug voller Erbsen dürfte nur eine einzige schlechte enthalten sein.

Erhöht man die Temperatur eines Halbleiters, so verstärken sich die Schwirrbewegungen der Atome, und die Bindung der Valenzelektronen einiger Atome reißt auf. Es entstehen freie Elektronen – die Leitfähigkeit steigt (oder der Widerstand bei Anlegen einer Spannung sinkt). Dieses Verhalten entspricht dem NTC-Widerstand (negativer Temperaturkoeffizient, siehe Abschnitt 12.12 der folgenden Lektion).

Man nennt diese Leitfähigkeit der Halbleiter Eigenleitfähigkeit. Die stark ansteigende Eigenleitfähigkeit bei höheren Temperaturen ist beim Betrieb von Halbleiterdioden und Transistoren sehr störend. In einem bestimmten Temperaturbereich schwillt der Strom lawinenartig an, was zu einer Zerstörung des Bauelementes führen kann. Aus diesem Grund sind obere Grenzwerte der Betriebstemperaturen festgelegt.

11.2 Störstellenleitfähigkeit

Germanium- und Siliziumatome haben vier Valenzelektronen. Durch Einlegieren von Atomen mit fünf Valenzelektronen (z.B. Arsen oder Antimon) erzeugt man Störstellen im Kristallgitter. Man nennt dieses gezielte Verunreinigen „Dotieren".

Da das fünfte Valenzelektron dieses Störatoms keine Bindungsaufgabe im Kristallgitter erfüllt, löst sich dieses Elektron bereits bei sehr niedrigen Temperaturen schon vom Atom und ist im Gitter frei beweglich. Das Kristall ist somit ohne Wärmezufuhr bereits halbleitend. Da die Leitfähigkeit in diesem Fall durch freie Elektronen (negative Ladungen) hervorgerufen wird, spricht man von N-leitendem Halbleitermaterial (Bild 11-2).

Durch Einlegieren von Atomen mit nur drei Valenzelektronen (z.B. Gallium oder Indium) treten ebenfalls Störstellen auf. An jeder Stelle eines Fremdatoms fehlt ein Valenzelektron zur vollständigen Bindung. Diese entstandenen Fehlstellen (Löcher) können aus der Umgebung mit Elektronen aufgefüllt werden, wodurch Löcher an anderen Stellen entstehen.

Das Defektelektron (oder Loch) ist also gleichsam als frei beweglicher Ladungsträger aufzufassen. Da eine fehlende negative Ladung einer überschüssigen positiven Ladung entspricht, kann man die Defektelektronen als positive Ladungsträger auffassen. Man spricht hier von P-leitendem Halbleitermaterial.

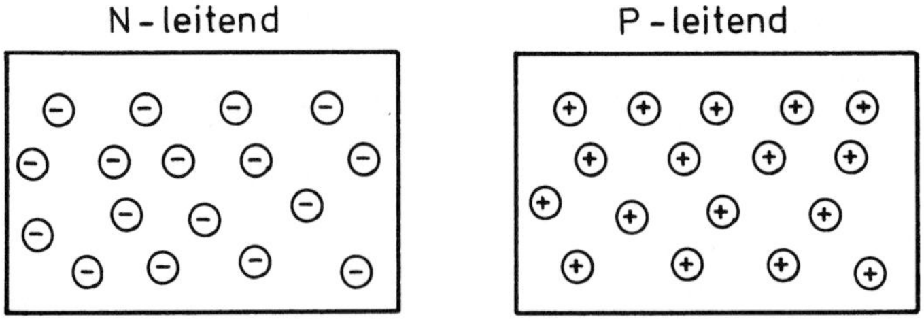

Abbildung 11-2: Bildliche Darstellung von N-leitendem und P-leitendem Halbleitermaterial

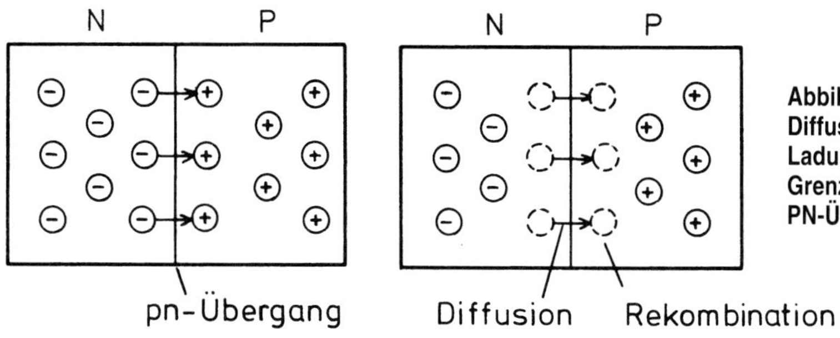

Abbildung 11-3: Diffusion der Ladungsträger in der Grenzschicht beim PN-Übergang

Ein Vergleich macht diese Defektelektronenbeweglichkeit deutlich. Ist z.B. in einer Sitzreihe im Theater ein Platz in der Mitte frei (Fehlstelle, Loch), so können sich die Zuschauer (Elektronen) jeweils einen Platz weitersetzen (bewegen), wodurch sich der freie Platz in die entgegengesetzte Richtung bewegt. Also: Defektelektronen bewegen sich immer in die entgegengesetzte Richtung wie Elektronen.

Die dotierten Halbleitermaterialien bestehen aus vollständigen Atomen. Sie sind daher nach außen hin elektrisch neutral, d.h., es gibt genau so viele negative (Elektronen) wie positive Ladungen (Kernladungen) im Kristall.

11.3 Der PN-Übergang

Dotiert man einen Halbleiter von der einen Seite her mit einem dreiwertigen Stoff (P-leitend) und von der anderen Seite her mit einem fünfwertigen Stoff (N-leitend), so entsteht in der Mitte ein PN-Übergang.

In dieser Grenzschicht werden die Elektronen der N-Schicht durch Diffusion zu den freien Stellen (Löchern) der P-Schicht wandern und die Lücken ausfüllen (Bild 11-3). Dieses gleichzeitige Verschwinden je eines Elektrons und eines Loches nennt man „Rekombination“. Die Grenzschicht verarmt an freien Ladungsträgern. Sie wird zu einer nichtleitenden Schicht oder Sperrschicht.

In der Sperrschicht haben sich aber nun auf der P-Seite zusätzliche Elektronen (negativ) angesammelt, die auf der N-Seite fehlen (positive Ladungen im Überschuß). Die Sperrschicht ist elektrisch nicht mehr neutral, sondern elektrisch geladen (Bild 11-4).

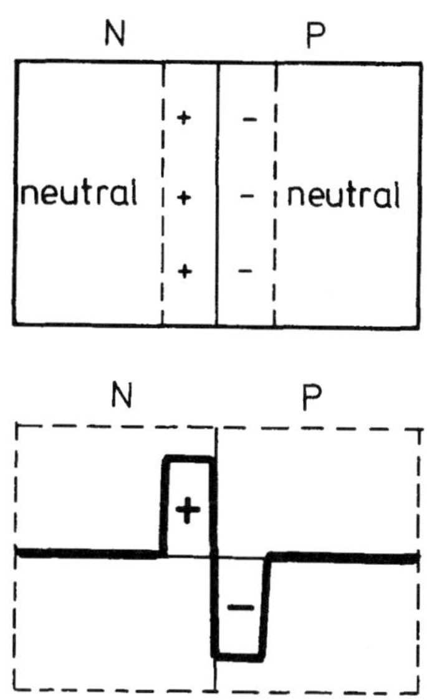

Abbildung 11-4: Ladungen in der Sperrschicht

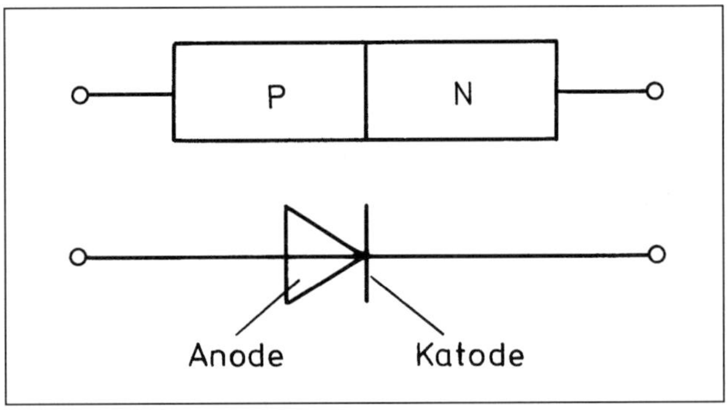

Abbildung 11-6: PN-Übergang und Schaltsymbol der Diode

Diese unterschiedliche Ladung hat eine Spannung zur Folge (siehe Lektion 1), die man „Diffusionsspannung" nennt. Die Diffusionsspannung beträgt bei Germanium etwa 0,2...0,4 V und bei Silizium etwa 0,6...0,8 Volt.

Legt man einen solchen dotierten Halbleiter an eine äußere Spannung derart, daß der Pluspol der Spannungsquelle mit der N-Schicht und der Minuspol mit der P-Schicht verbunden wird (Bild 11-5), so wandern die Löcher der P-Schicht zum Minuspol und die Elektronen der N-Schicht zum Pluspol (entgegengesetzte Ladungen ziehen sich an). Dadurch verbreitert sich nun die ladungsträgerfreie Sperrschicht. Der PN-Übergang sperrt. Es fließt ein ganz geringer Sperrstrom von wenigen Mikroampere (Germanium) bzw. Nanoampere (Silizium). Erst bei einer sehr hohen Spannung in Sperrichtung steigt der Strom plötzlich an; es kommt zum Durchbruch.

Polt man die Spannungsquelle um, werden die Elektronen der N-Schicht und auch die Defektelektronen der P-Schicht durch die abstoßenden Kräfte in die Sperrschicht gedrängt.

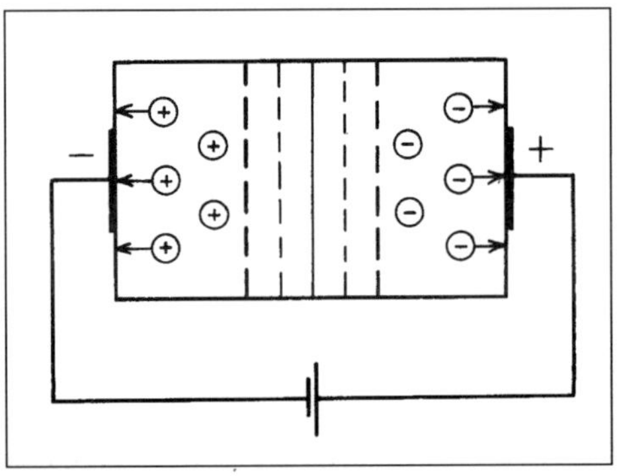

Abbildung 11-5: In Sperrichtung geschalteter PN-Übergang

Die Sperrschicht wird von Ladungsträgern überflutet und dadurch abgebaut. Ist die äußere Spannung gleich der Diffusionsspannung, verschwindet die Sperrschicht völlig – das Bauelement leitet.

Dieses Bauelement (PN-Übergang), das in einer Richtung den Strom sperrt und in der anderen Richtung leitet, nennt man Diode (Bild 11-6).

Eine Diode leitet also, wenn man den Pluspol der Spannungsquelle an die Anode (P-Schicht) und den Minuspol an die Katode (N-Schicht) legt.

Praxis: Machen Sie bitte einmal folgenden Versuch: Schließen Sie ein Anzeigelämpchen (ca. 100 mA) über eine in Reihe geschaltete Diode an eine entsprechende Gleichspannungsquelle an (Bild 11-7). Vertauschen Sie dann die Anschlüsse der Diode.
Ergebnis: In der einen Richtung der Diode leuchtet das Lämpchen (die Diode leitet), in der anderen bleibt es dunkel (die Diode sperrt).

Eine Diode leitet, wenn die Spitze des Diodenschaltsymbols in Stromrichtung zeigt.

Sie können auch mit einem einfachen Ohmmeter feststellen, ob eine Diode defekt ist oder nicht.

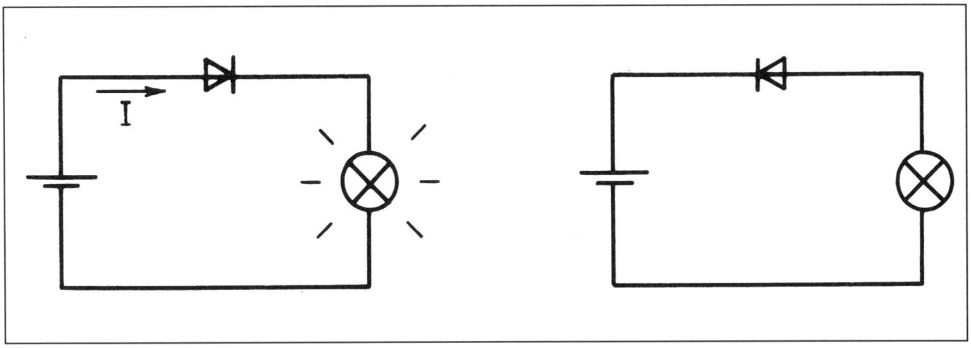

Abbildung 11-7: Versuch zur Demonstration von Durchlaßrichtung und Sperrichtung der Diode

Übungen: Schließen Sie die Diode wie einen Widerstand an die Klemmen eines Widerstandsmeßgerätes (Ohmmeter), und messen Sie den Widerstand der Diode in beiden Richtungen. In einer Richtung messen Sie einen kleinen Widerstand (je nach eingeschaltetem Bereich zwischen 2 und 200 Ω) und in der anderen Richtung einen großen Widerstand (0,3 bis 300 MΩ). Voraussetzung ist allerdings, daß das Widerstandsmeßgerät in der Schaltung mit einer Speisespannung betrieben wird, die größer ist als die Schleusenspannung der Diode (z.B. 0,7 V bei Silizium). Sonst mißt man zu große Werte des Durchlaßwiderstandes.
Sie können mit dem Ohmmeter auch die Anschlüsse Anode oder Katode bestimmen. Aber bitte beachten Sie: Bei Vielfachmeßgeräten mit Ohmmeter ist die angegebene Polarität bei Verwendung als Ohmmeter aufgrund der Schaltung solcher Meßgeräte vertauscht (Bild 11-8)! Zweckmäßigerweise verwenden Sie bei solchen Messungen zunächst eine bekannte Diode und vergleichen die unbekannte (oder defekte) Diode damit.

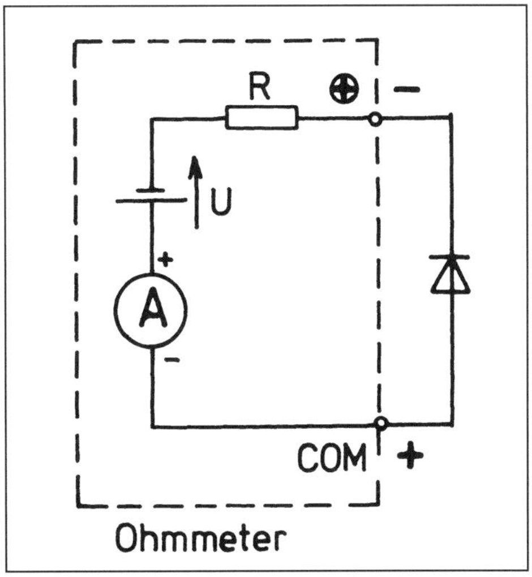

Abbildung 11-8: Ohmmeter zur Grobprüfung von Dioden

Zur Benutzung eines Vielfachmeßgerätes als Widerstandsmeßgerät (Ohmmeter) wird eine Batterie U (meistens 1,5 Volt) in den Stromkreis geschaltet, so daß der Pluspol der Batterie an den Pluspol des Meßwerkes gelangt. Dadurch entsteht an dem ursprünglichen Minuspol (COM) des Vielfachmeßgerätes eine positive Spannung. Die Diode ist also dann in Durchlaßrichtung geschaltet, wenn die Anode an Plus (ursprünglich COM) und die Katode an Minus (ursprünglich +) angeschlossen wird.

Es sei nochmals darauf hingewiesen, daß diese Grobprüfung mit dem Ohmmeter nur funktioniert, wenn an den Klemmen eine Spannung größer 0,7 Volt anliegt. Bei modernen Digitalmeßgeräten oder solchen mit eingebautem Verstärker liegt meistens bei Verwendung als Ohmmeter eine für diesen Zweck zu kleine Meßspannung, so daß die Diode in keiner Richtung Durchlaßverhalten zeigt.

11.4 Die Kennlinie der Halbleiterdiode

Um die Eigenschaften von elektronischen Bauelementen zu beschreiben, stellt man die Abhängigkeit des Stromes von der angelegten Spannung in einem Diagramm dar. Man nennt diese Diagramme „I/U-Kennlinien". Grundsätzlich wird die Ursache (Spannung U) nach rechts (x-Achse) und die Wirkung (Intensität, Stromstärke I) nach oben (y-Achse) aufgetragen.

Experiment
Bauen Sie die Schaltung (Bild 11-9) zur Kennlinienaufnahme verschiedener Dioden auf.
Geräte/Bauteile:
1 Generator 0...12 Volt
1 Widerstand 470 Ω, 1/2 Watt
1 Meßgerät als Strommesser, 30-mA-Bereich
1 Meßgerät als Spannungsmesser, 1-V-Bereich
(Innenwiderstand größer als 20 kΩ)

Durchführung
Erhöhen Sie die Spannung an dem einstellbaren Gleichspannungsgenerator in Schritten von etwa 0,05 Volt, und messen Sie jeweils den zugehörigen Strom. Tragen Sie die Werte in eine Tabelle ein. Führen Sie diesen Versuch mit verschiedenen Dioden durch, und tragen Sie danach die Meßwerte in ein Diagramm ein.

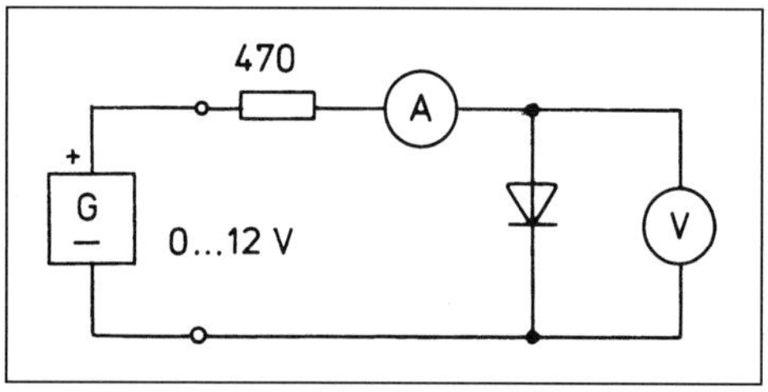

Abbildung 11-9: Schaltung zur Kennlinienaufnahme von Dioden

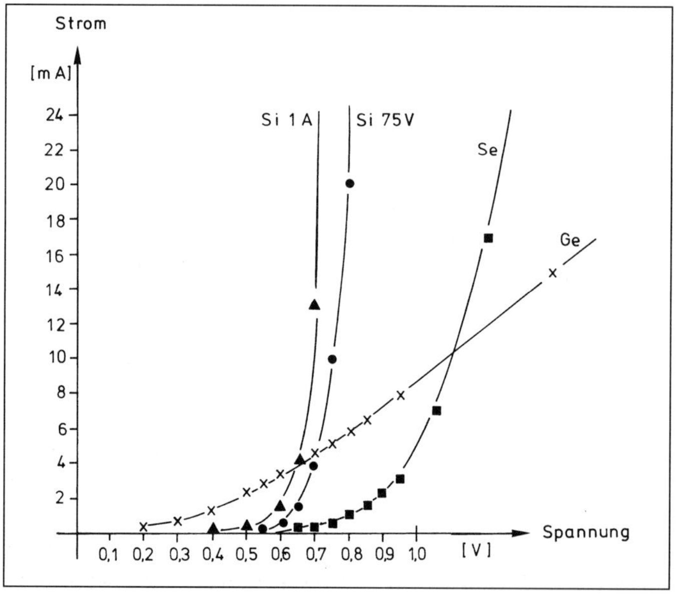

Abbildung 11-10: I/U-Kennlinien verschiedener Dioden im Durchlaßbereich

Möglicherweise erhalten Sie ähnliche Kennlinien wie die in Bild 11-10, die im Labor der Schulstation DL0BAC in Aachen gemessen wurden.

Aus den Kennlinien kann man folgendes ablesen: Bei der Germaniumdiode beginnt der Stromfluß bereits bei etwa 0,1 bis 0,2 Volt (Diffusionsspannung), um dann auf Durchlaßspannungen bis über 1 Volt anzusteigen. Bei Siliziumdioden beträgt die Diffusionsspannung 0,5 bis 0,6 Volt und die Durchlaßspannung etwa 0,7 Volt.

Mißt man die Durchlaßspannung einer Diode bei einer Stromstärke von weniger als 1 mA, so kann man damit feststellen, ob es eine Siliziumdiode (Spannung 0,6 bis 0,7 V) oder eine Germaniumdiode (Spannung kleiner 0,3 V) ist.

Bisher wurden die Diodenkennlinien nur in Durchlaßrichtung betrachtet. In Sperrichtung fließt ein so geringer Strom, daß man ihn mit normalen Vielfachmeßgeräten kaum messen kann. Dieser Sperrstrom liegt bei einer Germaniumdiode im Bereich von einigen Mikroampere und bei Siliziumdioden sogar im Nanoamperebereich.

Allerdings: Bei Erhöhung der Spannung in Sperrichtung wird die Diode plötzlich leitend und geht dann kaputt. Es erfolgt ein sogenannter „Durchbruch". Die maximal vom Hersteller angegebene Sperrspannung darf also nicht überschritten werden. Diese Spannung liegt bei Germaniumdioden unter 100 Volt und bei Siliziumdioden je nach Type zwischen 100 und 2000 Volt. Deshalb werden zur Netzgleichrichtung (Abschnitt 11.5) vorwiegend Siliziumdioden verwendet.

11.5 Einweggleichrichtung

Die typische Eigenschaft der Halbleiterdioden, in einer Stromrichtung zu sperren und in der anderen zu leiten, wird in der Technik mannigfaltig angewendet.

Schaltet man einen Lastwiderstand über eine in Reihe geschaltete Diode an eine Wechselspannungsquelle, so leitet die Diode den

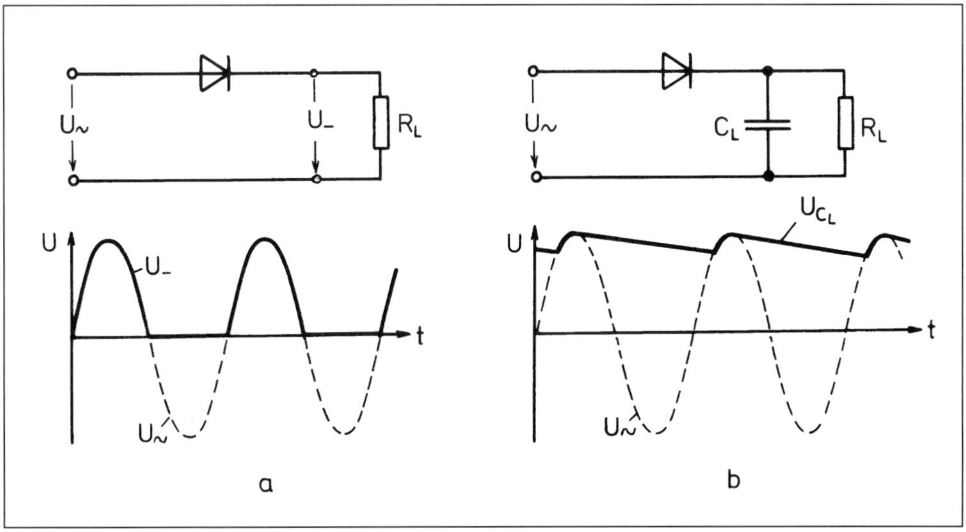

Abbildung 11-11: Einweggleichrichtung ohne (a) und mit (b) Ladekondensator

Strom nur, wenn die Anode positiver ist als die Katode (Bild 11-11: positive Halbwelle der Wechselspannung wird durchgelassen). In der anderen Halbwelle sperrt die Diode. Durch den Lastwiderstand R_L fließt ein pulsförmiger Strom immer in der gleichen Richtung. Man sagt, der Strom ist „gleichgerichtet" worden. Da nur eine Halbwelle der sinusförmigen Wechselspannung ausgenutzt wird, nennt man diese Schaltung Einweggleichrichterschaltung.

Schaltet man einen Kondensator parallel zum Lastwiderstand (Bild 11-11 b), so wird sich dieser in der einen Halbwelle schnell über die Diode aufladen und in der anderen Halbwelle (Sperrzeit der Diode) langsam über den Widerstand entladen. Die Gleichspannung am Lastwiderstand wird dadurch schon viel gleichmäßiger.

Wie man aus Bild 11-11 b erkennt, lädt sich der Kondensator C_L (Ladekondensator) maximal auf die Spitzenspannung der anliegenden Wechselspannung auf. Die maximale Gleichspannung am Ladekondensator berechnet man also zu (siehe Lektion 3, Abschnitt 3.7):

$$U_{CL} = \hat{u} = \sqrt{2} \cdot U_{eff}$$

Beispiel: Vom Transformator wird sekundärseitig eine Spannung von 100 Volt geliefert. Welche Spannung liegt bei Einweggleichrichtung maximal am Ladekondensator?

Lösung:

$$U_{CL} = 1{,}414 \cdot 100\ \text{V} = 141{,}4\ \text{V}$$

Welche Spannung muß die Diode in der Sperrphase (Sperrspannung) aushalten können?

Überlegen Sie mit: Die Spannung an der Anode der Diode ändert sich ständig zwischen den beiden Scheitelwerten +141 Volt und –141 Volt vom Transformator her. An der Katode bleibt der Kondensator auf maximal +141 Volt aufgeladen. Die höchste Sperrspannung wird also beim negativem Scheitelwert erreicht. Die Differenz der Spannungen von der Katode (+141 V) zur Anode (–141 V) beträgt also 282 Volt.

Allgemein berechnet man die Sperrspannung der Diode mit $U_{sp} = 2\ \hat{u}$.

11.6 Mittelpunkt-Zweiweggleichrichtung

Bei der Einweggleichrichtung wird eine Halbwelle der Wechselspannung unterdrückt. Um diese zweite Halbwelle auch auszunutzen, kann bei Verwendung eines Transformators mit zwei gleichen Wicklungen (oder Mittelanzapfung) eine Zweiweggleichrichtung angeschlossen werden (Bild 11-12).

Wirkungsweise der Schaltung

Liegt z.B. der Pluspol der Wechselspannung am Punkt A gegen 0 (dann ist B negativ gegen 0), fließt ein Strom von A über die Diode D1, den Lastwiderstand R_L nach 0. (Tragen Sie mit Farbstift entsprechende Strompfeile im Bild 11-12 a ein.) Die Diode D2 ist gesperrt (Minus an der Anode).

In der nächsten Halbwelle ist die Polarität vertauscht. Der Strom fließt von B über D2 und R_L nach 0. Diode D1 ist gesperrt. (Tragen Sie mit andersfarbigem Stift entsprechende Pfeile ein.)

In beiden Halbwellen fließt also der Strom von C nach D in der gleichen Richtung durch den Lastwiderstand. Am Lastwiderstand liegt eine entsprechende Gleichspannung.

Durch Anschluß eines Ladekondensators an die Klemmen C und D kann diese pulsierende Gleichspannung wie bei der Einweg-

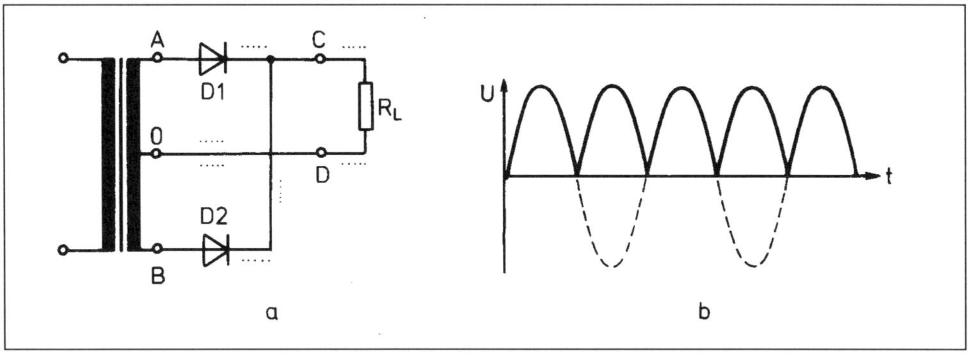

Abbildung 11-12: Mittelpunkt-Zweiweggleichrichterschaltung: a) Schaltung; b) Ausgangsspannung am Lastwiderstand ohne Ladekondensator

gleichrichterschaltung weiter verbessert werden. Die Größe der Gleichspannung am Ladekondensator berechnet man wie bei der Einwegschaltung. Als Spannung muß hier der Effektivwert *einer* Wicklung eingesetzt werden. Auch die Sperrspannungen der Dioden bleiben gleich. Es handelt sich hier praktisch um zwei abwechselnd arbeitende Einweggleichrichter.

11.7 Die Brückengleichrichterschaltung

Steht kein Transformator mit Mittelanzapfung zur Verfügung, kann durch Verwendung von vier Dioden in Brückenschaltung ebenfalls eine Doppelweggleichrichtung erreicht werden (Bild 11-13).

Wirkungsweise der Schaltung

Liegt auf der Sekundärseite des Transformators z.B. am Punkt A positive Spannung gegen Punkt B, fließt der Strom von A über Diode D3, Punkt C, R_L, Punkt D, Diode D2 zum Punkt B. Tragen Sie entsprechende Strompfeile ein.

Ist in der nächsten Halbwelle Plus an B und Minus an A, fließt der Strom von B über D4 nach C, über R_L nach D, über D1 nach A. Tragen Sie wieder entsprechende Pfeile ein.

Sie sehen: Durch den Lastwiderstand R_L fließt immer der Strom in der gleichen Richtung (Gleichrichtung). Am Lastwiderstand liegt eine entsprechende Gleichspannung (Bild 11-13 b).

Auch bei dieser Schaltung läßt sich durch Parallelschalten eines Ladekondensators zum Lastwiderstand eine weitere Verbesserung der

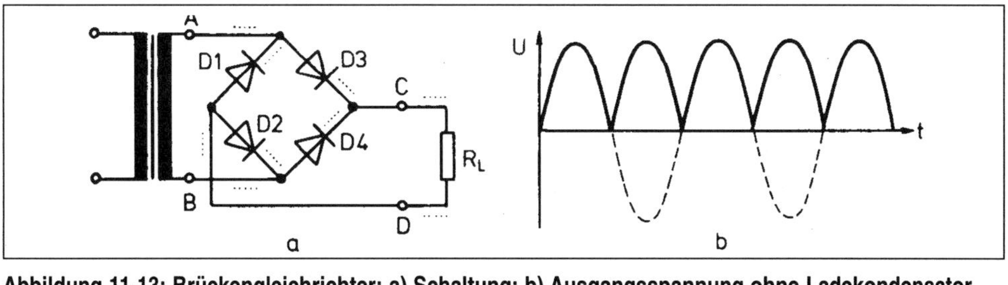

Abbildung 11-13: Brückengleichrichter: a) Schaltung; b) Ausgangsspannung ohne Ladekondensator

Gleichspannung erreichen. Die Berechnung der maximalen Gleichspannung am Ladekondensator erfolgt wie bei der Einwegschaltung.

Die Sperrspannung der Dioden braucht nur halb so groß zu sein wie bei der Einwegschaltung, da immer zwei Dioden in Reihe geschaltet sind. Allerdings müssen die Sperrwiderstände beider Dioden genau gleich groß sein; sonst verteilt sich die Sperrspannung ungleich auf beide Dioden.

Im Handel sind Brückengleichrichter erhältlich, bei denen die vier genau gleichen Dioden bereits in einem Gehäuse untergebracht sind. Ein solcher Brückengleichrichter trägt z.B. folgende Kennzeichnung:

B40C1000. Diese Kennzeichnung bedeutet, daß der Gleichrichter in Brückenschaltung aufgebaut ist (Buchstabe B), daß er maximal 40 Volt effektive Transformatorspannung gleichrichten kann und mit einer Stromstärke von 1000 mA = 1 A Gleichstrom bei Belastung mit einem Kondensator (Buchstabe C) zu Glättung betrieben werden kann.

11.8 Gleichrichtung mit Spannungsvervielfachung

In der modernen Amateurfunktechnik sind Spannungsverdoppler- oder Spannungsvervielfacher-Schaltungen, z.B. zum Erzeugen

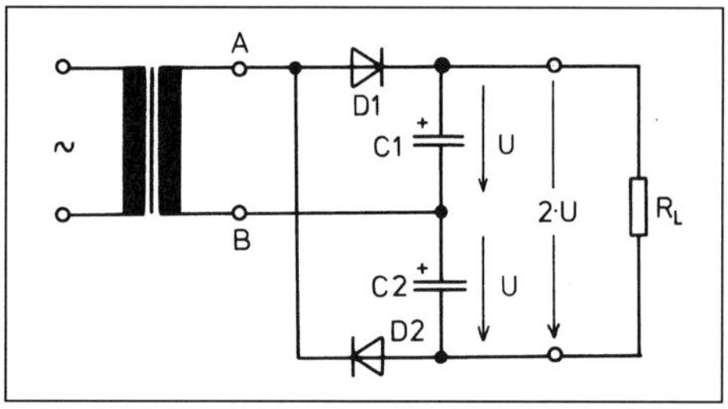

Abbildung 11-14: Greinacher- oder Delon-Schaltung

hoher Gleichspannungen für die Senderendstufe ohne Einsatz teurer Hochspannungstransformatoren, von besonderer Wichtigkeit. Es handelt sich hier um Gleichrichterschaltungen mit gleichzeitiger Spannungsvervielfachung.

Die Greinacher- oder Delon-Schaltung (Bild 11-14) arbeitet folgendermaßen: Während der positiven Halbwelle (Plus an A) wird die Diode D1 leitend, der Kondensator C1 wird aufgeladen. In der negativen Halbwelle (Plus an B) öffnet Diode D2, und der Kondensator C2 wird mit gleicher Polarität wie C1 aufgeladen. Für den Lastwiderstand addieren sich die Spannungen wegen der Reihenschaltung beider Kondensatoren. Er liegt an der doppelten Spitzenspannung 2 · û.

Ähnlich arbeitet die Kaskaden- oder Siemensschaltung (Bild 11-15). Während der negativen Halbwelle (Plus an B) öffnet Diode D1. Der Kondensator C1 wird auf û aufgeladen. Wird die positive Halbwelle wirksam,

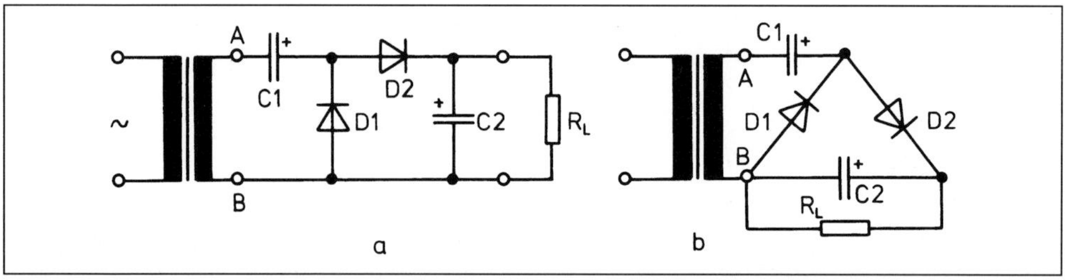

Abbildung 11-15: Kaskaden- oder Siemensschaltung in zwei verschiedenen zeichnerischen Darstellungen

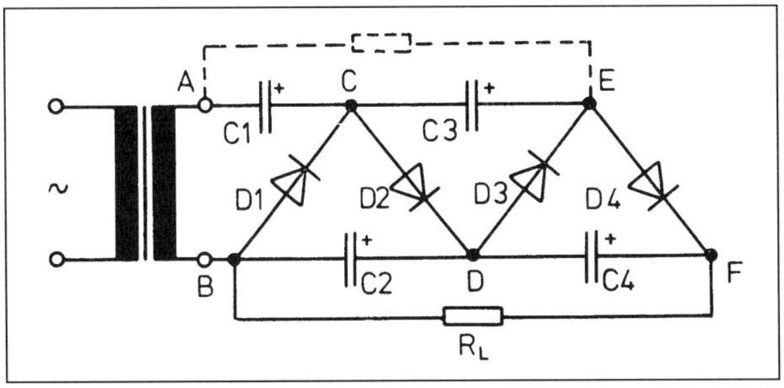

Abbildung 11-16: Spannungsvervielfacherschaltung (Kaskade)

Je höher allerdings die Ausgangsspannung gewählt wird, desto niedriger ist die zu entnehmende Stromstärke. Der Innenwiderstand der Schaltung wird durch den Transformator, die Anzahl der Dioden und durch die Gesamtkapazität der in Reihe geschalteten Kondensatoren bestimmt.

leitet die Diode D2. Jetzt liegen die Wechselspannungsquelle und der aufgeladene Kondensator C1 in Reihe: C2 wird auf die doppelte Spannung aufgeladen. Der Vorteil dieser Schaltung ist, daß der Transformator auf der Sekundärseite einseitig geerdet werden kann und man deshalb weitere Schaltungen anschließen kann.

Die Spannungsvervielfacherschaltung im Bild 11-16 kann als eine Erweiterung der Siemensschaltung angesehen werden.

Wirkungsweise der Schaltung

Die negative Halbwelle (Plus an B) öffnet die Dioden D1 und D3, die positive Halbwelle (Plus an A) die Dioden D2 und D4. Die Ladung des Kondensators C2 wird bei jeder Halbwelle an den folgenden Kondensator weitergereicht. C1 ist auf einfache Scheitelspannung und alle anderen Kondensatoren auf die doppelte Scheitelspannung aufgeladen.

Schließt man den Lastwiderstand „oben" an (R_L von A nach E), kann man die dreifache und durch entsprechende Erweiterung der Schaltung die fünffache, siebenfache usw. Spannung erzielen. Beim Abgriff der Spannung in der unteren Reihe erhält man die doppelte, vierfache (R_L von B nach F), sechsfache usw. Spannung.

11.9 Die Diode zur Entkopplung

Ein Funkgerät soll aus einer Batterie, die von einem Sonnenkollektor geladen wird, oder aus einem Netzteil betrieben werden.

Im Bild 11-17 stellt U_1 den Sonnenkollektor dar. Fällt genügend Licht darauf, wird die Batterie U_2 über die Diode D_1 geladen. Wenn die Diode D_1 nicht vorhanden wäre, könnte sich die Batterie U_2 möglicherweise über den Sonnenkollektor entladen, wenn keine Sonne scheint.

Wird die Batterie U_2 gerade geladen, ist die Ladespannung etwa 13,8 Volt. Hinter der Diode D_2 in Richtung Plus zum Verbraucher hin wird eine Spannung von 13,8 V – 0,7 V = 13,1 V übrigbleiben. Ist das Netzteil U_3 auf beispielsweise 12,7 Volt eingestellt, liegen an der Diode D_3 nur 0,4 Volt und diese Diode leitet nicht. Damit versorgt der Sonnenkollektor allein das angeschlossene Funkgerät.

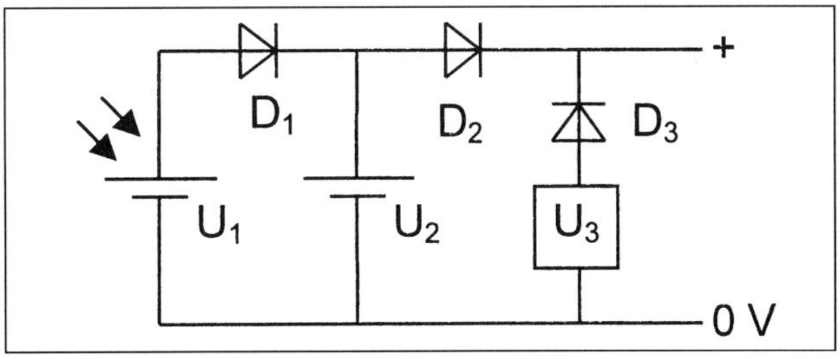

Abbildung 11-17: Dioden zur Entkopplung

Fällt die Batteriespannung U_2 auf unter 12,7 Volt ab, weil der Sonnenkollektor nicht genügend Strom liefert, wird die Diode D_3 leitend, weil am Ausgang vom Netzteil 12,7 Volt liegen und von der Batterie am Ausgang + nur 12,7 V – 0,7 V = 12,0 V bereitgestellt wird. Damit liefert nun das Netzteil den Strom.

Immer, wenn mehrere Spannungsquellen einen Verbraucher gleichzeitig speisen können, müssen Dioden zur Entkopplung in Reihe geschaltet werden, damit nicht die eine Spannungsquelle den Strom der anderen aufnimmt und unter Umständen sogar beschädigt wird. Der Nachteil ist allerdings, daß jeweils 0,7 Volt Spannung verlorengehen.

11.10 Aufgaben zur Lektion 11

1. a) Aus welchen Materialien werden Halbleiterdioden hergestellt?
b) Geben Sie die typischen Durchlaßspannungen an.
c) Welches Material wird für Netzgleichrichterdioden vorwiegend verwendet und warum?

2. a) Was verstehen Sie unter Halbleitermaterialen?
b) Was verstehen Sie unter Dotierung?

3. a) Skizzieren Sie den prinzipiellen Aufbau einer Halbleiterdiode.
b) Wie entsteht die Sperrschicht?

4. a) Zeichnen Sie eine einfache Einweggleichrichterschaltung mit Ladekondensator und Lastwiderstand.
b) Skizzieren Sie den zeitlichen Verlauf der Ausgangsspannung.
c) Geben Sie eine Formel zur Berechnung der maximalen Spannung am Ladekondensator an.

5. a) Zeichnen Sie eine Mittelpunkt-Zweiweggleichrichterschaltung.
b) Skizzieren Sie den zeitlichen Verlauf der Ausgangsspannung ohne Ladekondensator.

6. Zeichnen Sie eine Brückengleichrichterschaltung mit Transformator und Ladekondensator.

7. Zeichnen Sie eine Schaltung zur Spannungsverdopplung, und geben Sie die Polarität der Ausgangsspannung an.

8. Zeichnen Sie eine Schaltung zur Spannungsverdreifachung mit Lastwiderstand.

Raum für Ihre Lösungen

Lektion 12: Spezielle Halbleiter

Die Einführung in die Halbleitertechnik begann in der vorigen Lektion mit der Halbleiterdiode. Nach den Halbleiterwerkstoffen und ihrer Dotierung (P- und N-Leitfähigkeit) sowie dem PN-Übergang haben Sie als Anwendung der Diode Gleichrichterschaltungen kennengelernt.

Diese Gleichrichter- und Spannungsvervielfacherschaltungen sollten Sie zeichnen können. Bevor Sie mit dieser Lektion den Lehrgang fortsetzen, testen Sie sich einmal selbst:

Aufgabe: Zeichnen Sie
a) eine Einweggleichrichterschaltung,
b) eine Mittelpunktgleichrichterschaltung,
c) eine Brückengleichrichterschaltung,
d) eine Schaltung zur Spannungsverdopplung.

Bisher haben Sie die Diode als mehr oder weniger idealen Schalter kennengelernt. In dieser Lektion geht es um die weiteren Eigenschaften von Dioden wie z.B. Diodenkapazität, Durchbruchsverhalten, Leuchterscheinungen und anderes.

12.1 Die Kapazitätsdiode (Varicap)

Solange bei einer Diode die Diffusionsspannung nicht überschritten wird, besteht zwischen dem N-leitenden und dem P-leitenden Material eine Sperrschicht (siehe Lektion 11).

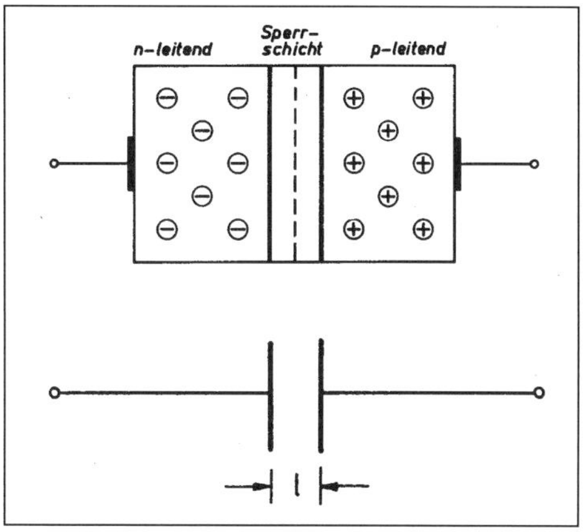

Abbildung 12-1: Ein in Sperrichtung geschalteter PN-Übergang hat eine Kapazität.

Diese Sperrschicht kann man als Dielektrikum (Isolierschicht) eines Kondensators auffassen; die leitfähigen Gebiete bilden die Elektroden eines Kondensators (Bild 12-1).

Diese sogenannte Sperrschichtkapazität jeden PN-Übergangs ist abhängig von der angelegten Spannung.

Kennen Sie noch die Formel zur Berechnung der Kapazität aus den geometrischen Abmessungen eines Kondensators? In Lektion 7 finden Sie im Abschnitt 7.2 folgende Formel:

$$C = \frac{\varepsilon_0 \cdot \varepsilon_r \cdot A}{l}$$

Für die Kapazität eines PN-Übergangs ist A die Querschnittsfläche der Sperrschicht und l die Sperrschichtbreite.

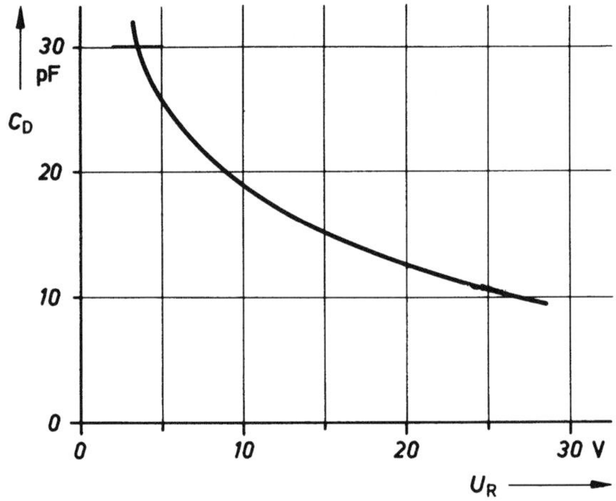

Abbildung 12-2:

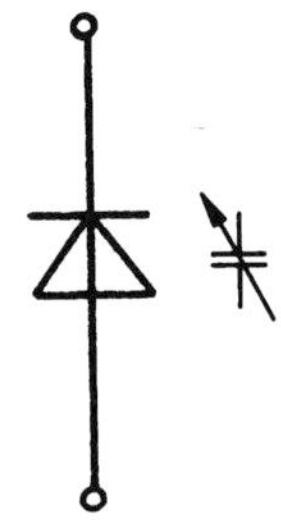

Abhängigkeit der Kapazität von der Sperrspannung und Schaltsymbol einer Kapazitätsdiode

Vergrößert man die Sperrspannung an einer Diode, wird die Sperrschichtbreite größer. Wenn *l* größer wird, verringert sich nach obenstehender Formel die Kapazität C. Die Sperrschichtkapazität ist umgekehrt proportional abhängig von der angelegten Sperrspannung (Bild 12-2).

Eine Kapazitätsdiode (auch Kapazitätsvariationsdiode, Varicap oder Varaktor genannt) ist also ein in Sperrichtung betriebener PN-Übergang, dessen Kapazität durch eine Gleichspannung veränderbar ist. Das Schaltsymbol (Bild 12-2) ist das Symbol einer Diode mit einem daneben gezeichneten Kondensator.

Kapazitätsdioden werden im Amateurfunkbereich zur Schwingkreisabstimmung in Empfängern und Sendern und zur Frequenzmodulation von FM-Sendern eingesetzt.

Die mit dem Potentiometer P (Bild 12-3) eingestellte Gleichspannung bestimmt die Kapazität C_D der Diode und damit die Frequenz. Je höher die Sperrspannung ist, desto kleiner ist die Kapazität und desto höher ist die Frequenz.

Der Widerstand R soll verhindern, daß die HF-Spannung durch das Potentiometer teilweise kurzgeschlossen wird. Ein Wert für R von etwa 100 kΩ ist üblich.

Abbildung 12-3: Schwingkreisabstimmung mit Kapazitätsdiode

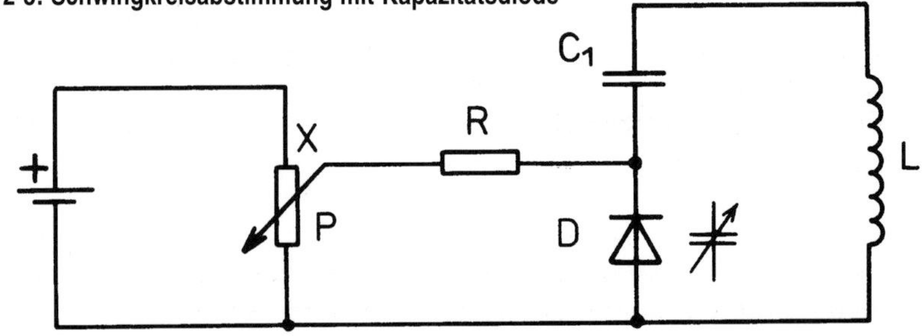

12.2 Die Germanium-Spitzenkontaktdiode

Die bei der Varicap gewünschte Kapazität des PN-Übergangs ist für viele Anwendungszwekke in der Hochfrequenztechnik störend. Für HF-Anwendungen soll die Sperrschichtkapazität möglichst klein sein. Eine sehr kleine Sperrschichtkapazität ermöglicht folgende Bauform.

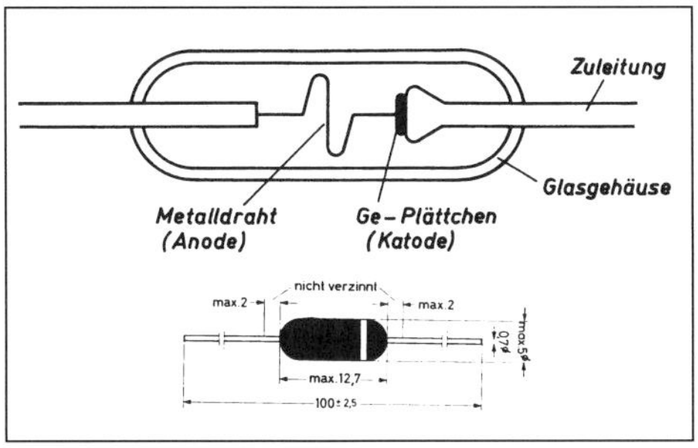

Abbildung 12-4: Aufbau (oben) und Maße (unten) einer Germanium-Spitzenkontaktdiode

Auf ein Germaniumplättchen ist federnd die Spitze eines Metalldrahtes aufgesetzt. Die sich bildende Sperrschicht zwischen Metalldraht und N-leitendem Germaniumplättchen hat wegen der fast punktförmigen Ausdehnung eine sehr geringe Kapazität.

Durch den Metall-Halbleiter-Kontakt entsteht gleichzeitig eine gute Ladungsträgerbeweglichkeit, so daß diese Diode sehr schnell schalten kann, also gut für HF geeignet ist. Außerdem hat Germanium eine sehr niedrige Schleusenspannung, so daß diese Diode zum Gleichrichten kleiner HF-Spannungen (Demodulation im Empfänger) geeignet ist.

Zur Erinnerung: Betrachten Sie noch einmal Bild 11-10 auf Seite 98! Die Germaniumdiode (Ge) leitet zwar schon bei kleinen Spannungen von 0,2 V, aber dafür wird bei höheren Strömen die abfallende Spannung größer.

12.3 Die Schottky-Diode (Hot-carrier-Diode)

Den Metall-Halbleiter-Kontakt wie bei der Punktkontakt-Diode kann man genauer und besser durch das Planarverfahren herstellen.

Dabei wird das Siliziumscheibchen zunächst oxidiert und anschließend ein Fenster eingeätzt. In diese freigeätzte Öffnung wird Metall eingebracht (Bild 12-5).

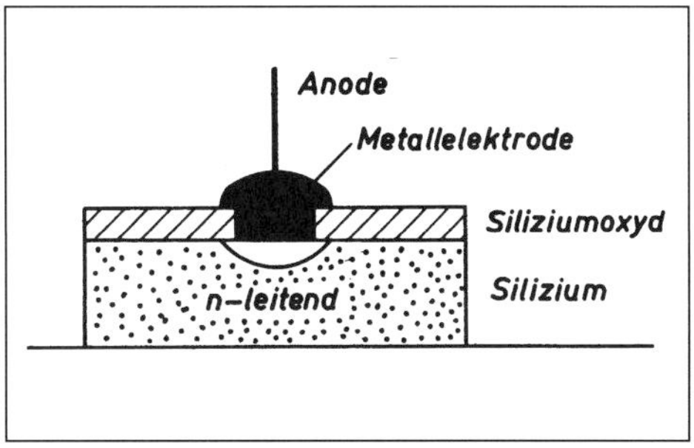

Abbildung 12-5: Aufbau der Schottky-Diode

Die Schottky-Diode ist eine Metall-Halbleiter-Diode. Sie hat bei höherer Belastbarkeit und geringeren Fertigungstoleranzen gleich gute Hochfrequenzeigenschaften wie die Germanium-Spitzenkontaktdiode. Sie ist bis zu Frequenzen von 50 GHz einsetzbar. Im Amateurfunkbereich wird sie für Dioden-Ringmischer im UKW-Bereich eingesetzt.

12.4 Die Tunneldiode (Esaki-Diode)

Dotiert man die Halbleiterschichten zu beiden Seiten eines PN-Übergangs ungewöhnlich stark, erhält man die Tunneldiode. Nach ihrem Erfinder, dem Japaner Dr. Esaki, wird sie häufig auch Esaki-Diode genannt. Bei diesen Dioden ist das P-Material etwa 200mal, das N-Material 2000mal stärker dotiert als bei gewöhnlichen Halbleitern. Dadurch ergibt sich eine außerordentlich dünne Sperrschicht.

Durch diese dünne Sperrschicht entsteht keine Sperrwirkung wie bei gewöhnlichen Dioden. Die Bewegungsgeschwindigkeit der Ladungsträger ist aber sehr groß, weshalb sie sich als Bauelement bis ins GHz-Gebiet eignet. Die wesentliche Anwendung ergibt sich aus der Tatsache, daß bei geringen Durchlaßspannungen trotz Vorhandensein der dünnen Sperrschicht bereits ein kleiner Strom fließt (Ladungsträger durchstoßen = durchtunneln die dünne Sperrschicht), der dann aber bei weiterer Erhöhung der Spannung wieder abfällt. Die Kennlinie gleicht sich dann einer normalen Durchlaßkennlinie einer Germaniumdiode an (Bild 12-6).

In dem Bereich von etwa 50 bis 200 mV nimmt der Strom trotz Erhöhung der Spannung ab. Man sagt, die Tunneldiode hat hier einen negativen (differenziellen) Widerstand. Dieser Bereich wurde ausgenutzt, um den Verlustwiderstand von Schwingkreisen zu kompensieren und ungedämpfte Schwingungen herzustellen (Oszillator).

Mit dem Potentiometer P wird der Arbeitspunkt (etwa 100 mV) eingestellt. Die Tunneldiode liegt wechselstrommäßig (über C_1) parallel zum Schwingkreis und kompensiert die Verluste. Dadurch können am Ausgang ungedämpfte Schwingungen von einigen Milliwatt abgenommen werden.

Die starke Temperaturabhängigkeit, die kritische Einstellung des Arbeitspunktes und die geringe Ausgangsleistung haben die Anwendung der Tunneldiode im Amateurfunkbereich wieder verdrängt.

Abbildung 12-6: Kennlinie und Schaltsymbol der Tunneldiode

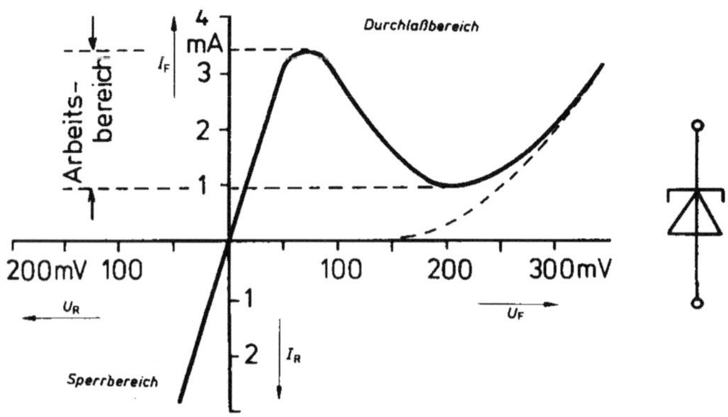

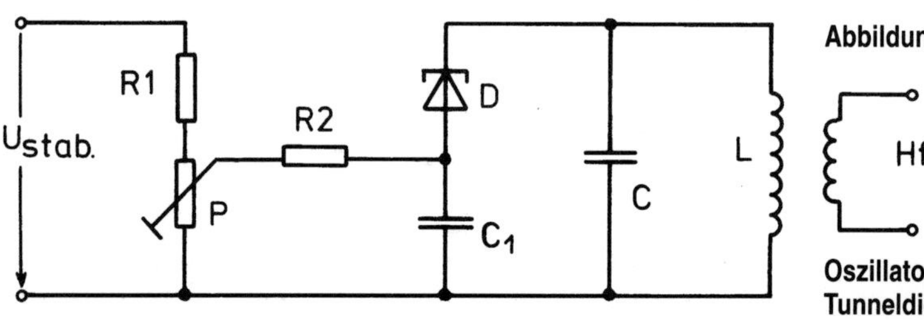

Abbildung 12-7:

Oszillatorschaltung mit Tunneldiode

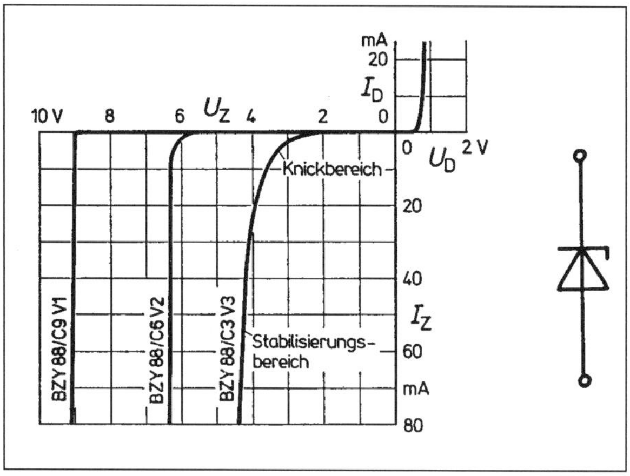

Abbildung 12-8: Kennlinien und Schaltsymbol von Z-Dioden

12.5 Die Z-Diode

Der Durchbruchsbereich einer Diode läßt sich zur Spannungsstabilisierung ausnutzen. Dioden, die auf Grund ihrer Dotierung einen besonders ausgeprägten Kennlinienknick bereits bei niedrigen Sperrspannungen haben, werden Z-Dioden genannt.

Der Wissenschaftler Dr. C. Zener hat 1934 den Effekt der „inneren Feldemission" entdeckt. Dieser Effekt führt bei kleinen Spannungen bis etwa 6 Volt zum Zener-Durchbruch. Bei höheren Spannungen handelt es sich um einen anderen Effekt (Avalanche- oder Lawinen-Durchbruch), der den scharfen Kennlinienknick verursacht. Deshalb wird für die früher benutzte Bezeichnung „Zener-Diode" heute nur „Z-Diode" gewählt. Z wird auch als Zusatzzeichen für Ströme und Spannungen im Sperrbereich der Z-Diode verwendet.

Im Diagramm Bild 12-8 sind typische Kennlinien von drei verschiedenen Z-Dioden dargestellt.

Im Durchlaßbereich sind die Kennlinien aller Z-Dioden gleich und entsprechen denen einer normalen Siliziumdiode. Im Sperrbereich steigt der Strom oberhalb des Knickbereichs bei einer nur sehr geringen Spannungsänderung stark an. Dieser Bereich ist der eigentliche Arbeitsbereich (Stabilisierungsbereich) der Z-Diode.

Die Prinzipschaltung der Anwendung der Z-Diode zur Spannungsstabilisierung ist die Reihenschaltung eines Widerstandes mit einer Z-Diode (Bild 12-9 a).

Achtung: Ohne strombegrenzenden Vorwiderstand darf die Z-Diode nicht betrieben werden, da sie bei nur geringfügiger Überschreitung der Durchbruchsspannung sofort zerstört werden würde!

Erhöht man die Spannung U_1, wird bis zur Zener-Spannung U_Z die Spannung am Ausgang gleich der Eingangsspannung sein, da noch kein Strom durch die Z-Diode fließt. Dann aber, bei Erreichen von U_Z, steigt der Strom I_Z an, ohne daß sich U_Z wesentlich ändert (Spannungsstabilisierung).

Abbildung 12-9: Anwendung der Z-Diode zur Spannungsstabilisierung

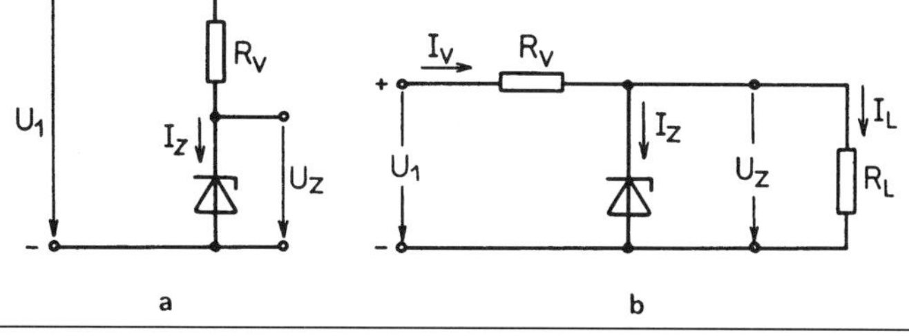

Merken Sie sich bitte: **Eine Z-Diode wird im Durchbruchsbereich mit Vorwiderstand betrieben.**

Der Vorwiderstand R_V muß so bemessen sein, daß bei der höchsten Eingangsspannung die Z-Diode nicht überlastet wird.

Mit solch einer einfachen Stabilisierungsschaltung können nur Spannungen stabilisiert werden, bei denen die Laststromänderung kleiner ist als der maximale Zener-Strom. Treten höhere Laststromänderungen auf, wird ein Transistor oder ein ganzer Regelverstärker als Stromverstärker dahinter geschaltet.

1. Beispiel: Der kleinstmögliche Vorwiderstand für eine unbelastete Stabilisierungsschaltung nach Bild 12-9 a soll errechnet werden. Es wird eine Z-Diode BZY 88 C 6 V 2 mit einer maximalen Verlustleistung von 400 mW verwendet. Die Eingangsspannung beträgt U_1 = 12,6 V.

Lösung: BZY 88 bedeutet Silizium-Z-Diode (400 mW max. Verlustleistung), C6V2 bedeutet Zener-Spannung U_Z = 6,2 V (gemessen bei I_Z = 5 mA). Unter der Annahme, daß die Spannung U_Z auch bei höheren Strömen konstant bleibt, berechnet man die maximal zulässige Stromstärke aus der Leistung P = U · I.

$$I_Z = \frac{P}{U_Z} = \frac{400\,\text{mW}}{6{,}2\,\text{V}} = 64\,\text{mA}$$

Dieser Strom darf maximal durch die Z-Diode und wegen der Reihenschaltung damit auch durch den Vorwiderstand fließen. Um den Widerstandswert zu berechnen, braucht man außer dem Strom noch die Spannung am Vorwiderstand. Am Vorwiderstand R_V muß die Spannungsdifferenz zwischen U_1 und U_Z abfallen:

$$U_V = U_1 - U_Z = 12{,}6\text{ V} - 6{,}2\text{ V} = 6{,}4\text{ V}$$

Der Vorwiderstand wird nach dem Ohmschen Gesetz berechnet:

$$R_V = \frac{U_V}{I_V} = \frac{6{,}4\,\text{V}}{64\,\text{mA}} = 0{,}1\,\text{k}\Omega = 100\,\Omega$$

Der kleinste Vorwiderstand, der in der Schaltung eingesetzt werden darf, ohne die Z-Diode zu überlasten, beträgt also 100 Ω. Der größte Widerstand ergibt sich aus dem kleinsten Strom im Knickbereich, bei dem gerade noch eine Stabilisierung erreicht wird.

Die Belastbarkeit des Vorwiderstandes erhält man mit der Leistungsformel:

$$P_V = U_V \cdot I_V = 6{,}4\,\text{V} \cdot 64\,\text{mA} = 410\,\text{mW} = 0{,}41\,\text{W}$$

Es wird also ein „Halb-Watt-Widerstand" benötigt.

2. Beispiel: Berechnen Sie Größe und Belastbarkeit des Vorwiderstandes einer belasteten Stabilisierungsschaltung mit Z-Diode nach Bild 12-9 b. Die Z-Diode BZY 88 C 9 V 1 soll im Arbeitspunkt bei I_Z = 10 mA betrieben werden. Es wird ein konstanter Laststrom von I_L = 25 mA entnommen. Die Eingangsspannung beträgt 16,8 V.

Lösung: Zur Berechnung von R_V wird der Strom I_V durch den Vorwiderstand und der Spannungsabfall U_V am Vorwiderstand benötigt. Durch den Vorwiderstand fließen sowohl der Zener-Strom I_Z als auch der Laststrom I_L:

$$I_V = I_Z + I_L = 10\,\text{mA} + 25\,\text{mA} = 35\,\text{mA}$$

Die Zener-Spannung beträgt 9,1 V (C9V1). Damit ist die Differenz der Spannungen am Vorwiderstand:

$$U_V = U_1 - U_Z = 16{,}8\,\text{V} - 9{,}1\,\text{V} = 7{,}7\,\text{V}$$

Nach dem Ohmschen Gesetz ist:

$$R_V = \frac{U_V}{I_V} = \frac{7{,}7\,\text{V}}{35\,\text{mA}} = 0{,}22\,\text{k}\Omega = 220\,\Omega$$

Die Belastbarkeit des Vorwiderstandes berechnet man aus dem Produkt von Spannung und Strom vom Vorwiderstand:

$$P_V = U_V \cdot I_V = 7{,}7\,\text{V} \cdot 35\,\text{mA} = 270\,\text{mW}$$

Es genügt hier ein Widerstand mit etwa 1/3 Watt Belastbarkeit.

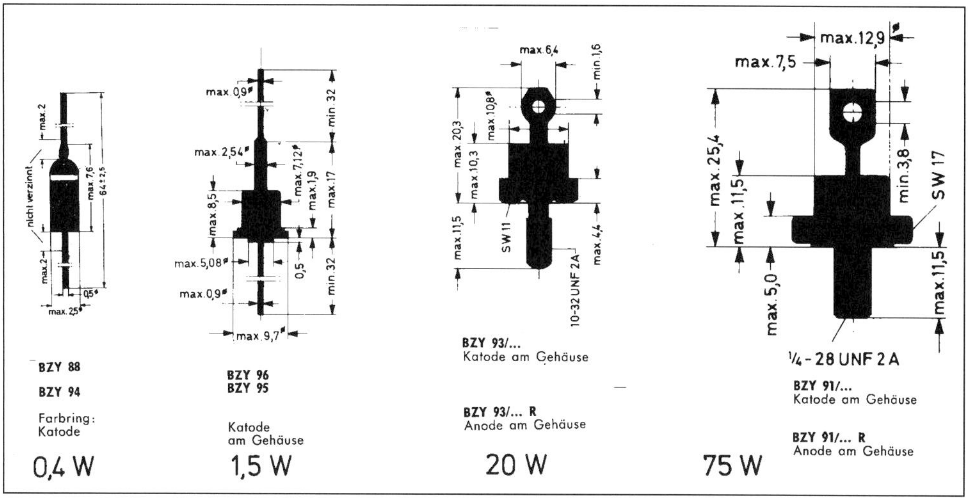

Abbildung 12-10: Maßbilder und Anschlüsse von Z-Dioden (Valvo) unterschiedlicher Leistung

12.6 Die PIN-Diode

Die PIN-Diode besteht aus drei Schichten: P – I – N. Zwischen den sehr stark dotierten P- und N-Schichten befindet sich eine sehr schwach dotierte I-Zone (I = intrinsic = eigenleitend), die sowohl P- als auch N-dotiert ist.

Diese Diode hat bei hohen Frequenzen (ab etwa 3 MHz) die Eigenschaft, daß sie für Hochfrequenz einen vom Arbeitspunkt in Durchlaßrichtung abhängigen Wirkwiderstand darstellt. Er kann im Verhältnis 1:1000 verändert werden.

Die PIN-Diode stellt also einen durch Gleichstrom steuerbaren, veränderlichen Wirkwiderstand dar, mit denen in Eingangsteilen von Empfängern sehr gute HF-Spannungsteiler für die HF-Regelung hergestellt werden können. Hierzu werden zwei oder mehr PIN-Dioden zu einem Spannungsteiler geschaltet (Bild 12-11).

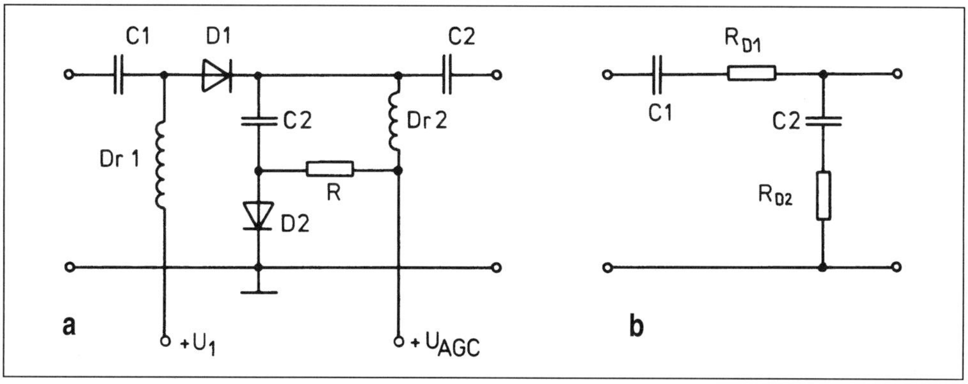

Abbildung 12-11: HF-Regelschaltung mit PIN-Dioden

Wirkungsweise der Schaltung

Ist die Regelspannung U_{AGC} (AGC = automatic gain control = automatische Verstärkungsregelung) klein, fließt ein großer Strom von $+U_1$ über Dr_1, D_1, Dr_2 nach $+U_{AGC}$. Großer Strom durch die PIN-Diode bedeutet: R_{D1} ist klein. Durch R_{D2} fließt ein kleiner Strom: R_{D2} ist groß. Wie im Ersatzschaltbild für Wechselstrom Bild 12-12 b zu erkennen ist, wird die HF in diesem Fall kaum abgeschwächt.

Je größer $+U_{AGC}$ wird, desto kleiner ist die Spannungsdifferenz, desto kleiner ist der Strom durch D_1 und desto größer wird ihr Widerstand R_{D1}. Der Widerstand R_{D2} der Diode D_2 wird aber immer kleiner, da ein immer größerer Strom über den Widerstand R und D_2 fließt. Da der Vorwiderstand immer größer und der Querwiderstand des Spannungsteilers immer kleiner wird, wird immer weniger HF-Spannung durchgelassen.

Für Praktiker (kein Prüfungsstoff!) sei hier ein solcher PIN-Dioden-Regler vorgestellt. (Bild 12-12).

Zum Erreichen eines nahezu konstanten Eingangswiderstandes von 50 Ω wurde der Regler mit fünf PIN-Dioden ausgestattet. Der erforderliche Gleichstromregelverstärker benutzt das IC vom Typ µA 741, um die geforderten Ströme steuern zu können. Je nach Aufbau ist diese Schaltung auch im UKW-Bereich verwendbar.

12.7 Die Fotodiode

Ein PN-Übergang hat, in Sperrichtung geschaltet, einen sehr kleinen Sperrstrom. Läßt man auf die Sperrschicht Licht (ist auch eine Energieart) einwirken, werden zusätzliche Ladungsträgerpaare gebildet. Dadurch steigt der Sperrstrom an.

Schaltet man die Fotodiode mit einem Vorwiderstand als Spannungsteiler, so wird der Sperrstrom I_P von der Beleuchtungsstärke abhängig (Bild 12-13). Die Spannung an der

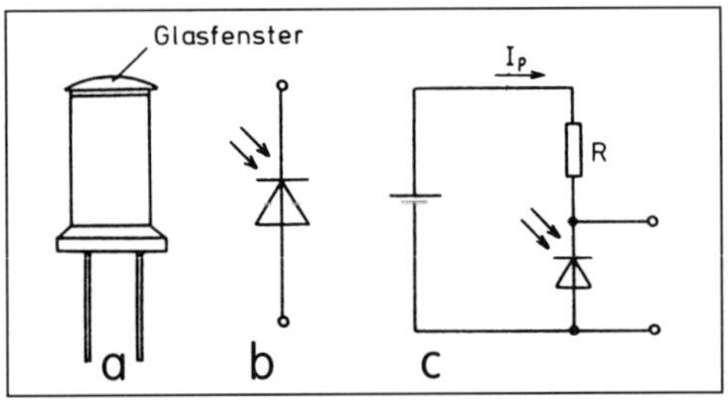

Abbildung 12-13: (a) Bauform, (b) Schaltzeichen und (c) Prinzipschaltung der Fotodiode

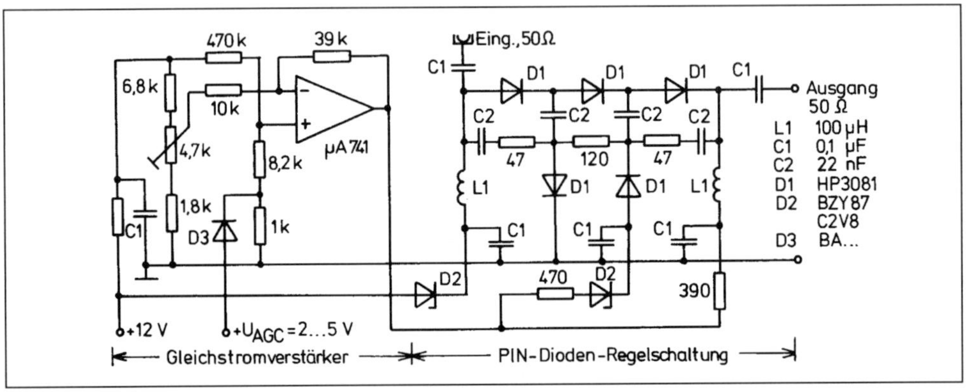

Abbildung 12-12: Schaltung eines PIN-Diodenreglers mit ungefähr konstantem Wellenwiderstand und einem Regelumfang von etwa 50 dB mit dessen Gleichstromverstärker

Fotodiode ändert sich. Damit kann mittels Transistor als Verstärker ein Schalter (Relais) betätigt werden. Zum Beispiel kann die Anodenspannung einer Röhrensenderendstufe unterbrochen werden, wenn die Anode wegen Überlastung rot glüht.

12.8 Das Fotoelement – der Sonnenkollektor

Wird eine Fotodiode ohne Hilfsspannung betrieben, so kann man an ihren Klemmen bei Belastung mit einem Widerstand einen Strom abnehmen und damit einen Verstärker steuern. Die Fotodiode arbeitet dann als Fotoelement. Das Schaltzeichen ist eine Spannungsquelle, auf die zwei Pfeile zuzeigen (Bild 12-14).

Eine besondere Fotodiodenart sind die sogenannten Solarzellen. Es sind großflächige PN-Übergänge, die Spannungen bis etwa 500 mV und Ströme von einigen hundert Milliampere abgeben können. Zu Batterien zusammengeschaltet heißen sie auch Sonnenbatterien oder Sonnenkollektoren. Sie liefern z.B. die Energie für Sender und Empfänger in Satelliten oder für den Portabelbetrieb (Bild 12-15).

Bei Sonnenkollektoren für den Einsatz bei Portabelbetrieb zum Laden von 12-V-Akkumulatoren werden mehrere Zellen in Reihe

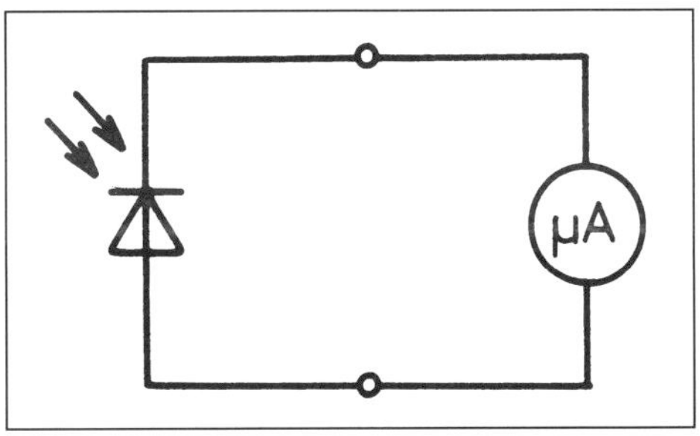

Abbildung 12-14: Prinzipschaltung eines Fotoelementes

Abbildung 12-15: Ein 50-W-Sonnenkollektor für Portabelbetrieb

geschaltet, so daß man eine Leerlaufspannung von ungefähr 18 Volt bekommt. Mehrere solcher Reihen werden wiederum parallelgeschaltet, um einen möglichst großen Strom zu erhalten.

Aufgabe: Es stehen Solarzellen mit 0,6 V Leerlaufspannung und 1 A Kurzschlußstrom zur Verfügung. Entwickeln Sie eine Schaltung und ermitteln Sie die Anzahl der benötigten Elemente, um mit diesen Fotozellen einen Sonnenkollektor mit 18 V Leerlaufspannung und 4 A Kurzschlußstrom herzustellen.
Die Lösung finden Sie im Anhang zu Lektion 12.

12.9 Die Leuchtdiode (LED, Lumineszenzdiode)

Die Umkehrung der Fotodiode ist der Effekt bei der Leuchtdiode oder LED (LED = light emitting diode = lichtaussendende Diode). Bei der Rekombination der Ladungsträgerpaare innerhalb der Sperrzone einer in Durchlaßrichtung geschalteten Diode wird Energie frei. Normalerweise wird diese Energie in Form von Wärme abgegeben. Bei einer bestimmten Dotierung wird diese Energie in Form von Licht frei.

Das Grundmaterial der Leuchtdioden ist Galliumphosphid oder Gallium-Arsenphosphid. Je nach gewünschter Lichtfarbe wird mit Zink (grünes Licht) oder Zinksauerstoff (rotes Licht) dotiert. Der PN-Übergang wird durch Einlegieren von Zinn hergestellt (Bild 12-16).

Die Spannung an der Leuchtdiode ist etwa doppelt so groß wie die der Siliziumdiode: etwa 1,5 Volt. Die Ströme liegen je nach gewünschter Lichtstärke zwischen 5 und 50 mA.

Aufgabe: Berechnen Sie den Vorwiderstand sowie seine Belastbarkeit einer Leuchdiodenschaltung nach Bild 12-16 c für eine Durchlaßspannung U_F = 1,6 V, einen Durchlaßstrom I_F = 20 mA für eine Betriebsspannung von 5 Volt.
Hinweise: Der Vorwiderstand wird genau wie bei der Schaltung mit der Z-Diode berechnet. Sie benötigen den Spannungsabfall am Vorwiderstand. Der Strom ist gegeben. Bitte rechnen Sie selbst! Die Lösung finden Sie im Anhang zu dieser Lektion.

Leuchtdioden werden zur Anzeige dann angewendet, wenn eine Lichtquelle mit kleiner Leistung und geringen Abmessungen sowie hoher Lebensdauer benötigt wird. Es gibt Leuchtdioden, bei denen in einem Gehäuse zwei verschieden farbige LEDs in Kombination mit normalen Dioden integriert sind und die beispielsweise bei einer bestimmten Polarität grün und der anderen Polarität rot leuchten.

Die hohe Grenzfrequenz erlaubt die Übertragung von optischen Signalen bis zu einer Frequenz von 10 MHz. Oder LEDs dienen als Sender in sogenannten optischen Koppelelementen (Optokoppler). Hierbei werden elektrische Signale in optische umgewandelt und von einem Fototransistor wieder in elektrische zurück gewandelt.

12.10 Flüssigkristallanzeigen

Flüssigkristallanzeigen (LCD = liquid crystal display) sind passive elektrooptische Umsetzer. Passiv heißt, daß sie Fremdlicht benötigen im Gegensatz zu den aktiven Anzeigen (LED = light emitting diode), die von sich aus Licht abgeben. Diese Flüssigkristallanzeigen werden heute bei den meisten Funkgeräten zur Anzeige eingesetzt. Diese gehören nicht zu den Halbleitern und werden nur zum Vergleich mit der LED an dieser Stelle vorgestellt.

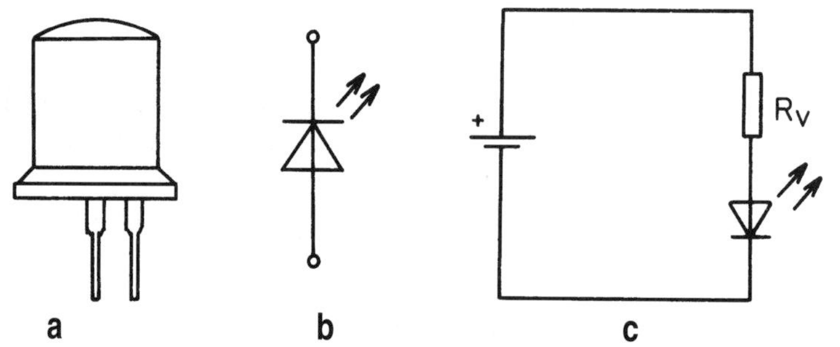

Abbildung 12-16: Aufbau (a), Schaltzeichen (b) und Prinzipschaltung (c) der Leuchtdiode

Flüssigkristalle bedeutet, daß diese chemischen Substanzen in einem bestimmten Temperaturbereich einen *kristallinflüssigen* Zustand haben, in dem sie einerseits schon flüssig sind, andererseits aber die Kristallstruktur in der geometrischen Anordnung der Moleküle noch vorhanden ist. In diesem Zustand kann man die Kristalle durch elektrische Felder beeinflussen. Dabei ändert sich ihr optisches Verhalten.

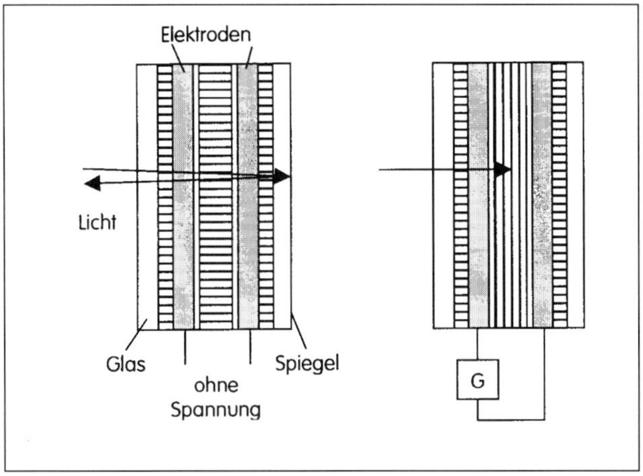

Abbildung 12-17: Aufbau von Flüssigkristallanzeigen (LCD)

Die heutigen Flüssigkristallanzeigen arbeiten mit dielektrischer Polarisation nach dem Reflexionsverfahren. Dies funktioniert folgendermaßen. Auf der Rückseite der Glasplatte sind durchscheinende Elektroden mit dem Muster in der gewünschten Form aufgedampft.

Vor und hinter den Elektroden sind Polarisationsfilter. Diese haben die Eigenschaft, Licht nur in einer Schwingungsebene durchzulassen. Der Flüssigkristall in der Mitte kann nun durch ein elektrisches Feld, das an die Elektroden angelegt wird, in seiner Polarisationsebene gedreht werden. Stimmen die Polarisationsebenen der Folien und des Flüssigkristalls überein, kann das Licht bis zum Spiegel durchkommen, wird dort reflektiert und erscheint hell (Bild 12-17 A).

Dort, wo durch ein Elektrisches Feld die Polarisationsebene gedreht ist, wird das Licht nicht reflektiert und erscheint dunkel (Bild 12-17 B). Der Generator ist eine Wechselspannung, so daß die Polarisationsebene mit dieser Frequenz (ca. 50 bis 100 Hz) gedreht wird und der Lichtstrahl innerhalb des Flüssigkristalls kreuz und quer reflektiert wird.

Verwendet man eine Vorderelektrode mit waagerechten Streifen und eine Gegenelektrode mit senkrechten Streifen, so entsteht eine Punktmatrix. Durch verschiedene Ansteuerung der einzelnen Streifen lassen sich Muster erzeugen, um damit Schriften oder Symbole zu darzustellen.

12.11 Typenkennzeichnung von Halbleiterdioden

Halbleiterbauelemente werden in Europa mit zwei bis drei Buchstaben plus einer Zahl gekennzeichnet. Der erste Buchstabe gibt das Ausgangsmaterial an (z.B. A = Germanium, B = Silizium), der zweite Buchstabe die Anwendung (z.B. A = Diode, B = Kapazitätsdiode, E = Tunneldiode, X = Vervielfacherdiode, Y = Leistungsdiode, Z = Z-Diode). Ein eventuell vorhandener dritter Buchstabe (W, X, Y oder Z) deutet auf professionelle Anwendung hin, wobei geringere Streuwerte zu erwarten sind als bei den Typen mit zwei Buchstaben für die sogenannte Unterhaltungselektronik (Radio, Fernsehen usw.). Die Ziffern haben nur die Bedeutung einer laufenden Kennzeichnung.

Beispiele:

AA 113	Germanium-Spitzendiode
AEY 30	Germanium-Tunneldiode
BA 103	(Universal-) Siliziumdiode
BA 379	PIN-Diode
BB 105	Silizium-Kapazitätsdiode
BXY 19	Speicher-Varaktor
BY 127	Silizium-Leistungsdiode
BZY 88	Z-Diode (Silizium)

Amerikanische Hersteller kennzeichnen Dioden durch die Zahlen-Buchstaben-Kombination 1N... und einer zwei- bis vierstelligen laufenden Zahl, z.B. 1N4148.

12.12 Halbleiterwiderstände

Außer den chemischen Elementen Germanium und Silizium gibt es eine große Anzahl von Halbleiterwerkstoffen aus chemischen Verbindungen. Hierzu gehören der Kristalldetektor (eine Verbindung aus Blei und Schwefel), der bereits zu Anfang dieses Jahrhunderts zur Gleichrichtung kleiner Spannungen verwendet wurde, sowie der Kupferoxidul-Gleichrichter (eine Halbleiterverbindung aus Kupfer und Sauerstoff) für Meßgleichrichter.

Zu solchen zusammengesetzten Halbleitern gehören überwiegend chemische Verbindungen aus Elementen, die zusammen acht Valenzelektronen haben. Der Halbleiterwerkstoff Galliumarsenid (GaAs) wird für Kapazitätsdioden, schnelle Schaltdioden, Tunneldiode, Leucht- und Fotodioden verwendet. Indiumantimonid (InSb) wird als Werkstoff für Infrarotdetektoren, sehr schnelle Schwingungserzeuger sowie Hallgeneratoren und Feldplatten verwendet. Kadmiumsulfid (CdS) wird hauptsächlich bei Fotowiderständen verwendet und Siliziumcarbid (SiC) als Werkstoff für spannungsabhängige Widerstände.

12.12.1 Der spannungsabhängige Widerstand (VDR)

Normale (Ohmsche) Widerstände werden in ihrem Widerstandswert kaum von der Spannung beeinflußt. Aus Siliziumcarbid hergestellte Widerstände haben die Eigenschaft, bei niedrigen Spannungen einen sehr hohen Widerstandswert zu besitzen, der bei zunehmender Spannung abnimmt (Bild 12-18).

Der VDR (voltage dependent resistor) wird meistens in Scheibenform hergestellt. Er wird zur Spannungsbegrenzung für Spannungen bis 60 Volt verwendet.

12.12.2 Der Heißleiter (NTC-Widerstand)

Widerstände aus bestimmten halbleitenden Metalloxiden haben die Eigenschaft, bei hohen Temperaturen besser zu leiten. Sie haben einen negativen Temperaturkoeffizienten (NTC). Man nennt diese Art von Heißleitern auch Thermistoren.

Mit steigender Temperatur sinkt der Widerstand. Im Symbol wird diese Eigenschaft

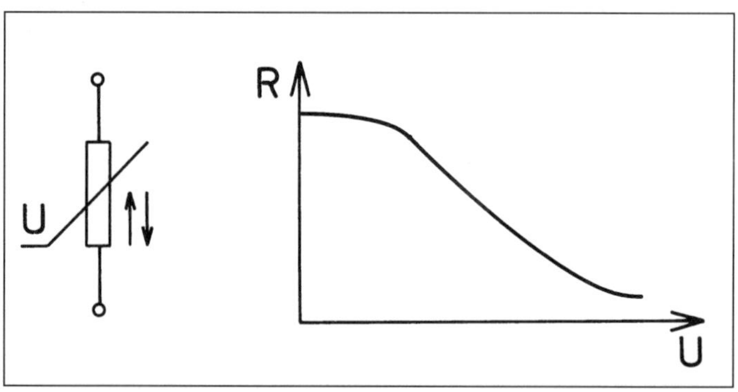

Abbildung 12-18: Schaltzeichen und Widerstandskennlinie des VDR

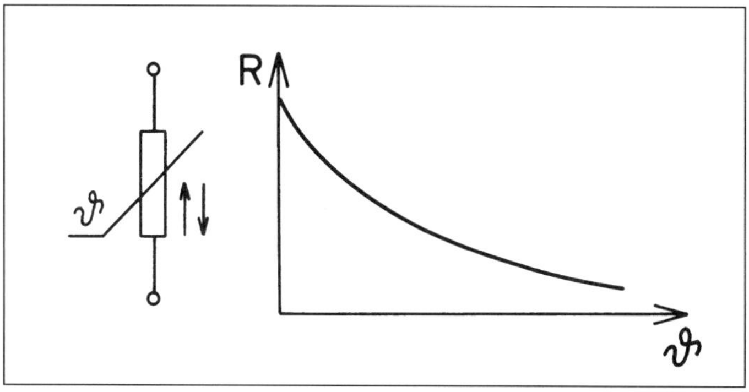

Abbildung 12-19: Schaltzeichen und typische Kennlinie der NTC-Widerstandes

durch zwei gegensinnige Pfeile zum Ausdruck gebracht (Bild 12-19).

NTC-Widerstände werden in sehr unterschiedlichen Bauformen hergestellt, z.B. scheibenförmig, stabförmig oder in Tropfenform. Sie dienen als Temperaturfühler oder beispielsweise als temperaturabhängiger Widerstand im Basisspannungsteiler von Endverstärkern mit bipolaren Transistoren.

Zur Arbeitspunktstabilisierung wird der Heißleiter auf dem Kühlblech des Transistors befestigt. Nimmt der Basisstrom I_B bei steigender Transistortemperatur eines Leistungstransistors in der NF- oder Senderendstufe zu, verringert sich der Widerstandswert des Heißleiters und damit die Basis-Emitter-Spannung des Transistors. Damit wird der erhöhte Basisstrom annähernd auf den ursprünglichen Wert zurück geregelt.

Heißleiter dienen auch dazu, den hohen Einschaltstromstoß beim Einschalten der Heizung von Elektronenröhren zu mindern. Dazu wird ein NTC-Widerstand mit den Heizfäden in Reihe geschaltet.

12.12.3 Der Kaltleiter (PTC-Widerstand)

Widerstände aus gesintertem Bariumtitanat unter Zusatz bestimmter Metalloxide haben einen sehr starken positiven Temperaturkoeffizienten (PTC). Ihr Widerstand nimmt mit steigender Temperatur zu. Beide Pfeile beim Symbol sind gleichsinnig (Bild 12-21).

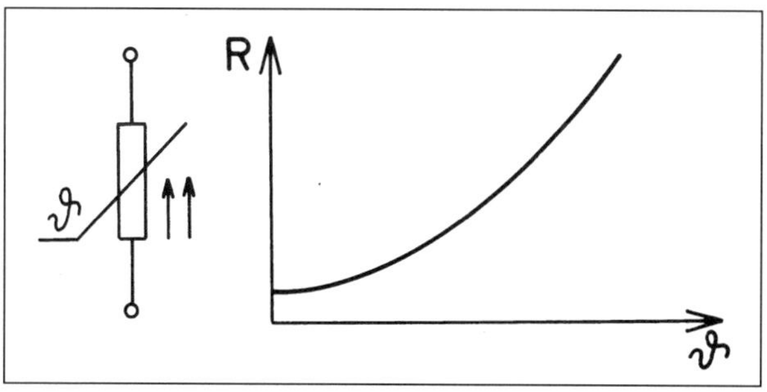

Abbildung 12-21: Schaltzeichen und Kennlinie des PTC-Widerstandes

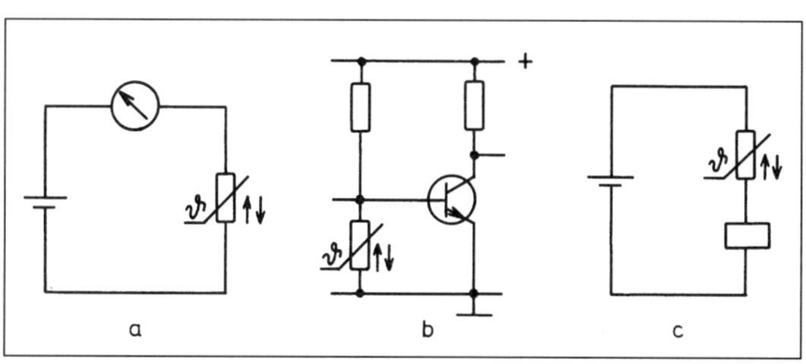

Abbildung 12-20: Anwendungen des NTC-Widerstandes: (a) als Temperaturfühler, (b) zur Arbeitspunktstabilisierung eines Transistors und (c) zur Anzugsverzögerung eines Relais

Der PTC-Widerstand wird im Amateurfunk selten verwendet. Er dient in der Steuer- und Regeltechnik zur Abtastung von Flüssigkeitsspiegeln oder auch als Temperaturfühler für den Geräteschutz, z.B. bei Motoren.

12.12.4 Der Fotowiderstand (LDR)

Bei Halbleitern steigt die Leitfähigkeit nicht nur durch den Einfluß von Wärme, sondern auch durch Lichtenergie. Bei Germanium (Ge) und bestimmten zusammengesetzten Halbleitern wie Kadmiumsulfid (CdS), Bleisulfid (PbS), Indiumantimonid (InSb) ist diese Lichtempfindlichkeit besonders stark ausgeprägt. Kadmiumsulfid ist im Bereich des sichtbaren Lichts am empfindlichsten, während die anderen Halbleiter die höchste Empfindlichkeit im Infrarotbereich zeigen.

Der Widerstandswert eines Fotowiderstandes sinkt mit zunehmender Beleuchtungsstärke (licht dependent resistor). Fotowiderstände werden als Belichtungsmesser (CdS) und für lichtabhängige Steuerungen eingesetzt.

12.12.5 Der magnetfeldabhängige Widerstand (Feldplatte)

Der Widerstand eines Leiters steigt mit zunehmender Länge. Er nimmt auch dann zu, wenn der für die Elektronen zurückzulegende Weg vergrößert wird. Diesen Effekt nutzt man beim magnetfeldabhängigen Widerstand aus.

Feldplatten bestehen aus einer keramischen Trägerplatte mit einer Indiumantimonid-Oberfläche, in die in geringem Abstand von einigen µm winzige metallene Bahnen eingelassen sind.

Trifft ein Magnetfeld senkrecht auf diese Platte, werden dadurch die Elektronen abgelenkt. Sie müssen einen längeren Weg bis zur nächsten Metallbahn zurücklegen. Der Bahnwiderstand steigt.

Mit solch einer Feldplatte lassen sich z.B. Relais aufbauen, die keine mechanischen Kontakte mehr haben. Das Magnetfeld der Spule steuert unmittelbar den Bahnwiderstand der Feldplatte, die im Luftspalt des magnetischen Jochs dieses Relais untergebracht ist.

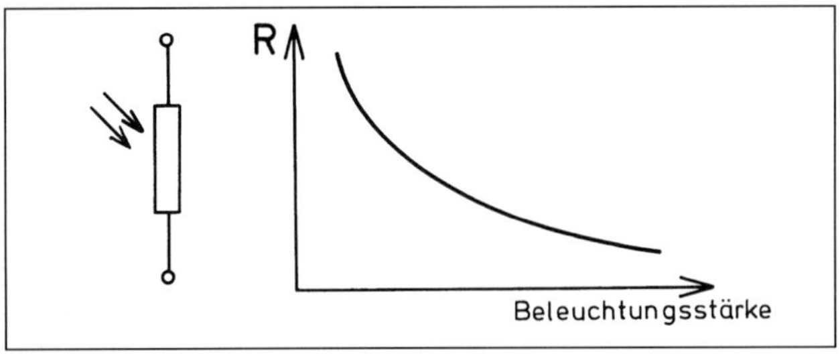

Abbildung 12-22: Schaltzeichen und Kennlinie des LDR

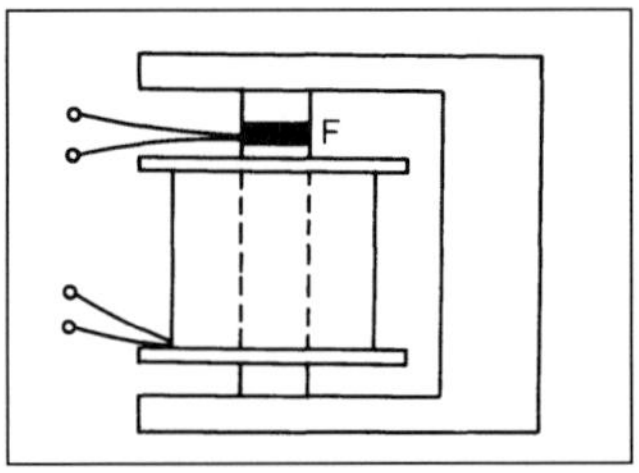

Abbildung 12-24: Magnetfeldgesteuertes Relais mit Feldplatte

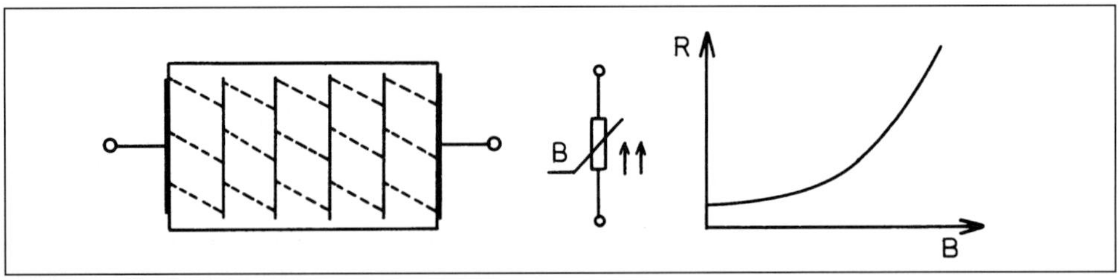

Abbildung 12-23: Schaltzeichen und Kennlinie der Feldplatte

12.13 Aufgaben zur Lektion 12

1. Wie wird eine Kapazitätsdiode zur Frequenzabstimmung eines Schwingkreises im Empfängereingang geschaltet?
a) Zeichnen Sie einen Schaltungsauszug.
b) Wie ist die Frequenz von der Spannung abhängig?

2. a) Skizzieren Sie eine typische Kennlinie einer Z-Diode.
b) Skizzieren Sie eine Anwendungsschaltung zur Spannungsstabilisierung mit einer Z-Diode ohne Belastung und ohne Transistorverstärker.

3. a) Skizzieren Sie eine einfache Z-Dioden-Spannungsstabilisierungsschaltung mit Belastungswiderstand.
b) Berechnen Sie Ohmwert und Belastbarkeit des Vorwiderstandes für eine BZY 88 C 5 V 6 (P = 400 mW), wenn die Diode im Arbeitspunkt mit 10 mA betrieben werden soll, die Eingangsspannung 10 V beträgt und die Schaltung mit 560 Ω belastet wird.

4. a) Was verstehen Sie unter einer PIN-Diode?
b) Wozu wird sie im Amateurfunk verwendet?

5. Welches ist der Unterschied zwischen einer Fotodiode und einem Fotoelement?

6. Was verstehen Sie unter der Bezeichnung LED?

7. Was erkennen Sie aus den Typenbezeichnungen folgender Halbleiter (Material, Diodenart)?
a) AA 116 ....
b) BB 110 ....
c) BZY 88 ....
d) 1N914 ....

8. Ein Sonnenkollektor liefert bei 2000 Lux Beleuchtungsstärke einen Ladestrom von 4,8 A. Wie lange dauert es, bis ein 48 Amperestunden Akkumulator aufgeladen ist? Hinweis: Zum Laden benötigt ein Akku etwa 10% mehr Ladung, als man dem Akku entnehmen kann.

9. Zeichnen Sie die typische Kennlinie für die Abhängigkeit des Widerstandes von der Temperatur für einen NTC-Widerstand.

10. Was verstehen Sie unter einer Feldplatte?

Raum für Ihre Lösungen

Lektion 13: Der Transistor

In den beiden vorangegangenen Lektionen aus dem Bereich der Halbleitertechnik haben Sie den Aufbau und die Wirkungsweise der Halbleiterdiode sowie deren Anwendung kennengelernt. Bei den verschiedenen Dioden war das Entscheidende immer der PN-Übergang, also die beiden unterschiedlich dotierten Halbleiterschichten. Beim (bipolaren) Transistor werden diese beiden Schichten durch eine dritte ergänzt.

Um den folgenden Abschnitt richtig verstehen zu können, sollten Sie über den PN-Übergang Bescheid wissen. Wissen Sie z.B. noch, wie die Diffusionsspannung entsteht? Sehen Sie sich eventuell noch einmal den Abschnitt 11.3 der Lektion 11 an!

13.1 Der Aufbau des Transistors

Grundsätzlich unterscheidet man zwei Arten von Transistoren: bipolare Transistoren und Feldeffekttransistoren (FET). Sie werden in dieser Lektion Aufbau und Wirkungsweise des bipolaren Transistors und in der übernächsten Lektion den FET kennenlernen.

Der bipolare Transistor ist der „gewöhnliche" Transistor, der aus drei Schichten besteht. Wir werden noch den unipolaren Transistor (Feldeffekttransistor) kennenlernen. Ergänzt man die Anordnung mit einem PN-Übergang, daß entweder eine P-Schicht oder eine N-Schicht hinzugefügt wird, lassen sich folgende Halbleiterschichtenfolgen sinnvoll herstellen (Bild 13-1).

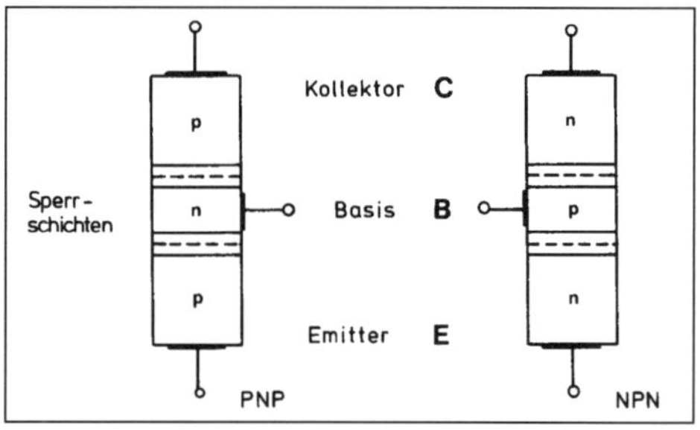

Abbildung 13-1: Halbleiterschichtenfolgen beim bipolaren Transistor

Die einzelnen Schichten besitzen Anschlußelektroden und erhalten die Namen Emitter (E), Basis (B) und Kollektor (C). Zwischen den einzelnen Schichten bilden sich Sperrschichten aus (siehe Lektion 11). Für den richtigen Betrieb des Transistors als Verstärker muß die Sperrschicht zwischen Basis und Emitter durch Anlegen einer äußeren Spannung abgebaut werden (PN-Übergang in Durchlaßrichtung), während die Sperrschicht zwischen Kollektor und Basis erhalten bleibt (PN-Übergang in Sperrichtung).

Es ist erst etwa fünfzig Jahre her, als am Abend des 23. Dezember 1947 in den Bell-Laboratorien in New Jersey (USA) der erste funktionsfähige Transistor der Welt entwickelt wurde (Bild 13-2 auf Seite 121). Seinerzeit hatte man in der Telefongesellschaft wegen der sprunghaften Ausdehnung des Telefonweitverkehrs nach einem verstärkenden Bauelement gesucht, das die Elektronenröhre mit ihren geheizten Katoden ablösen sollte.

Nach vielen Versuchen, die sich über einen Zeitraum von etwa acht Jahren erstreckten,

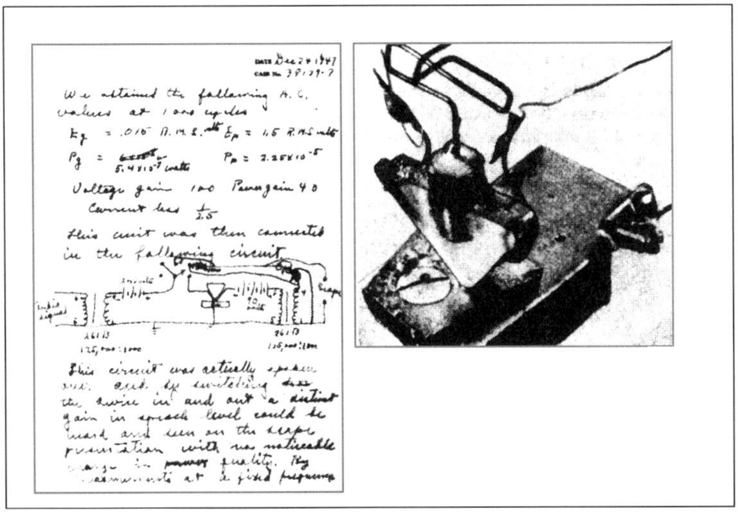

Abbildung 13-2: Der erste funktionsfähige Transistor der Welt (USA 1947) – links: Faksimile einer Seite des Labortagebuchs von Brattain vom 24.12.1947 (aus FUNKSCHAU 1968, Heft 9, Seite 263)

gelang es schließlich den Wissenschaftlern Dr. Walter H. Brattain und John Bardeen ein „Ding" zu erfinden, das aus einem Germaniumstückchen vom N-Typ und zwei Federn als Metall-Punkt-Kontakt bestand (Bild 13-2) und zunächst bei 1000 Hz eine Leistungsverstärkung mit dem Faktor 40 hergab. Man gab diesem „Ding" den Namen Transistor, eine Zusammenziehung aus Transfer (Übertragung) und Resistor (Widerstand).

Dieser Spitzentransistor in der ursprünglichen Form wird so nicht mehr gebaut. Heutzutage gibt es drei verschiedene Verfahren der Herstellung der Schichtenfolgen beim Transistor: Legierung, Diffusion und Epitaxie.

Eine Aufbauform ist der Legierungstransistor. Auf eine z.B. N-dotierte Germaniumscheibe als Grundplatte (Basis) werden auf beiden Seiten P-dotierte Kügelchen aufgebracht, die dann im Wärmeofen ineinander legieren (sich verbinden). Je länger der Legierungsprozeß andauert, desto schmaler wird die Basiszone.

Dieses Transistorsystem wird auf ein Halteblech gelötet und in ein Gehäuse eingebaut, das es gegen Verschmutzung, Beschädigung

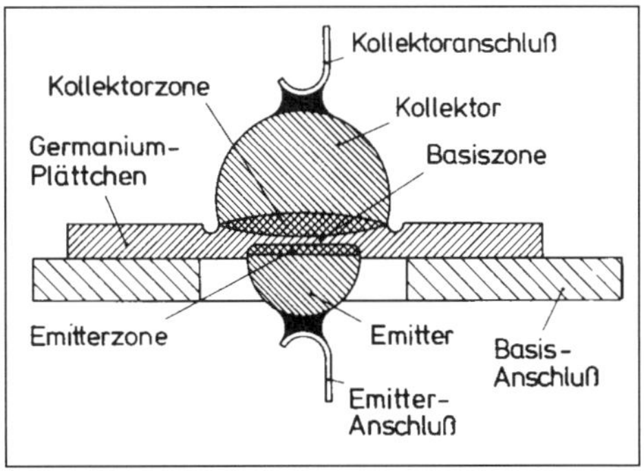

Abbildung 13-3: Aufbau (Schnitt eines Legierungstransistors)

und Lichteinfall schützt. Das Halteblech dient gleichzeitig als Basisanschluß (Bild 13-3).

Bei Transistoren höherer Leistung hat das Gehäuse darüber hinaus die Aufgabe, die im Kristall entstehende Wärme nach außen weiterzugeben. In der Praxis müssen solche Transistoren auf Kühlbleche oder Kühlkörper aufgeschraubt werden, die die Wärme an die umgebende Luft abgeben (Bild 13-4).

Der Legierungstransistor hat den Nachteil, daß die Ladungsträger eine gewisse Zeit benötigen, um die Basiszone zu durchlaufen,

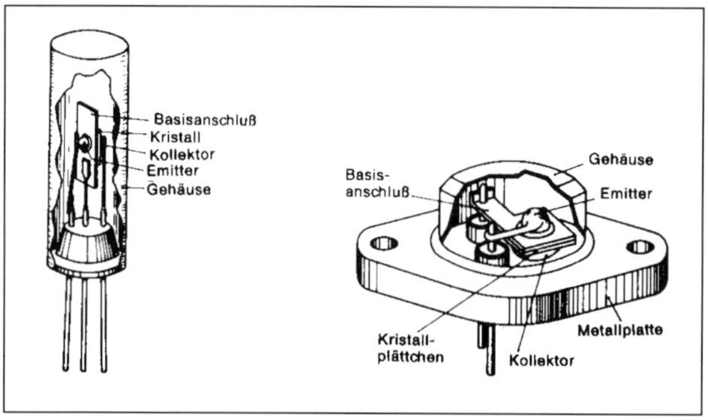

Abbildung 13-4: Innenaufbau von Legierungstransistoren: Kleinleistungstransistor (links); Hochleistungstransistor (rechts)

und daß die Kapazitäten zwischen den PN-Übergängen sehr groß sind. Je nach Leistung ist damit die Grenzfrequenz des Legierungstransistors zwischen 5 und 500 kHz sehr niedrig. Für Hochfrequenz ist er ungeeignet.

Im Hochfrequenzbereich verwendet man Transistoren, deren Fremdatome eindiffundiert werden. Dazu werden die Dotierungsstoffe verdampft und mit Hilfe eines Schutzgases über den erhitzten Kristall geführt. Dabei bauen sie sich in das Kristallgefüge ein. Außerdem ist die Störstellendichte an der Kristalloberfläche größer als im Inneren in der Nähe der PN-Übergänge. Dadurch werden die Kapazitäten geringer. Durch die abnehmende Dotierung wird ein elektrisches Feld erzeugt (sogenanntes Driftfeld), das die Ladungsträger beschleunigt und die Laufzeit verkürzt. Solche Drift-Transistoren sind bis zu Frequenzen von 100 MHz brauchbare Verstärkerelemente.

Für hohe Frequenzen geeignet sind auch die Mesa-Transistoren. Sie haben ihre Emitter- und Basisanschlüsse stets nebeneinander angeordnet. Die Abmessungen der Transistoren sind sehr klein. Dadurch werden die Kapazitäten sehr klein gehalten, die Laufzeit der Ladungsträger verkürzt und damit die Grenzfrequenz erhöht (Bild 13-5).

Mesa-Transistoren lassen sich bis zu Grenzfrequenzen von 50 MHz herstellen. Im Amateurfunk eignen sie sich also besonders für Empfängervorstufen im 2-m- und besonders im 70-cm-Band. Durch technische Verfeinerungen bei der Herstellung der Mesa-Transistoren sind viele Abwandlungen entstanden, deren Besprechung weit über den Rahmen dieses Lehrgangs hinausginge.

Noch komplizierter ist die Herstellung sogenannter Planar-Transistoren (Bild 13-6). Die drei Schichten dieses Transistors werden von einer Seite her durch „Aufwachsen“ (Epitaxie) erzeugt. Planar-Transistoren haben sehr geringe Rauschzahlen und

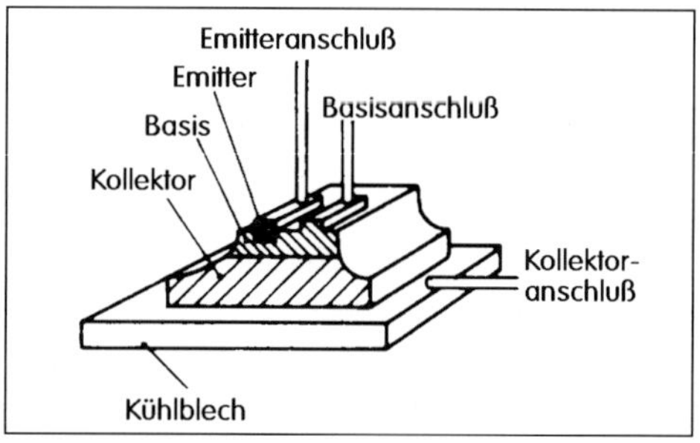

Abbildung 13-5: Aufbau des Mesa-Transistors

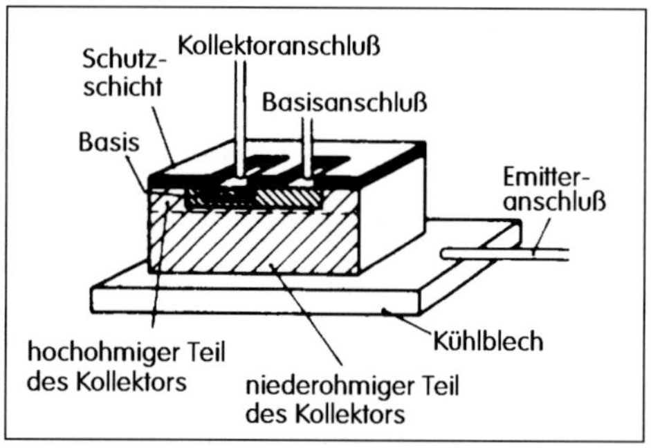

Abbildung 13-6: Aufbau des Epitaxial-Planar-Transistors

eignen sich besonders für Eingangsstufen bei hohen Frequenzen.

Allen diesen Transistoren ist gemeinsam, daß auf dem Weg vom Emitter zum Kollektor die Schichtenfolgen immer abwechseln, entweder N-P-N oder P-N-P.

13.2 Die Stromverstärkung des Transistors

Die Erklärung der Verstärkerwirkung soll hier am Beispiel des NPN-Transistors in Emitterschaltung erfolgen. Emitterschaltung bedeutet, daß jeweils ein Pol der beiden Spannungsquellen an den Emitter gelegt wird. Man könnte andererseits auch die Basis oder den Kollektor als gemeinsamen Anschluß verwenden. Die Besprechung der auf diese Weise entstehenden Basisschaltung bzw. Kollektorschaltung folgt in der nächsten Lektion.

Wie funktioniert solch ein Transistor?

Legt man zwischen Basis- und Emitteranschluß eine Spannung, so daß der PN-Übergang in Durchlaßrichtung geschaltet ist, können die Ladungsträger (N = negative Ladungsträger, Elektronen) aus der Emitterzone (emittieren = aussenden) in die schwach dotierte Basiszone gelangen. Wegen der geringen Dotierung findet kaum eine Rekombination statt (Bild 13-7).

Liegt am Kollektoranschluß eine positive Spannung, werden die Elektronen auf ihrem Weg durch die sehr dünne Basisschicht vom Kollektor angezogen (Kollekte = Sammlung). Je nach Dicke der Basiszone werden etwa 99 bis 99,9% der Elektronen zum Kollektor gelangen, der Rest erreicht den Basisanschluß. Der Kollektorstrom ist also viel größer als der Basisstrom. Der Basisstrom beträgt nur etwa 1% bis 0,1% vom Kollektorstrom.

Erhöht man die Basis-Emitter-Spannung U_{BE}, werden mehr Elektronen aus der Emitterzone in die Basiszone gelangen und sich sofort weiter in Richtung Kollektor bewegen. Eine geringe Erhöhung der Basis-Emitter-Spannung hat zwar auch eine geringe Zunahme des Basisstromes, aber eine viel größere Zunahme des Kollektorstromes zur Folge.

Merken Sie sich bitte: **Mit einem kleinen Basisstrom kann man einen großen Kollektorstrom steuern. Man nennt dies Stromverstärkung des Transistors.**

Für den PNP-Transistor gilt prinzipiell das gleiche. Nur wird er mit umgekehrter Polung betrieben, und die Betrachtung erfolgt mit Defektelektronen (Löchern) anstatt mit Elektronen.

Durch die unterschiedliche Größe von Kollektor und Emitter sind diese Anschlüsse nicht vertauschbar. Würde man den Transistor um-

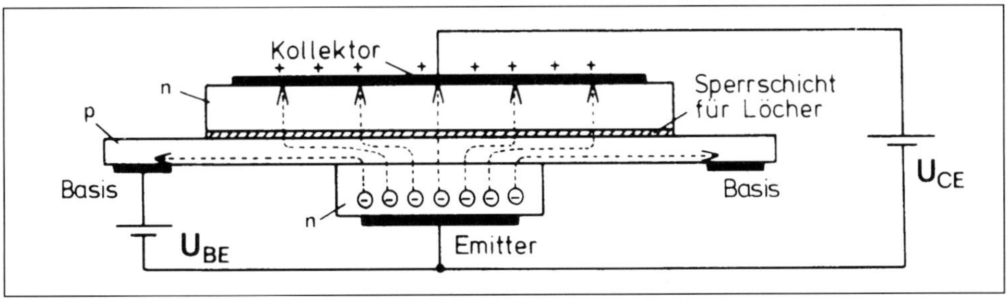

Abbildung 13-7: Schema eines NPN-Transistors

gekehrt betreiben, würden nur wenige Ladungsträger die gegenüberliegende Schicht erreichen. Die Stromverstärkung wäre sehr klein.

13.3 Die Polung der Betriebsspannungsquellen

Um beim bipolaren Transistor eine Stromverstärkung zu erreichen, müssen an die einzelnen Schichten bestimmte Spannungen angelegt werden. Mit diesen Spannungen muß erreicht werden, daß die Basis-Emitter-Strecke in Durchlaßrichtung und die Spannung am Kollektor so gepolt ist, daß die Ladungsträger angezogen werden.

Um nicht immer die drei Schichten eines Transistors zeichnen zu müssen, gibt es hierfür ein Schaltsymbol (Bild 13-8). Es entstammt dem früheren Aufbau des Transistors als Spitzentransistor. Der Emitter wird durch einen Pfeil gekennzeichnet. Beim PNP-Transistor zeigt der Pfeil auf die Basis zu (Eselsbrücke: **P**feil **N**ach **P**latte), beim NPN-Transistor von der Basis weg. Der Pfeil gibt die Stromrichtung durch den Transistor an (konventionelle Stromrichtung).

Zeichnen Sie im Bild 13-8 die Spannungsquellen mit richtiger Polung ein. Hinweise: Die Sperrschicht zwischen Basis und Emitter muß verschwinden, die Sperrschicht zwischen Kollektor und Basis muß erhalten bleiben. Ein PN-Übergang ist in Durchlaßrichtung geschaltet, wenn der Pluspol der Spannungsquelle an die P-Schicht und der Minuspol an die N-Schicht angeschlossen wird (siehe Abschnitt 11.3).

Wenn Sie die Spannungsquellen richtig eingezeichnet haben, liegt beim PNP-Transistor der Minuspol der Spannungsquelle U_{CE} am Kollektor. Beim NPN-Transistor sind die Verhältnisse umgekehrt.

Ein Transistor mit den beiden PN-Übergängen läßt sich im Prinzip durch zwei Dioden ersetzen, allerdings nicht in der Praxis. Denn für die Funktionsweise ist es von besonderer Wichtigkeit, daß die Basisschicht nur wenige Mikrometer dünn und sehr schwach dotiert ist. Das (theoretische) Diodenersatzbild entsteht dadurch, daß jeder PN-Übergang durch eine Diode ersetzt wird.

Zeichnen Sie auch hier im Bild 13-9 die Betriebsspannungsquellen U_{BE} und U_{CE} mit richtiger Polung ein.

Um die Basis-Emitter-Strecke in Durchlaßrichtung zu schalten, wird wie bei Dioden für das Material Germanium eine Spannung von

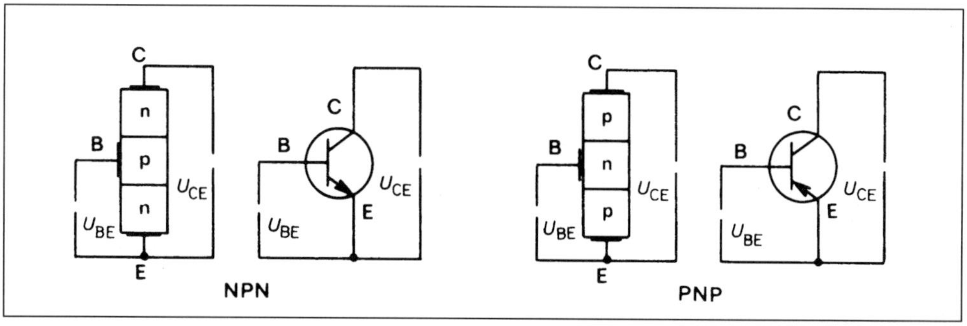

Abbildung 13-8: Schaltsymbole des bipolaren Transistors und die richtige Polung der Betriebsspannungsquellen

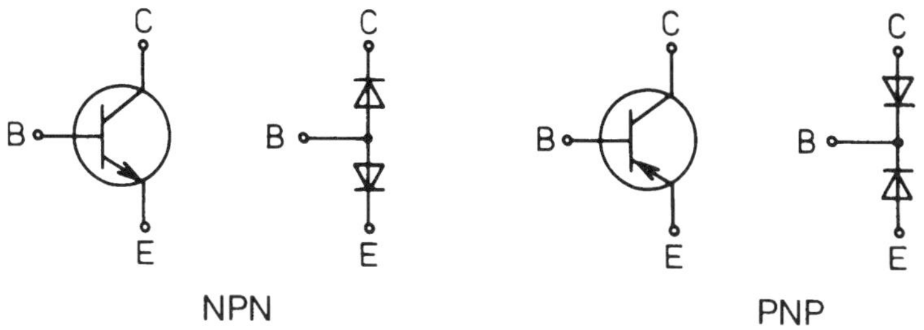

Abbildung 13-9: Diodenersatzbild des Transistors

etwa 0,2...0,3 Volt, für Silizium etwa 0,6...0,7 Volt benötigt. Damit die Sperrschicht der Kollektor-Basis-Strecke erhalten bleibt, muß die Spannung U_{CE} größer sein als 0,2 bzw. 0,6 Volt. Hier werden normalerweise Spannungen von etwa 2 bis 10 Volt verwendet.

> Merken Sie sich bitte: **Die Spannungen beim NPN-Transistor sind immer positiv (Eselsbrücke: P in der Mitte), bezogen auf den Emitter; beim PNP-Transistor sind sie negativ. Die Spannung am Kollektor muß immer größer sein als an der Basis.**

Auf Grund der Tatsache, daß Transistoren prinzipiell aus zwei in entgegengesetzter Richtung zusammen geschalteten PN-Übergängen (Dioden) bestehen, läßt sich eine Grobprüfung eines Transistors wie bei gewöhnlichen Dioden durchführen.

13.4 Einige Kennwerte des Transistors

Der starke Emitterstrom I_E teilt sich auf seinem Weg zum Kollektor auf in einen kleinen Basisstrom I_B und einen Kollektorstrom I_C:

$$I_E = I_B + I_C$$

Sind beispielsweise der Emitterstrom I_E = 122 mA und der Basisstrom I_B = 2 mA, ergibt sich ein Kollektorstrom I_C = 122 mA - 2 mA = 120 mA.
Das Verhältnis aus Kollektorstrom zu Basisstrom nennt man Gleichstromverstärkung B:

$$B = \frac{I_C}{I_B}$$

In obigem Beispiel ist $B = \frac{120\,\text{mA}}{2\,\text{mA}} = 60.$

Experiment
Wenn Sie die Anschlüsse des Transistors kennen, legen Sie die eine Klemme eines Ohmmeters an die Basis und die andere Klemme mal an den Kollektor und mal an den Emitter. Je nach Polarität der Anschlußklemmen (siehe Lektion 11, Bild 11-8) und je nach Transistortyp (PNP oder NPN) werden entweder beide PN-Übergänge (Diodenstrecken) hochohmig (sperrend) oder beide niederohmig (leitend) sein. Zwischen Kollektor und Emitter muß der Transistor immer hochohmig sein, da immer eine der beiden Diodenstrecken in Sperrichtung geschaltet ist.
Wenn Sie die Anschlüsse des Transistors nicht kennen, müssen Sie nach dieser Methode erst die Basis ausfindig machen. Von dem Basisanschluß zu den beiden anderen Elektroden muß das Verhalten immer gleichartig sein.

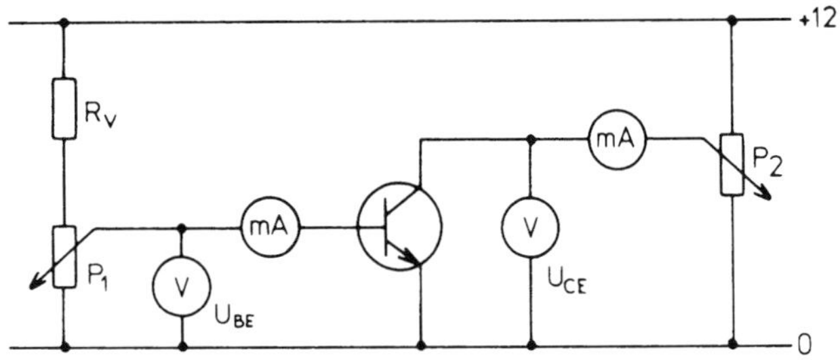

Abbildung 13-10: Schaltung zur Kennlinienaufnahme eines Transistors

Die Gleichstromverstärkungen von Transistoren liegen je nach Transistortyp zwischen 50 und 1000. Um weitere Kennwerte des Transistors kennenzulernen, ist es zweckmäßig, einige Kennlinien eines Transistors aufzunehmen. Bitte führen Sie einmal – vielleicht zusammen mit einigen OMs in Ihrem OV – folgenden Versuch durch (Bild 13-10).

Experiment

Es werden folgende Bauelemente und Geräte benötigt:

1 Spannungsquelle 12 V, mindestens 0,2 A
1 Spannungsmesser für U_{BE}, Meßbereich 1 V
1 Spannungsmesser für U_{CE}, Meßbereich 10 V
1 Strommesser für I_B, Meßbereich 1 mA
1 Strommesser für I_C, Meßbereich 100 mA
1 NPN-Silizium-Transistor, z.B. BC 107, BCY 59, o.ä.
1 Potentiometer P, etwa 470 Ω bis 1 kΩ, ½ Watt
1 Potentiometer P_2 etwa 100 Ω, 2 Watt
1 Vorwiderstand R_V etwa 4,7 kΩ bis 10 kΩ

Sollten zwei Spannungsquellen zur Verfügung stehen, kann das Potentiometer P_2 durch eine einstellbare Spannungsquelle ersetzt werden.

1. Versuch

P_1 auf Null drehen, so daß U_{BE} zunächst 0 Volt beträgt. Stellen Sie mit P_2 eine Spannung von U_{CE} = 5 V ein. Erhöhen Sie nun die Spannung U_{BE} langsam bis etwa 0,55 Volt. Hier beginnt sowohl Basisstrom I_B als auch Kollektorstrom I_C zu fließen. Bei einem Germaniumtransistor (z.B. AC 127) würde der Strom bereits bei U_{BE} = 0,2 Volt zu fließen beginnen. Erhöhen Sie langsam die Basis-Emitter-Spannung, bis ein Basisstrom von 0,1 mA fließt. Der Kollektorstrom müßte je nach Stromverstärkung des Transistors auf einen Wert zwischen 10 und 50 mA angestiegen sein.

Achtung: Lassen Sie bei folgendem Versuch den Kollektorstrom nicht längere Zeit einen Wert von 60 mA übersteigen, da die Verlustleistung des Transistors BC 107 nur 300 mW beträgt. P = 5 V · 60 mA = 300 mW. Wenn Sie nun U_{BE} im Bereich von 0,5 bis 0,7 Volt verändern und gleichzeitig den zugehörigen Basisstrom messen, erhalten Sie die Eingangskennlinie des Transistors.

2. Versuch

Zur Aufnahme der Ausgangskennlinien eines Transistors stellen Sie mit P_2 zunächst wieder eine mittlere Spannung von etwa 5 Volt ein. Mit P_1 stellen Sie einen Basisstrom von I_B = 0,05 mA = 50 µA ein. Diesen Basisstrom halten Sie nun konstant (gegebenenfalls mit P_1 nachstellen) und verändern die Kollektor-Emitter-Spannung U_{CE} von 5 bis 10 Volt und dann herunter bis 0 Volt.

Im Bereich von etwa 1 Volt bis 10 Volt bleibt der Kollektorstrom nahezu unverändert. Eine Spannung von 1 Volt genügt also bereits, um fast alle Elektronen, die in die Basisschicht gelangt sind, vom Kollektor anzuziehen.

Führen Sie den Versuch ebenfalls mit einem Basisstrom von I_B = 0,1 mA = 100 µA durch.

Achtung: Maximale Verlustleistung des Transistors nicht längere Zeit überschreiten! Bei U_{CE} = 10 V und I_C = 50 mA hätte der Transistor P = 500 mW Verlustleistung. Das ist für kleine Transistoren schon zu viel.

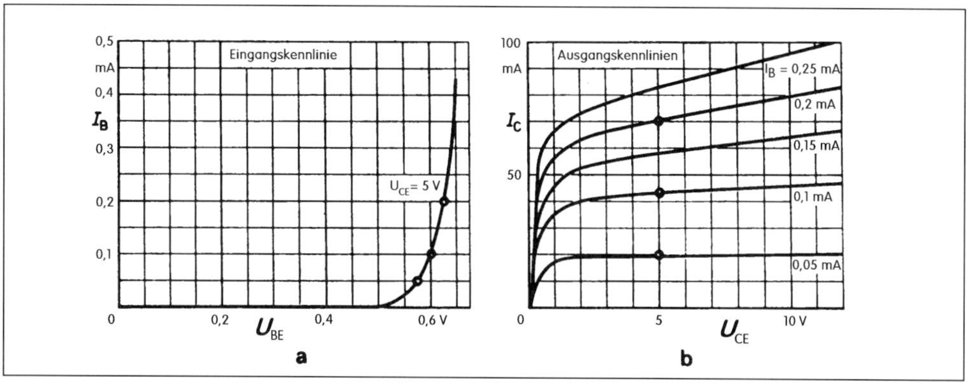

Abbildung 13-11: Eingangs- und Ausgangskennlinien eines Transistors

Weitere Kennlinien sind im Diagramm 13-11 dargestellt. Solche Kennlinien werden mit Kennlinienschreibern aufgenommen, wobei nur kurze Stromimpulse auf den Transistor gegeben werden, um die Temperatur in der Sperrschicht nicht wesentlich zu erhöhen.

Um die Kennlinien noch besser zu verstehen, sollten Sie folgende Ableseübungen durchführen. Betrachten Sie Bild 13-11 a (Eingangskennlinie). Wie groß ist etwa die Basis-Emitter-Spannung bei folgenden Basisströmen: a) 0,05 mA, b) 0,1 mA, c) 0,2 mA? Lesen Sie danach im Ausgangskennlinienfeld Bild 13-11 b bei U_{CE} = 5 die zugehörigen Kollektorströme I_C ab. Die Ergebnisse sind in folgender Tabelle zusammengestellt.

U_{CE} = 5 V	U_{BE} in V	I_B in mA	I_C in mA
a	0,57	0,05	20
b	0,60	0,1	43
c	0,63	0,2	70

Aufgabe 1: Berechnen Sie den Emitterstrom im Fall b.
Die Lösung finden Sie wieder im Anhang.

Aufgabe 2: Berechnen Sie die Gleichstromverstärkung im Fall b.

Aus den Kennlinien bzw. aus obiger Tabelle können noch folgende wichtige Kennwerte eines Transistors ermittelt werden.

Ändert man die Basis-Emitter-Spannung (z.B. durch Überlagern mit einer Signalspannung) von etwa 0,57 V auf 0,6 V, so ändert sich der Basisstrom von 0,05 mA auf 0,1 mA.

Das Verhältnis der Eingangsspannungsänderung ΔU_{BE} (Δ sprich: delta, steht für „Änderung“) zur Eingangsstromänderung ΔI_B bezeichnet man als

Eingangswiderstand $$r_{BE} = \frac{\Delta U_{BE}}{\Delta I_B}$$

In unserem Beispiel hat sich U_{BE} um 0,03 V und I_B um 0,05 mA geändert:

$$r_{BE} = \frac{0{,}03\ \text{V}}{0{,}05\ \text{mA}} = 0{,}6\ \text{k}\Omega = 600\ \Omega$$

Die Eingangswiderstände von Transistoren in Emitterschaltung liegen etwa zwischen 100 Ω und 1 kΩ. In den Datenbüchern wird der Eingangswiderstand auch mit r_{ein} oder r_e oder h_{11} (sprich: h-1-1) bezeichnet. Die kleinen Buchstaben benutzt man gern bei „Änderungen“ oder Wechselspannungen.

Außer der Gleichstromverstärkung B gibt es als Kennwert noch den Wechselstrom-Verstärkungsfaktor β (sprich: beta):

Stromverstärkungsfaktor $\boxed{\beta = \frac{\Delta I_C}{\Delta I_B}}$

Bei konstanter Kollektor-Emitter-Spannung mißt man bei einer bestimmten Basisstromänderung die zugehörige Kollektorstromänderung. In unserem Beispiel (Tabelle, Meßpunkte a und b) ändert sich der Kollektorstrom von 20 auf 43 mA (also um 23 mA), wenn sich der Basisstrom von 0,05 auf 0,1 mA (also um 0,05 mA) ändert:

$$\beta = \frac{23\,\text{mA}}{0{,}05\,\text{mA}} = \frac{23}{0{,}05} = \frac{230}{0{,}5} = 460$$

Der Wechselstrom-Verstärkungsfaktor (auch Kurzschluß-Stromverstärkungsfaktor h_{21} genannt) ist immer etwa so groß wie die Gleichstromverstärkung B. Es gibt noch eine ganze Reihe von Kennwerten bei Transistoren. Diese zu behandeln würde wiederum den Rahmen des „Amateurfunk-Lehrgangs“ sprengen.

Zusammenfassung

1. Es gibt zwei Schichtenfolgen bei Transistoren: NPN (positive Betriebsspannung) und PNP (negative Betriebsspannung).
2. Mit einem geringen Basisstrom kann man einen großen Kollektorstrom steuern. Dies nennt man Stromverstärkung.
3. Die Gleichstromverstärkung B eines Transistors ist das Verhältnis aus Kollektorstrom und Basisstrom.
4. Bei der Emitterschaltung ist der Emitter die gemeinsame Elektrode für den Eingang und den Ausgang

13.5 Test zur Lektion 13

Müssen Sie dies alles zur Prüfung zum Amateurfunkzeugnis wissen? Nein, jedoch wurde ich bisher in jedem durchgeführten Amateurfunk-Lehrgang nach der Funktionsweise des Transistors gefragt. Außerdem gibt es in der Prüfung hin und wieder mal eine Frage zu den Grundschaltungen des Transistors (Lektion 14). Um diese verstehen zu können, sollte man zunächst wissen, wie ein Transistor funktioniert. Und natürlich ist diese Lektion für alle diejenigen wichtig, die auch mal eine Elektronikschaltung selbst aufbauen möchten.

Ob Sie diese Lektion richtig verstanden und die wichtigsten Dinge richtig behalten haben, können Sie durch folgende Fragen testen. Notieren Sie den jeweils richtigen Buchstaben, und vergleichen Sie danach mit den Lösungen im Anhang!

1. Welches ist das richtige Schaltsymbol für einen NPN-Transistor?

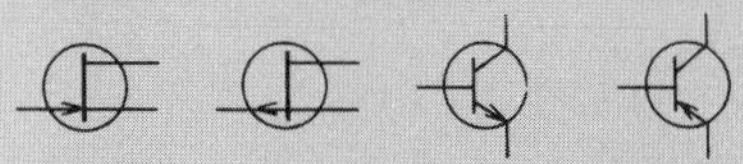

A B C D

2. Welcher PN-Übergang wird bei einem Transistor in Durchlaßrichtung und welcher in Sperrichtung betrieben? Welche der folgenden Zeilen ist richtig?

Durchlaßrichtung	Sperrichtung
A Basis-Kollektor	Basis-Emitter
B Basis-Emitter	Basis-Kollektor
C Basis-Emitter	Kollektor-Emitter
D Kollektor-Emitter	Basis-Emitter

3. In welcher Schaltung weisen die Spannungsquellen U_{BE} Und U_{CE} die richtige Polung auf?

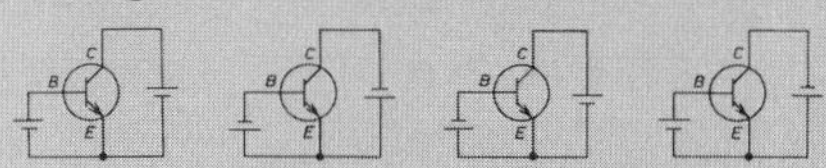

A B C D

4. Welche Gleichung über die Ströme beim Transistor ist richtig?

A $I_E = I_B + I_C$ **B** $I_B = I_E + I_C$

C $I_C = I_E + I_B$ **D** $I_E = I_C - I_B$

5. Wie ist die Gleichstromverstärkung B definiert?

A $B = \frac{I_E}{I_B}$ **B** $B = \frac{I_C}{I_E}$

C $B = \frac{I_B}{I_C}$ **D** $B = \frac{I_C}{I_B}$

6. In einem der folgenden Diagramme ist die Eingangskennlinie eines Transistors in Emitterschaltung dargestellt. Welches Bild trägt die richtigen Achsenbezeichnungen?

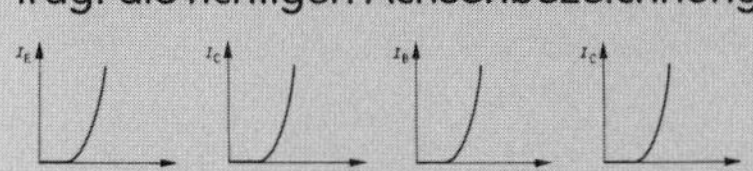

A B C D

7. In einem der folgenden Diagramme ist das Ausgangskennlinienfeld eines Transistors in Emitterschaltung dargestellt. Welches Bild trägt die richtigen Achsenbezeichnungen?

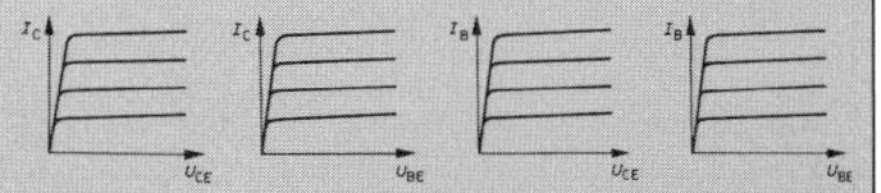

A B C D

8. Betrachten Sie das im Bild 13-11 b dargestellte Ausgangskennlinienfeld. Berechnen Sie die Gleichstromverstärkung B für folgenden Arbeitspunkt:
$U_{CE} = 7$ V, $I_B = 0{,}15$ mA.
Die richtige Lösung lautet:
A B = 40 **C** B = 400
B B = 46,7 **D** B = 467

9. Berechnen Sie aus dem Ausgangskennlinienfeld Bild 13-11 b den Kurzschlußstromverstärkungsfaktor ß, wenn bei $U_{CE} = 7$ V der Basisstrom von 0,05 mA auf 0,15 mA geändert wird. Die richtige Lösung lautet:
A ß = 266 **B** ß = 400
C ß = 467 **D** ß = 800

10. Was versteht man unter dem Eingangswiderstand eines Transistors?

A $\frac{\text{Basistrom}}{\text{Basis - Emitter - Spannung}}$

B $\frac{\text{Änderung des Basistroms}}{\text{Änderung der Basis - Emitter - Spannung}}$

C $\frac{\text{Änderung der Basis - Emitter - Spannung}}{\text{Änderung des Basistroms}}$

D $\frac{\text{Kollektor - Emitter - Spannung}}{\text{Kollektorstrom}}$

Lektion 14: Die Spannungsverstärkung

Schon bei den Bauelementen und Grundschaltungen der Elektrotechnik war das Prinzip dieses Lehrgangs immer eine annehmbare Mischung zwischen Theorie und Praxis. Bisher haben Sie den Transistor in seiner grundsätzlichen Funktion (Theorie) kennengelernt, im folgenden geht es um die Praxis. Zunächst aber beantworten Sie bitte einige Wiederholungsfragen zur Theorie aus der vorigen Lektion auf einem gesonderten Blatt.

1. Welche Halbleiterschichtenfolgen beim bipolaren Transistor gibt es?
2. Welche Polaritäten haben die Spannungsquellen für U_{BE} und U_{CE} eines NPN-Transistors?
3. Zeichnen Sie das Diodenersatzbild eines NPN-Transistors auf.
4. Welcher PN-Übergang wird bei einem Transistor in Durchlaßrichtung betrieben?
5. Skizzieren Sie die Eingangskennlinie eines Transistors. Welche Bezeichnungen haben die Achsen dieses Diagramms?
6. Skizzieren Sie ein typisches Ausgangskennlinienfeld eines Transistors. Welche Bezeichnungen haben die Achsen?
7. Wie kann man den Emitterstrom aus dem Kollektorstrom und dem Basisstrom berechnen?
8. Was versteht man unter der Gleichstromverstärkung B eines Transistors?

Die Lösungen finden Sie im Anhang zu dieser Lektion. Vergleichen Sie diese mit Ihren Lösungen.

Wenn Sie diese Fragen sicher beantworten konnten, werden Sie auch mit der folgenden Lektion über die Schaltungen mit Transistoren keine Schwierigkeiten haben. Sonst schauen Sie noch einmal in Lektion 13 hinein.

14.1 Die Spannungsverstärkung

Sie wissen aus dem vorigen Abschnitt, daß man unter Stromverstärkung eine Steuerwirkung mittels Strom versteht. Mit einem kleinen Strom (Basisstrom) kann man einen großen Strom (Kollektorstrom) steuern. Gleiches gilt für die Spannungsverstärkung, die im Amateurfunkbereich sehr wichtig ist. Denn eine geringe Antennenspannung soll hoch verstärkt werden. Wie kann man mit einem Transistor eine Spannungsverstärkung erreichen?

Zu diesem Zweck wird die Stromänderung in eine Spannungsänderung umgewandelt. Früher benutzte man dazu kleine Transformatoren (transformatorische Kopplung), heute

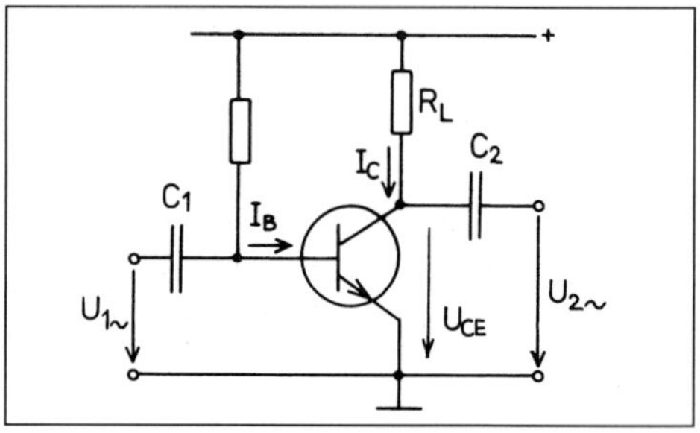

Abbildung 14-1: Grundschaltung eines Transistors als Spannungsverstärker

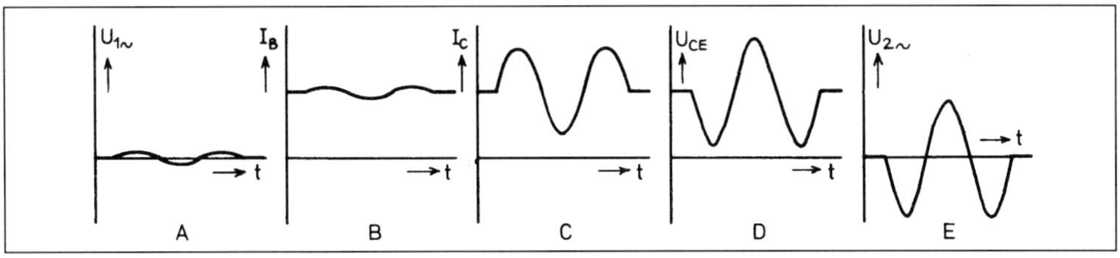

Abbildung 14-2: Die Wirkungsweise der Spannungsverstärkung

werden meistens Widerstände oder Schwingkreise in den Strompfad geschaltet (R_L in Bild 14-1).

Ändert man die Spannung an der Basis, indem über den Koppelkondensator C_1 (Bild 14-1) eine Wechselspannung eingekoppelt wird (Diagramm A, Bild 14-2), ändert sich auch der Basisstrom I_B (Diagramm B). Damit ändert sich der Kollektorstrom je nach Stromverstärkung des Transistors etwa 100mal so stark (Diagramm C). An dem „Lastwiderstand" R_L ändert sich die Spannung. Wenn der Strom steigt, wird die Spannung an R_L größer, und damit bleibt für den Kollektor weniger Spannung U_{CE} übrig, U_{CE} sinkt (Bild 14-2, D). Aus dieser Mischspannung (siehe auch Lektion 3) wird der Gleichspannungsanteil durch den Kondensator C_2 abgesperrt. Nur die Wechselspannungsanteile (Änderungen) werden ausgekoppelt (Diagramm E).

Vergleicht man die Bilder 14-2 A und E, so fällt außer der „Verstärkung" auf, daß bei einem Ansteigen der Eingangsspannung U_1 die Ausgangsspannung U_2 gleichzeitig sinkt. Man sagt: Bei der Emitterschaltung sind Eingangs- und Ausgangsspannung in der Phase gegensinnig bzw. „invertiert".

Vergleicht man die Ausgangsspannungsänderung ΔU_2 mit der Eingangsspannungsänderung ΔU_1, so bezeichnet man das Verhältnis davon als

Spannungsverstärkung $$v_u = \frac{\Delta U_2}{\Delta U_1}$$

Durch den Einbau des Widerstandes R_L wird die Stromverstärkung etwas kleiner als der bereits aus Lektion 13 bekannte Kurzschlußstromverstärkungsfaktor β. Diese neue Stromverstärkung bezeichnet man mit

Stromverstärkung $$v_i = \frac{\Delta I_2}{\Delta I_1}$$

Die Leistungsverstärkung ergibt sich aus dem Produkt Spannungsverstärkung und Stromverstärkung

Leistungsverstärkung $$v_P = v_u \cdot v_i$$

Experiment: Wenn Ihnen ein Oszilloskop und ein NF-Sinusgenerator zur Verfügung stehen, sollten Sie unbedingt folgende Schaltung eines NF-Vorverstärkers aufbauen, um das Verhalten des Transistors als Verstärker genauer kennenzulernen. Sollten Sie sogar ein Zweistrahl-Oszilloskop verwenden können, kann außer der Verstärkung auch die Phasenverschiebung gezeigt werden.

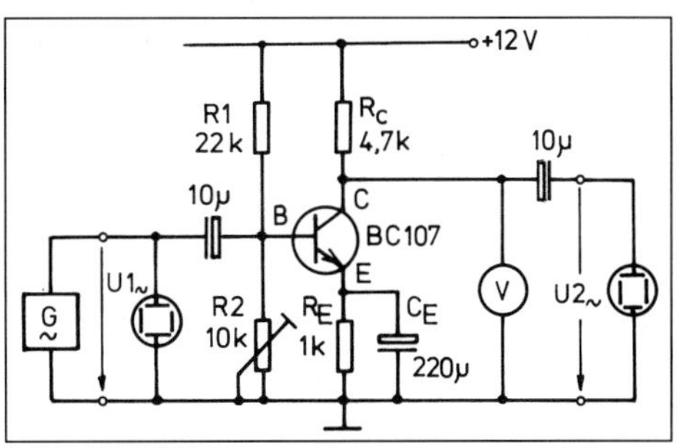

Abbildung 14-3: Schaltung zum Experiment NF-Vorverstärker

Durchführung
1. Achten Sie beim Aufbau der Schaltung besonders auf die Polarität der Elektrolytkondensatoren. Die hohl gezeichnete Seite ist plus.
2. Lassen Sie den NF-Generator noch ausgeschaltet und schließen Sie die Betriebsspannung an (10 bis 12 V). Mit dem Gleichspannungsmeßgerät wird die Spannung von Kollektor nach Masse angezeigt. Drehen Sie an dem Potentiometer R_2, bis am Kollektor eine Spannung von etwa 6 bis 7 Volt gemessen wird.
3. Stellen Sie am Sinusgenerator eine Frequenz von ca. 1 kHz mit einem Spitze-Spitze-Wert von ca. 30 mV ein, und messen Sie mit dem Oszilloskop die Ausgangswechselspannung ebenfalls als Spitze-Spitze-Wert. Berechnen Sie die Spannungsverstärkung nach der Formel

$$v_u = \frac{u_{2ss}}{u_{1ss}}$$

Die Spannungsverstärkung müßte größer als 100 sein.
4. Steht ein Zweistrahl-Oszilloskop zur Verfügung, stellen Sie bitte gleichzeitig die Eingangswechselspannung u_1 und die Ausgangswechselspannung u_2 auf dem Bildschirm dar. Bei richtiger Einstellung des Oszilloskops müßte das Ausgangssignal gegenüber dem Eingangssignal invertiert erscheinen.
5. Erhöhen Sie die Frequenz des Sinusgenerators so lange, bis die Verstärkung nur noch 70% des vorherigen Wertes beträgt. Diese Frequenz ist die obere Grenzfrequenz.
6. Versuchen Sie gleiches durch Erniedrigen der Frequenz.
7. Stellen Sie wieder eine mittlere Frequenz (ca. 1 kHz) ein und ändern Sie den Arbeitspunkt des Transistors, indem Sie den Wert von R_2 verstellen. Beobachten Sie das Ausgangssignal. Je nach eingestelltem Wert müßten sich mehr oder weniger starke Verzerrungen ergeben.
8. Entfernen Sie den Emitterkondensator C_E und messen Sie erneut die Verstärkung. Sie müßte auf einen Faktor 5 zurückgehen. Ohne Emitterkondensator ergibt sich die Verstärkung aus dem Verhältnis von R_C zu R_E.

Aus dem Experiment kann man folgendes lernen:
1. Die Gleichspannung am Kollektor sollte auf ungefähr halbe Betriebsspannung eingestellt sein.
2. Die Spannungsverstärkung ergibt sich aus dem Verhältnis der Ausgangswechselspannung (U_{2ss}) zur Eingangswechselspannung (U_{1ss}).
3. Die obere Grenzfrequenz ermittelt man, indem man die Frequenz so lange erhöht, bis nur noch 70% der Ausgangsspannung gegenüber 1 kHz vorhanden ist.
4. Gleiches wie unter Punkt 3 gilt für die untere Grenzfrequenz durch Erniedrigen der Frequenz.
5. Ohne Emitterkondensator ergibt sich die Verstärkung aus dem Verhältnis von Kollektorwiderstand zu Emitterwiderstand.

Diese Schaltung können Sie als Standardschaltung für einen NF-Vorverstärker betrachten und immer dann verwenden, wenn die Verstärkung (Lautstärke) eines Gerätes nicht ausreicht.

14.2 Die Grundschaltungen des Transistors

Bisher wurde in diesem Lehrgang immer der Emitter des Transistors als gemeinsamer Anschluß für den Eingang und den Ausgang benutzt. Deshalb hat diese Schaltung den Namen „Emitterschaltung“.

Es ist möglich, eine der anderen Elektroden als gemeinsamen Anschluß für den Eingang und den Ausgang zu benutzen. Man erhält dann die Kollektorschaltung bzw. die Basisschaltung. Dann ändern die Schaltungen ihre Eigenschaften.

Die wichtigsten Eigenschaften der drei Grundschaltungen werden in folgender Tabelle gegenübergestellt (Bild 14-4).

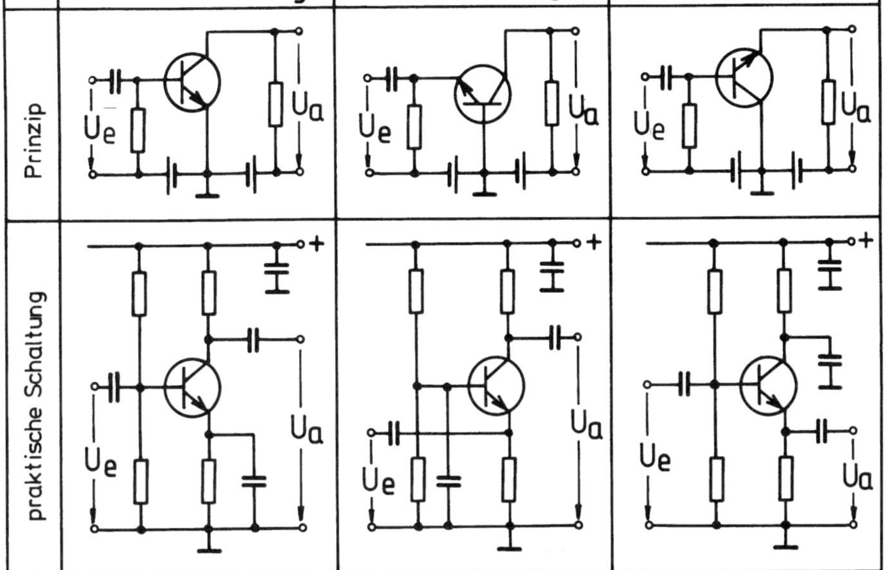

	Emitterschaltung		Basisschaltung		Kollektorschaltung	
r_e	mittel	1 kΩ	klein	50 Ω	groß	100 kΩ
r_a	mittel	10 kΩ	groß	100 kΩ	klein	50 Ω
v_i	groß	100	< 1	0,9	groß	100
v_u	groß	100	groß	100	< 1	0,99
v_p	sehr groß	10 000	groß	100	groß	100
φ_u	gegenphasig	180°	gleichphasig	0°	gleichphasig	0°

Abbildung 14-4: Die Grundschaltungen des Transistors

In der Praxis erkennt man eine Grundschaltung daran, welche Elektrode über einen Kondensator mit Masse verbunden ist.

Die wichtigsten Anwendungsmöglichkeiten ergeben sich aus der Tabelle. Die **Emitterschaltung** wird für NF und für HF angewendet, wenn es auf eine hohe Leistungsverstärkung ankommt. Da die Leistungsverstärkung das Produkt ist aus Spannungs- und Stromverstärkung, ergibt sich bei der Emitterschaltung eine Leistungsverstärkung von 2000- bis 50000fach. Der Nachteil dieser Schaltung ist manchmal der niedrige Eingangswiderstand und die relativ niedrige Grenzfrequenz.

Die **Kollektorschaltung** wird dann angewendet, wenn ein hoher Eingangswiderstand und ein niedriger Ausgangswiderstand gewünscht werden. Allerdings hat diese Schaltung keine Spannungsverstärkung ($v_u \approx 1$), jedoch eine hohe Stromverstärkung. Man benutzt daher diese Schaltung als sogenannten

„Impedanzwandler", z.B. auch in elektronisch geregelten Netzteilen als „Längstransistor". Impedanzwandler bedeutet hier: großer Eingangswiderstand und kleiner Ausgangswiderstand.

Die **Basisschaltung** wird wegen ihrer hohen Grenzfrequenz und der geringen Rückwirkung (ist aus der Tabelle nicht zu erkennen) gern als HF-Verstärker im Eingang von UKW-Vorstufen verwendet. Allerdings muß die Schaltung an den sehr niedrigen Eingangswiderstand angepaßt werden.

14.3 Die Erzeugung der Basis-Emitter-Vorspannung

Grundsätzlich benötigt man für den Betrieb eines Transistors zwei Spannungen, um nämlich die Basis-Emitter-Diode in Durchlaßrichtung und die Kollektor-Basis-Diode in Sperrichtung „vorzuspannen". Natürlich kann man immer zwei getrennte Spannungsquellen verwenden. Jedoch gibt es auch die Möglichkeit, beide Spannungen der gleichen Betriebsspannungsquelle zu entnehmen.

Im Abschnitt 14.1 in dieser Lektion wurden bereits beide Möglichkeiten angewendet, nämlich die Basis-Emitter-Vorspannungserzeugung durch einen Vorwiderstand (Bild 14-1) oder durch einen Spannungsteiler (Bild 14-3).

Durch den Vorwiderstand R_V (Bild 14-5 A) fließt der Basisstrom I_B. An diesem Vorwiderstand fällt so viel Spannung ab, daß noch 0,6 V (bei Silizium-Transistoren) übrigbleiben.

Die zweite Möglichkeit (Bild 14-5 B) ist die Anwendung eines Spannungsteilers. An dem Widerstand R_2 muß die benötigte Basis-Emitter-Spannung U_{BE} abfallen. Diese Art der Vorspannungserzeugung wird meistens im Zusammenhang mit der im folgenden Abschnitt beschriebenen Stromgegenkopplung zur Arbeitspunktstabilisierung angewendet.

Beide Möglichkeiten der Basis-Emitter-Vorspannungserzeugung können auch bei den beiden anderen Grundschaltungen angewendet werden. Im Bild 14-6 ist für die Kollektorschaltung (Kennzeichen: Kollektor ist über C_3 wechselspannungsmäßig „geerdet") und die Basisschaltung (Basis ist über C_2 wechselspannungsmäßig „geerdet") ein Basisspannungsteiler eingesetzt worden.

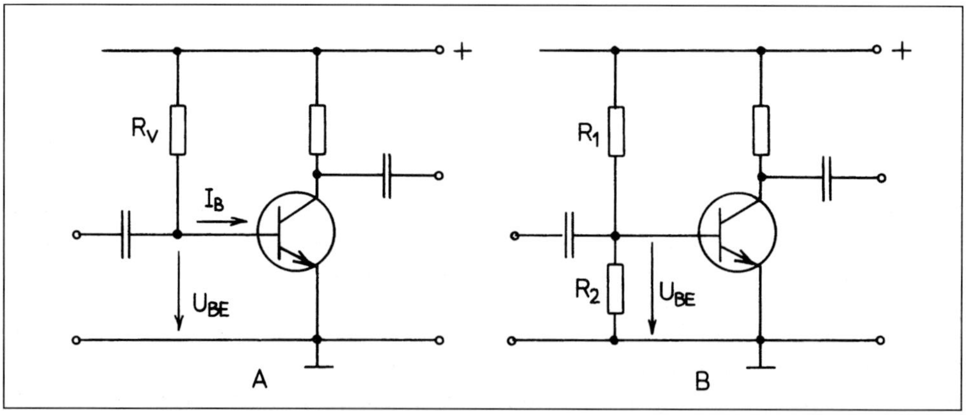

Abbildung 14-5: Möglichkeiten der Basis-Emitter-Vorspannungserzeugung

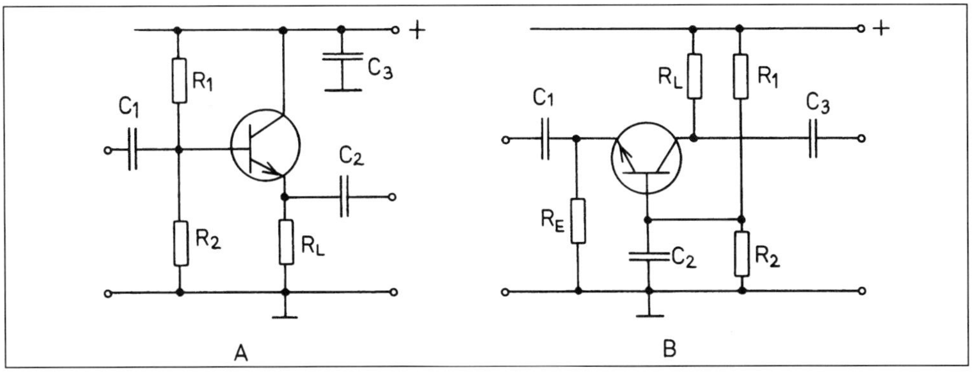

Abbildung 14-6: Basis-Emitter-Vorspannungserzeugung bei der Kollektorschaltung (A) und der Basisschaltung (B) mittels Spannungsteiler

14.4 Die Arbeitspunkt-stabilisierung

Ein Problem bei den Transistor-Verstärkerschaltungen ist die Tatsache, daß sich ein einmal eingestellter Arbeitspunkt eines Transistors bei Erwärmung verändert. Um den Arbeitspunkt stabil zu halten, gibt es verschiedene Schaltungen. Die beiden wichtigsten sind: Stromgegenkopplung und Spannungsgegenkopplung.

Bei der Gleichstromgegenkopplung wird die Basisvorspannung U_{R2} durch einen Spannungsteiler möglichst stabil gehalten und in die Emitterleitung ein Widerstand geschaltet. Dieser Widerstand R_E dient zur Stromgegenkopplung (Bild 14-7).

Wirkungsweise der Schaltung

Steigt durch Temperaturerhöhung der Kollektorstrom und damit auch der Emitterstrom an, erhöht sich der Spannungsabfall U_{RE} am Emitterwiderstand. Wenn die Spannung U_{R2} am unteren Spannungsteilerwiderstand konstant bleibt, muß sich die Basis-Emitter-Spannung U_{BE} erniedrigen. Dadurch verringert sich der Basisstrom, was eine Verringerung des Kollektorstromes zur Folge hat.

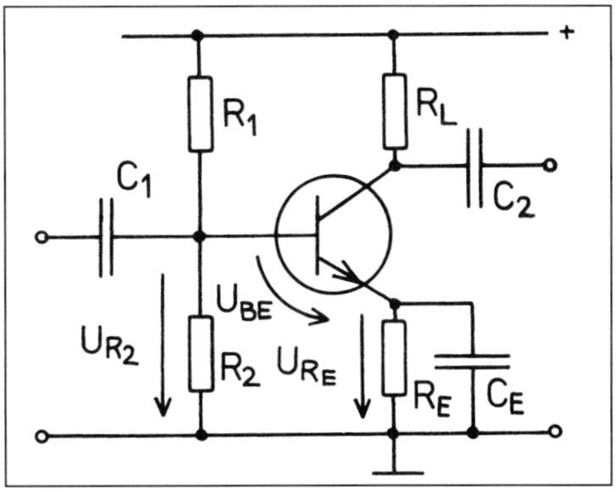

Abbildung 14-7: Grundschaltung eines Verstärkers in Emitterschaltung mit Arbeitspunktstabilisierung durch Stromgegenkopplung

Also: Einer langsamen Erhöhung des Kollektorstromes durch Temperaturänderung steht eine Erniedrigung durch automatische Regelung entgegen (Gegenkopplung). Das bedeutet „Stabilisierung".

Um aber für gewünschte, schnelle Kollektorstromänderungen (Transistor als Verstärker) diese Gegenkopplung nicht wirksam werden zu lassen, wird ein Kondensator C_E parallelgeschaltet. Die Kapazität richtet sich nach der unteren Grenzfrequenz. Im NF-Bereich wird für C_E etwa 25 µF bis 500 µF gewählt, im HF-Bereich genügen ca. 0,1 µF.

Bei der Spannungsgegenkopplung wird der Vorwiderstand bzw. der Spannungsteiler statt an der Betriebsspannung am Kollektor angeschlossen. Steigt hier der Kollektorstrom infolge Temperaturerhöhung an, sinkt die Spannung U_{CE} und damit gleichzeitig U_{BE}. Der Kollektorstrom wird heruntergeregelt (Bild 14-8).

Bei Leistungsverstärkern wird noch eine andere Methode der Arbeitspunktstabilisierung angewendet. Auf dem Kühlkörper des Endstufentransistors befindet sich ein NTC (Widerstand mit negativem Temperaturkoeffizienten, der bei Temperaturerhöhung seinen Widerstand verkleinert, siehe Abschnitt 12.12.2), der die Basis-Emitter-Vorspannung bei Temperaturerhöhung automatisch heruntergeregelt.

14.5 Die Kopplung von Transistorstufen

Soll die verstärkte Signalspannung zum nächsten Transistor geführt (gekoppelt) werden, bietet sich die kapazitive Kopplung mit $C_ü$ an (Bild 14-9).

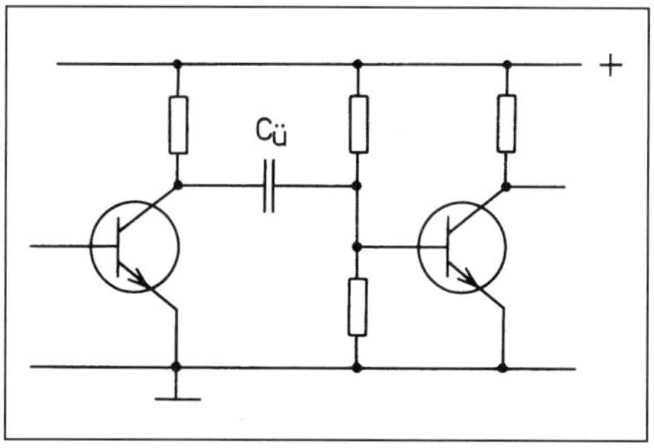

Abbildung 14-9: Kapazitive Kopplung von Transistorstufen

Durch den Koppelkondensator $C_ü$ (Übertragungskondensator) wird die Gleichspannung getrennt, die Wechselspannung aber ungehindert durchgelassen (siehe Lektion 7). Diese Schaltung wird meistens im NF-Bereich angewendet. Sie hat einen Nachteil: Koppelt man auf diese Weise zwei Transistorstufen in Emitterschaltung, so besteht wegen des hohen Ausgangswiderstandes und des niedrigen Eingangswiderstandes eine erhebliche Fehlanpassung, wodurch sich die Verstärkung verringert. Jedoch kann der Verstärkungsverlust leicht durch eine zusätzliche Verstärkerstufe ausgeglichen werden.

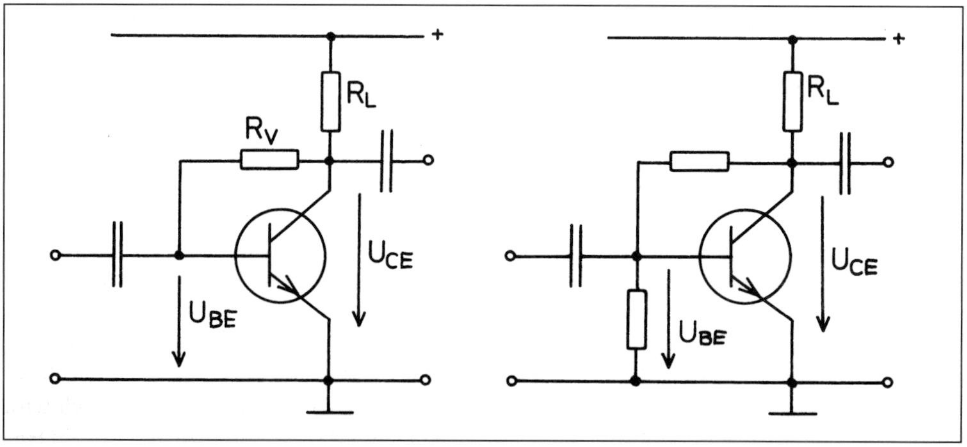

Abbildung 14-8: Spannungsgegenkopplung zur Arbeitspunktstabilisierung

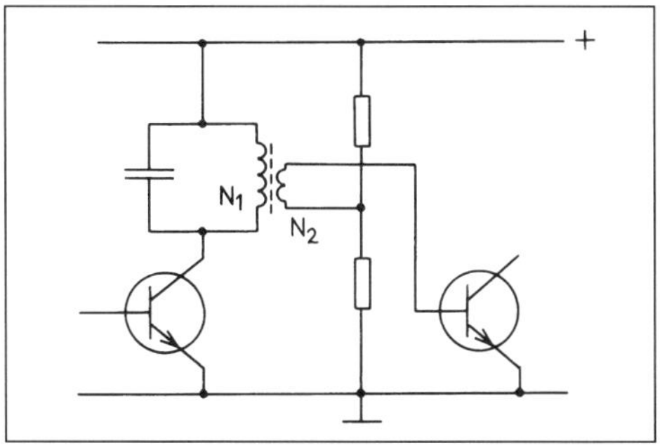

Abbildung 14-10: Transformatorische Kopplung bei Hochfrequenzverstärkern

Bei Hochfrequenzverstärkern mit Schwingkreisen (in Sendern und Empfängern) wird oft die transformatorische Kopplung angewendet.

Durch das Verhältnis N_1 zu N_2 (siehe Lektion 9, Abschnitt 9.6) kann der niedrige Eingangswiderstand genau an den hohen Ausgangswiderstand der vorigen Stufe angepaßt werden. So erhält man die höchste Leistungsverstärkung.

Aufgabe: Der Ausgangswiderstand des ersten Transistors sei 2 kΩ und der Eingangswiderstand des zweiten Transistors 200 Ω. Die Windungszahl der Spule N_1 sei 80. Welche Windungszahl müßte N_2 haben?
Lösungshinweis: Im Abschnitt 9.6 finden Sie die Formel für das Übersetzungsverhältnis. Das ist das Verhältnis der Windungszahlen N_1 zu N_2. Die Lösung finden Sie im Anhang zu dieser Lektion 14.

An Kopplungsarten gibt es außerdem noch die Gleichstromkopplung, bei der die Transistorstufen unter Beachtung der Potentiale direkt ohne Zwischenschaltung von Bauelementen miteinander verbunden werden. Diese Kopplung wird bei hochwertigen Breitbandverstärkern oder in integrierten Schaltungen verwendet. Sie hat für die Praxis des Funkamateurs den Nachteil, daß z.B. bei Veränderung des Arbeitspunktes eines einzigen Transistors sich die Arbeitspunkte der anderen Transistoren ebenfalls verändern. Hierzu folgt ein Beispiel im Abschnitt 14.7.

14.6 Beispiel für die Dimensionierung von Transistor-Verstärkerstufen

Am Beispiel der meist gebräuchlichen Emitterschaltung werden Sie das Prinzip der Berechnung der Widerstände für einen NF-Verstärker kennenlernen. Danach folgen ein paar Hinweise zu den anderen Grundschaltungen.

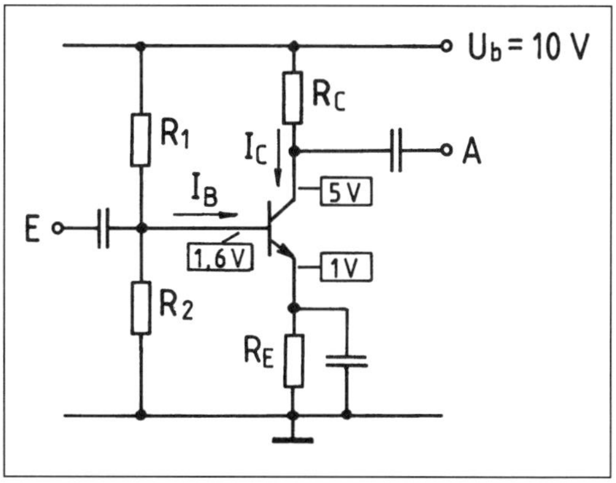

Abbildung 14-11: Dimensionierung einer Transistor-Verstärkerstufe in Emitterschaltung

Bei Vorstufen von NF-Transistorverstärkern rechnet man mit einem Kollektorstrom von 1 bis 2 mA (hier gewählt 1 mA). Am Kollektor sollte etwa die Hälfte der Betriebsspannung anliegen (hier 5 V). Damit läßt sich sofort R_C berechnen. Wenn 5 Volt am Widerstand R_C abfallen sollen, beträgt bei einem Kollektorstrom von 1 mA der Kollektorwiderstand:

$$R_C = \frac{U_{b/2}}{I_C} = \frac{5\,\text{V}}{1\,\text{mA}} = 5\,\text{k}\Omega,$$

(gewählt 4,7 kΩ aus der Normreihe)

Der Emitterwiderstand soll für eine gute Arbeitspunktstabilisierung $^1/_{10}$ bis $^1/_5$ des Kollektorwiderstandes R_C betragen:

$$R_E = \frac{R_C}{10} \dots \frac{R_C}{5} = 470\,\Omega \dots 1\,\text{k}\Omega,$$

(gewählt 1 kΩ)

Da der Emitterstrom etwa gleich dem Kollektorstrom (von 1 mA) ist, fällt am Widerstand R_E eine Spannung ab von:

$$U_{R_E} = R_E \cdot I_E = 1\,\text{k}\Omega \cdot 1\,\text{mA} = 1\,\text{V}$$

Um die Widerstände R_1 und R_2 des Spannungsteilers berechnen zu können, benötigen wir die Spannung an den Widerständen und den Strom. Die Basis-Emitter-Spannung muß bei einem Siliziumtransistor um etwa 0,6 V positiver sein als die Spannung am Emitter, also +1,6 V gegen Masse gemessen. U_{R2} beträgt also 1,6 V und der Rest bis 10 Volt fällt an R_1 ab, also U_{R1} = 8,4 V.

Der Querstrom durch den Spannungsteiler sollte für eine gute Arbeitspunktstabilisierung etwa $^1/_{10}$ des Kollektorstromes betragen, hier also 0,1 mA.

Damit lassen sich R_1 und R_2 berechnen:

$$R_2 = \frac{1{,}6\,\text{V}}{0{,}1\,\text{mA}} = 16\,\text{k}\Omega, \text{ (gewählt 15 k}\Omega\text{)}$$

$$R_1 = \frac{8{,}4\,\text{V}}{0{,}1\,\text{mA}} = 84\,\text{k}\Omega, \text{ (gewählt 82 k}\Omega\text{)}$$

Mit dieser Dimensionierung sollte der Verstärker ganz brauchbar dimensioniert sein. Für einen Feinabgleich könnte man statt des 82 kΩ Widerstandes ein Potentiometer von 100 kΩ einsetzen und dann durch Verändern dieses Widerstandswertes die Spannung am Kollektor auf 5 V abgleichen. Allerdings ist es nicht sehr wichtig, wenn die Verstärkerstufe nicht voll ausgesteuert wird.

Die drei Kondensatoren zu berechnen ist nicht so ganz leicht. Sie werden einfach ausprobiert. Die Koppelkondensatoren am Eingang und am Ausgang liegen in der Größenordnung von 1 bis 10 µF und der Emitterkondensator in der Größenordnung von 47 µF bis 470 µF. Je größer man diese Kondensatoren macht, desto mehr tiefe Frequenzen werden noch übertragen. Wenn die Modulation bei einem Sender etwas zu dunkel klingt, kann man durch Experimentieren diese Kondensatoren mit geringerer Kapazität wählen.

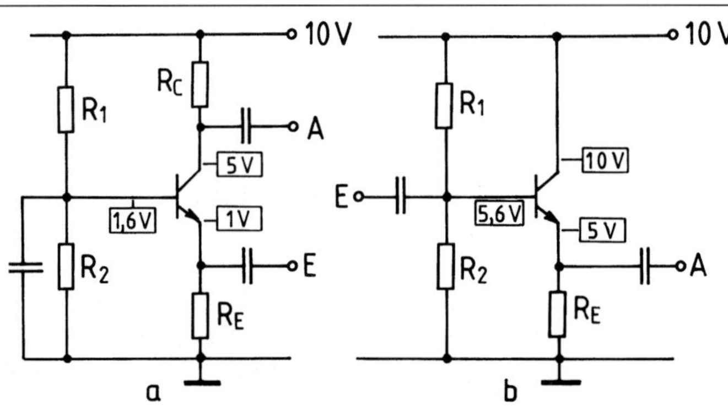

Abbildung 14-12:
a) Basisschaltung;
b) Kollektorschaltung

Die Gleichstromberechnung der Basisschaltung als R_C-Verstärker wie in Bild 14-12 a führt zu den gleichen Ergebnissen wie die Dimensionierung der Emitterschaltung. Der Unterschied liegt nur darin, daß das Eingangssignal an den Emitter geführt wird und die Basis wechselstrommäßig über einen Kondensator an Masse liegt.

Bei der Kollektorschaltung Bild 14-12 b teilt sich die Betriebsspannung je zur Hälfte auf die Kollektor-Emitter-Strecke und den Emitterwiderstand auf. An der Basis des NPN-Transistors liegen immer 0,6 Volt mehr als am Emitter. Dennoch ist die Spannung an der Basis mit 5,6 V etwa halbe Betriebsspannung, deshalb müssen die beiden Widerstände R_1 und R_2 etwa gleich groß sein, wenn der Querstrom viel größer ist als der Basisstrom. In der Praxis wählt man je zwei Widerstände von 10 kΩ bis 100 kΩ je nach gewünschtem Eingangswiderstand.

Der Emitterwiderstand berechnet sich mit den Vorgaben wie bei der Emitterschaltung dann zu:

$$R_E = \frac{U_{b/2}}{I_C} = \frac{5\,\text{V}}{1\,\text{mA}} = 5\,\text{k}\Omega\,,\ \text{gewählt } 4{,}7\,\text{k}\Omega$$

14.7 Der Operationsverstärker

Schaltet man mehrere Transistorverstärker hintereinander, multiplizieren sich die Verstärkungsfaktoren. Wenn z.B. nur drei Transistoren mit je 100facher Spannungsverstärkung zusammengeschaltet werden, erhält man
$V = V_1 \cdot V_2 \cdot V_3 = 100 \cdot 100 \cdot 100 = 1000000$
= 1 Million.

Solche Verstärker, die von Gleichspannung bis zu einer oberen Grenzfrequenz einer Wechselspannung eine oder mehrere Millionenfach verstärken, sind Operationsverstärker (abgekürzt: OP). Der eigentliche OP ist meist als integrierter Baustein hergestellt mit vielen Transistoren in einem Gehäuse. Zur Anwendung muß dieser OP aber mit einzelnen Widerständen, Kondensatoren oder Spulen beschaltet werden. Es ist ein Universalverstärker.

Operationsverstärker sollen auch Gleichspannung verstärken können. Dies führt aber zu einem Problem, wenn man normale Transistorverstärker einfach hintereinander schalten würde. Das Problem soll durch folgende Aufgabe etwas konkretisiert werden.

Aufgabe: Wie groß wäre die Ausgangsspannungsänderung, wenn sich infolge Temperaturänderung die Emitter-Basis-Spannung des ersten von drei gleichstromgekoppelten Transistorverstärkern mit je einer Verstärkung von 100 um nur 1 µV (1 Mikrovolt = 1 millionstel Volt) ändert?

Haben Sie auch 1 Volt als Ausgangsspannungsänderung herausbekommen? Der Verstärker wäre also sehr instabil in bezug auf Temperaturschwankungen. Deshalb wird zumindest der Eingang der Operationsverstärker als „Differenzverstärker" aufgebaut.

Im Bild 14-13 auf Seite 140 ist die typische Eingangsschaltung eines Operationsverstärkers als Differenzverstärker dargestellt. Die Schaltung ist so aufgebaut, daß nur immer ein Unterschied (Differenz) der Spannungen an den Eingängen + und – eine Spannung zwischen den Punkten A und B hervorruft. Diese Ausgangsspannung wird über weitere Verstärker einem Impedanzwandler im Ausgang zugeführt.

Die Bezeichnung der Klemmen + und – im Eingang bedeutet, daß ein Signal am Pluseingang gleichphasig (nicht invertiert) am Ausgang erscheint, während ein Signal, das an den Minuseingang angelegt wird, invertiert (um-

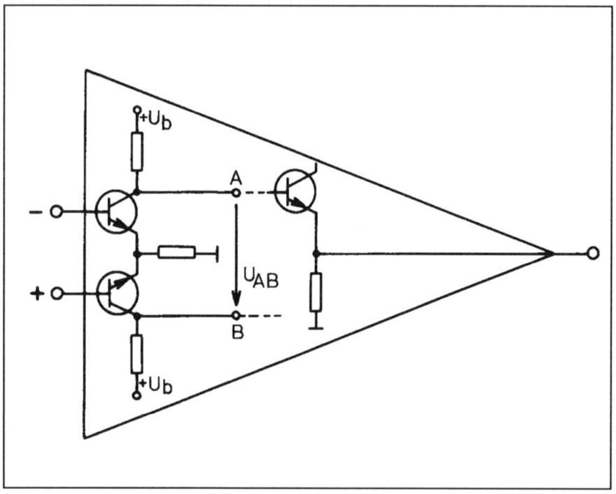

Abbildung 14-13: Differenzverstärker und Symbol des OP

gekehrt) erscheint. Diese Anschlüsse sind nicht die Klemmen zum Anlegen der Betriebsspannung mit Plus und Minus!

Der Vorteil dieser Schaltung besteht darin, daß Gleichspannungsänderungen an beiden Eingängen gleichzeitig, z.B. durch Temperaturänderung, keine Ausgangsspannungsänderung hervorrufen. Der Verstärker ist also viel temperaturstabiler.

Im Bild 14-14 sind die beiden wichtigsten Schaltungen für Operationsverstärker dargestellt. Grundsätzlich wird der Verstärker über R_k gegengekoppelt; seine Verstärkung wird heruntergesetzt. Wird die Eingangsspannung über R_e an den invertierenden Eingang (Minus) gelegt, erhält man einen „Umkehrverstärker" mit einer Verstärkung von:

$$v = \frac{U_a}{U_e} = -\frac{R_k}{R_e}$$

Das Minuszeichen bedeutet Umkehrung des Signals. Im Bild 14-14 ist rechts noch die Schaltung eines nicht invertierenden Verstärkers angegeben. Der Verstärkungsfaktor dieser Schaltung beträgt:

$$v = \frac{U_a}{U_e} = -\frac{R_k}{R_Q} + 1$$

Operationsverstärker können für einen sehr breiten Anwendungsbereich eingesetzt werden. Sie dienen z.B. als Gleich- und Wechselspannungsverstärker, als Differenzierer, als Integrierer, als Summierverstärker, als Strom-Spannungs-Umsetzer, als Meßverstärker, als Multivibrator, als Oszillator, als Schmitt-Trigger, als ... Es gibt praktisch kaum eine Schaltung, die nicht mit einem Operationsverstärker realisiert werden könnte.

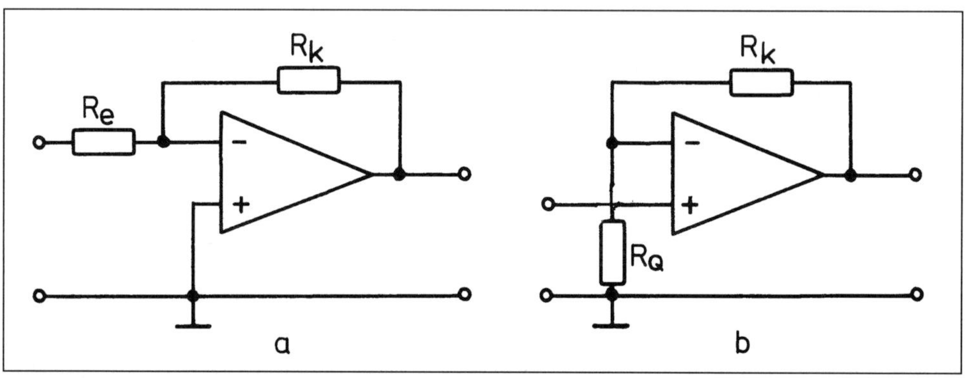

Abbildung 14-14: Typische Schaltung für Operationsverstärker (a) als Umkehrverstärker und (b) als nicht invertierender Verstärker

14.8 Prüfungsfragen

Raum für Ihre Lösungen

1. Bei einem Transistorverstärker beträgt die Betriebsspannung 9 Volt. Der Arbeitswiderstand dieses Transistors in Emitterschaltung beträgt 3,3 kΩ. Am Kollektor messen Sie eine Spannung von 5,7 Volt gegen Masse. Wie groß ist der Kollektorstrom dieses Transistors?

2. Welches sind die wichtigsten Unterschiede bezüglich der Spannungs- und der Stromverstärkung der Grundschaltungen eines Transistors? Geben Sie Vergleiche mit den Wörtern „sehr groß", „groß", „etwa gleich 1" usw. an.

3. Welche der drei Grundschaltungen eines Transistors hat
   a) den größten Eingangswiderstand,
   b) den kleinsten Eingangswiderstand,
   c) den geringsten Ausgangswiderstand,
   d) keine „Invertierung" (Umkehrung) des Signals,
   e) die größte Leistungsverstärkung?

4. Welche Vor- und Nachteile hat die transformatorische Kopplung gegenüber der kapazitiven Kopplung?

5. Skizzieren Sie einen Verstärker in Emitterschaltung mit Koppelkondensatoren im Eingang und im Ausgang.

6. Was verstehen Sie unter einem Operationsverstärker?

Lektion 15: Der Oszillator

Eine für den Amateurfunk wichtige Anwendung des Transistors als Verstärker ist der Oszillator. Ein Oszillator ist ein Schwingungserzeuger für sinusförmige Schwingungen, wie sie für den Sender in der Funktechnik gebraucht werden. Allerdings werden kommerzielle Sender nicht mehr mit solchen frei schwingenden Oszillatoren aufgebaut, sondern mit sogenannten PLL-Schaltungen, wie sie im „Amateurfunk-Lehrgang" im Band „Funktechnik" beschrieben sind. Für den Selbstbau von Sendern aber werden gern Sinusoszillatoren verwendet, die Sie in dieser Lektion kennenlernen. Dies ist nach der neuen Prüfungsordnung für das Amateurfunkzeugnis aber kein Prüfungsstoff mehr. Wenn Sie nur an einer Prüfungsvorbereitung interessiert sind, können Sie diese Lektion auslassen.

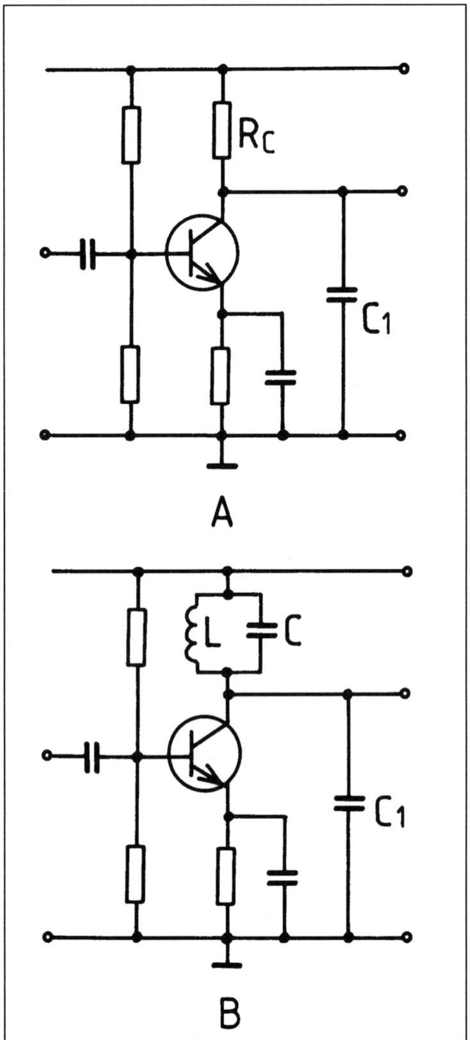

Abbildung 15-1: A) Breitbandverstärker; B) selektiver Verstärker

15.1 Der selektive Verstärker als HF-Verstärker

Betreibt man einen Transistor oder einen Operationsverstärker als Breitbandverstärker mit Widerständen und Kondensatoren zur Beschaltung (sogenannter RC-Verstärker), so wird man feststellen, daß es nicht ganz einfach ist, sehr hohe Frequenzen (z.B. über 10 MHz) zu verstärken. Die äußeren Kapazitäten (C_1 in Bild 15-1) der Verstärkerbauelemente und der Schaltung bilden für hohe Frequenzen einen niedrigen Wechselstromwiderstand, eventuell sogar einen Kurzschluß.

Ersetzt man jedoch den Kollektorwiderstand R_C des Breitbandverstärkers durch ei-

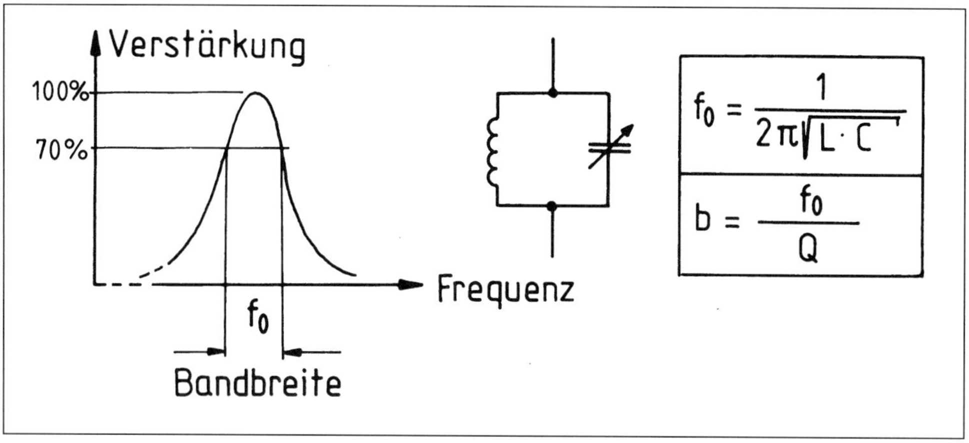

Abbildung 15-2: Bandbreite und Resonanzfrequenz eines selektiven Verstärkers

nen Parallelschwingkreis (Bild 15-1 B), kann die Schaltkapazität mit eingerechnet werden, und der Schwingkreis hat bei seiner Resonanzfrequenz einen großen Widerstand und damit hohe Verstärkung. Allerdings hat er die hohe Verstärkung nur bei dieser Frequenz bzw. entsprechend der Bandbreite in einem schmalen Frequenzbereich. Man nennt einen solchen Verstärker deshalb „Schmalbandverstärker" oder „selektiven Verstärker" oder „Resonanzverstärker".

Die Resonanzfrequenz berechnet sich mit Hilfe der Thomsonschen Schwingkreisformel – wobei die Schaltkapazität einbezogen werden muß – und die Bandbreite mit Hilfe der Güte des Schwingkreises (siehe Lektion 10). Der Nachteil dieses selektiven Verstärkers ist, daß er bei Frequenzwechsel nachgestimmt werden muß, um wieder eine gute Verstärkung zu erzielen.

Deshalb wird er im Kurzwellenbereich nicht mehr so gern verwendet, nur gelegentlich noch als sogenannter „Preselektor" (selektiver Vorverstärker). Im UKW-Bereich setzt man ihn gern ein, wo man eine entsprechend hohe Bandbreite für das gesamte 2-m-Band erzielt.

Der selektive Verstärker mit einem Parallelschwingkreis ist die Grundschaltung für einen LC-Oszillator.

15.2 Der LC-Oszillator

Ein Oszillator ist ein Schwingungserzeuger. Im Gegensatz zu PLL-Systemen werden beim LC-Oszillator direkt sinusförmige Spannungen erzeugt. Elektrische Schwingungen erzeugt man auf elektronischem Wege durch Rückkopplung.

Führt man einen Teil der Ausgangsspannung eines Verstärkers auf den Eingang zurück, bezeichnet man dies als Rückkopplung. Man unterscheidet zwei Arten der Rückkopplung. Bei der Gegenkopplung ist die zugeführte Spannung in der Phasenlage entgegengesetzt zur Eingangsspannung. Dadurch heben sich die Spannungen am Eingang teilweise auf, und die Gesamtverstärkung geht zurück. Gleichzeitig nehmen auch die in diesem Verstärker erzeugten Verzerrungen ab. Die Gegenkopplung wird bei NF-Verstärkern angewendet, um im NF-Bereich eine Klangverbesserung und im HF-Bereich eine größere Band-

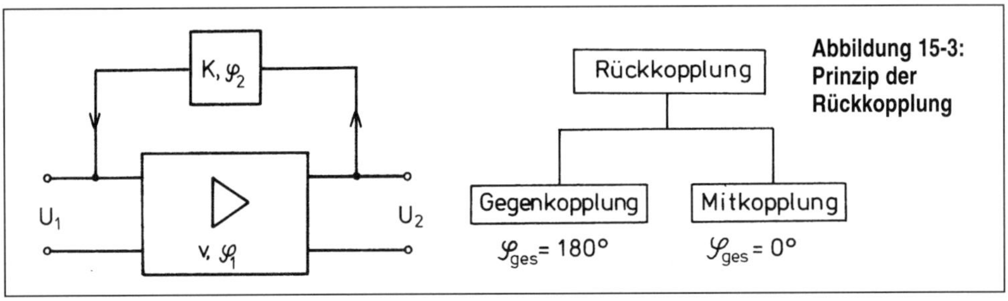

Abbildung 15-3: Prinzip der Rückkopplung

breite zu erreichen (Breitbandverstärker). Wird die über „K" (Bild 15-3) zurückgekoppelte Spannung gleichphasig (φ_{ges} = 360° oder 0°) an den Eingang geführt, addieren sich die Spannungen. Die Verstärkung wird erhöht. Man nennt diese Art der Rückkopplung „Mitkopplung". Die Mitkopplung hat man früher in billigen Empfängern (Rückkopplungsempfänger, Einkreiser usw.) zur Trennschärfeverbesserung eingesetzt. Der Nachteil der vergrößerten Unstabilität des Verstärkungsfaktors und des Arbeitspunktes hat den Einsatz der Mitkopplung für diesen Zweck stark verdrängt.

Ist die Mitkopplungsspannung genauso groß wie die Eingangsspannung, setzen selbsttätig Schwingungen ein. In diesem Fall ist der Rückkopplungsfaktor gleich dem Kehrwert des Verstärkungsfaktors:

Schwingbedingung $\boxed{K = \frac{1}{v}}$ oder $\boxed{K \cdot v = 1}$

Ein Beispiel mag dies verdeutlichen. Führt man bei einem Verstärker mit v = 100 nur 1/100 der Ausgangsspannung von z.B. 100 mV, also 1 mV, auf den Eingang zurück, wird die Spannung wieder auf 100 mV verstärkt. Der Vorgang hält sich aufrecht.

Ist der Verstärkungsfaktor etwas größer als der Kehrwert des Rückkopplungsfaktor, braucht keine Spannung von außen zugeführt zu werden. Eine kleine Spannungsänderung beim Einschalten bewirkt, daß die Ausgangsspannung immer mehr ansteigt, bis der Verstärker begrenzt. Diesen Fall, bei dem selbsttätig Schwingungen einsetzen, nennt man:

Anschwingbedingung $\boxed{K \cdot v > 1}$

Bei Hochfrequenzoszillatoren verwendet man meistens selektive Verstärker, die mit LC-Schwingkreisen arbeiten. Bei diesen LC-Sinusoszillatoren gibt es drei Grundprinzipien.

Fast alle LC-Oszillatoren lassen sich auf die im Bild 15-4 dargestellten Prinzipien zurückführen. Beim Meißner-Oszillator wird die Mitkopplung über transformatorische Kopplung erreicht. Bei der Hartley- und der Col-

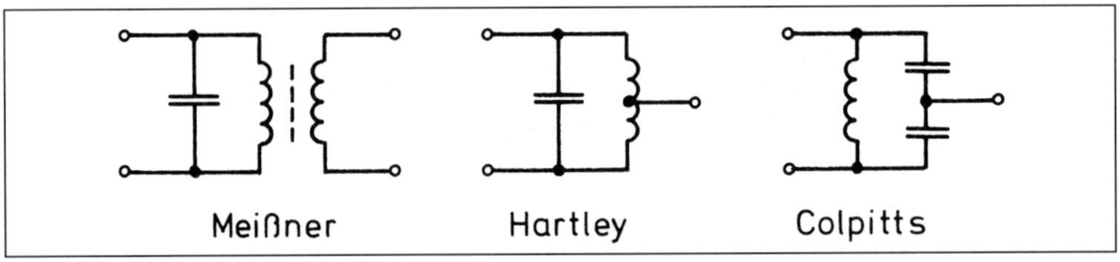

Abbildung 15-4: Rückkopplungsprinzipien bei LC-Oszillatoren

pitts-Schaltung haben wir es mit sogenannten Dreipunktschaltungen zu tun, bei der die Rückkopplung über Anzapfungen an der Spule (Hartley) oder am Kondensator (Colpitts) erfolgt. Merkhilfe: H = Henry (Spule), C = Kapazität.

15.3 Der Meißner-Oszillator

Jeder Oszillator kann in den Grundschaltungen des Transistors in Emitter-, Basis- oder Kollektorschaltung betrieben werden. Im Bild 15-5 ist dies am Beispiel der Meißner-Schaltung dargestellt. Bei der Emitterschaltung (Bild 15-5 A) muß die Phasendrehung des Transistorverstärkers durch den entgegengesetzten Wickelsinn des Transformators aufgehoben werden. Die Punkte deuten den Wickelsinn an. Die mit den Punkten gekennzeichneten Stellen haben zu denselben Zeiten gleiche Phasenlage. Die Ausgangsspannung kann kapazitiv abgenommen werden. Es ist auch eine transformatorische Auskopplung durch eine weitere Zusatzwicklung möglich.

Bei der Basisschaltung (Bild 15-5 B) ist die Basis über einen Kondensator an Masse gelegt. Bei der Kollektorschaltung muß vom Emitter zur Basis zurückgekoppelt werden. Wegen der Spannungsverstärkung kleiner 1 muß bei der Kollektorschaltung das Übersetzungsverhältnis des Transformators so bemessen sein, daß die Basiswicklung mehr Windungen erhält. Der Rückkopplungsfaktor K wird bei allen drei Schaltungen durch das Übersetzungsverhältnis des Trafos bestimmt.

Durch Ändern von L oder C kann die Frequenz des Oszillators verändert werden. Die Frequenz berechnet man nach der Thomsonschen Schwingkreisformel (siehe Lektion 10):

Frequenz $$f_0 = \frac{1}{2 \cdot \pi \cdot \sqrt{L \cdot C}}$$

Die Widerstände R_1 und R_2 bestimmen den Arbeitspunkt und damit die Verstärkung des Transistors. Die Widerstände und Kondensatoren in der Emitterleitung dienen der Arbeitspunktstabilisierung. Mit dem Widerstand R_k in der Rückkoppelleitung kann der Rückkopplungsfaktor eingestellt werden.

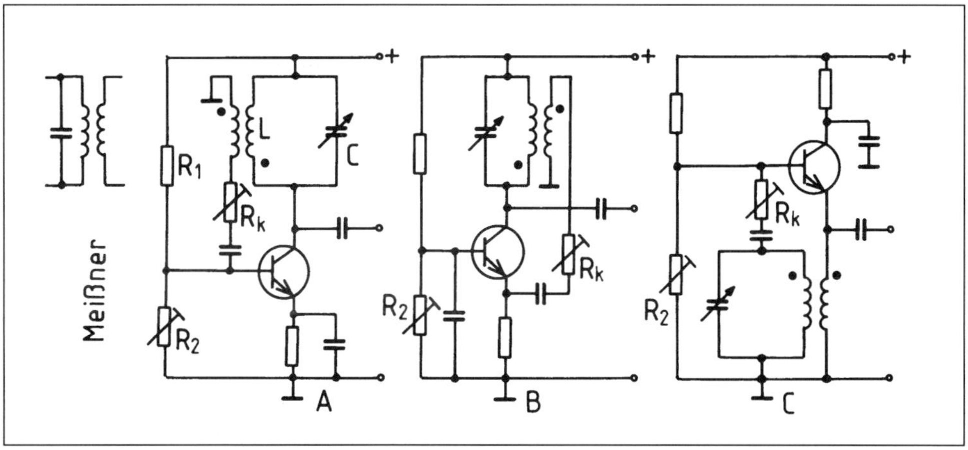

Abbildung 15-5: Oszillatorschaltungen mit transformatorischer Rückkopplung (Meißner): A) Emitter-, B) Basis-, C) Kollektorschaltung

15.4 Der Hartley-Oszillator

Auch der Hartley-Oszillator kann in den drei Grundschaltungen des Transistors betrieben werden. Bei der Emitterschaltung ist darauf zu achten, daß die Betriebsspannung an die Anzapfung der Spule gelegt wird, damit Kollektor und Basis an den entgegengesetzten Seiten des Schwingkreises angeschlossen werden können, um die Phasendrehung von 180° des Transistorverstärkers wieder ausgleichen zu können.

Die beiden anderen Grundschaltungen weichen nur insoweit von der Meißner-Schaltung ab, als daß die Rückkopplungsspannung an einer Anzapfung abgegriffen und die Wechselspannung über Koppelkondensatoren C_k der entsprechenden Elektrode zurückgeführt wird. Bei der Basisschaltung darf man den Emitterwiderstand nicht mit einem Kondensator überbrücken, da der Emitter die Eingangselektrode des Verstärkers darstellt und die Rückkopplungswechselspannung sonst kurzgeschlossen werden würde.

Die Kollektorschaltung eignet sich für den Einsatz in Amateurfunksendern deshalb besonders gut, weil der Schwingkreiskondensator direkt an Masse liegt und es keine Erdungsschwierigkeiten bei Verwendung von Drehkondensatoren an dieser Stelle gibt. Außerdem hat der Transistor in dieser Grundschaltung seine höchste Grenzfrequenz.

15.5 Der Colpitts-Oszillator

Der Colpitts-Oszillator unterscheidet sich vom Hartley-Oszillator nur dadurch, daß die Anzapfung nicht an der Spule sondern am Kondensator erfolgt. Eine Anzapfung am Kondensator gibt es normalerweise nicht; deshalb wird der Schwingkreiskondensator durch zwei in Reihe geschaltete Kondensatoren ersetzt. Die Gleichstromverbindung muß deswegen durch einen parallel geschalteten Widerstand hergestellt werden.

Selbstverständlich können alle diese Oszillatorschaltungen auch mit anderen Verstärker-

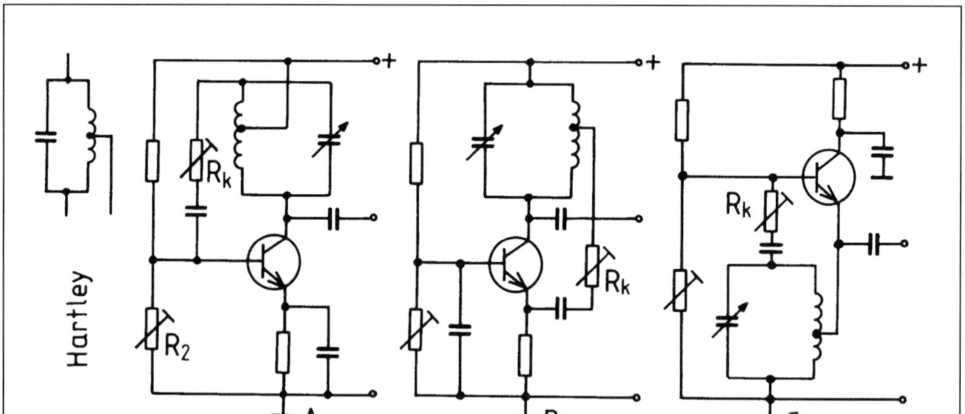

Abbildung 15-6: Oszillatorschaltungen mit induktiver Dreipunktschaltung (Hartley): A) Emitter-, B) Basis-, C) Kollektorschaltung

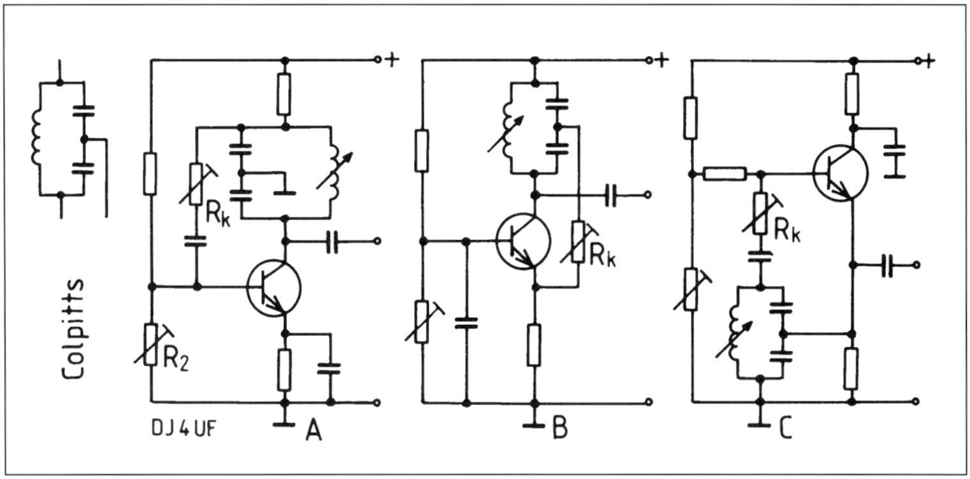

Abbildung 15-7: Oszillatorschaltungen in kapazitiver Dreipunktschaltung (Colpitts): A) Emitter-, B) Basis-, C) Kollektorschaltung

bauelementen wie Feldeffekttransistor oder Operationsverstärker aufgebaut werden. Es wird sich lediglich die Erzeugung der Vorspannung für den Arbeitspunkt des Bauelementes ändern. Beim bipolaren Transistor ist dafür immer der Spannungsteiler R_1 / R_2 verantwortlich.

15.6 Der ECO-Oszillator

Von der Kollektorschaltung der beiden Dreipunktschaltungen gibt es zwei Varianten. Eine davon ist die ECO-Schaltung (ECO = electron coupled oscillator, elektronengekoppelter Oszillator). Die Bezeichnung dieser Schaltung

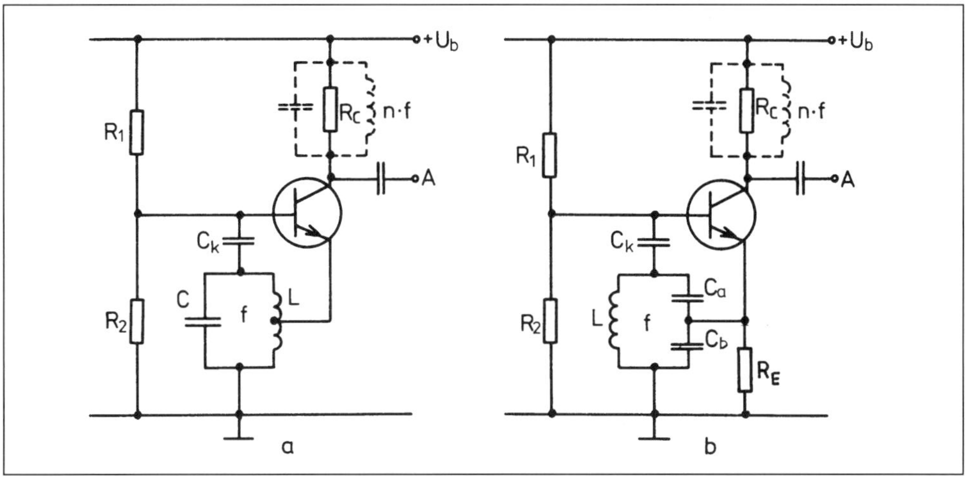

Abbildung 15-8: ECO-Oszillatorschaltungen: a) Hartley-, b) Colpitts-Grundschaltung

kommt aus der Röhrentechnik, wo tatsächlich der Ausgang mit dem eigentlichen Oszillator nur über die durch das Schirmgitter hindurchfliegenden Elektronen gekoppelt war. Man hat die Bezeichnung aber auch in der Halbleitertechnik beibehalten.

Üblicherweise wird bei den Oszillatorschaltungen die HF-Spannung über einen Koppelkondensator an der Ausgangselektrode abgenommen. Das ist bei den Emitter- und den Basisschaltungen der Kollektor und bei der Kollektorschaltung der Emitter. In dieser Schaltungsvariante des ECO (Bild 15-8) wird in die sonst über die Betriebsspannung geerdete Kollektorzuleitung zusätzlich ein Widerstand eingefügt, an dem die HF-Spannung abgenommen werden kann. Dies hat den Vorteil, daß der frequenzbestimmende Schwingkreis bei Laständerungen nicht direkt beeinflußt wird.

Anstatt des Widerstandes kann auch ein Schwingkreis eingesetzt werden, der auf eine Oberwelle abgestimmt wird. Das ergibt noch höhere Frequenzstabilität, da der Oszillator auf einer niedrigeren Frequenz schwingen kann.

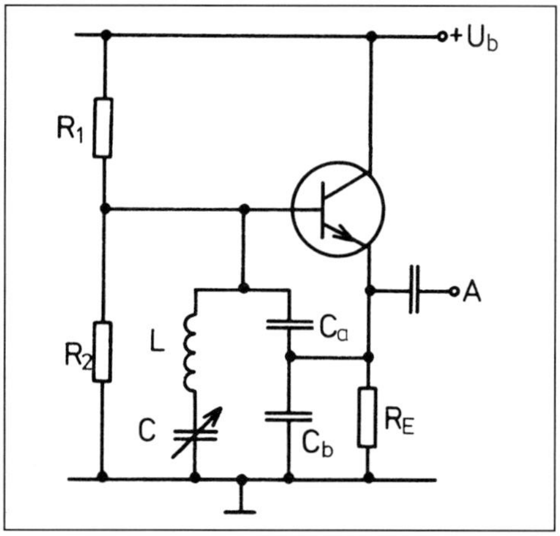

Abbildung 15-9: Der Clapp-Oszillator als Schaltungsvariante der Colpitts-Kollektorschaltung

15.7 Der Clapp-Oszillator

Eine weitere Variante der Colpitts-Kollektorschaltung besteht darin, daß der frequenzbestimmende Drehkondensator zur Spule in Reihe geschaltet wird. Diese Schaltung wurde im Amateurfunk bei Selbstbaugeräten häufig eingesetzt. Sie wird Clapp-Schaltung (gesprochen: kläpp) genannt.

Die Kondensatoren C_a und C_b können sehr groß gemacht werden (ca. 1000 pF), da der in Reihe zur Spule geschaltete Drehkondensator mit geringer Kapazität die Frequenz des Schwingkreises bestimmt. Dadurch können sich Kapazitätsänderungen des Transistors bei Betriebsspannungsschwankungen kaum auf die Frequenz des Schwingkreises auswirken, da C_a/C_b zum Eingang des Transistors parallel geschaltet sind.

Diese Schaltung kann ebenfalls durch Einfügen eines Schwingkreises in die Kollektorzuleitung zu einer ECO-Clapp-Schaltung erweitert werden. Die Ausgangsspannung wird dann am Kollektor abgenommen.

15.8 Der Quarzoszillator

In seinem elektrischen Verhalten ist der Quarz mit einem Schwingkreis vergleichbar (siehe Lektion 10, Abschnitt 10.6!). Er kann jedoch eine etwa tausendfach höhere Güte erreichen. Er hat eine hohe Frequenzstabilität. Deshalb wird ein Quarz als Ersatz für einen Schwingkreis bei solchen Oszillatoren eingesetzt, bei denen es auf gute Frequenzstabilität ankommt.

Quarzoszillatoren können wie jede andere Oszillatorschaltung als Meißner-, Hartley- oder Colpitts-Schaltung ausgeführt werden. Der Quarz wird dann entweder für den Schwingkreis eingesetzt (Parallelresonanz), wie dies in Bild 15-10 a beim Colpitts-Oszillator zu sehen ist. Die gesamte Parallelkapazität aus C_1 und C_2 sollte einen Wert von 20 bis 30 pF (also je ca. 50 pF) nicht übersteigen. Oder der Quarz wird in den Mitkopplungszweig in Reihe geschaltet (Reihenresonanz). Ein Quarz kann als Parallelkreis oder als Reihenkreis eingesetzt werden (siehe Lektion 10). Allerdings weichen die Resonanzfrequenzen in Parallel- oder Reihenresonanz etwas voneinander ab. Bei dieser Schaltung wird nur eine solche HF-Spannung zurückgekoppelt, für die der Quarz in Serienresonanz einen sehr kleinen Widerstand darstellt.

Im Bild 15-10 b ist eine Meißner-Oszillatorschaltung mit einem Quarz im Rückkopplungszweig dargestellt. Bei diesen Quarzoszillatoren kann der Schwingkreis auch auf eine Oberwelle der Quarzfrequenz abgestimmt werden (Oberton-Quarzoszillator).

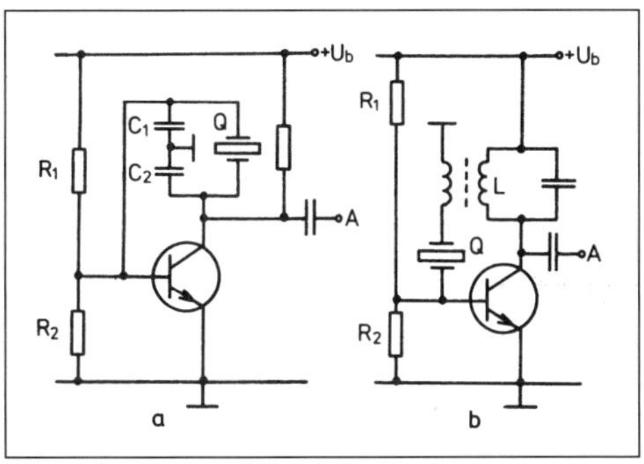

Abbildung 15-10: Quarzoszillatorschaltungen: a) Colpitts-Schaltung, Parallelresonanz; b) Meißner-Schaltung, Serienresonanz

Eine interessante Oszillatorschaltung mit einem keramischen Filter als Quarzersatz ist im Bild 15-11 dargestellt. Das keramische Filter ist hier so geschaltet, daß es die Phase um 180° dreht. Der Transistor BC107 in Emitterschaltung hat ebenfalls eine Phasendrehung von 180°, so daß sich für die Durchlaßfrequenz des Filters (455 kHz) eine Mitkopplung ergibt.

Der Feldeffekttransistor BF245 mit seinem hochohmigen Eingangswiderstand sorgt für eine gute Entkopplung. Der Transistor 2N2222 in Kollektorschaltung dient als Impedanzwandler und Stromverstärker, um für einen Dioden-Ringmodulator genügend Oszillatorleistung zur Verfügung stellen zu können. Dieser Oszillator dient als BFO (Trägerzusatz) für Kurzwellenempfänger.

> **Praxis:** Eine gute Schaltung mit einem Clapp-Oszillator ist im Bild 15-12 dargestellt. Zu dieser Schaltung vertreibt das Jugendreferat des DARC für seine jugendlichen Mitglieder kostenlos fertig geätzte Platinen (JR02), so daß der Aufbau der Schaltung erheblich einfacher wird.

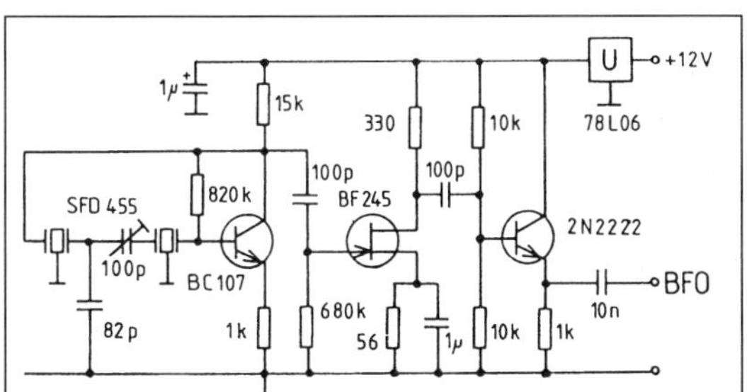

Abbildung 15-11: Oszillator mit keramischem Filter (BFO)

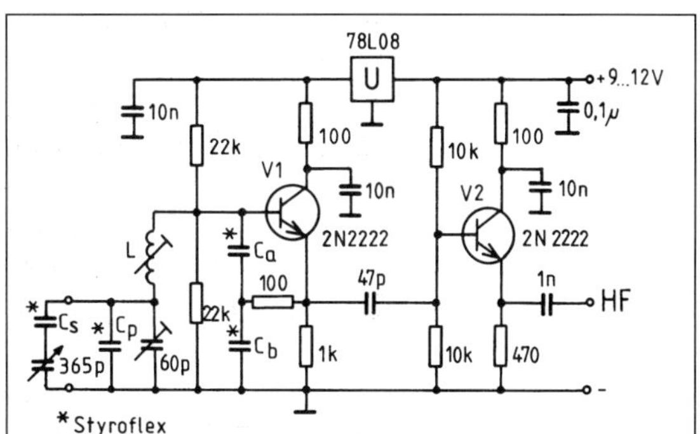

Abbildung 15-12: VFO als Clapp-Oszillator mit Pufferstufe

Tabelle der Schwingkreisdaten

Band	L Wdg. bei 6 mm Ø	C_S pF	C_p pF	C_a pF	C_b pF
160 m	50	330	270	1500	1000
80 m	36	100	100	1000	680
40 m	15	22	100	630	470
30 m	16	39	130	470	330
20 m	12	33	100	330	220

V_1 ist der Clapp-Oszillator und V_2 die Pufferstufe. Zur Stabilisierung der Betriebsspannung für den Oszillator wird ein Festspannungsregler eingesetzt. Wenn man einen alten Mittelwellendrehkondensator (365 pF oder 550 pF) verwendet, dienen der Serienkondensator C_S und der Parallelkondensator C_p zur Bereichseinengung. Wenn ein Oszilloskop zur Verfügung steht, sollten Sie das Ausgangssignal auf gute Sinusform hin begutachten und gegebenenfalls mit dem Rückkopplungswiderstand von 100 Ω noch etwas experimentieren.

15.9 Aufgaben zur Lektion 15

Hinweis: Nach der neuen Prüfungsordnung werden Kenntnisse über Oszillatorschaltungen nicht mehr verlangt.

1. Was verstehen Sie unter einem „Resonanzverstärker"?
2. Nennen Sie drei Rückkopplungsprinzipien bei LC-Oszillatoren.
3. Zeichnen Sie einen Meißner-Oszillator.
4. Berechnen Sie mit Hilfe eines Taschenrechners die Schwingfrequenz eines Meißner-Oszillators, dessen Induktivität 10 μH und dessen Kapazität 100 pF beträgt.
5. Der Clapp-Oszillator ist eine Variante der Colpitts-Kollektorschaltung. Welches ist der Unterschied?
6. Welchen Vorteil und welchen Nachteil haben Quarzoszillatoren gegenüber LC-Oszillatoren?

Raum für Ihre Lösungen

Lektion 16: Grundschaltungen der Digitaltechnik

Moderne Funkgeräte enthalten immer mehr Baugruppen aus dem Bereich der Digitaltechnik. Für einen Funkamateur sind Kenntnisse aus diesem Bereich deshalb wichtig, auch wenn bisher noch keine Prüfungsfragen aus diesem Gebiet vorkommen.

16.1 Der Transistor als Schalter

In der Analogtechnik kann es zwischen einem minimalen Wert (z.B. 0 Volt) und einem maximalen Wert (z.B. 12 Volt Betriebsspannung) jeden Zwischenwert geben (auch z.B. 7,3 V usw.), wie folgendes Beispiel (Bild 16-1 A) zeigt.

Fließt z.B. in der Schaltung Bild 16-1 A ein Kollektorstrom von 1 mA, fällt am Kollektor eine Spannung ab von

$$U_R = 4{,}7\ \text{k}\Omega \cdot 1\ \text{mA} = 4{,}7\ \text{V}$$

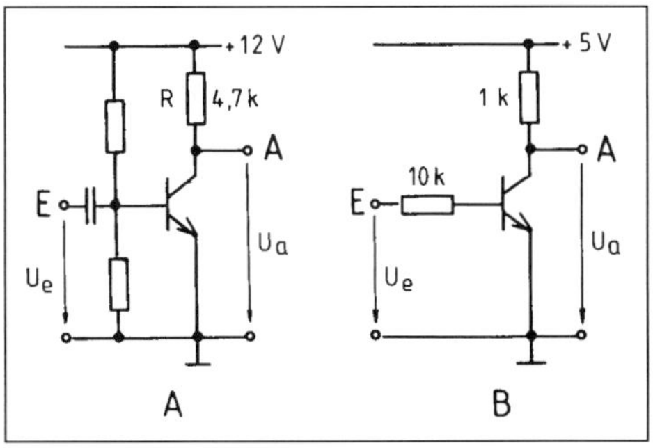

Abbildung 16-1: A) Transistor als Wechselspannungsverstärker; B) Transistor als Schalter

und am Punkt A (Ausgang) bleiben dann noch:

$$U_a = 12\ \text{V} - 4{,}7\ \text{V} = 7{,}3\ \text{V}$$

Aufgabe 1
a) Berechnen Sie die Ausgangsspannung des Analogverstärkers, wenn ein Kollektorstrom von 2 mA fließt.
b) Welcher größte Kollektorstrom kann in dieser Schaltung fließen, wenn die Ausgangsspannung zu Null angenommen wird?
c) Wie groß ist die Ausgangsspannung am Punkt A, wenn kein Strom fließt?

Haben Sie Ihre Lösungen mit denen im Anhang verglichen? Daraus ersehen Sie: In der Analogtechnik treten Spannungswerte auf zwischen 0 und der Betriebsspannung.

In der Digitaltechnik gibt es eine genau festgelegte Anzahl von Zeichen. Das einfachste Digitalsystem kennt nur zwei Zeichen, zum Beispiel 0 und 1 oder EIN und AUS oder Richtig und Falsch oder HIGH (hoch) und LOW (niedrig) und so weiter. Alle Digitalsysteme, die nur zwei Zeichen oder zwei Schaltzustände kennen, heißen Binärsysteme. Das Zahlensystem, das nur zwei Zustände kennt, heißt binäres Zahlensystem und der Sonderfall, daß es nur zwei Ziffern (0 und 1) gibt, heißt Dualzahlensystem.

Beim Transistor als Schalter (Bild 16-1 B) wird angenommen, daß das Eingangssignal nur zwei Spannungszustände annehmen kann: entweder 0 Volt (LOW) oder hohe Spannung (HIGH), z.B. +5 Volt. Wenn die Eingangsspannung in obiger Schaltung z.B. +5 Volt beträgt, fließt so viel Basisstrom durch den 10-kΩ-Vorwiderstand, daß der Transistor voll durchgesteuert wird. Damit ist die Ausgangsspannung etwa 0 Volt, genauer etwa 0,1 bis 0,2 Volt – je nach Transistor. Diesen Ausgangszustand bezeichnet man als „LOW" (gesprochen: lo$_u$, Bedeutung: niedrig).

Werden 0 Volt Spannung an den Eingang gelegt, sperrt der Transistor, und die Ausgangsspannung ist etwa +5 Volt. Der Ausgangszustand ist „HIGH" (gesprochen: hei, Bedeutung: hoch). Für diese Transistorschaltung gilt also: Ist die Eingangsspannung HIGH, so ist die Ausgangsspannung LOW und umgekehrt. Eine solche Schaltung wird in der Digitaltechnik als „Inverter" (Umkehrer) bezeichnet. Ein Inverter hat ein eigenes Schaltsymbol (Bild 16-2).
Der Kringel am Ausgang bedeutet die Signalumkehr (Invertierung). Die Arbeitstabelle besagt: Wenn am Eingang das Signal LOW (L) ist, ist der Ausgangszustand A HIGH (H) und umgekehrt. In der Wahrheitstabelle wird dem Zustand LOW die binäre Größe 0 zugeordnet und dem Zustand HIGH die Größe 1. Ein solcher Inverter wird auch als „NOT-Gatter" oder als „Nicht-Verknüpfung" bezeichnet.

16.2 Die UND-Verknüpfung (AND)

Die Digitaltechnik hat wegen der logischen Verknüpfbarkeit mehrerer Eingangsgrößen ihre Beeutung erlangt.

Beispiel: Ein Telegrafiesender darf ein HF-Signal abgeben, wenn mindestens folgende Bedingungen erfüllt sind:

- Die Betriebsspannung muß eingeschaltet sein,
- UND die Betriebsart des Senders muß auf CW geschaltet sein,
- UND die Antenne muß ein gutes Stehwellenverhältnis haben,
- UND die Morsetaste muß betätigt werden.

An diesem Beispiel kann man erkennen, daß die logische UND-Verknüpfung etwas völlig anderes ist als die elementare Rechenoperation PLUS. UND bedeutet hier, daß der Zustand „HF-Signal vorhanden" nur eintritt, wenn alle Bedingungen gleichzeitig erfüllt sind. Ist auch nur eine Bedingung nicht erfüllt, so ist die ganze Funktion nicht erfüllt.

In der folgenden Einführung in die Grundverknüpfung der Digitaltechnik sollen nur Verknüpfungen von zwei Variablen betrachtet werden. Außerdem wird die „positive Logik" vorausgesetzt, bei der der Zustand LOW der logischen NULL und der Zustand HIGH der logischen EINS zugeordnet ist.

Die logische UND-Verknüpfung von zwei Eingangsgrößen kann schaltungstechnisch auf verschiedene Arten realisiert werden. Sie werden zunächst wegen der besseren Verständlichkeit die Realisierung mit Relaiskontakten (Schließern und Öffnern), dann mit Dioden und Transistoren (sogenannte DTL-Technik) und dann in der folgenden Lektion 17 mit Feldeffekttransistoren (MOS-Technik und

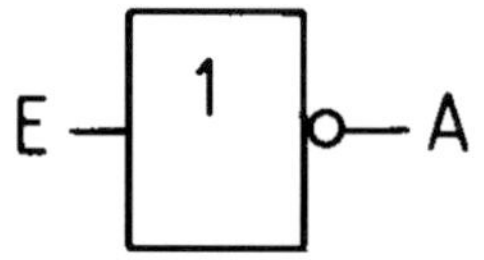

E	A
L	H
H	L

E	A
0	1
1	0

Abbildung 16-2: Schaltsymbol, Arbeits- und Wahrheitstabelle des Inverters

CMOS-Technik) kennenlernen. Für eine UND-Verknüpfung mit zwei Eingangsbedingungen (auch Eingangsvariablen genannt) gibt es vier Kombinationsmöglichkeiten:

1. Beide Eingänge LOW	L	L	oder	0	0
2. Eingang 1 LOW und Eingang 2 HIGH	L	H		0	1
3. Eingang 1 HIGH und Eingang 2 LOW	H	L		1	0
4. beide Eingänge HIGH	H	H		1	1

Wie aus der Schaltung Bild 16-3 zu erkennen ist, kann nur dann die Spannung von +5 Volt (HIGH) am Ausgang A erscheinen, wenn beide Relais Spannung (HIGH-Zustand) erhalten, also beide Relaiskontakte geschlossen sind.

Merken Sie sich bitte: **Bei der UND-Verknüpfung ist der Ausgangszustand nur dann 1, wenn alle Eingangsvariablen den Zustand 1 haben.**

Bei der Schaltung in Bild 16-3 wurde ein Widerstand, an dem die Spannung abgegriffen wird, nach Masse geschaltet (sogenannter „Pull-down-Widerstand“).
In der folgenden Schaltung wird die Spannung hinter dem Widerstand abgegriffen und die Spannung gegen Masse kurzgeschlossen. Der Widerstand dient als sogenannter „Pull-up-Widerstand“. In dieser Schaltungsart kann eine UND-Verknüpfung durch eine Parallelschaltung von Öffnern realisiert werden.

In der Schaltung Bild 16-4 kann nur dann eine Spannung am Ausgang auftreten, wenn kein Kurzschluß mehr besteht. Dies ist ebenfalls nur dann der Fall, wenn beide Relais Spannung erhalten und die Öffner-Kontakte betätigt werden.

Am Ausgang liegt dann je nach Belastung eine Spannung von weniger als +5 Volt an. Die Arbeits- und die Wahrheitstabelle entsprechen genau denen von Bild 16-3.

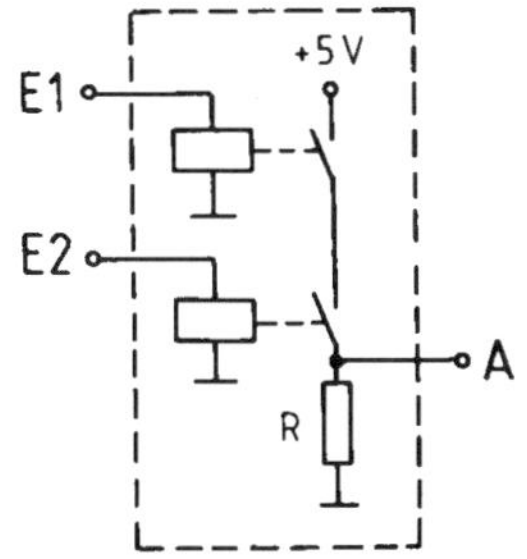

Arbeitstabelle

Eingang E1	Eingang E2	Ausgang A
L	L	L
L	H	L
H	L	L
H	H	H

Wahrheitstabelle

Eingang E1	Eingang E2	Ausgang A
0	0	0
0	1	0
1	0	0
1	1	1

Abbildung 16-3: UND-Verknüpfung mit Relaiskontakten (Schließern)

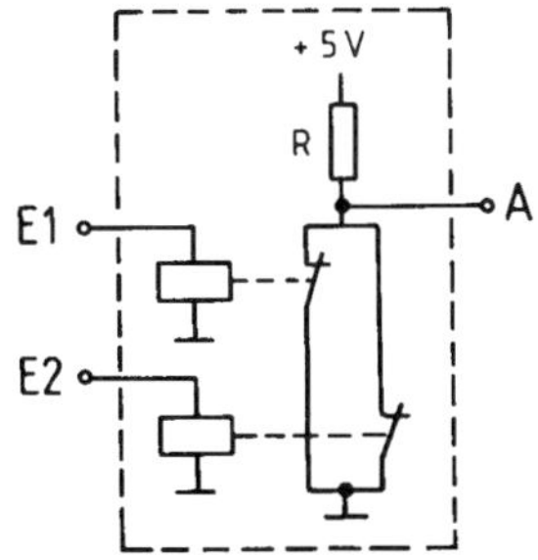

Arbeitstabelle

Eingang E1	Eingang E2	Ausgang A
L	L	L
L	H	L
H	L	L
H	H	H

Wahrheitstabelle

Eingang E1	Eingang E2	Ausgang A
0	0	
0	1	
1	0	
1	1	

Abbildung 16-4: UND-Verknüpfung mit Öffnern

Aufgabe 2: Welche Belastung (Widerstand von A nach Masse) kann zugelassen werden, wenn eine Ausgangsspannung von mindestens +2,5 Volt noch als HIGH gelten soll und der Widerstand R einen Wert von 500 Ohm hat?

Gegenüber der Schaltung mit Schließern hat diese Schaltung zwei Nachteile, nämlich die Abhängigkeit der Ausgangsspannung von der Belastung und den höheren Stromverbrauch ohne Eingangssignal. Aber die Schaltung hat den Vorteil, daß das LOW-Signal am Ausgang eindeutig 0 Volt beträgt. Dieses ist in elektronischen Schaltungen häufig wichtiger.

In der Elektronik werden Verknüpfungen nicht mehr mit Relaiskontakten sondern mit Dioden und Transistoren (DTL-Technik) oder in der modernen Elektronik mit Feldeffekttransistoren (CMOS-Technik) realisiert. Die CMOS-Technik wird im Abschnitt 16.7 erläutert.

Vereinbart sei für die Schaltungen der DTL-Technik: An den Eingängen kann entweder +5 Volt oder 0 Volt anliegen. 0 Volt bedeutet Verbindung nach Masse, nicht etwa „offener Eingang".

Ist auch nur einer der Eingänge der Schaltung in Bild 16-5 mit Masse verbunden, fließt Strom durch die Diode nach Masse, und die Spannung zwischen den Dioden ist 0,7 Volt. Am Ausgang hinter der Einzeldiode ist die Spannung dann etwa 0 Volt.

Aufgabe 3: Ergänzen Sie die Arbeits- und die Wahrheitstabelle, und vergleichen Sie diese mit Bild 16-3.

Nur dann, wenn an beiden Eingängen eine Spannung von +5 Volt anliegt, sperren die Eingangsdioden, und am Ausgang ist je nach Belastung eine hohe Spannung vorhanden (HIGH-Signal). Diese Schaltung entspricht der von Bild 16-4 mit der Parallelschaltung von Öffnern und dem Pull-up-Widerstand. Auch hier gelten selbstverständlich die Arbeits- und die Wahrheitstabellen der UND-Verknüpfung.

Aufgabe 4: Wie groß ist der Ausgangsspannungspegel, wenn an beiden Eingängen ein HIGH-Pegel von +5 Volt anliegt, der Ausgang mit 1 Milliampere belastet wird und der Widerstand R einen Wert von 1 Kiloohm hat?

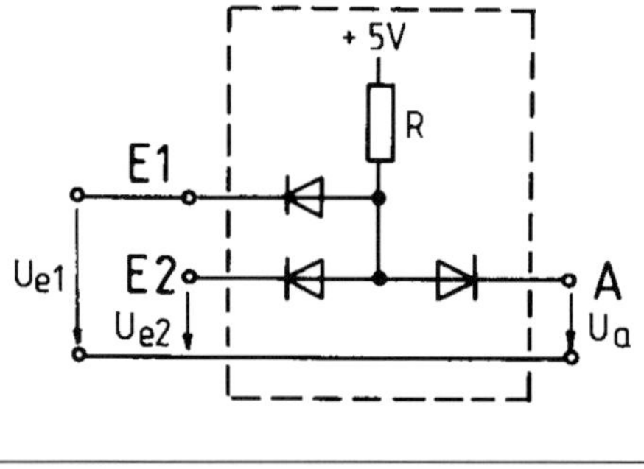

Arbeitstabelle

Eingang E1	Eingang E2	Ausgang A
L	L	
L	H	
H	L	
H	H	

Wahrheitstabelle

Eingang E1	Eingang E2	Ausgang A
0	0	
0	1	
1	0	
1	1	

Abbildung 16-5: UND-Verknüpfung mit Dioden

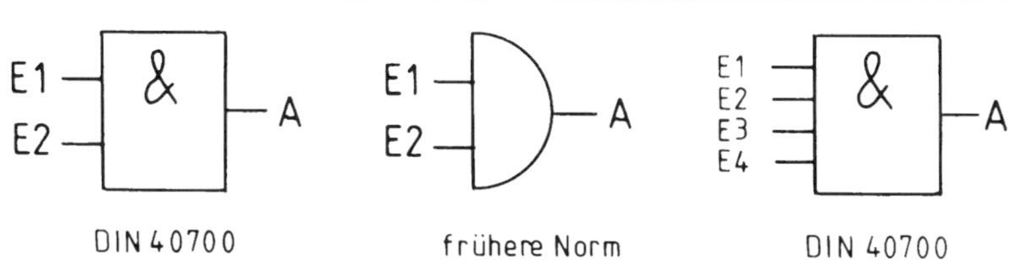

Abbildung 16-6: Schaltzeichen für die UND-Verknüpfung

Die UND-Verknüpfung hat ein eigenes Schaltsymbol nach DIN 40700 (Bild 16-6). Es ist ein Rechteck mit dem &-Zeichen. In alten Schaltungen findet man die frühere Norm, ein Halbkreis, bei dem die Eingänge nicht durchgehen wie bei der ODER-Schaltung (Bild 16-9). Eine UND-Verknüpfung kann beliebig viele Eingänge haben. In diesem Lehrgang beschränken wir uns auf Verknüpfungen mit zwei Eingängen.

16.3 Die ODER-Verknüpfung (OR)

Beispiel: Die Alarmanlage soll Signal geben (HIGH-Zustand), wenn
- die Eingangstür aufgebrochen wird,
- ODER die Kellertür geöffnet wird,
- ODER die Lichtschranke aktiv schaltet,
- ODER die Fensterkontaktschleife unterbrochen wird,
- ODER ein Kabel durchgeschnitten wird.

Die Besonderheit der ODER-Verknüpfung liegt darin, daß bereits die Erfüllung einer Bedingung ausreicht, um eine Wirkung zu erzielen. Allerdings dürfen auch mehrere oder alle Bedingungen erfüllt sein.

In Bild 16-7 sind zwei Schaltungen mit Pull-down-Widerstand dargestellt, Bild A mit Relaiskontakten und Bild B mit Dioden. Für beide Schaltungen gilt: Wenn auch nur einer (mindestens einer) der Eingänge HIGH-Signal führt, ist auch HIGH-Signal am Ausgang vorhanden. Dies wird mit Hilfe der Arbeitstabelle oder der Wahrheitstabelle in Bild 16-9 zum Ausdruck gebracht.

Merken Sie sich bitte:. **Bei der ODER-Schaltung ist H- bzw. 1-Signal immer dann vorhanden, wenn mindestens ein Eingang H- bzw. 1-Signal führt.**

Auch mit Pull-up-Widerstand kann die ODER-Schaltung mit Relaiskontakten oder mit Dioden realisiert werden, wie in folgendem Bild gezeigt wird.

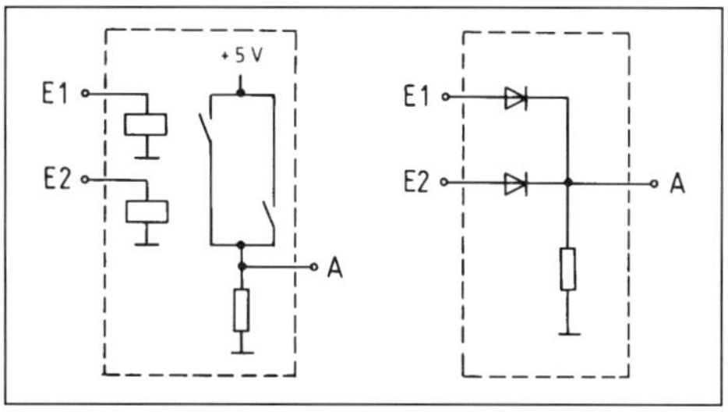

Abbildung 16-7: ODER-Verknüpfung mit Pull-down-Widerstand

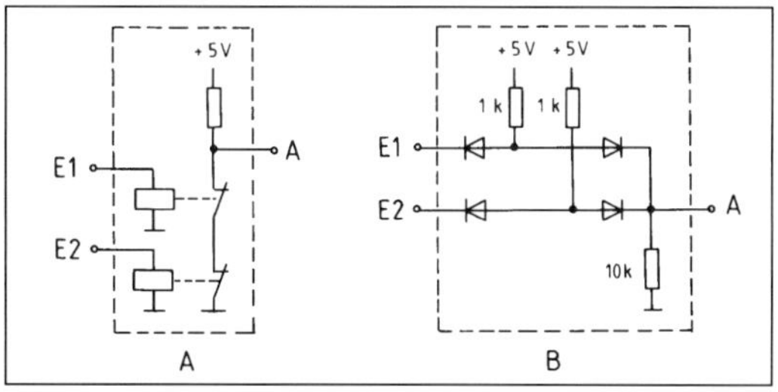

Abbildung 16-8: ODER-Schaltung mit Pull-up-Widerstand

Wenn in der Schaltung Bild 16-8 A keines der Relais Spannung (HIGH-Signal) erhält, ist der Ausgang mit Masse verbunden (LOW-Signal). Aber sobald auch nur ein Relaiskontakt öffnet (Relais zieht an), ist HIGH-Signal am Ausgang.

Gleiches gilt für Bild 16-8 B. Sind beide Eingangsdioden mit Masse verbunden (LOW-Signal an E1 und an E2), so ist hinter den Pull-up-Widerständen nur noch 0,7 Volt und am Punkt A (Ausgang) praktisch 0 Volt (LOW-Signal). Wenn aber mindestens eine Eingangsdiode sperrt (HIGH-Signal an einem Eingang), liegt hohes Potential zwischen diesen Dioden und 0,7 Volt weniger am Ausgang. Die Ausgangsdioden sorgen für eine entsprechende „Entkopplung", damit sich der LOW-Zustand des anderen Eingangs nicht auf den HIGH-Zustand am Ausgang auswirken kann.

Aufgabe 5: Berechnen Sie den tatsächlichen HIGH-Ausgangspegel der Schaltung Bild 16-8 B ohne zusätzliche Belastung am Ausgang.

Für die ODER-Verknüpfung mit Pull-up-Widerstand gilt selbstverständlich dieselbe Arbeits- oder Wahrheitstabelle wie für die Schaltung mit Pull-down-Widerstand (Bild 16-9). Das Zusatzzeichen ≥1 im Schaltsymbol bedeutet: Wenn die Anzahl der Einsen an den Eingängen größer oder gleich 1 ist (einer oder mehrere Eingänge führen HIGH-Signal), führt der Ausgang HIGH-Signal.

Aufgabe 6: Ergänzen Sie die Wahrheitstabelle der ODER-Verknüpfung in Bild 16-9.

16.4 Die NAND-Verknüpfung

Häufig wird eine UND-Verknüpfung durch eine nachfolgende Transistorstufe (NOT-Gatter) ergänzt. Aus der UND-Schaltung wird dann eine UND-NICHT-Schaltung. Sie hat die Bezeichnung NAND aus dem Englischen NOT-AND.

Beispiel: Die Alarmanlage ist nur dann NICHT in Funktion, wenn die Zimmerbeleuchtung eingeschaltet ist
UND das Sicherheitsschloß im Schreibtisch aufgeschlossen ist.
Fehlt eine der beiden Bedingungen, ertönt die Sirene beim Öffnen des Tresors.

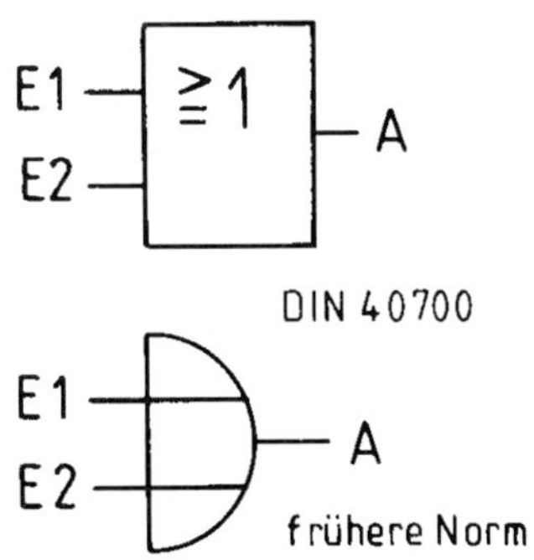

Arbeitstabelle

Eingang E1	Eingang E2	Ausgang A
L	L	L
L	H	H
H	L	H
H	H	H

Wahrheitstabelle

Eingang E1	Eingang E2	Ausgang A
0	0	
0	1	
1	0	
1	1	

Abbildung 16-9: Schaltsymbole und Arbeits- und Wahrheitstabelle der ODER-Verknüpfung

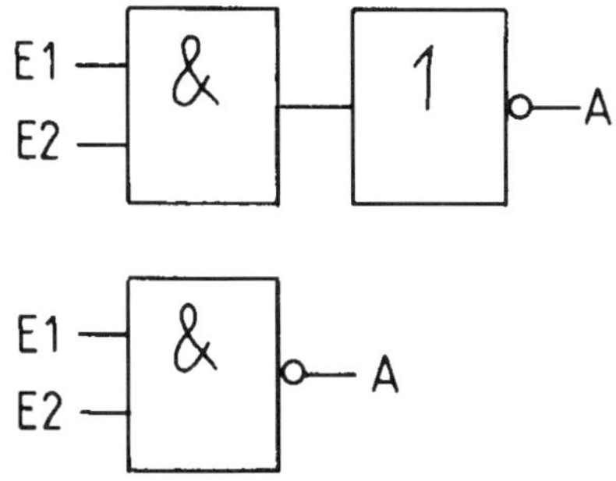

Arbeitstabelle

Eingang E1	Eingang E2	Ausgang A
L	L	H
L	H	H
H	L	H
H	H	L

Wahrheitstabelle

Eingang E1	Eingang E2	Ausgang A
0	0	1
0	1	1
1	0	1
1	1	0

Abbildung 16-10: NAND-Verknüpfung

Aufgabe 7: Vergleichen Sie die Wahrheitstabelle der NAND-Verknüpfung (Tabelle Bild 16-10) mit der Wahrheitstabelle der UND-Verknüpfung (Bild 16-3).
Ergebnis: Der Ausgangszustand ist bei vergleichbaren Eingangsvariablen genau umgekehrt. Dort, wo beim UND-Glied eine Null steht, ist beim NAND eine 1 vorhanden und umgekehrt.

Schaltungstechnisch läßt sich in DTL-Technik eine NAND-Verknüpfung aus einer UND-Schaltung mit Pull-up-Widerstand und einer Transistorstufe als Inverter (NOT-Schaltung) leicht realisieren.
Damit bei der Schaltung Bild 16-11 LOW-Pegel (Nullsignal) am Ausgang auftreten kann, muß der Transistor leiten. Dieser kann nur leiten, wenn beide Eingangsdioden gesperrt sind. Denn dann fließt Basisstrom über den 10-kΩ-Widerstand. Ist auch nur eine der Eingangsdioden mit Masse verbunden (LOW-Pegel am Eingang), so herrscht 0,7-V-Pegel zwischen den Dioden und an der Basis des Transistors ist kaum noch Spannung. Der Transistor sperrt. Die Ausgangsspannung beträgt praktisch +5 Volt.

Aufgabe 8: Ergänzen Sie die Arbeitstabelle in Bild 16-11, und vergleichen Sie diese mit der Arbeitstabelle in Bild 16-10.

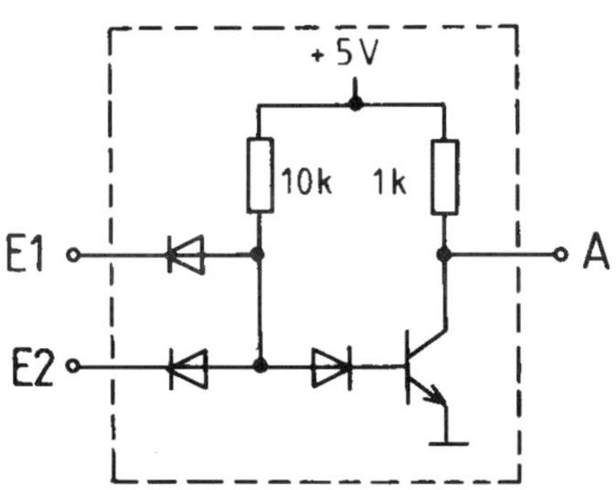

Arbeitstabelle

Eingang E1	Eingang E2	Ausgang A
L	L	
L	H	
H	L	
H	H	

Abbildung 16-11: NAND-Schaltung mit Dioden und Transistor (DTL-Technik)

Aufgabe 9: Entwickeln Sie eine NAND-Verknüpfung in Relaiskontakt-Technik
a) mit Pull-down-Widerstand,
b) mit Pull-up-Widerstand,
und kontrollieren Sie die richtige Funktion, indem Sie eine Arbeitstabelle aufstellen und diese mit der in Bild 16-11 vergleichen.

Lösung ____________________

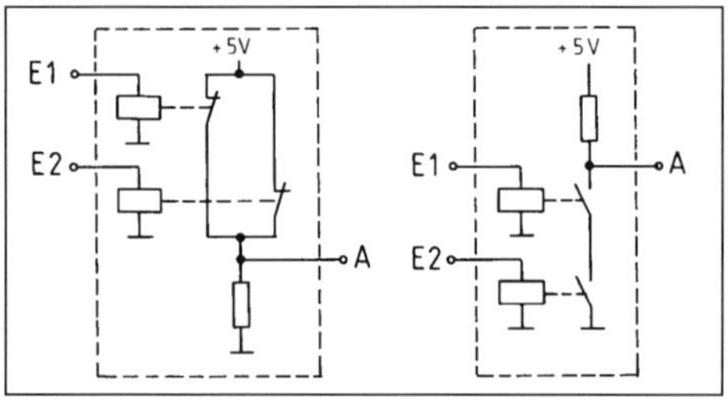

Abbildung 16-12: NAND-Verknüpfungen mit Relaiskontakten

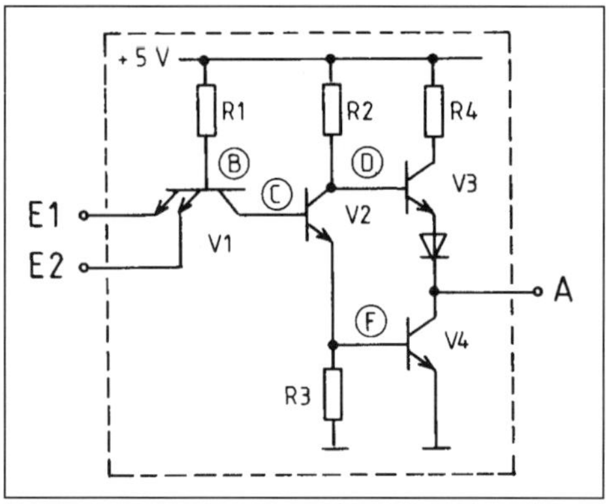

Abbildung 16-13: NAND-Verknüpfung in TTL-Technik

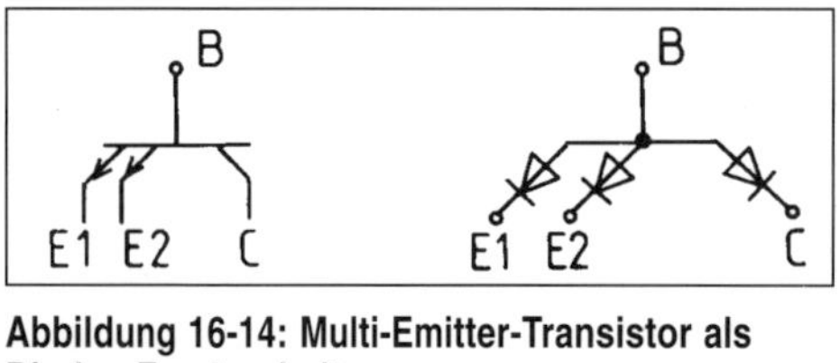

Abbildung 16-14: Multi-Emitter-Transistor als Dioden-Ersatzschaltung

Merken Sie sich bitte: **Der Ausgang A der NAND-Verknüpfung führt nur dann LOW-Signal, wenn alle Eingänge HIGH-Signal führen.**

Die NAND-Verknüpfung gibt es auch in sogenannter TTL-Technik (Transistor-Transistor-Logik) mit einem Multi-Emitter-Transistor als Diodenersatz und einer nachfolgenden Transistor-Gegentaktverstärkerstufe (Bild 16-13).

Den Multi-Emitter-Transistor kann man sich wie in Bild 16-14 als Dioden-Ersatzschaltung vorstellen. Damit entspricht dieser Transistor der UND-Verknüpfung mit Dioden und Pull-up-Widerstand wie in Bild 16-5. HIGH-Signal am Punkt C (Kollektor von V1) ist nur vorhanden, wenn beide Eingänge nicht an Masse liegen, sondern HIGH-Signal führen.

Wenn HIGH-Signal am Punkt C (Bild 16-14) ist, leitet V2 und damit auch V4 (LOW-Pegel am Ausgang A). V3 ist gesperrt, denn am Punkt D ist praktisch das gleiche Potential wie am Punkt E. Damit V3 leiten kann, muß das Potential um +0,7 Volt (übliche Diodenspannung) und nochmals +0,6 Volt (U_{BE} des Transistors) höher sein als am Ausgang A.

Umgekehrt sind die Verhältnisse, wenn auch nur ein Eingang mit Masse verbunden wird, denn dann leitet V1 und an Punkt C ist nahezu 0 Volt. V2 und V4 sperren, damit lei-

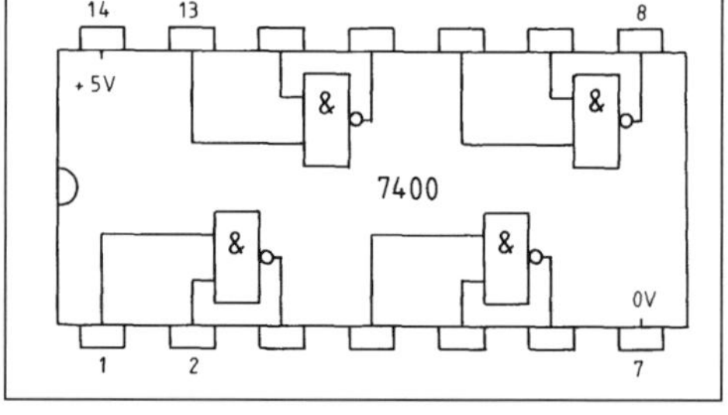

Abbildung 16-15: Innenschaltung und Anschlußschema des IC 7400

tet V3 und liefert HIGH-Potential an den Ausgang. Die Ausgangsschaltung mit den beiden Transistoren V3 und V4 nennt man übrigens „Gegentaktschaltung“, denn wenn der eine Transistor leitet, sperrt der andere.

Vier von diesen TTL-NAND-Schaltungen findet man in einem häufig benutzten integrierten Schaltkreis, dem 7400 (sprich: 74-0-0), mit dem Sie ruhig mal einige Versuche machen sollten (Bild 16-15). Bauen Sie damit z.B. die Schaltung Bild 16-30 einmal auf!

16.5 Die NOR-Verknüpfung

NOR kommt aus dem Englischen von NOT-OR, auf deutsch: NICHT-ODER. Richtig müßte die Schaltung ODER-NICHT-Verknüpfung heißen, da zunächst die ODER-Verknüpfung erfolgt und dann das Signal invertiert wird.

Aufgabe 10: Ergänzen Sie die Wahrheitstabelle der NOR-Verknüpfung, und vergleichen Sie diese mit der Tabelle der ODER-Verknüpfung (Bild 16-9).

Da die Ausgangszustände der NOR-Schaltung gegenüber der ODER-Schaltung umgekehrt sind (siehe Aufgabe 10!), läßt sich schaltungstechnisch die NOR-Verknüpfung aus der ODER-Schaltung mit Dioden und Pull-up-Widerständen (Bild 16-8 B) und einer zusätzlichen Transistorstufe realisieren.

Damit bei der NOR-Schaltung in DTL-Technik das Ausgangssignal auf HIGH gehen kann, muß der Transistor sperren. Dies ist nur möglich, wenn beide (alle) Eingangsdioden mit Masse verbunden sind und kein Strom in die Basis des Transistors fließen kann.

Aufgabe 11: Ergänzen Sie die Arbeitstabelle.

Die NOR-Schaltung gibt es auch in Transistor-Transistor-Logik (TTL), die aber hier nicht vorgestellt werden soll. Interessant sind auch entsprechende Schaltungen in CMOS-Technik, die in Abschnitt 17.6, Bilder 17-16 und 17-17, behandelt werden.

Aufgabe 12: Entwickeln Sie eine NOR-Verknüpfung in Relaiskontakt-Technik
a) mit Pull-down-Widerstand,
b) mit Pull-up-Widerstand,
und kontrollieren Sie die richtige Funktion, indem Sie eine Arbeitstabelle aufstellen.
Lösung auf der folgenden Seite.

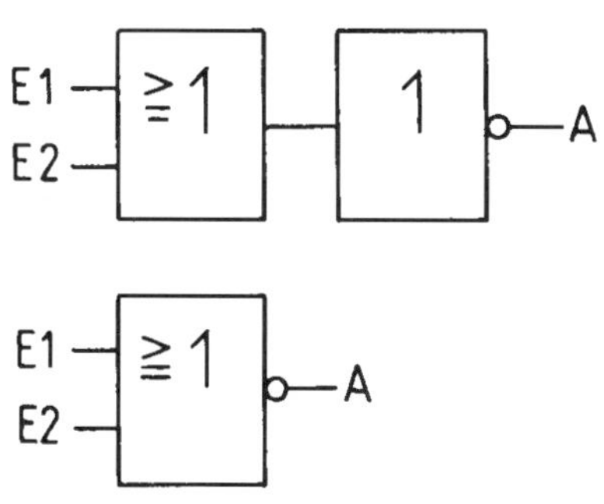

Arbeitstabelle

Eingang E1	Eingang E2	Ausgang A
L	L	H
L	H	L
H	L	L
H	H	L

Wahrheitstabelle

Eingang E1	Eingang E2	Ausgang A
0	0	
0	1	
1	0	
1	1	

Abbildung 16-16: NOR-Verknüpfung mit Wahrheitstabelle

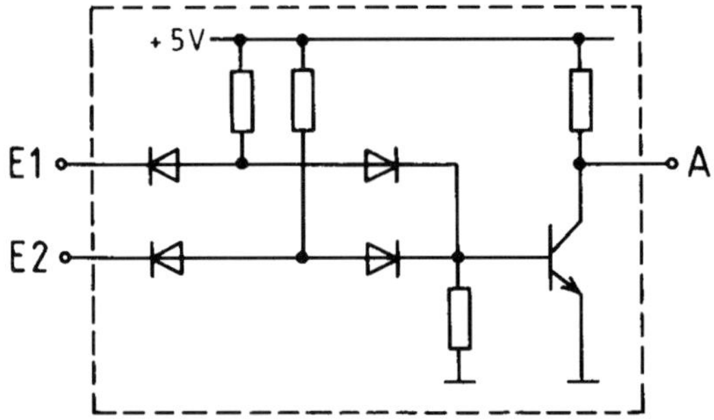

Arbeitstabelle

Eingang E1	Eingang E2	Ausgang A
L	L	
L	H	
H	L	
H	H	

Abbildung 16-17: NOR-Schaltung mit Dioden und Transistor (DTL-Technik)

Die Lösung wird direkt hier vorgestellt, weil sie für den Merksatz wichtig ist.
Ihre Arbeitstabelle muß folgende Aussage bestätigen.

> Merken Sie sich bitte: **Bei der NOR-Schaltung tritt am Ausgang immer dann LOW-Signal (L) auf, wenn mindestens ein Eingang auf HIGH (H) geht.**

16.6 Antivalenz und Äquivalenz

Bei logischen Verknüpfungen mit zwei Eingangsvariablen kann es grundsätzlich 16 mögliche Kombinationen der Ausgangsfunktion geben. Sie haben bisher vier davon kennengelernt: UND, ODER, NAND, NOR, die in folgender Übersicht nochmals dargestellt sind.

Eingang E1	Eingang E2	Ausgangsfunktion bei					
		UND	ODER	NAND	NOR	XOR	EXNOR
0	0	0	0	1	1	0	1
0	1	0	1	1	0	1	0
1	0	0	1	1	0	1	0
1	1	1	1	0	0	0	1

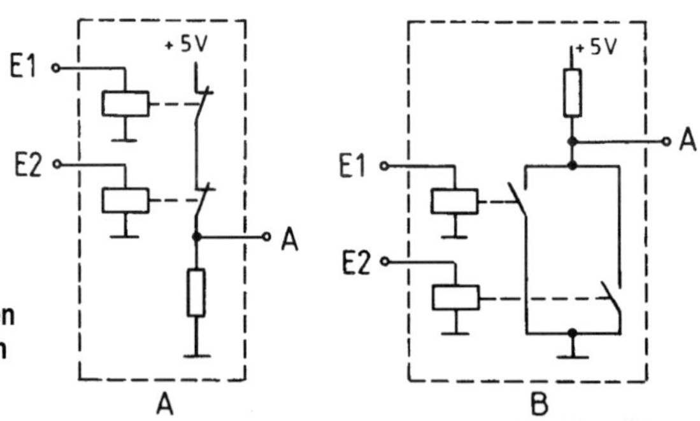

Arbeitstabelle

Eingang E1	Eingang E2	Ausgang A
L	L	
L	H	
H	L	
H	H	

Abbildung 16-18: NOR-Verknüpfungen mit Relaiskontakten

Weitere zwei wichtige Kombinationen sollen in diesem Abschnitt behandelt werden: XOR und EXNOR.
Zusammenfassend sei nochmals die Bedeutung der bisher behandelten Verknüpfungen beschrieben:

UND: Der Ausgang geht nur dann auf 1, wenn alle Eingänge auf 1 sind (kurz: 1, wenn alle 1).
ODER: Der Ausgang geht immer dann auf 1, wenn mindestens ein Eingang auf 1 geht (kurz: 1, wenn mindestens eine 1).
NAND: Der Ausgang geht nur dann auf 0, wenn alle Eingänge auf 1 sind (kurz: 0, wenn alle 1).
NOR: Der Ausgang geht immer dann auf 0, wenn mindestens ein Eingang auf 1 geht (kurz: 0, wenn mindestens eine 1).

Bei den folgenden Verknüpfungen erkennen Sie bereits in der Tabelle, daß zweimal der Ausgangszustand 1 vorkommen kann:
XOR und EXNOR

XOR: Immer dann, wenn nur (genau) ein Eingang eine 1 führt (das Schaltsymbol zeigt = 1), ist der Ausgangszustand gleich 1.
EXNOR: Immer dann, wenn beide Eingänge gleich sind (das Schaltsymbol zeigt das Gleichzeichen), ist der Ausgangszustand gleich 1.

XOR kommt aus dem Englischen EX-OR und ist eine Abkürzung aus Exklusiv-ODER. Exklusiv bedeutet: entweder – oder, also entweder hat Eingang 1 oder Eingang 2 eine 1, nicht aber beide zugleich. Die Eingänge müssen also unterschiedlichen Wert (Antivalenz) haben.

Umgekehrt ist dies bei der EXNOR-Verknüpfung. Die Eingänge haben den gleichen Wert (Äquivalenz). Sie heißt auch NO-XOR-Verknüpfung, weil die Ausgangsfunktion genau invertiert ist zu XOR. Die schaltungstechnische Realisierung soll hier nur mit Relaiskontakten vorgestellt werden.

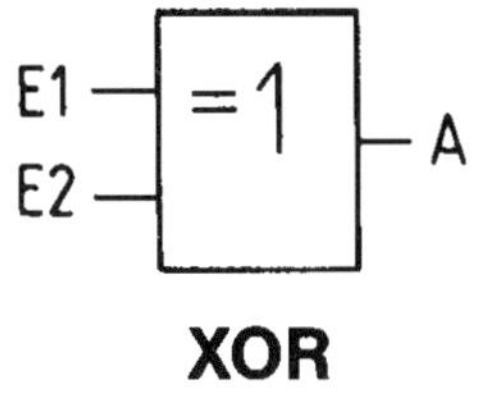

E1	E2	A
0	0	0
0	1	1
1	0	1
1	1	0

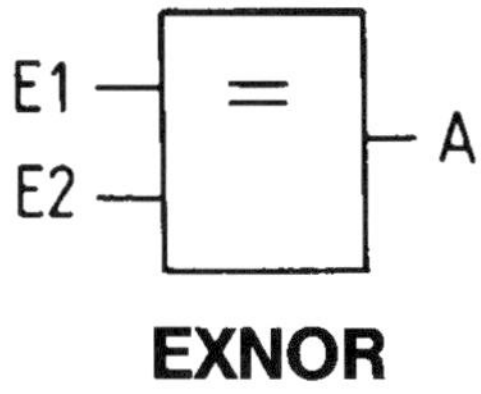

E1	E2	A
0	0	1
0	1	0
1	0	0
1	1	1

Abbildung 16-19: Schaltzeichen und Wahrheitstabellen der Antivalenz (NOR) und der Äquivalenz (EXNOR)

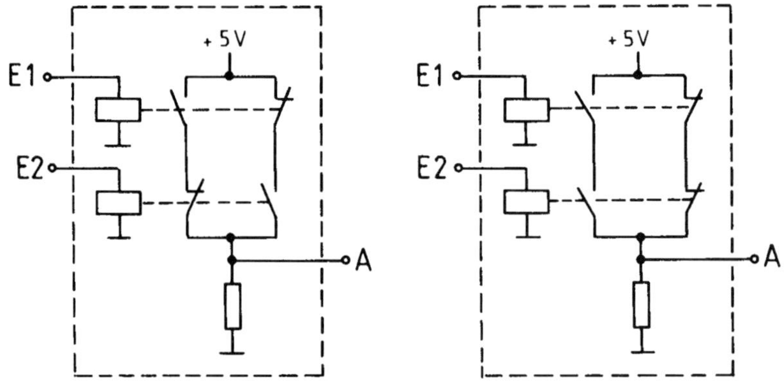

XOR

E1	E2	A
0	0	
0	1	
1	0	
1	1	

EXNOR

E1	E2	A
0	0	
0	1	
1	0	
1	1	

Abbildung 16-20: Antivalenz und Äquivalenz mit Relaiskontakten und Pull-down-Widerstand

> **Aufgabe 13:** Ergänzen Sie die Wahrheitstabellen in Bild 16-20 und vergleichen Sie Ihr Ergebnis mit den Wahrheitstabellen aus Bild 16-19 für positive Logik (H = 1, L = 0).

16.7 Negierte Eingänge

Negierter Eingang bedeutet: Der Eingang soll bei Anliegen einer 0 aktiv sein (LOW-aktiv). Man könnte einfach einen Inverter vor den Eingang schalten, der aus der 0 eine 1 macht. Die Invertierung könnte auch bereits in der Schaltung integriert sein. Betrachtet man die dadurch entstehende Schaltung, tritt der HIGH-Zustand am Ausgang bei einer anderen Kombination der Eingangsvariablen auf.

Liegt z.B. bei der Schaltung im Bild 16-21 am Eingang 1 HIGH-Signal, ist der Zustand hinter dem Inverter und damit am Eingang der UND-Verknüpfung LOW. Damit ist der Ausgangszustand der UND-Verknüpfung eben-

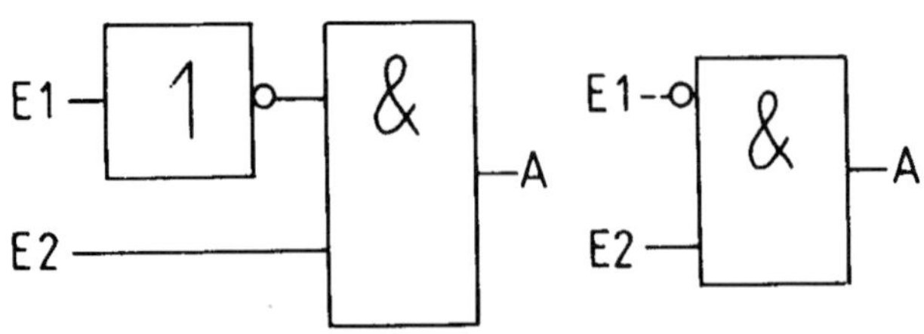

E1	E2	A
L	L	L
L	H	H
H	L	L
H	H	L

Abbildung 16-21: Ein negierter Eingang bei der UND-Verknüpfung

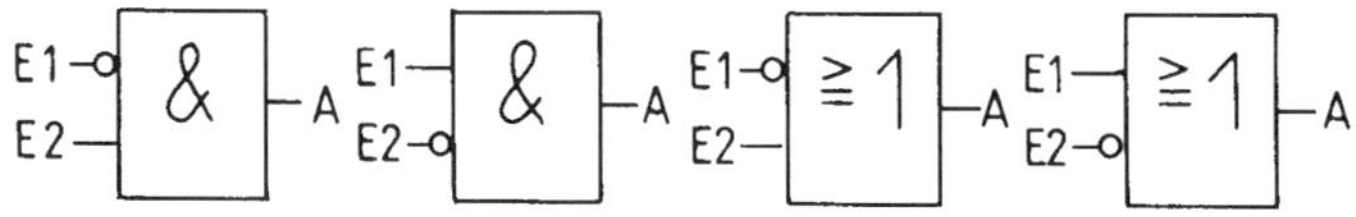

E1	E2	A
0	0	
0	1	
1	0	
1	1	

A

E1	E2	A
0	0	
0	1	
1	0	
1	1	

B

E1	E2	A
0	0	
0	1	
1	0	
1	1	

C

E1	E2	A
0	0	
0	1	
1	0	
1	1	

D

Abbildung 16-22: Zweistellige Verknüpfungen mit einem negierten Eingang

falls LOW. HIGH-Signal am Ausgang kann nur auftreten, wenn die beiden Eingänge der UND-Verknüpfung HIGH-Signal haben. Dies wiederum geht nur, wenn Eingang 1 LOW- und Eingang 2 HIGH-Signal führen. Die Arbeitstabelle ist im Bild 16-21 dargestellt. Man nennt übrigens diese UND-Verknüpfung, bei der ein Eingang invertiert ist, „Inhibition".

Wird der andere Eingang der UND-Verknüpfung invertiert, ist nur dann HIGH-Signal vorhanden, wenn E1 HIGH- und E2 LOW-Signal hat.

Aufgabe 14: Übertragen Sie die Arbeitstabelle aus Bild 16-21 in die Wahrheitstabelle Bild 16-22 A, und ergänzen Sie die Wahrheitstabelle Bild 16-22 B.

Auch die ODER-Verknüpfung kann einen invertierten Eingang erhalten. Die Wahrheitstabelle liefert immer dann ein HIGH, wenn E2 HIGH ist oder wenn E1 LOW ist, denn hinter dem Inverter ist das Signal dann wieder HIGH.

Aufgabe 15: Ergänzen Sie die Wahrheitstabellen Bild 16-22 C und D.

Die schaltungstechnische Realisierung mit Relaiskontakten ist im Bild 16-24 unvollständig dargestellt.

Aufgabe 16: Versuchen Sie, die fehlenden Schaltungen selbständig zu ergänzen, und stellen Sie zur Überprüfung der Richtigkeit jeweils die Wahrheitstabelle auf, die Sie mit denen in Bild 16-22 vergleichen. Sollten die Tabellen nicht stimmen, ändern Sie Ihre Schaltung, indem Sie aus einer Reihenschaltung eine Parallelschaltung oder aus Öffnern Schließer machen oder umgekehrt. Viel Erfolg!

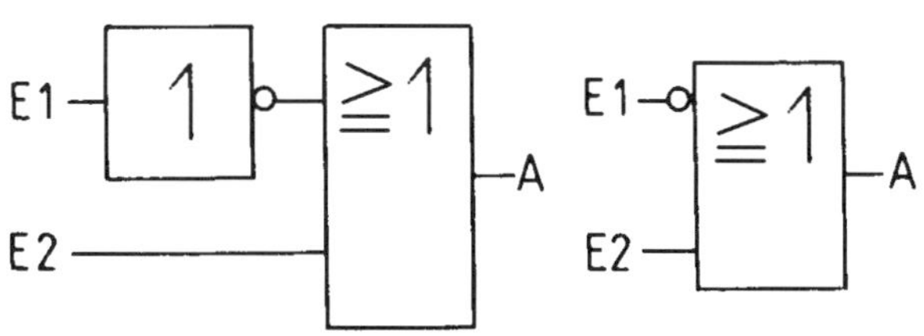

E1	E2	A
L	L	H
L	H	H
H	L	L
H	H	H

Abbildung 16-23: Ein negierter Eingang bei der ODER-Verknüpfung

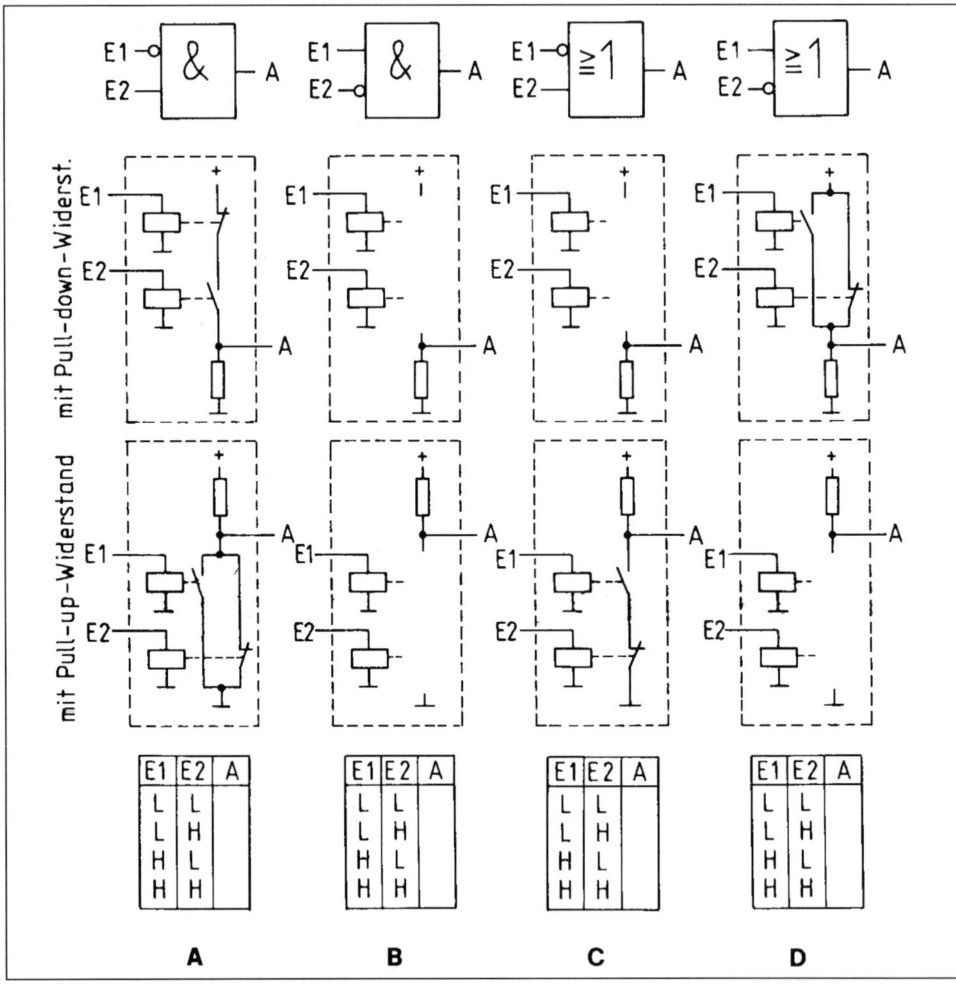

Abbildung 16-24: Realisierung der Inhibition (A und B) und der Implikation (C und D) mit Relaiskontakten

Im Bild 16-24 kann man folgenden Zusammenhang recht deutlich erkennen: Mit Pull-down-Widerstand stellt eine Reihenschaltung von Relaiskontakten (Bilder A und B) eine UND-Verknüpfung und eine Parallelschaltung (Bilder C und D) eine ODER-Verknüpfung dar. Ein invertierter Eingang ist ein Öffner-Kontakt und ein nichtinvertierter Eingang ein Schließer. Mit Pull-down-Widerstand ist alles umgekehrt.

Diese Tatsache ist in der Elektronik von Bedeutung. Mit Dioden ist eine Parallelschaltung einfacher zu realisieren. Also wird eine UND-Verknüpfung mit Pull-up-Widerstand und eine ODER-Verknüpfung mit Pull-down-Widerstand geschaltet, wie dies bereits in den Bildern 16-5 und 16-7 zu sehen ist.

An zwei Beispielen soll gezeigt werden, wie man im Fall mit negierten Eingängen vorgeht.

Beispiel: Eine elektronische Schaltung soll den Sender freigeben (HIGH-Signal liefern), wenn der Betriebsartenschalter auf CW steht (HIGH-Signal an Eingang 1) und die Morsetaste gedrückt wird (LOW-Signal an Eingang 2). Die Schaltung soll in DTL-Technik aufgebaut werden.
Lösung: Es handelt sich um eine UND-Verknüpfung mit negiertem Eingang.
Es wird die Schaltung Bild 16-24 B wegen der Parallelschaltung als Vorlage gewählt. Der Öffner wird mit einer Diode und Pull-up-Widerstand realisiert. Um einen Schließer mit Pull-up-Widerstand herzustellen, wird ein Transistor als Inverter davorgestellt. So entsteht folgende Schaltung.

Der Betriebsartenschalter wird an E1 und die Morsetaste gegen Masse an E2 der elektronischen Verknüpfungsschaltung angeschlossen. Steht der Betriebsartenschalter auf Masse, ist die Spannung zwischen den Dioden 0,7 Volt und der Ausgang in jedem Fall LOW. Die Eingangsdiode wird gesperrt, wenn an E1 +5 Volt anliegen (Stellung CW). Aber hohes Ausgangspotential (HIGH) kann nur vorhanden sein, wenn auch der Transistor sperrt. Dies geschieht nur, wenn die Basis (also E2) mit Masse verbunden wird.

Soll eine ODER-Schaltung mit negiertem Eingang mit Dioden und Transistor realisiert werden, muß wegen der Parallelschaltung die obere Schaltung aus Bild 16-24 mit Pull-down-Widerstand gewählt werden.

Beispiel: Die Schaltung Bild 16-24 C, also die ODER-Verknüpfung mit negiertem Eingang 1, soll in DTL-Technik (Dioden-Transistor-Logik) realisiert werden.
Lösung: Es wird wegen der notwendigen Parallelschaltung die Schaltung mit Pull-down-Widerstand gewählt. In diesem Fall muß der Öffner mit einem Transistor verwirklicht werden, es entsteht folgende Schaltung.

Abbildung 16-25: Schaltung und Wahrheitstabelle der UND-Verknüpfung mit negiertem Eingang 2 (Inhibition E2)

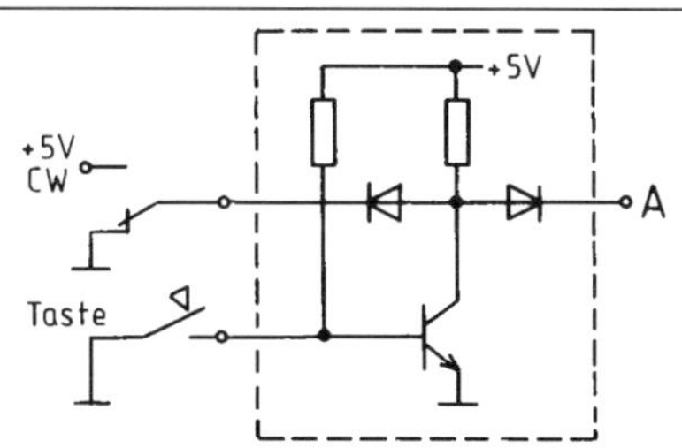

Arbeitstabelle

Eingang E1	Eingang E2	Ausgang A
L	L	L
L	H	L
H	L	H
H	H	L

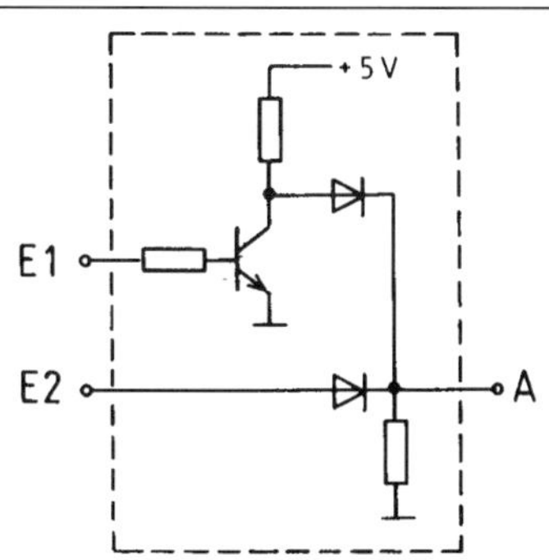

Eingang E1	Eingang E2	Ausgang A
L	L	
L	H	
H	L	
H	H	

Abbildung 16-26: Schaltung und Wahrheitstabelle der ODER-Verknüpfung mit negiertem Eingang 1 (Implikation E1)

Aufgabe 17: Ergänzen Sie die Wahrheitstabelle, und vergleichen Sie Ihre Lösung mit der Tabelle in Bild 16-24 C.
Anwendungsbeispiel: Bei einem Funksprechgerät darf die PTT-Taste ein Freigabesignal erhalten (HIGH), wenn der Betriebsartenschalter auf FM (HIGH) steht. Bei SSB (LOW) darf die PPT nur freigegeben werden, wenn keine Frequenzablage (HIGH) eingeschaltet ist, wie sie zum Funkbetrieb über FM-Relaisfunkstellen benötigt wird.
Frage: An welchen Eingang in Bild 16-26 wird der Betriebsartenkontakt (FM-SSB) und an welchen der Frequenzablageschalter angeschlossen?
Antwort: Der Eingang, der LOW-aktiv ist, muß ein HIGH-Signal am Ausgang verhindern. Das ist der Betriebsartenschalter in SSB. Also wird der Betriebsartenschalter an E2 angeschlossen.

16.8 Umwandlungen

In der Praxis kommt es häufig vor, daß keine UND- oder ODER-Glieder, sondern nur NAND- oder NOR-Schaltungen zur Verfügung stehen (7400). Relativ einfach läßt sich eine ODER-Schaltung in eine NAND- oder eine UND-Schaltung in eine NOR-Verknüpfung umwandeln.

Es wird behauptet, daß eine ODER-Schaltung in ein NAND oder eine UND-Schaltung in ein NOR umgewandelt werden kann, indem alle Eingänge und der Ausgang invertiert werden. Dies ließe sich mit dem „De Morganschen Gesetz" recht leicht beweisen, aber Mathematik soll ja hier weitgehend vermieden werden.

Aufgabe 18: Stellen Sie die Wahrheitstafeln für die beiden digitalen Verknüpfungen in Bild 16-27 auf. Achten Sie dabei darauf, daß der Ausgang der ODER-Schaltung invertiert ist (NOR)! Wenn die Behauptung stimmt, müssen die Wahrheitstabellen gleich sein.

Anwendungsbeispiel: Wenn bei einem Handfunksprechgerät die PTT-Taste (LOW-aktiv) oder der Rufton (LOW-aktiv) oder beide gedrückt werden, soll der Sender eingeschaltet werden.

Abbildung 16-27: Identische Verknüpfungsschaltungen

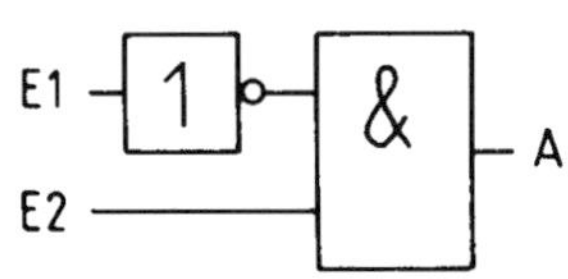

E1	E2	A
L	L	
L	H	
H	L	
H	H	

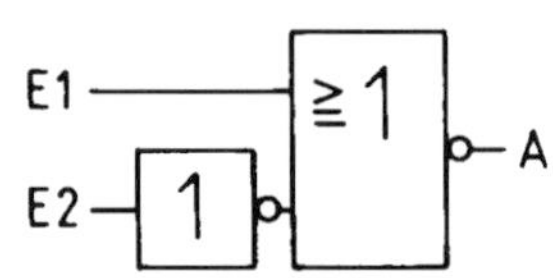

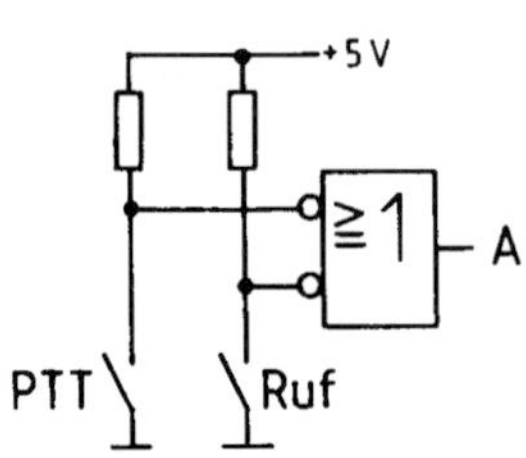

Eingang PTT	Eingang Ruf	Ausgang A
L	L	H
L	H	H
H	L	H
H	H	L

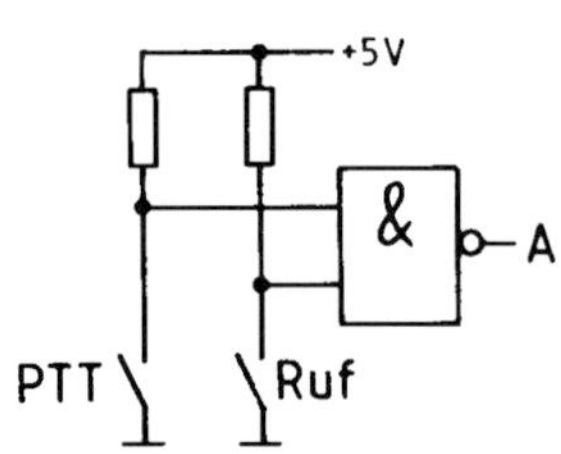

Abbildung 16-28: ODER-Schaltung mit zwei negierten Eingängen entspricht UND-Schaltung mit negiertem Ausgang

Aufgabe 19: Betrachten Sie die Arbeitstabelle in Bild 16-28, und vergleichen Sie diese mit der Wahrheitstabelle der NAND-Verknüpfung (Bild 16-10).

Da beide Tabellen identisch sind, erfüllt die NAND-Verknüpfung ohne negierte Eingänge die gestellte Aufgabe gleichermaßen.

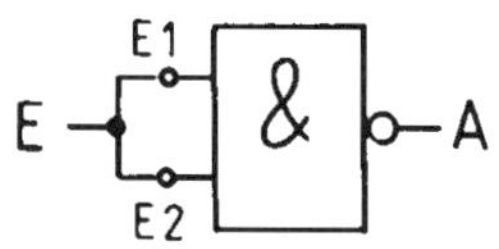

E	A
0	1
1	0

Abbildung 16-29: NAND-Baustein als Inverter

Ein NAND-Baustein kann auch als einfacher Inverter verwendet werden. Wenn beispielsweise HIGH-Signal (1) am Eingang E (also an E1 und E2) anliegt, gibt die NAND-Verknüpfung vor dem Ausgangsinverter eine 1 und am Ausgang die 0. Bei LOW-Signal am Eingang (also an den Eingängen) entsteht HIGH-Signal am Ausgang. So lassen sich beliebige Schaltungen allein mit NAND-Bausteinen (7400) aufbauen.

Beispiel: Die DTL-Schaltung (Dioden-Transistor-Logik) von Bild 16-25 (UND mit negiertem Eingang) soll mit NAND-Bausteinen (7400) aufgebaut werden. Entwickeln Sie die Schaltung, und zeichnen Sie den Anschlußplan für das IC (siehe Bild 16-15).
Lösung: Die UND-Schaltung braucht nicht umgewandelt zu werden, jedoch erhalten ein Eingang und der Ausgang je einen Inverter aus NAND-Bausteinen.

Abbildung 16-30: Schaltung aus NAND-Bausteinen

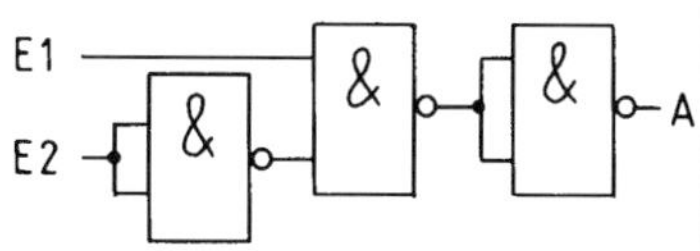

Der Inverter am Ausgang wurde notwendig, um aus dem NAND durch zweimalige Umkehrung wieder ein UND zu machen.

16.9 Die Pegelanpassung

In der Amateurfunkpraxis kommt es gelegentlich vor, daß ein Gerät (z.B. Fernschreiber) digitale Ausgangssignale liefert, deren Pegel aber nicht 0 und +5 Volt sind, sondern vielleicht +12 und –12 Volt, und die nachfolgende elektronische Schaltung oder der Computereingang nur +5 Volt verkraftet. Zur Anpassung gibt es folgende einfache Schaltungsmöglichkeiten mit einem Transistor in Emitterschaltung (Bild 16-31).

Wenn der Transistor mit 5 Volt Betriebsspannung versorgt wird, können am Kollektor nur Spannungen zwischen 0 und 5 Volt auftreten. Hohe positive Eingangsspannungen werden durch den Basisvorwiderstand „aufgenommen" und negative Spannungen durch die Diode verhindert. Der Inverter am Ausgang aus einem NAND-Baustein dreht das Signal wieder um, da ein Transistor in Emitterschaltung ebenfalls das Signal invertiert.

Praxis: Bauen Sie die Schaltung auf, und überprüfen Sie die Funktion.
Ergebnis: Bei Eingangsspannungen zwischen –12 V und +0,5 V ist die Ausgangsspannung 0 V. Bei Eingangsspannungen zwischen +0,6 V und +12 V ist die Ausgangsspannung etwa 4,3 Volt.

Abbildung 16-31: Pegelanpassung für 5-V-TTL-Pegel am Ausgang

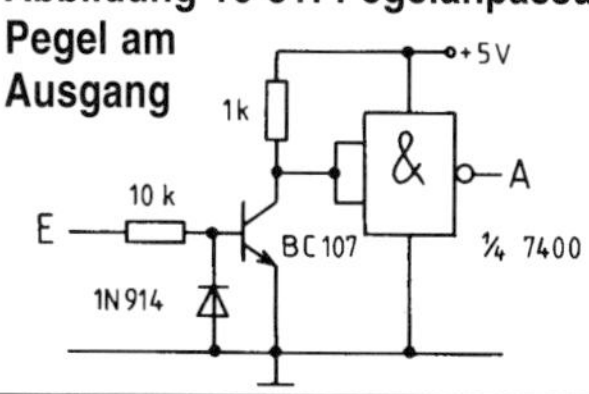

E	A
-12 V	0 V
+12 V	+5 V

Mit diesem Abschnitt endet die Lektion „Einführung in die Digitaltechnik“. Sie finden weitere Beispiele für Verknüpfungen in der folgenden Lektion im Abschnitt 17.6. Für eine komplette Behandlung des Gebietes Digitaltechnik fehlen noch Kapitel über Synthese und Analyse von Digitalschaltungen mit mehr als zwei Eingängen, die Vereinfachung dieser Schaltungen, ferner Kippstufen, Zähler, Schieberegister, Codewandler und Anwendungen dieser Technik. Dies würde ein eigenes Buch füllen, was aber für die Prüfung zum Amateurfunkzeugnis bisher nicht benötigt wird und daher ungerechtfertigt erscheint. Prüfungsaufgaben entfallen deshalb.

16.10 Test und Aufgaben zur Lektion 16

Prüfungsaufgaben entfallen in dieser Lektion, jedoch können Sie Ihr Wissen über Grundverknüpfungen der Digitaltechnik durch einen Test prüfen. Um mit dem Test weniger Schwierigkeiten zu haben, sollten Sie sich nochmals die Symbolik der Schaltzeichen klarmachen. Prinzip: Man sieht sich zunächst den Ausgang an. Ist kein Kringel vorhanden, beginnt der Merksatz: „Die Schaltung liefert eine 1, wenn ...“ Ist ein Kringel da, beginnt man: „Die Schaltung liefert eine 0, wenn ...“ Dann sieht man sich das Symbol an (&, ≥1, = 1, =, 1) und sieht nach, ob einer der Eingänge eventuell negiert ist. Viel Erfolg nun mit dem Test!

1. Welche der Schaltungen mit Relaiskontakten entsprechen in der Funktionsweise dem Schaltsymbol? (mehrere Lösungen möglich)

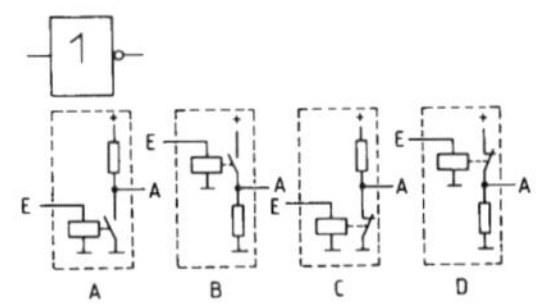

2. Stellen Sie von folgenden Verknüpfungen mit invertiertem Eingang die Wahrheitstabelle auf.

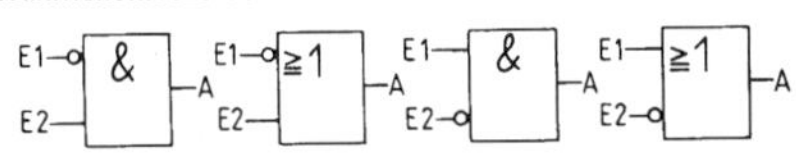

E1	E2	A
0	0	
0	1	
1	0	
1	1	

E1	E2	A
0	0	
0	1	
1	0	
1	1	

E1	E2	A
0	0	
0	1	
1	0	
1	1	

E1	E2	A
0	0	
0	1	
1	0	
1	1	

3. Stellen Sie von folgenden zweistelligen Verknüpfungen die Wahrheitstabelle auf.

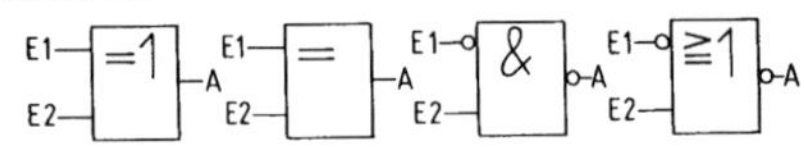

E1	E2	A
0	0	
0	1	
1	0	
1	1	

E1	E2	A
0	0	
0	1	
1	0	
1	1	

E1	E2	A
0	0	
0	1	
1	0	
1	1	

E1	E2	A
0	0	
0	1	
1	0	
1	1	

4. Skizzieren Sie zu jeder Arbeitstabelle das zugehörige Schaltsymbol für die Verknüpfungsschaltung.

E1	E2	A
L	L	H
L	H	L
H	L	L
H	H	H

E1	E2	A
L	L	L
L	H	L
H	L	H
H	H	L

E1	E2	A
L	L	L
L	H	H
H	L	H
H	H	L

E1	E2	A
L	L	H
L	H	H
H	L	H
H	H	L

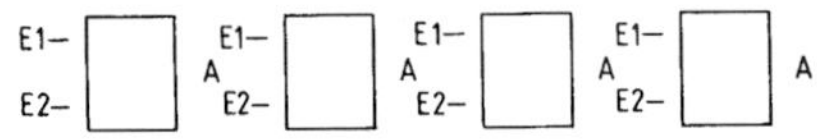

5.

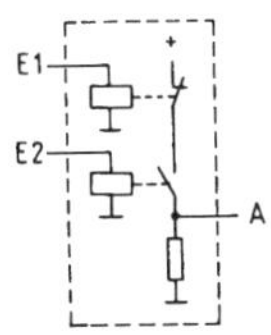

Welche der folgenden Verknüpfungen entspricht nebenstehender Schaltung aus Relaiskontakten?

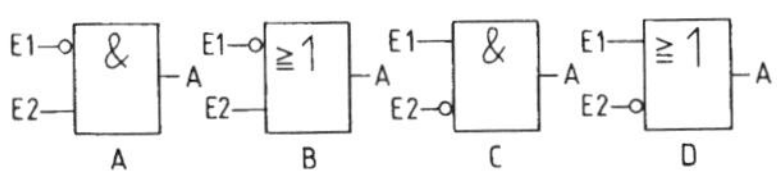

6.

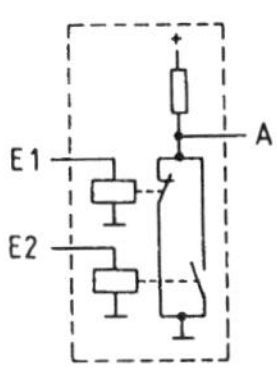

Welche der folgenden Verknüpfungen entspricht nebenstehender Schaltung aus Relaiskontakten?

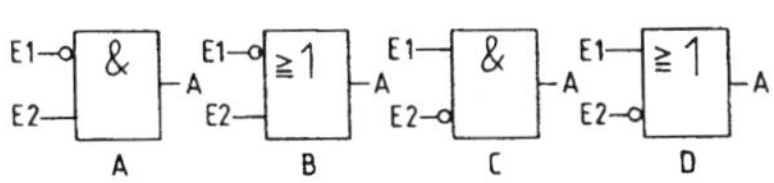

7.

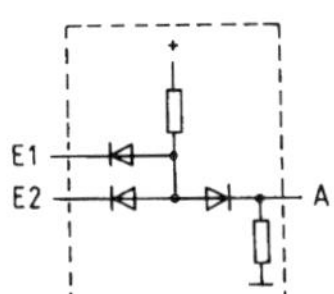

Welche der folgenden Grundverknüpfungen entspricht nebenstehender Schaltung mit Dioden?

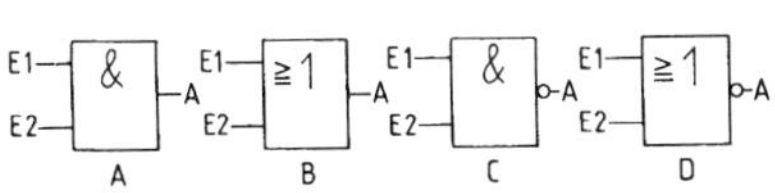

8.

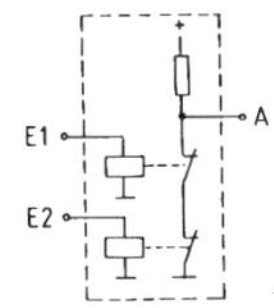

Welche der folgenden Diodenschaltungen entspricht nebenstehender Schaltung aus Relaiskontakten?

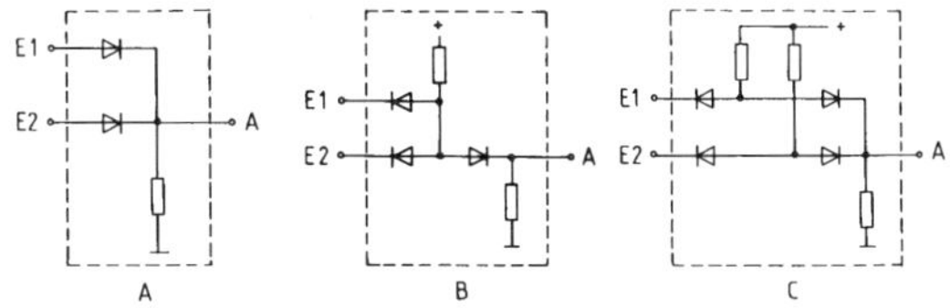

9.

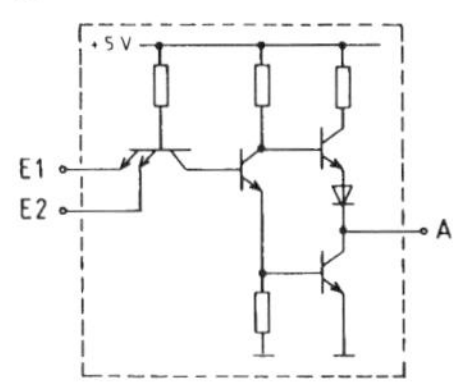

Welche der folgenden Schaltungen entspricht in der Funktion nebenstehender Schaltung in TTL-Technik? (mehrere mögliche Lösungen!)

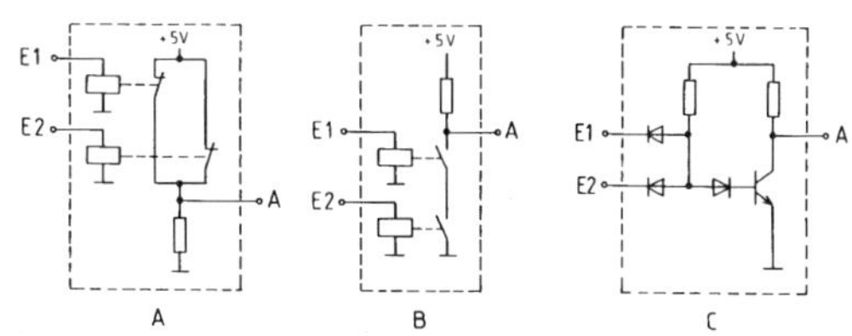

10.

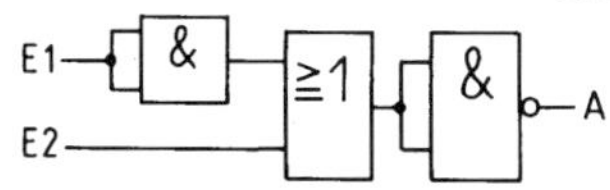

Welche der folgenden Schaltungen sind gleichwertig zu nebenstehender Schaltung aus Einzelbausteinen?

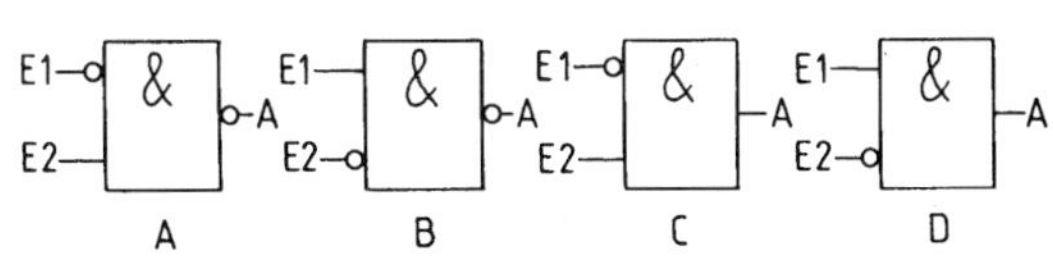

Lektion 17: Der Feldeffekttransistor (FET)

Der Feldeffekttransistor wurde bereits 1928 von Julius Lilienfeld zum Patent angemeldet. Er ist also älter als der bipolare Transistor, den Sie in vorangegangenen Lektionen kennengelernt haben. Jedoch wird er erst seit einigen Jahren technisch eingesetzt. Sie werden in dieser Lektion den Aufbau und das Prinzip der beiden Arten von Feldeffekt-Transistoren sowie die Grundschaltungen und ihre Eigenschaften kennenlernen.

Das Grundprinzip dieses von Lilienfeld beschriebenen Feldeffektes ist im Bild 17-1 dargestellt. Legt man an ein dotiertes Halbleiterplättchen (z.B. N-dotiert, also Elektronen in der Überzahl) eine Spannung an (U_1), so fließt

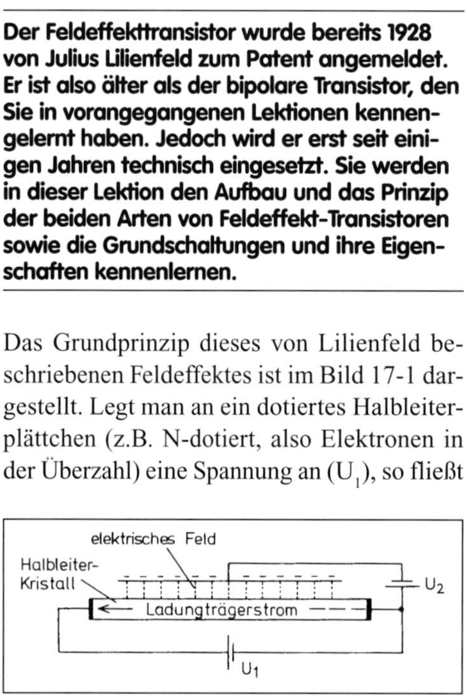

Abbildung 17-1. Grundprinzip des Feldeffektes

ein Ladungsträgerstrom durch diesen Kristall (hier Elektronen). Wird mit Hilfe der Spannung U_2 senkrecht zur Strombahn ein elektrisches Feld angelegt, so daß die Ladungsträger abgestoßen werden (hier negative Spannung, denn gleichnamige Ladungen stoßen sich ab, siehe Abschnitt 1.2), findet der Ladungstransport in einem immer kleiner werdenden Kristallquerschnitt (Kanal) statt. Der Widerstand des Halbleiterkristalles wird größer, bzw. der Strom sinkt.

Mit Hilfe der Spannung U_2 kann der Ladungsträgerstrom im Halbleiterkristall also gesteuert werden. Dabei fließt kein Steuerstrom, weil der Steueranschluß elektrisch gut isoliert ist. Die Steuerung geschieht also leistungslos.

17.1 Der Sperrschicht-FET

Bei den Feldeffekttransistoren unterscheidet man grundsätzlich zwei verschiedene Arten vom Aufbau her. Beim Sperrschicht-FET (junction-FET, J-FET) nutzt man die Sperrschicht eines PN-Übergangs zur Steuerung der Kanalbreite aus. Beim MOSFET (metal-oxide-semiconductor-field-effect-transistor), normgerecht mit IG-FET (isolated gate) bezeichnet, befindet sich zwischen der Steuerelektrode und dem Kristall eine dünne isolierende Quarzschicht.

Bei Sperrschicht-FETs und auch bei MOSFETs kann man wiederum nach der Art der Dotierung des Kanals, nach N-Kanal- und P-Kanal-Typen unterscheiden. Im Bild 17-2 sind die beiden Aufbaumöglichkeiten von Sperrschicht-Feldeffekttransistoren sowie die zugehörigen genormten Schaltzeichen angegeben.

Im Bild 17-2 a besteht der Kristall (Kanal) aus N-dotiertem Halbleitermaterial. Zwischen den beiden äußeren Anschlüssen ist eine P-Schicht eindotiert. Zwischen dieser P-Schicht und dem N-Kanal bildet sich eine Sperrschicht aus, von der der Transistor seinen Namen hat. Legt man an die P-Schicht eine negative Span-

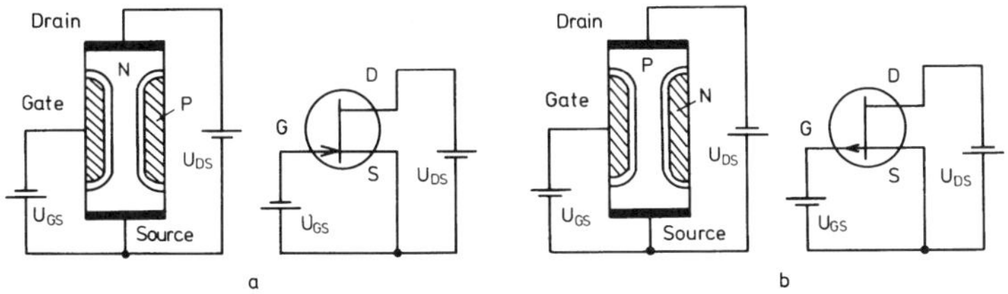

Abbildung 17-2: Aufbau und Schaltsymbol des Sperrschicht-FET: a) N-Kanal-J-FET; b) P-Kanal-J-FET

nung, so verbreitert sich die Sperrschicht zwischen P und N, und der Kanal wird schmaler. Der Strom durch den Kristall sinkt.

Man bezeichnet die Anschlüsse eines Feldeffekttransistors mit Source (gesprochen: ßorß), Drain (gesprochen: drehn) und Gate (gesprochen: geht). Source kommt von Quelle. Die Source entspricht dem Emitter. Drain kommt von Abfluß. Der Drain entspricht dem Kollektor. Gate kommt von Tor. Das Gate entspricht der Basis eines bipolaren Transistors.

Beim Schaltsymbol des FET stellt der Pfeil die Anode des PN-Übergangs dar. (Der Pfeil entspricht dem Dreieck bei der Diode.) Bild 17-2 b stellt einen P-Kanal-Sperrschicht-FET dar. Hier sind die Polaritäten der Spannungsquellen umgekehrt wie beim N-Kanal-J-FET. Der Pfeil für den PN-Übergang ist umgekehrt.

> Merken Sie sich bitte: **Die Gate-Source-Spannung U_{GS} muß beim J-FET immer so gepolt sein, daß der PN-Übergang in Sperrichtung gepolt ist, damit kein Gatestrom fließt (leistungslose Steuerung).**
> **N-Kanal-J-FET: Gate negativ gegenüber Source.**
> **P-Kanal-J-FET: Gate positiv gegenüber Source.**

Die Polarität der Drain-Source-Spannung U_{DS} ist eigentlich für die Funktion des FETs nicht so wichtig. Er funktioniert auch mit umgekehrter Polarität als im Bild 17-2 angegeben. Jedoch gibt es auf Grund des technologischen Aufbaus doch Vorzugsrichtungen.

> N-Kanal: U_{GS} negativ – U_{DS} positiv
> P-Kanal: U_{GS} positiv – U_{DS} negativ

Um die Eigenschaften eines Feldeffekttransistors zu beschreiben, bedient man sich wie bei allen elektronischen Bauelementen der Kennlinien. Beim bipolaren Transistor haben Sie die Eingangskennlinie und das Ausgangskennlinienfeld kennengelernt.

Beim FET ist die Eingangskennlinie bedeutungslos, da der Eingangsstrom (Gatestrom) praktisch gleich Null ist. Dafür stellt man den Zusammenhang zwischen Steuerspannung (U_{GS}) und Ausgangsstrom (Drainstrom I_D) grafisch dar. Diese Kennlinien nennt man Steuerkennlinien. In Bild 17-3 sind typische Steuerkennlinien und Ausgangskennlinien von FETs dargestellt.

Abbildung 17-3: Steuer- und Ausgangskennlinien von: A) N-Kanal-J-FET; B) P-Kanal-J-FET

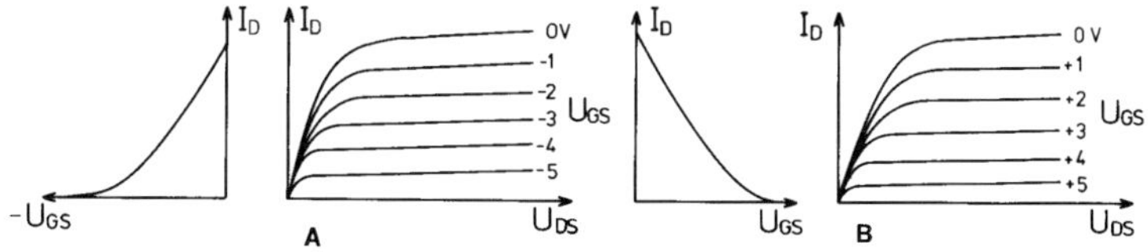

17.2 Der Isolierschicht-FET (IG-FET, MOSFET)

Bei Isolierschicht-Feldeffekttransistoren (oft als MOSFET bezeichnet, da die Isolierschicht früher meistens aus einer Metall-Oxid-Schicht bestand) besteht zwischen dem Gateanschluß und dem Kanal eine hochwertige Isolierschicht, so daß keine Sperrspannung mehr zum Aufbau einer Sperrschicht benötigt wird. Dadurch wird der Gatestrom noch geringer.

MOSFETs werden heute normalerweise in Planartechnik hergestellt. Auf die Oberfläche eines P- oder N-leitenden Kristalls (Substrat) wird eine Quarzschicht aufgebracht. Durch Ausätzen schafft man Fenster, durch die man entsprechende Fremdatome (Dotierungsstoffe) eindiffundieren läßt. Damit erhält man in dem Substrat den entsprechenden Kanal, wobei man auch hier wieder N-Kanal- und P-Kanal-Typen unterscheidet (Bild 17-4).

Eine weitere Unterscheidung trifft man danach, ob der Kanal zwischen Drain und Source durch Dotierung dauernd vorhanden ist oder ob er erst durch die entsprechende Gatespannung entsteht. Im ersten Fall wird durch das elektrische Feld des Gate die Ladungsträgerbahn eingeschnürt und damit der Drainstrom verringert. Man spricht hier von einem Verarmungstyp (Bild 17-4, obere Reihe).

Beim Verarmungstyp fließt ohne angelegte Gate-Source-Spannung bereits ein bestimmter Drainstrom. Man sagt, der Verarmungstyp ist selbstleitend. Wird die Gate-Source-Spannung erhöht, wird der Kanal schmaler und der Drainstrom geringer. Polt man die Gate-Source-Spannung um, erhöht sich der Drainstrom.

Beim sogenannten Anreicherungstyp (Bild 17-4 B) ist der Kanal zwischen Drain und Source nicht dotiert. Dadurch fließt kein Drainstrom, wenn die Gate-Source-Spannung U_{GS} Null ist (Bild 17-5 C und D). Der Anreicherungstyp ist selbstsperrend. Legt man an das Gate eine Spannung, so werden durch das entstehende elektrische Feld entsprechende Ladungsträger aus dem Substrat in die Nähe des Gate gezogen. Sie bilden den eigentlichen Kanal.

Die Unterbrechung des Kanals zwischen

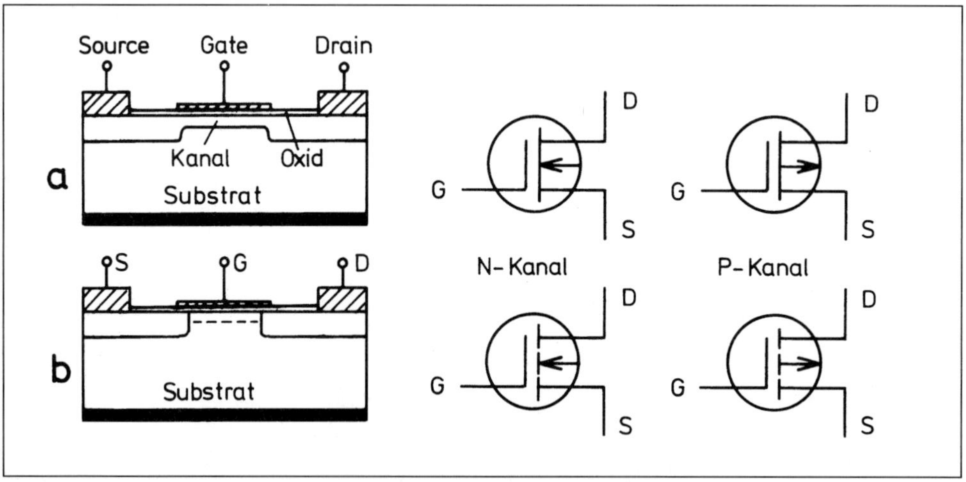

Abbildung 17-4- Aufbau und genormtes Schaltzeichen von Isolierschicht-FETs: a) Verarmungstyp (selbstleitend); b) Anreicherungstyp (selbstsperrend)

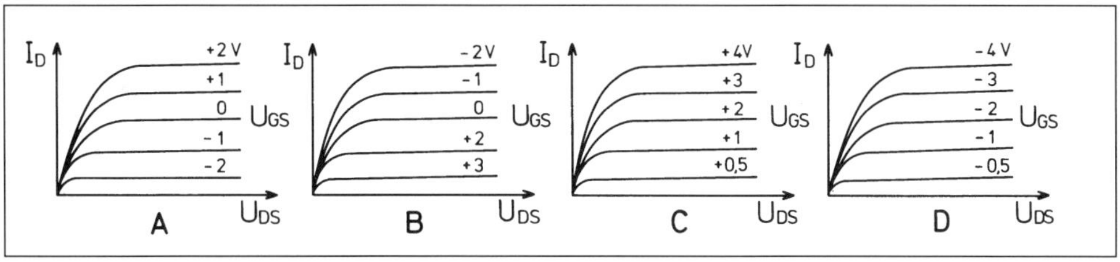

Abbildung 17-5: Typische Ausgangskennlinien von Isolierschicht-Feldeffekttransistoren: A) N-Kanal, Ver-armungstyp; B) P-Kanal, Verarmungstyp; C) N-Kanal, Anreicherungstyp; D) P-Kanal, Anreicherungstyp

Drain und Source wird im Schaltsymbol durch entsprechend gezeichnete Unterbrechungen gekennzeichnet. Die Isolierung des Gates wird durch den Abstand zwischen Gate und Kanal symbolisiert. Da beim MOSFET zwischen dem Substrat und dem Kanal ein PN-Übergang besteht, wird hier ein entsprechender Pfeil eingezeichnet. Der Pfeil (P-Schicht = Dreieck bei der Diode) stellt auch hier den entsprechenden PN-Übergang dar. Beim N-Kanal-Typ z.B. zeigt der Pfeil also vom P-Substrat zum N-Kanal.

Wird das Substrat beim MOSFET als separate Elektrode aus dem Gehäuse herausgeführt, verbindet man diesen Anschluß normalerweise mit dem Sourceanschluß. Es gibt MOSFETs mit zwei Gateanschlüssen (Dual-Gate-Mosfet), bei welchen man für Mischstufen z.B. auf jedes Gate ein anderes Signal geben kann. Bei diesen Dual-Gate-Mosfets ist das Substrat normalerweise mit der Source im Gehäuseinnern verbunden.

17.3 Der FET-Verstärker

Um mit Feldeffekttransistoren eine Verstärkung zu erzielen, wird in den Drainstromkreis ein Widerstand geschaltet, an dem bei einer Stromänderung eine entsprechende Spannungsänderung entsteht. Die Verstärkerwirkung ist wie beim bipolaren Transistor erklärbar (siehe auch Lektion 14,Transistor als Verstärker, Abschnitt 14.1).

Zunächst wird ein bestimmter Ruhestrom durch Wahl eines Arbeitspunktes eingestellt. Bei NF-Verstärkern beträgt dieser Ruhestrom I_D nur etwa 0,1 bis 1 mA, bei HF-Verstärkern 5 bis 20 mA. Um diesen Ruhestrom schwankt der Drainstrom durch Steuerwirkung mit der Gate-Source-Spannung (Bild 17-6).

Der Sourcewiderstand R_S dient gleichzeitig zur Arbeitspunkteinstellung als auch zur Arbeitspunktstabilisierung wie beim bipolaren Transistor. Durch den von Plus U_b nach Masse fließenden Drainstrom wird an der Source eine positive Spannung (z.B. +2 V) erzeugt. Das Gate erhält aber über den Gatewiderstand R_G die Spannung 0 Volt. (Beim

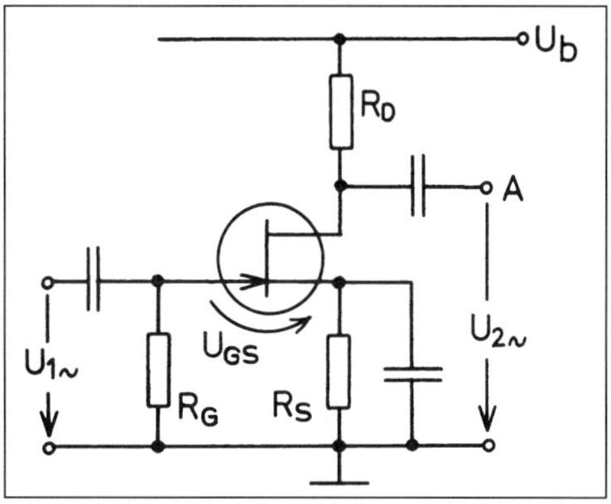

Abbildung 17-6: Verstärker in Sourceschaltung mit selbstleitendem FET

selbstsperrenden MOSFET muß der Gatewiderstand statt an Masse an die Betriebsspannung U_b angeschlossen werden.) Damit ist die Spannung am Gate z.B. 2 V negativer als an der Source oder anders ausgedrückt:
U_{GS} = -2 V, was für einen N-Kanal-FET als Vorspannung benötigt wird.

Der Widerstand R_G soll also nur dafür sorgen, daß das Massepotential von 0 Volt am Gate anliegt. Als Widerstandswert wird im NF-Bereich meistens R_G = 1 MΩ gewählt, im HF-Bereich 10 bis 100 kΩ.

Die Größe des Sourcewiderstandes ergibt sich aus der gewünschten Gatevorspannung – U_{GS} und dem durch diesen Widerstand fließenden Drainstrom:

$$\boxed{R_S = \frac{-U_{GS}}{I_D}}$$

Beispiel: Bei einem einstufigen Verstärker mit dem Feldeffekttransistor BFW 10 in Sourceschaltung nach Bild 17-6 beträgt der Drainstrom 2 mA und die Gate-Source-Spannung U_{GS} = -2 V. Gesucht ist der Sourcewiderstand:

$$\boxed{R_S = \frac{-(-2\,\mathrm{V})}{2\,\mathrm{mA}} = 1\,\mathrm{k\Omega}}$$

Der Drainwiderstand kann wie beim bipolaren Transistor folgendermaßen überschlägig berechnet werden. Die Drain-Source-Spannung sollte etwa die Hälfte der Betriebsspannung betragen. Die Spannung am Drainwiderstand ist damit:

$$U_{R_D} = U_b - U_{DS} - U_{R_S}$$

Nach dem Ohmschen Gesetz beträgt der Drainwiderstand damit:

$$R_D = \frac{U_{R_D}}{I_D}$$

Beispiel: Die Betriebsspannung im obigen Beispiel beträgt 20 V. Wie groß ist der Drainwiderstand?

Lösung: $U_{R_D} = 20\,\mathrm{V} - 10\,\mathrm{V} - 2\,\mathrm{V} = 8\,\mathrm{V}$

$$R_D = \frac{8\,\mathrm{V}}{2\,\mathrm{mA}} = 4\,\mathrm{k\Omega}$$

Die Koppelkondensatoren können überschlägig dadurch errechnet werden, daß bei der unteren Grenzfrequenz der kapazitive Widerstand X_C (siehe Lektion 7, Abschnitt 7.7) kleiner sein sollte als der Gatewiderstand R_G bzw. der Sourcewiderstand R_S. Weiter soll hier im Rahmen des „Amateurfunk-Lehrgangs" auf diese Berechnung nicht eingegangen werden.

17.4 Die Drainschaltung (Sourcefolger)

Wie bei den bipolaren Transistoren lassen sich auch die anderen Elektroden als gemeinsamer Anschluß für den Eingang und den Ausgang verwenden. Man kommt so zur Drainschaltung und zur Gateschaltung. Die Gateschaltung würde in der Source gesteuert werden müssen, d.h., der Eingangswiderstand wäre relativ klein. Damit böte diese Schaltung keinen Vorteil gegenüber einer entsprechenden Schaltung mit bipolaren Transistoren. Sie hat deshalb keine praktische Bedeutung.

Bei der Drainschaltung (Bild 17-7) wird der Drainanschluß über $+U_b$ wechselspannungsmäßig geerdet. Die Drainschaltung ist mit der Kollektorschaltung vergleichbar. Der Arbeitswiderstand ist in der Sourceleitung. Dieser Sourcewiderstand darf bei der Drainschaltung natürlich nicht durch einen Kondensator überbrückt werden. Da die Ausgangsspannung am Sourcewiderstand abgenommen wird, wird diese Schaltung auch Sourcefolger genannt.

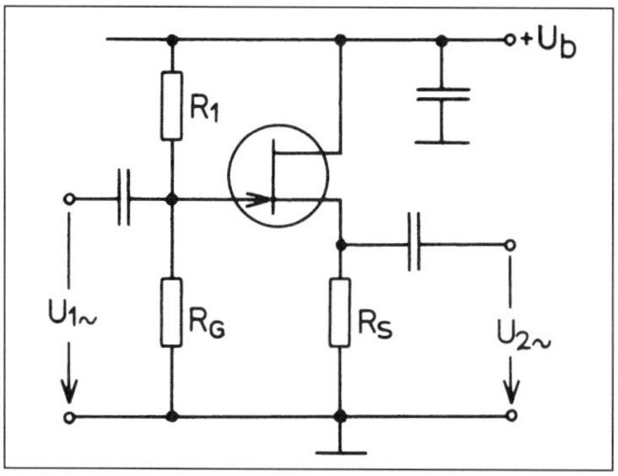

Abbildung 17-7: Drainschaltung (Sourcefolger)

Da am Sourcewiderstand eine relativ hohe Gleichspannung abfällt (etwa halbe Betriebsspannung), würde eine zu hohe negative Gate-Source-Vorspannung entstehen. Deshalb wird die Gatevorspannung durch einen Spannungsteiler eingestellt.

Die Drainschaltung hat einen sehr hohen Eingangswiderstand, der nur vom Spannungsteiler R_1/R_G abhängig ist, und einen kleinen Ausgangswiderstand. Sie hat keine Spannungsverstärkung ($V_U \approx 1$). Die Drainschaltung wird deshalb als sogenannter Impedanzwandler (Bild 17-8) eingesetzt, wenn ein niederohmiger Lastwiderstand an einen hochohmigen Generator (Mikrofon, HF-Verstärker mit Schwingkreis u.a.) angepaßt werden soll.

17.5 Typische Anwendungsschaltungen in der Analogtechnik

Feldeffekttransistoren werden bevorzugt dort angewendet, wo es auf einen hohen Eingangswiderstand oder auf eine hohe Aussteuerbarkeit (geringe Verzerrung) ankommt. Außerdem ist der FET wegen der geringen Eingangskapazität gut als Verstärker für hohe Frequenzen geeignet.

17.5.1 Verstärker mit FET-Eingang

Für Verstärkerstufen mit hohem Eingangswiderstand, kleiner Eingangskapazität und geringer Rauschneigung sind Sperrschicht-FETs vorteilhaft einsetzbar. Solche Verstärkerstufen

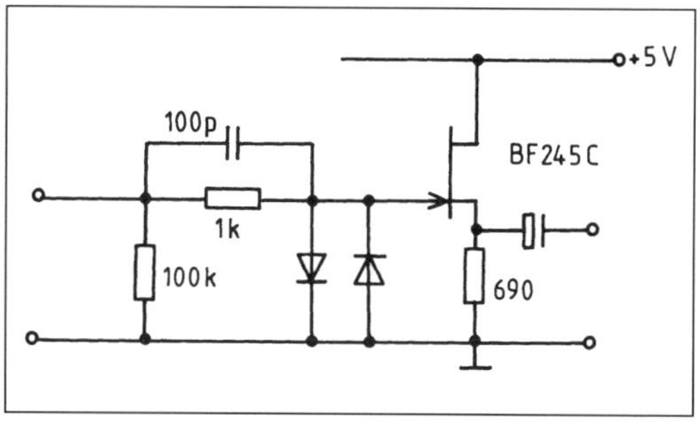

Abbildung 17-9: Eingangsstufe mit FET in Drainschaltung

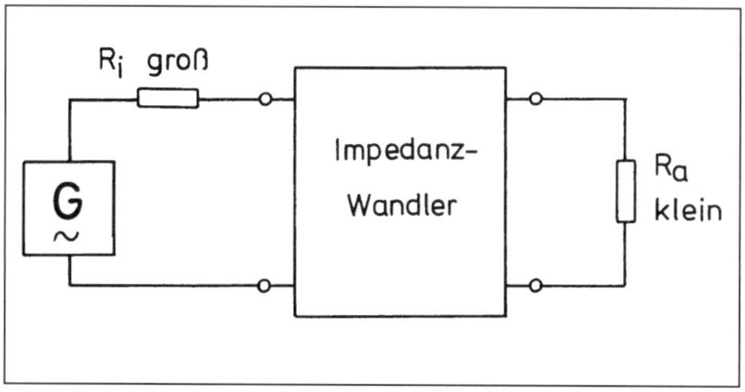

Abbildung 17-8: Der Impedanzwandler hat einen hohen Eingangswiderstand und einen niedrigen Ausgangswiderstand.

werden im Amateurfunk in Meßverstärkern für Frequenzzähler oder im Oszilloskop eingesetzt.

Die Eingangsstufe (Bild 17-9) mit dem BF245C ist für einen Frequenzzähler gedacht, der einen hohen Eingangswiderstand erhalten soll. Die beiden Silizium-Universaldioden sollen eine Übersteuerung des Eingangs verhindern.

17.5.2 Der FET als Konstantstromquelle

Der bei FETs besonders geringe Einfluß der Drain-Source-Spannung auf den Drainstrom I_D wird bei der Schaltung als Konstantstromquelle ausgenutzt (Bild 17-10).

Ändert sich z.B. die Spannung U_{DS} um den Betrag ΔU_D (von Punkt A nach B), so ändert sich der Strom nur um den geringen Betrag ΔI_D. Er bleibt fast konstant. Mit dem Widerstand R_S wird der Arbeitspunkt ($-U_{GS}$) und damit der gewünschte Strom I_S eingestellt.

Diese FET-Konstantstromquelle läßt sich wie ein Ohmscher Widerstand in jede beliebige Schaltung ohne zusätzliche Hilfsspannung einsetzen. Allerdings muß auf die richtige Polarität geachtet werden.

Praxis: Diese Schaltung einer Konstantstromquelle (Bild 17-10) sollten Sie mit einem FET BF 245 A selbst einmal ausprobieren. Nehmen Sie für R_S ein Trimmpoti mit etwa 4,7 kΩ, und legen Sie zwischen die mit + und – gekennzeichneten Anschlüsse eine einstellbare Spannung (ca. 0...12 V) mit einem in Reihe geschalteten Strommesser an. Verändern Sie die Spannung und beobachten Sie den Strom! Sie werden feststellen: Im Bereich von etwa 2 bis 12 Volt ändert sich der mit R_S eingestellte Strom nur sehr geringfügig.

17.5.3 Elektronischer Spannungsmesser mit hohem Eingangswiderstand

Ein Strommesser mit ungefähr 1 mA Endausschlag wird in einer Verstärkerstufe in Drainschaltung mit dem Sourcewiderstand in Reihe geschaltet. Der Sourcestrom I_S ist der Eingangsspannung annähernd proportional (Bild 17-11).

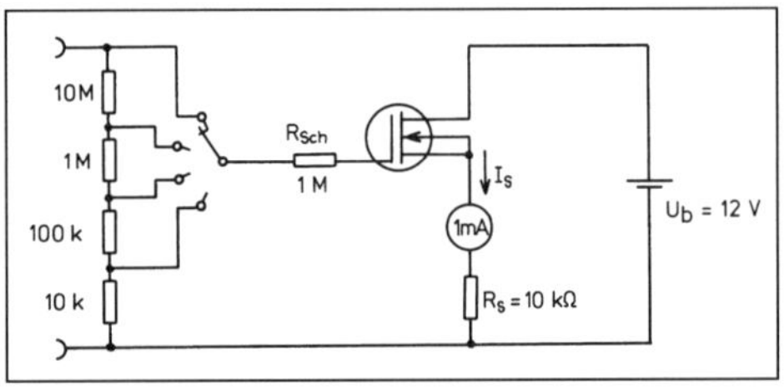

Abbildung 17-11: Elektronischer Spannungsmesser mit hohem Eingangswiderstand

Zur Meßbereichserweiterung kann ein hochohmiger Spannungsteiler davor geschaltet werden. Der Widerstand R_{Sch} dient als Schutzwiderstand.

17.5.4 FET als Hochfrequenzverstärker

Der Resonanzverstärker mit dem BF981 (Bild 17-12) ist als Vorverstärker für das 2-m-Band gedacht. Der BF981 ist ein Dual-Gate-MOSFET. Mit dem zweiten Gate kann man die Ver-

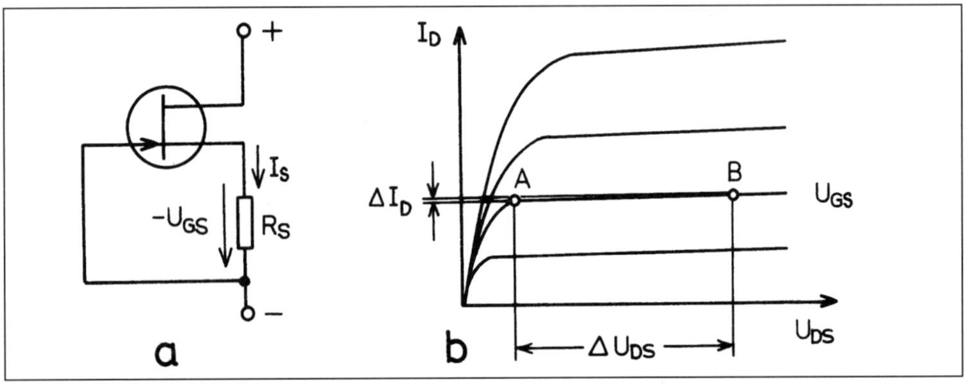

Abbildung 17-10: FET als Konstantstromquelle

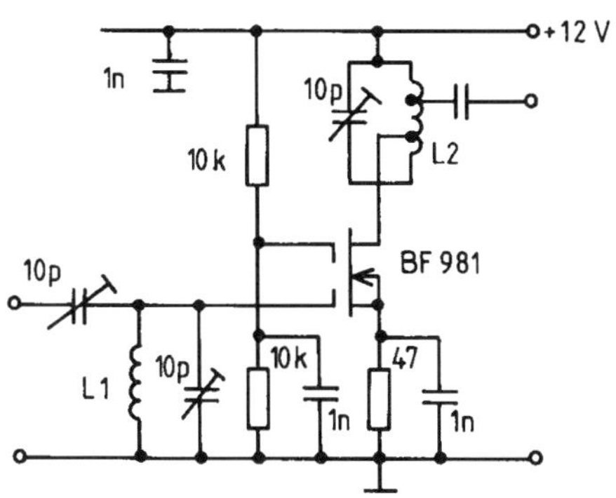

Abbildung 17-12: Eingangsschaltung eines 2-m-Empfängers mit FET

stärkung einstellen. Die Spulen L1 und L2 sind Luftspulen mit sieben Windungen und 6 mm Durchmesser aus 1-mm-Silberdraht. Mit den Schwingkreiskondensatoren wird auf beste Verstärkung abgeglichen und mit dem Eingangstrimmer auf bestes Signal-Rausch-Verhältnis eingestellt.

17.6 Der FET in der Digitaltechnik

Mit einem selbstsperrenden MOSFET läßt sich sehr einfach ein Inverter aufbauen (Bild 17-13 A). Legt man an den Eingang des N-Kanal-MOSFETs eine positive Spannung, kann sich der Kanal ausbilden, es fließt ein Drainstrom, und die Ausgangsspannung bricht bis auf eine geringe Restspannung zusammen (LOW). Dies ist das typische Verhalten eines Inverters (siehe Abschnitt 16.1).

Verbindet man nach Bild 17-13 B Gate und Drain eines selbstsperrenden MOSFETs, dann ist die Gate-Source-Spannung immer gleich der Drain-Source-Spannung, und es ergibt sich ein ähnliches Verhalten wie ein hochohmiger Widerstand. Ersetzt man nun den Widerstand R von Bild 17-13 A durch einen so geschalteten Transistor, erhält man eine Schaltung, die nur aus gleichartigen Feldeffekttransistoren besteht und deshalb technisch leicht herstellbar ist (Bild 17-13 C).

Diese N-MOS-Schaltungen benötigen wenig Platz und haben eine geringe Leistungsaufnahme von weniger als ein Milliwatt (typisch 0,2 mW).

Durch Reihenschaltung von Feldeffekttransistoren wird aus dem Inverter eine NAND-Schaltung, bei der nur dann LOW-Pegel am Ausgang auftritt, wenn beide Eingänge HIGH-Pegel bekommen. Zum Vergleich ist in Bild 17-14 rechts die Schaltung mit Relaiskontakten und Pull-up-Widerstand dargestellt.

Abbildung 17-13: Inverter mit N-Kanal-MOSFET

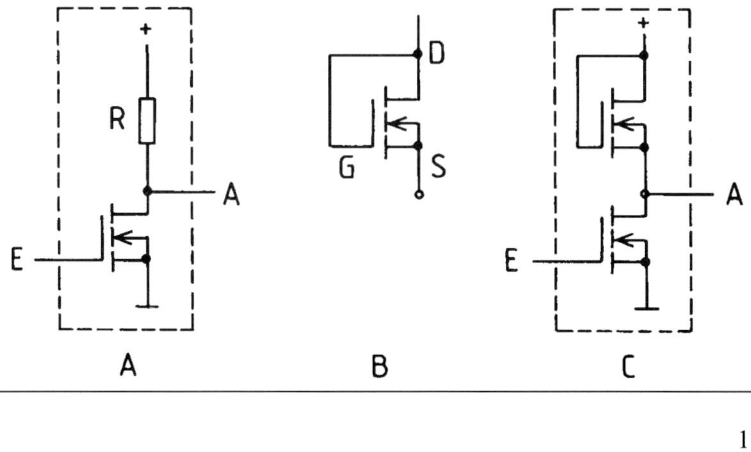

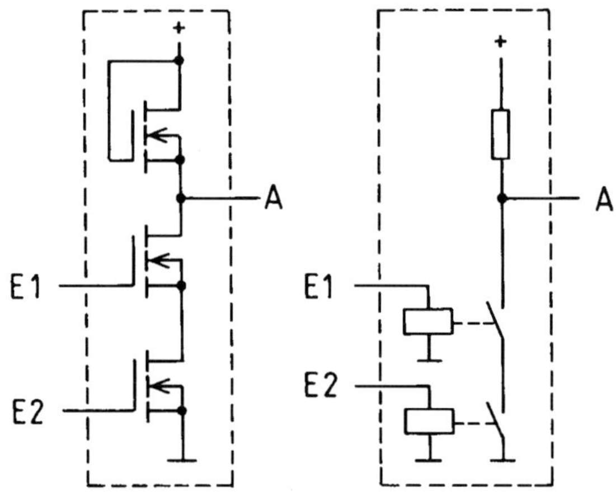

Arbeitstabelle

Eingang E1	Eingang E2	Ausgang A
L	L	
L	H	
H	L	
H	H	

Abbildung 17-14: NAND-Schaltung in N-MOS-Technik

Aufgabe 1: Ergänzen Sie die Arbeitstabelle Bild 17-14 und vergleichen Sie diese mit Bild 16-10.

Durch Parallelschaltung von Feldeffekttransistoren wird aus dem Inverter eine NOR-Schaltung, bei der immer dann LOW-Pegel auftritt, wenn einer oder mehrere Eingänge HIGH-Pegel erhalten. Zum Vergleich ist in Bild 17-15 die Schaltung mit Relaiskontakten und Pull-up-Widerstand dargestellt.

N-MOS-Schaltungen ermöglichen bei der Herstellung eine sehr hohe Packungsdichte und eignen sich deshalb für hoch integrierte Schaltungen. Nachteilig ist ein sehr hoher Ausgangswiderstand und die ständige Stromaufnahme im L-Ausgangszustand. Anders verhalten sich Schaltungen in CMOS-Technik.

Aufgabe 2: Ergänzen Sie wieder die Arbeitstabelle und vergleichen Sie diese mit Bild 16-16.

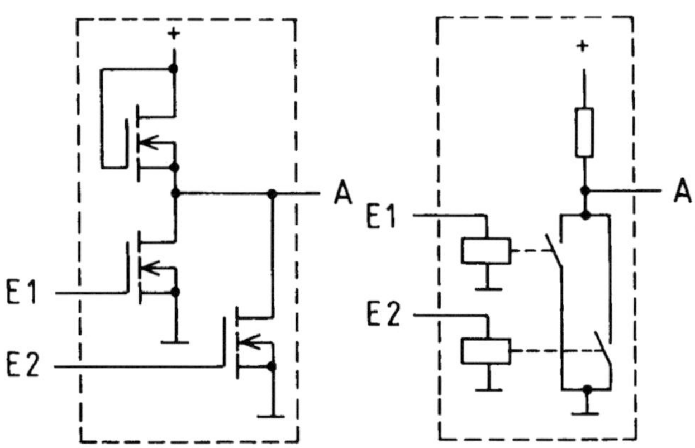

Arbeitstabelle

Eingang E1	Eingang E2	Ausgang A
L	L	
L	H	
H	L	
H	H	

Abbildung 17-15: NOR-Schaltung in N-MOS-Technik

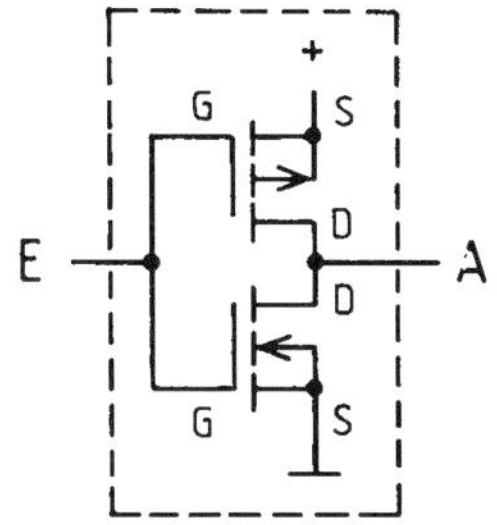

E	A
0	1
1	0

Abbildung 17-16: Inverter in CMOS-Technik

Bei der CMOS-Technik sind N-Kanal- und P-Kanal-Feldeffekttransistoren komplementär zusammengesetzt (CMOS = Complementary MOS). In dieser Technik nehmen die Schaltungen nur beim Umschalten kurzzeitig Strom auf, wodurch sich sehr geringe Verlustleistungen ergeben.

Bild 17-16 zeigt einen Inverter in CMOS-Technik. Ein P-Kanal- und ein N-Kanal-MOS-FET sind „gegeneinander" geschaltet. Wird LOW-Signal an den Eingang gelegt, leitet der obere (P-Kanal-MOS-) FET, und es steht HIGH-Signal am Ausgang. Der untere (N-Kanal-MOS-) FET bleibt gesperrt. Legt man HIGH-Signal an den Eingang, sind die Verhältnisse umgekehrt.

Aus einem Inverter wird eine NAND-Schaltung, indem man nach Bild 17-17 links die beiden P-Kanal-Transistoren parallel schaltet, während die beiden N-Kanal-Typen in Reihe liegen.

LOW-Potential am Ausgang kann deshalb nur dann an den Ausgang gelangen, wenn beide in Reihe geschalteten N-Kanal-Transistoren leiten (und gleichzeitig die P-Kanal-Transistoren sperren).

Vertauscht man die Anordnung in der Weise, daß die beiden P-Kanal-Transistoren in Serie liegen und die N-Kanal-Transistoren in Reihe geschaltet sind, erhält man eine NOR-Schaltung, die in Bild 17-17 rechts dargestellt ist.

CMOS-Schaltungen können mit Betriebsspannungen zwischen 3 und 15 Volt betrieben werden und haben eine Leistungsaufnahme je nach „Taktfrequenz" von weniger als 100 Mikrowatt.

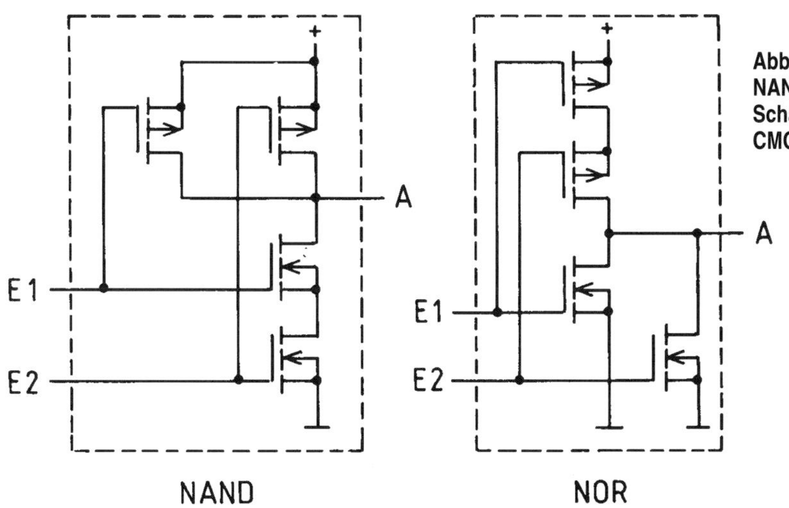

Abbildung 17-17: NAND- und NOR-Schaltung in CMOS-Technik

17.7 Test zur Lektion 17

1. Welches ist das richtige Schaltsymbol für einen N-Kanal-Sperrschicht-FET?

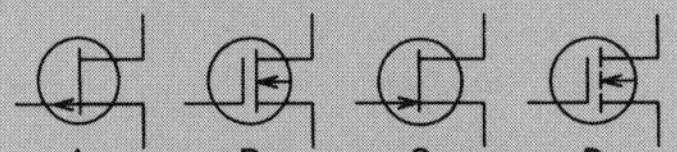

A B C D

2. Welches ist das richtige Schaltsymbol für einen selbstleitenden P-Kanal-MOSFET (Verarmungstyp)?

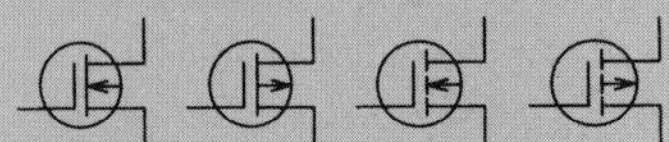

A B C D

3. Welches ist das richtige typische Ausgangskennlinienfeld für einen N-Kanal-MOSFET – Anreicherungstyp?

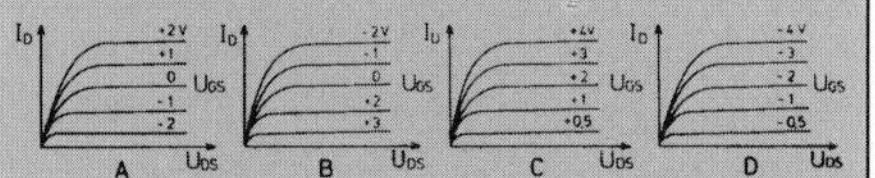

A B C D

4. Welche der folgenden Schaltungen hat den höchsten Eingangswiderstand?
   A Emitterschaltung
   B Kollektorschaltung
   C Sourceschaltung
   D Drainschaltung
5. Wie heißen die Elektroden (Anschlüsse) beim Feldeffekttransistor, und welches sind die entsprechenden Elektroden beim bipolaren Transistor?
6. Skizzieren Sie das Schaltzeichen für einen selbstsperrenden N-Kanal-MOSFET.
7. Skizzieren Sie einen FET-Verstärker für NF.
8. Ergänzen Sie die Wahrheitstabelle folgender MOSFET-Schaltung.

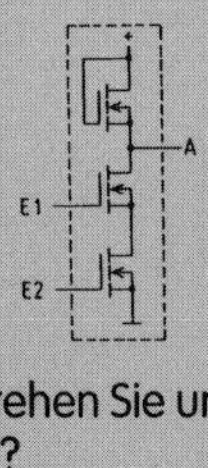

Wahrheitstabelle

Eingang E1	Eingang E2	Ausgang A
0	0	
0	1	
1	0	
1	1	

9. Was verstehen Sie unter einem Impedanzwandler?
10. Skizzieren Sie das Schaltbild für eine Konstantstromquelle mit FET.

Raum für Ihre Lösungen

Lektion 18: Die Elektronenröhre

Heutzutage werden moderne Empfänger und Sender vollständig mit Halbleitern (Dioden, Transistoren, ICs) bestückt. Weshalb also gehen wir hier im Rahmen des „Amateurfunk-Lehrgangs" noch auf die Elektronenröhre ein?

Für einen Funkamateur, der seine Senderendstufe noch selbst baut, ist der Aufbau mit Röhren einfacher und meistens billiger, wenn es sich um hohe Leistungen bei hohen Frequenzen handelt. Auch wird ein Funkamateur sich gern mit älteren Funkgeräten vom Gebrauchtwarenmarkt beschäftigen. Die alten Röhrengeräte sind sehr preiswert zu haben und in der Technik gar nicht schlecht. Es gibt kein aktuelles Buch mehr, das die Elektronenröhre behandelt. Deshalb ist es sinnvoll, mit dieser Lektion die entstandene Lücke zu schließen.

18.1 Die thermische Elektronenemission

Elektronenröhren bestehen zumeist aus einem luftleer gepumpten Glaskolben mit einem eingeschweißten gläsernen Fuß. Durch den als Fuß (Sockel) dienenden gepreßten Glasteller führen Steckerstifte. Sie tragen im Innern der Röhre das Elektrodensystem. Der Röhrensokkel paßt in eine auf das Chassis montierte Röhrenfassung.

Da in einem luftleer gepumpten Glaskolben (Hochvakuum) normalerweise keine Ladungsträger für die Stromleitung vorhanden sind, müssen künstlich Elektronen hineingebracht werden. Diesen Vorgang nennt man Glühemission. Bei der Glühemission wird ein Leiter im Vakuum zum Glühen gebracht, ähnlich wie bei einer normalen Glühlampe. Je stärker nämlich ein Leiter erwärmt wird, desto schneller bewegen sich die in ihm befindlichen freien Elektronen. Bei einer bestimmten Geschwindigkeit wird ihre Energie so groß, daß sie die Anziehungskraft der Leiterionen überwinden und aus der Oberfläche des Leiters austreten können. Diese Glühemission wird auch „thermische Elektronenemission" oder „Edison-Effekt" genannt.

In einer Elektronenröhre muß also eine Elektrode immer zum Glühen gebracht (geheizt) werden. Diese Elektrode nennt man die Katode. Die Katode entspricht dem Emitter beim Transistor. Es gibt direkt und indirekt geheizte Katoden. Bei direkt geheizten Katoden ist der Heizfaden mit der wirksamen Katodenschicht aus z.B. Barium-Strontium-Oxid überzogen. Die direkte Heizung wird nur bei schnell heizenden Senderöhren verwendet.

Bei indirekt geheizten Katoden sind Heizfaden und Katode elektrisch voneinander getrennt. Die wirksame Katodenschicht ist auf ein Metallröhrchen aufgetragen, das nur durch die Wärmestrahlung oder Wärmeleitung vom isolierten Heizfaden auf die notwendige Temperatur gebracht wird.

Im Bild 18-1 sind die entsprechenden genormten Schaltzeichen für die direkt und die indirekt geheizte Katode dargestellt. An die mit „f" (Faden) bezeichneten Anschlüsse wird eine Spannungsquelle angeschlossen, so daß

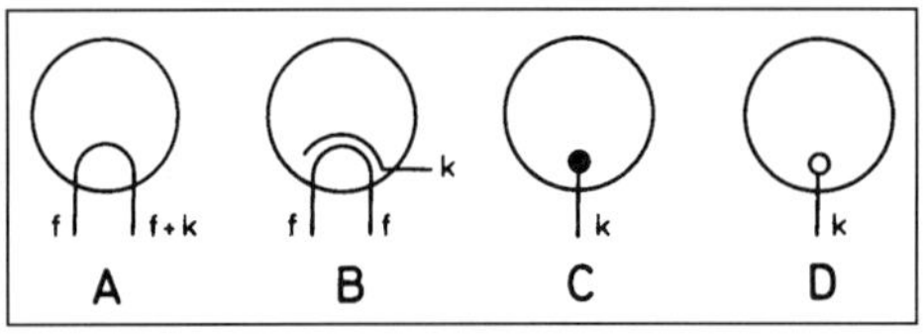

Abbildung 18-1: Schaltzeichen A) für direkt geheizte, B) für indirekt geheizte Katode, C) vereinfachtes Symbol für geheizte Katode, D) Kaltkatode

über den Heizdraht ein Strom fließt, der so stark sein muß, daß der Faden rot glüht. An diesem Glühen erkennt man bereits von außen, ob der Heizfaden einer Röhre noch in Ordnung ist.

Wenn es für ein zu zeichnendes Schaltbild nicht wichtig ist, wie die Katode geheizt ist, kann man das im Bild 18-1 C dargestellte vereinfachte Schaltzeichen für eine geheizte Katode verwenden: ein ausgefüllter, großer Punkt. Bei einer sogenannten Kaltkatode für Ionenröhren (gasgefüllte Röhren) wird dieser Punkt farblich nicht ausgefüllt, man zeichnet an dieser Stelle einen kleinen Kreis (Bild 18-1 D).

18.2 Die Röhrendiode

Bei der Bezeichnung von Röhren geht man normalerweise von der Anzahl der Elektroden aus. Den Heizfaden zählt man dabei nicht mit. Man unterscheidet die Zweipolröhre (Diode), die Dreipolröhre (Triode), die Vierpolröhre (Tetrode), die Fünfpolröhre (Pentode) und so weiter.

Die Diode (Bild 18-2) enthält außer der Katode als zweite Elektrode noch die Anode. Die Anode dient zum Auffangen der Elektronen. Verbindet man die Anode mit dem Pluspol und die Katode mit dem Minuspol einer Gleichspannung (Bild 18-2 a), so werden die von der Katode emittierten freien Elektronen zur positiven Anode gesaugt. Es fließt ein Elektronenstrom von der Katode zur Anode. Man beachte auch hier, daß Elektronenstromrichtung und konventionelle (technische) Stromrichtung entgegengesetzt sind!

Polt man die Spannung zwischen Anode und Katode um, so werden die Elektronen von der negativen Anode abgestoßen. Es fließt kein Strom. Die Röhrendiode läßt also genau wie die Halbleiterdiode den Strom nur in einer Richtung fließen.

Die zwischen Anode und Katode anliegende Spannung nennt man Anodenspannung U_a. Der vom Pluspol der Batterie über die leitende Diode fließende Strom heißt Anodenstrom I_a. Ist die Anodenspannung Null, so fließt nur ein sehr kleiner Anodenstrom, der dadurch entsteht, daß einige Elektronen soviel Energie erhalten, daß sie auch ohne positive Anodenspannung die Anode erreichen. Dieser Strom heißt Anlaufstrom.

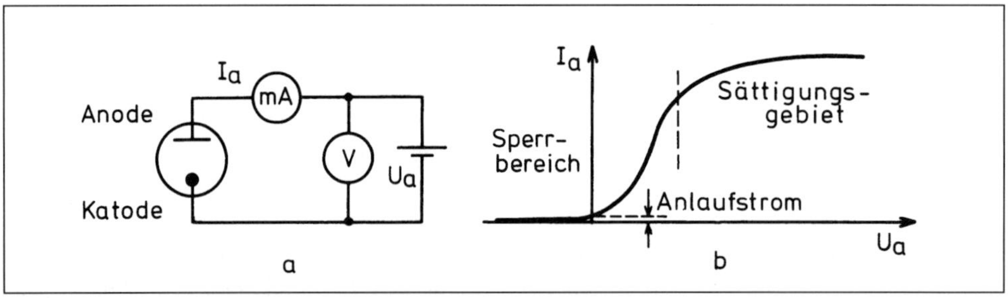

Abbildung 18-2: Schaltbild (a) und Kennlinie (b) der Diode

Bei höheren Anodenspannungen werden alle von der Katode emittierten Elektronen von der Anode angezogen. Der Strom steigt kaum mehr an. Dieses Gebiet heißt Sättigungsgebiet. Da Hochvakuumdioden wie Halbleiterdioden in einer Richtung den Strom leiten und in der anderen Richtung sperren, wurden sie auch für die gleichen Schaltungen wie bei Halbleiterdioden (Gleichrichter, Demodulation) eingesetzt. Heutzutage sind Röhrendioden durch die Halbleiterdioden vollständig verdrängt worden. Deshalb brauchen hier auch keine Schaltungen angegeben zu werden. Entsprechende Halbleiterdioden-Schaltungen finden Sie in der Lektion 11 in den Abschnitten 11.5 und 11.6.

18.3 Die Triode

Die Triode (tri = drei) hat drei Elektroden. Zwischen Katode und Anode befindet sich ein Steuergitter. Dieses Gitter besteht aus einem Draht, der wendelförmig auf zwei Haltestege weitmaschig um die Katode gewickelt ist (Bild 18-3).

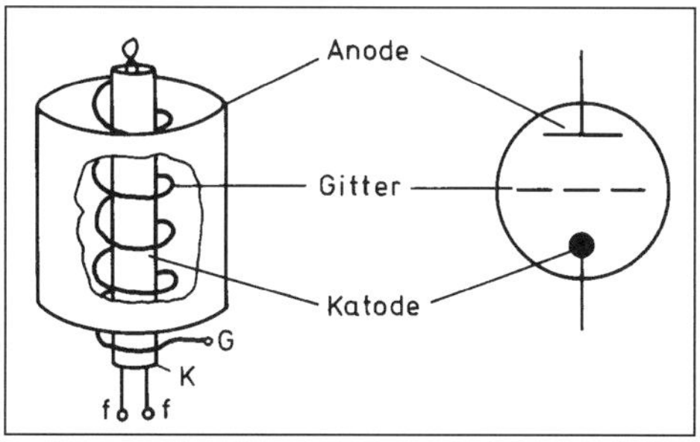

Abbildung 18-3: Aufbau und Schaltzeichen der Triode

Die Erfindung der Elektronenröhre als Verstärker geht im Grunde auf die Glühlampenerfindung von Thomas Alva Edison und auf den von ihm 1884 beschriebenen „Edison-Effekt“ zurück, bei dem ein glühender Körper Elektronen ausstrahlt. Jedoch erst die von dem Amerikaner Lee de Forest durch ein Steuergitter zur Verstärkerröhre verbesserte Elektronenröhre setzte sich um 1910 als Verstärker und 1918 im Radiowesen und einige Jahre später im Amateurfunk durch.

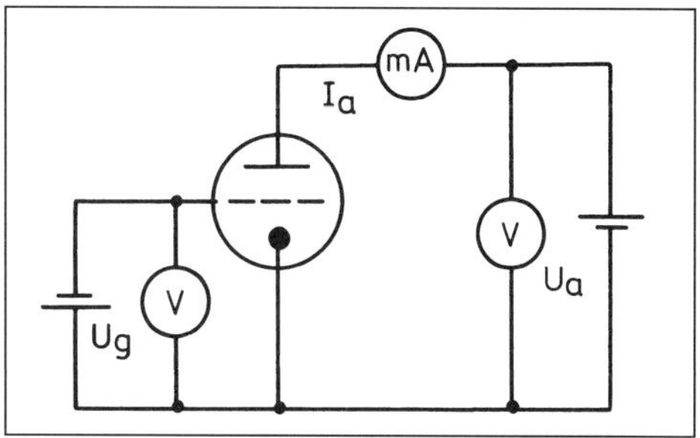

Abbildung 18-4: Schaltung zur Kennlinienaufnahme

Experiment: Schließen Sie an eine Triode, z.B. EC 92, die notwendige Heizspannung von 6,3 Volt an. Der Heizfaden muß rot glühen. Über einen Strommesser im Milliamperebereich schließen Sie eine Anodenspannung von etwa 100 bis 200 V an. Legen Sie eine veränderbare Gleichspannung von etwa 0 bis 6 V mit dem Minuspol an das Gitter und mit dem Pluspol an die Katode. Verändern Sie diese Spannung, und beobachten Sie den Ausschlag des Strommessers (Schaltung Bild 18-4).

Achtung! Eine Spannung größer als 50 Volt ist lebensgefährlich. Nicht berühren!

Sie werden feststellen: Der Anodenstrom wird um so schwächer, je negativer das Steuergitter gegenüber der Katode wird. Das heißt: Bei der Triode steuert die Gitterspannung den Anodenstrom. Da genau wie beim Feldeffekttransistor normalerweise kein Gitterstrom fließt, wird eine Elektronenröhre leistungslos gesteuert.

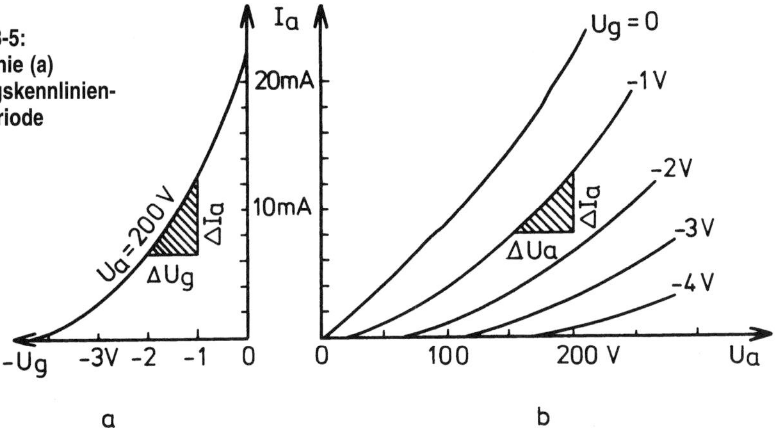

Abbildung 18-5: Steuerkennlinie (a) und Ausgangskennlinienfeld (b) der Triode

Wenn Sie für eine bestimmte Anodenspannung die Abhängigkeit des Anodenstromes von der Gitterspannung messen und dann grafisch auftragen, erhalten Sie die Steuerkennlinie der Triode (Bild 18-5 a). Lassen Sie jeweils die Gitterspannung konstant und messen den Anodenstrom in Abhängigkeit von der Anodenspannung, erhalten Sie das Ausgangskennlinienfeld der Triode (Bild 18-5 b).
Aus diesen Kennlinien lassen sich zwei wichtige Röhrenkennwerte ableiten. Die Steigung der Steuerkennlinie bezeichnet man als Steilheit S:

Steilheit $$S = \frac{\Delta I_a}{\Delta U_g}$$

für U_a = konstant (siehe Bild 18-5 a)

Die Steilheit ist eine wichtige Kenngröße für die Verstärkung einer Röhre in der Schaltung. Je größer die Steilheit ist, desto größer wird die Verstärkung.

Merken Sie sich bitte: **Die Steilheit ist die Anodenstromänderung pro Volt Gitterspannungsänderung.**

Ein weiterer Kennwert der Röhre ist der Innenwiderstand:

Innenwiderstand $$R_i = \frac{\Delta U_a}{\Delta I_a}$$

für U_g = konstant (siehe Bild 18-5 b)

Der Innenwiderstand ergibt sich aus dem Verhältnis der Anodenspannungsänderung zur Anodenstromänderung bei konstanter Gitterspannung.

Ein dritter Kennwert hat bei Röhren noch eine gewisse Bedeutung: der Durchgriff:

Durchgriff $$D = \frac{\Delta U_g}{\Delta U_a}$$ für I_a = konstant

Der Kehrwert des Durchgriffs ist ein Maß für die mögliche Verstärkung einer Röhre. Je geringer der Durchgriff ist, desto größer ist die mögliche Verstärkung.
Diese dritte Kenngröße ist auch insofern wichtig, als man nunmehr durch Multiplikation dieser drei Kenngrößen immer den Wert 1 erhält:

$$S \cdot D \cdot R_i = \frac{\Delta I_a}{\Delta U_g} \cdot \frac{\Delta U_g}{\Delta U_a} \cdot \frac{\Delta U_a}{\Delta I_a} = 1$$

In dieser Gleichung kann man alle Änderungsgrößen gegeneinander kürzen. Man erhält immer den Wert 1. Diesen Zusammenhang nennt man „Barkhausensche Röhrenformel“:

Barkhausensche Röhrenformel

$$\boxed{S \cdot D \cdot R_i = 1}$$

Trioden lassen sich zur Verstärkung und zur Schwingungserzeugung (Oszillator) einsetzen. Da die Steuerung des Anodenstromes nahezu trägheitslos erfolgt, ist die Verwendung von Trioden bis zu Frequenzen von mehreren Gigahertz möglich. In Senderendstufen werden Trioden in sogenannter „Gitter-Basis-Schaltung“ verwendet.

18.4 Verstärkergrundschaltungen mit der Elektronenröhre

Wie beim Transistor kann auch bei der Röhre jede der drei Elektroden als gemeinsamer Anschluß für den Eingang und den Ausgang verwendet werden. Eine Elektrode wird immer geerdet bzw. mit Masse (früher Basis genannt) verbunden. Nach dieser Elektrode erhält die Grundschaltung jeweils ihren Namen (Bild 18-6). Dementsprechend unterscheidet man Katoden-Basis-Schaltung (KB), Gitter-Basis-Schaltung (GB) und Anoden-Basis-Schaltung (AB). Die vereinfachten Bezeichnungen sind Katodenschaltung, Gitterschaltung und Anodenschaltung.

Bei der Katoden-Basis-Schaltung wird die Katode wechselstrommäßig geerdet. Die Röhre wird im Gitter gesteuert, und der Arbeitswiderstand liegt im Anodenkreis. Bei der Gitter-Basis-Schaltung ist das Gitter geerdet, die Katode wird gesteuert, und der Arbeitswiderstand liegt im Anodenkreis. Bei der Anoden-Basis-Schaltung schließlich wird die Anode wechselstrommäßig geerdet, das Gitter wird gesteuert, und der Arbeitswiderstand liegt im Katodenzweig.

Die wichtigste und am häufigsten angewendete Schaltung war die Katoden-Basis-Schaltung. Sie soll hier noch etwas genauer besprochen werden.

Im Bild 18-7 auf Seite 186 ist eine typische Verstärkerschaltung für einen NF-Verstärker in Katoden-Basis-Schaltung dargestellt. Die Katode ist über den 50-nF-Kondensator wechselstrommäßig geerdet.

Bei NF-Verstärkern werden Anodenströme von nur etwa 1 mA verwendet. Der Anoden-

Abbildung 18-6: Die drei Grundschaltungen der Elektronenröhre: KB = Katoden-Basis-Schaltung; GB = Gitter-Basis-Schaltung; AB = Anoden-Basis-Schaltung

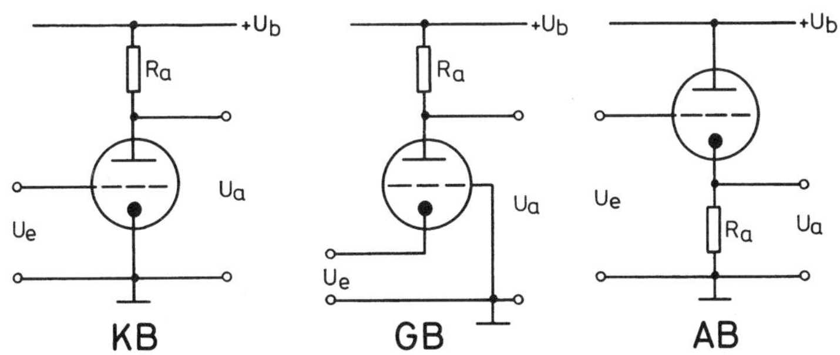

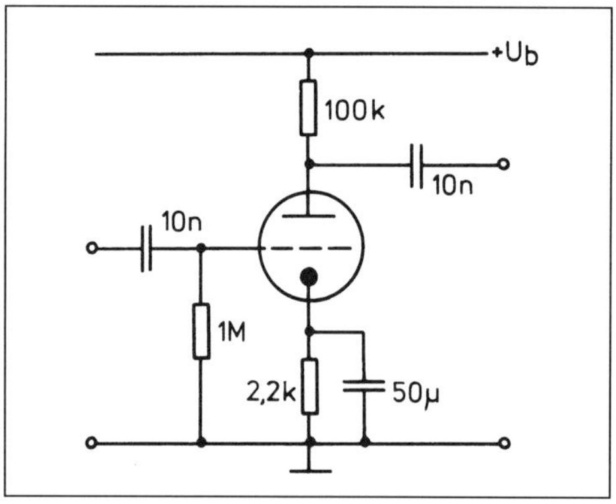

Abbildung 18-7: Typische NF-Verstärker-Schaltung mit einer Triode

widerstand kann dadurch sehr groß gewählt werden, womit sich eine hohe Spannungsverstärkung ergibt. Der Widerstand in der Katodenleitung (hier 2,2 kΩ) hat die Aufgabe einer automatischen Erzeugung der Gittervorspannung.

Die Röhre benötigt eine negative Spannung des Gitters gegenüber der Katode. Genauso gut kann man auch die Katode positiv machen gegenüber dem Gitter. Hier liegt das Gitter über dem sogenannten Gitterableitwiderstand (er soll die auf das Gitter auftreffenden Elektronen nach Masse ableiten) auf Massepotential von 0 Volt. Am Katodenwiderstand fällt durch den Katodenstrom eine Spannung ab, so daß die Katode etwas positiv wird. Bei einem Strom von 1 mA z.B. wäre hier eine Spannung von +2,2 Volt an der Katode zu messen. Damit ist das Gitter um 2,2 Volt negativer als die Katode.

Damit die Spannung auch bei Stromänderungen durch Aussteuerung mit einem Signal konstant bleibt, wird ein Kondensator mit großer Kapazität parallel geschaltet (hier 50 µF).

Beispiel: Berechnen Sie den Katodenwiderstand zur Erzeugung einer automatischen Gittervorspannung einer Triode mit einem Anodenstrom von 1,5 mA und einer Gittervorspannung von –1,5 V.

Lösung: Bei der Triode ist der Katodenstrom gleich dem Anodenstrom:

$$R_k = \frac{-U_g}{I_k} = \frac{1{,}5\,\mathrm{V}}{1{,}5\,\mathrm{mA}} = 1\,\mathrm{k\Omega}$$

Ein Nachteil der Triode ist der große Durchgriff (ergibt kleine Verstärkung, etwa 20- bis 50fach) und die Kapazität zwischen Anode und Steuergitter, die zu unerwünschter Rückkopplung führen kann. Diese Nachteile können durch Einfügen weiterer Gitter beseitigt werden.

18.5 Die Tetrode und die Pentode

Um den Durchgriff einer Röhre zu verringern und damit die Verstärkung zu erhöhen, hat man zwischen Steuergitter und Anode der Röhre eine weitere Elektrode hineingebracht, die man Schirmgitter nennt (Bild 18-8). Wird das Schirmgitter an eine hohe positive Gleichspannung angeschlossen, übernimmt es die Beschleunigung der negativen Elektronen, die größtenteils zur Anode weiter fliegen, da das Schirmgitter sehr weitmaschig gewickelt ist. Nur ein sehr kleiner Teil des Stromes geht als Schirmgitterstrom verloren.

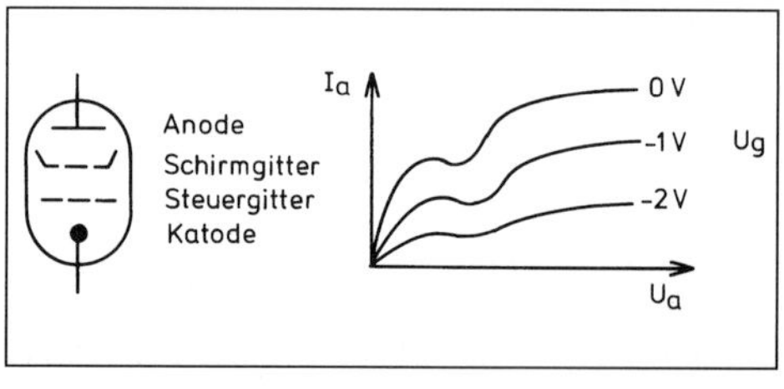

Abbildung 18-8: Schaltzeichen und Kennlinien der Tetrode

Die Tetrode hat eine wesentlich höhere Verstärkung als die Triode und wird hauptsächlich als Senderöhre verwendet.

Ein Nachteil der Tetrode ist die Einsattelung der Kennlinie, wie sie im Bild 18-8 deutlich gemacht wurde. Bei den hohen Geschwindigkeiten nämlich, die die Elektronen auf ihrem Flug erreichen, werden weitere Elektronen aus dem Metall der Anode herausgeschlagen, die dann bei niedrigen Anodenspannungen lieber zum Schirmgitter mit der hohen positiven Spannung fliegen. Dadurch wird der Anodenstrom kleiner, der Schirmgitterstrom steigt.

Der Einbau eines weiteren negativ vorgespannten Gitters zwischen Schirmgitter und Anode verhindert diesen Effekt. Es bremst die Elektronen auf dem Weg zur Anode etwas ab und wird daher Bremsgitter genannt. Es wird in der Praxis direkt auf Massepotential (0 Volt) gelegt oder mit der Katode verbunden. Man erhält so die Fünfpolröhre oder Pentode (Bild 18-9).

Die Kennlinien der Pentode ähneln sehr stark den Ausgangskennlinien des Transistors. Die Pentode wurde bei den röhrenbestückten Empfängern und Sendern sowohl zur Niederfrequenzverstärkung als auch zur Hochfrequenzverstärkung eingesetzt.

Auch bei der Pentode wird die Gittervorspannung automatisch erzeugt durch den Einbau eines Katodenwiderstandes R_k (Bild 18-10). Bei der Berechnung von R_k müssen der Anodenstrom und der Schirmgitterstrom addiert werden, denn beide Ströme zusammen ergeben den Katodenstrom, der durch den Katodenwiderstand fließt.

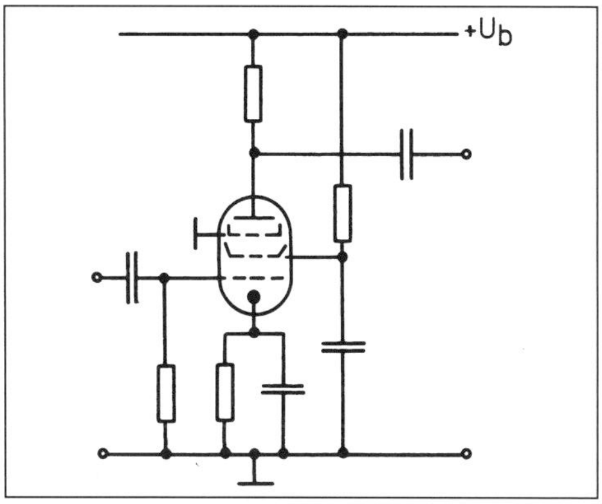

Abbildung 18-10: Typische NF-Verstärker-Schaltung mit einer Pentode

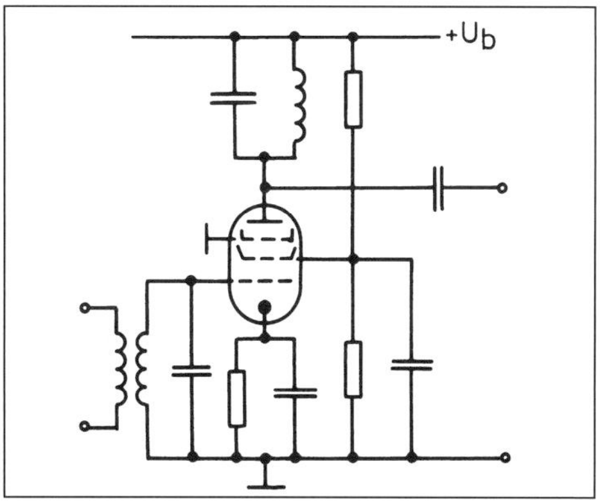

Abbildung 18-11: Typische HF-Verstärker-Schaltung mit einer Pentode

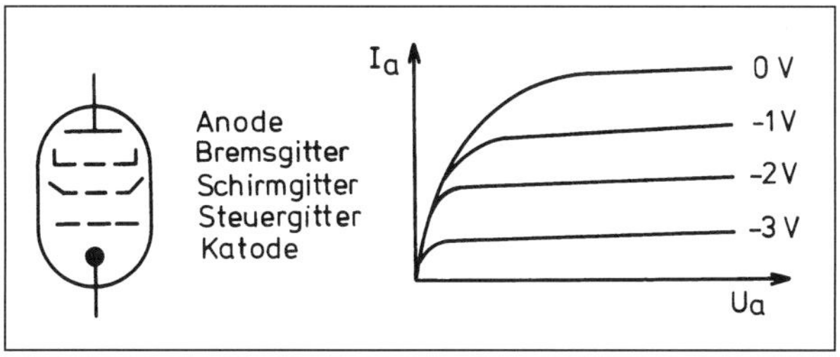

Abbildung 18-9: Schaltzeichen und Kennlinien der Pentode

Das Steuergitter wird über einen Gitterableitwiderstand oder über die Spule des Schwingkreises mit dem Massepotential verbunden. Die Schirmgitterspannung erhält man entweder über einen Vorwiderstand oder über einen Spannungsteiler aus der Betriebsspannung.

18.6 Spezielle Röhren

Für die verschiedensten Anwendungszwecke wurden eine ganze Reihe von Spezialröhren entwickelt. Hier seien nur noch die Hexode und die Heptode genannt, Spezialröhren, die in der Empfängertechnik zur Mischung von zwei Frequenzen eine große Rolle gespielt haben. Sie haben zwei Steuergitter (Bild 18-12).

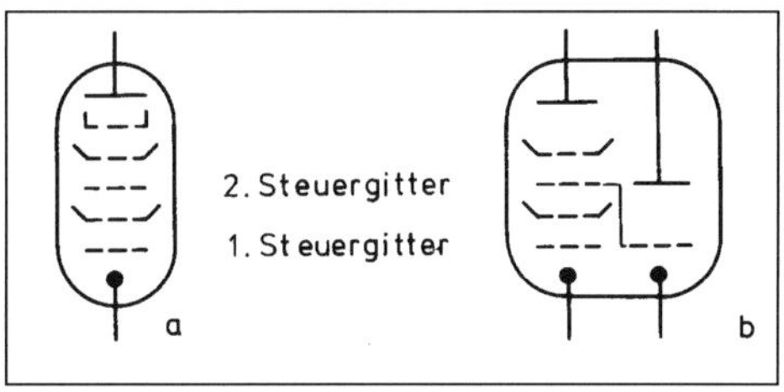

Abbildung 18-12: Schaltzeichen für (a) Heptode, (b) Hexode und Triode als Verbundröhre

Die Hexode hat kein Bremsgitter. Sie war meistens mit einer Triode als Verbundröhre in einem Glaskolben untergebracht (z.B. ECH 81). Die Triode verwendete man als Oszillator zur Schwingungserzeugung. Das Gitter der Triode dieser Verbundröhre ist im Innern mit dem zweiten Steuergitter der Hexode verbunden. An das Steuergitter 1 wurde die Empfangsspannung angelegt. Weitere Einzelheiten zu diesem Frequenzmischprinzip finden Sie im Buch „Amateurfunk-Lehrgang" Band „Funktechnik".

18.7 Kennzeichnung von Röhren

Der alte Typenschlüssel für Elektronenröhren ist etwa in der Mitte der dreißiger Jahre entstanden. Da er nicht mehr den Erfordernissen entsprach, ist er in den sechziger Jahren geändert worden. Da Funkamateure gelegentlich noch ältere Empfänger und Sender besitzen und pflegen, soll hier auch auf die alte Typenbezeichnung eingegangen werden.

Bei den Empfänger-, Verstärker- und Gleichrichterröhren für Rundfunk, Fernsehen und ähnliche Anwendungen besteht die Typenbezeichnung aus zwei oder mehr Buchstaben und einer dreistelligen Zahl.

Der erste Buchstabe kennzeichnet die Heizung, der zweite und die folgenden Buchstaben kennzeichnen die Konstruktion und/oder die Anwendung der Röhre. Verbundröhren haben mehrere Buchstaben an zweiter Stelle, und zwar für jedes in der Röhre vorhandene System einen Buchstaben in alphabetischer Reihenfolge. Die Zahl ist eine laufende Kennzeichnung, aus der man außerdem die Sockelart und bei Tetroden und Pentoden (ausgenommen Endröhren) die Kennlinienform erkennen kann.

Der **erste Buchstabe** kennzeichnet die Heizart:	
A	4 V Parallelspeisung
B	180 mA Serienspeisung
C	200 mA Serienspeisung, nur Gleichstrom
D	1,4 V Parallel-(und Serien-)speisung
E	6,3 V Parallel-(und Serien-)speisung
G	5 V Parallelspeisung
H	150 mA Serienspeisung
K	2 V Parallelspeisung
P	300 mA Serienspeisung
U	100 mA Serienspeisung
V	50 mA Serienspeisung
X	600 mA Serienspeisung

Bei den Typenbezeichnung ab etwa 1960 sind für die Heizung nur noch die Buchstaben D, E, G, H, P, U und X enthalten. Die Bedeutung ist geblieben.

Der **zweite und die folgenden Buchstaben** kennzeichnen die Konstruktion und/oder die Anwendung der Röhre:	
A	Diode (ausgenommen Gleichrichter)
B	Doppeldiode mit gemeinsamer Katode
C	Triode (ausgenommen Endtrioden)
D	Endtriode, Leistungstriode
E	Tetrode (ausgenommen Endtetroden)
F	Pentode (ausgenommen Endpentoden)
L	Endtetrode oder -pentode
H	Hexode oder Heptode
M	Abstimmanzeigeröhre
X	Zweiweg-Gleichrichter mit Gasfüllung
Y	Einweg-Gleichrichter
Z	Zweiweg-Gleichrichter

Die Zahl kennzeichnet die Sockelart und Kennlinienform. Die erste (und gegebenenfalls auch die zweite) Ziffer gibt die Sockelart (Bild 18-13) an:

2	Dekal	52	Novar
3	Oktal	8	Noval
4	Rimlock	9	Miniatur
50, 51	Magnoval		

Die Ziffern 1, 4, 6 und 7 werden bei neueren, professionellen Verstärkerröhren für andere Sockelarten verwendet.

Die letzte Ziffer kennzeichnet die Kennlinienform bei Tetroden und Pentoden (ausgenommen Endröhren): gerade Ziffer = gerade Kennlinie, ungerade Ziffer = Regelkennlinie.

Beispiele: Eine PL 500 ist eine Leistungsendpentode mit 300 mA Heizstrom (Serienheizung) und einem Magnoval-Sockel. Eine EBC 91 hat 6,3 V Heizspannung, und es sind eine Doppeldiode und eine Triode im Glaskolben enthalten. Sie hat einen Miniatursockel. Eine EF 89 ist eine Pentode mit einer gekrümmten Kennlinie (Regelröhre). Sie hat einen Novalsockel (neunpolig).

Bei Verstärkerröhren für professionelle Anwendungen (z.B. „Langlebensröhren" mit Spezialkatode) hatte man eine Zeitlang die Buchstaben für die Anwendung und die Zahl gegeneinander vertauscht. So wurde aus einer ECC 88 mit Spezialkatode eine E 88 CC usw. Später wurden Verstärkerröhren für pro-

Abbildung 18-13: Beispiele für Sockelschaltungen verschiedener Elektronenröhren

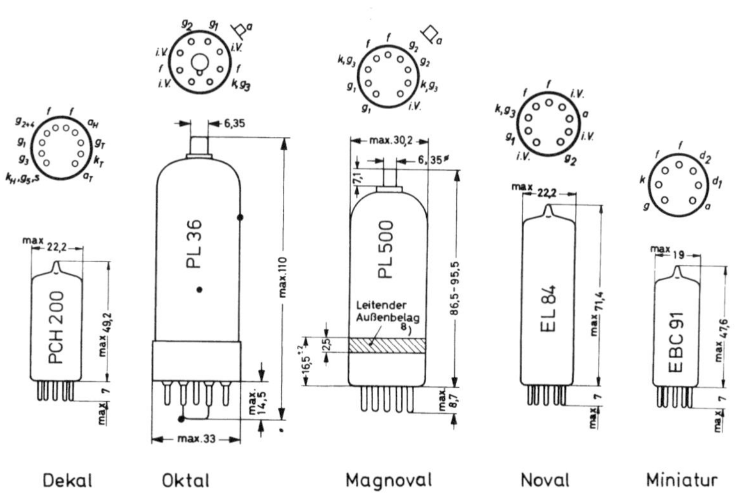

fessionelle Anwendung mit einer vierstelligen Zahl gekennzeichnet. Aus der ersten Ziffer erkennt man auch hier die Sockelart.

Alte Typenbezeichnung für Senderöhren und Hochspannungs-Gleichrichterröhren

1. Buchstabe:	
T	Triode
P	Pentode
Q	Tetrode
QQ	Doppeltetrode
D	Diode (Hochspannungsgleichrichter)

2. Buchstabe:	
A	Wolfram-Katode
C	Oxid-Katode
B	thorierte Wolfram-Katode
E	indirekt geheizte Katode

3. Buchstabe:	
W	wassergekühlte Anode
L	luftgekühlte Anode
H	wassergekühlte Anode mit Wendelkühlung (Helix)
G	Quecksilberdampf-Füllung
X	Edelgasfüllung

Senderöhren kennzeichnete man durch zwei oder drei Buchstaben und zwei Zahlengruppen, z.B. QQE 06/40. Aus der Buchstabengruppe erkennt man, daß es sich hier um eine Doppeltetrode mit einer indirekt geheizten Katode handelt. Die Zahlengruppe vor dem Schrägstrich war die Anodenspannung in Kilovolt (hier 0,6 kV = 600 V) und die Zahlengruppe hinter dem Schrägstrich der ungefähre Wert der maximalen Ausgangsleistung in Watt pro Röhrensystem (hier 40 W). Bei Gleichrichterröhren bedeutet die Zahl vor dem Strich die maximale Ausgangsspannung in Kilovolt.

Aufgabe: Ermitteln Sie die Eigenschaften folgender Senderöhren
PE 05/25 ....
TB 4/1250 ....
OB 3,5/750 ....
QQE 06/40 ....
PE 1/100 ....
QE 05/40 ....
QQE 03/20 ....

Neuere Typenbezeichnung der Spezialröhren für professionelle Anwendungen

Heutzutage besteht die Typenbezeichnung von Senderöhren aus zwei Buchstaben, beginnend mit Y, und einer vierstelligen Zahl, z.B. YL 1071.

Der **erste Buchstabe** gibt eine Gruppeneinteilung an:	
X	Röhren mit fotoempfindlicher Katode
Y	Vakuumröhren für Sende-, Mikrowellen- oder industrielle Anlagen
Z	gasgefüllte Röhren (ausgenommen gasgefüllte Röhren mit fotoempfindlicher Katode)

Der **zweite Buchstabe** kennzeichnet die Konstruktion und/oder die Anwendung:	
A	Diode
C	Relaisröhre
D	Triode (einschließlich Doppeltriode)
H	Wanderfeldröhre
J	Magnetron
K	Klystron
L	Tetrode oder Pentode (einschließlich Doppeltetrode oder -pentode)
M	Anzeigeröhre oder Zählröhre mit kalter Katode

P	Fotovervielfacher oder Strahlungszählrohr
Q	Fernseh-Aufnahmeröhre
T	Thyratron
X	Ignitron, Bildverstärker- oder Bildwandlerröhre
Y	Gleichrichterröhre
Z	Spannungsstabilisatorröhre
G	andere Röhrenarten

Die Zahl ist eine laufende Kennzeichnung; Prototypen haben als letzte Ziffer eine Null, während Weiterentwicklungen durch die Ziffern 1 bis 9 gekennzeichnet werden.

Beispiele: Senderöhren: YD 1060, YD 1270, YL 1060

18.8 Test und Aufgaben zur Lektion 18

Obwohl bei der Prüfung zum Amateurfunkzeugnis über die Elektronenröhre nichts mehr gefragt wird, sollten Sie als Funkamateur über dieses Bauelement Bescheid wissen. Erstens müssen ältere Amateurfunkgeräte immer noch repariert werden und zweitens wird die Elektronenröhre in Senderendstufen über 500 Watt immer noch verwendet.

1. Bei welchem der folgenden Schaltsymbole für die Katode einer Röhre braucht keine Heizspannung angelegt zu werden (Kaltkatode)?

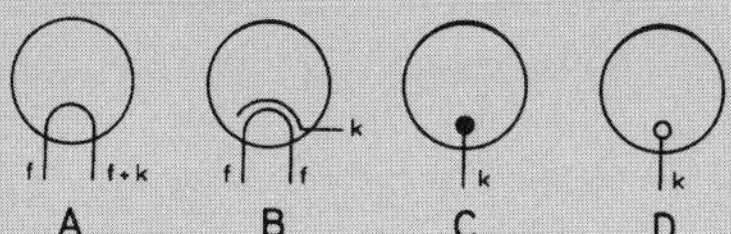

2. Die richtige Bezeichnung für eine Elektronenröhre mit den Elektroden Katode, Steuergitter, Schirmgitter, Bremsgitter und Anode ist
A Triode **B** Tetrode
C Pentode **D** Hexode

3. Wenn man bei einer Triode die Gitterspannung von –3 V auf –2 V verändert,
A steigt der Anodenstrom
B sinkt der Anodenstrom
C wird die Röhre gesperrt
D ändert sich der Anodenstrom nicht

4. Welches der folgenden Bilder gibt das Ausgangskennlinienfeld einer Pentode richtig wieder?

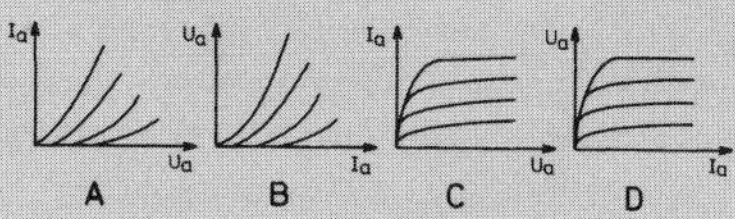

5. Welches der obigen Bilder stellt das richtig bezeichnete Ausgangskennlinienfeld einer Triode dar?

6. Berechnen Sie Wert und Belastbarkeit des Katodenwiderstandes einer Pentode mit einem Anodenstrom von 1,8 mA, einem Schirmgitterstrom von 0,2 mA und einer Gittervorspannung von –2,4 V.

7. Welche Kenngrößen einer Elektronenröhre kennen Sie? In welchem Zusammenhang stehen sie zueinander?

8. Wobei werden heute noch Elektronenröhren im Amateurfunk angewendet?

9. Wozu wurde früher eine Hexode verwendet?

10. Was bedeuten die Röhrenbezeichnungen
a) EF 95 b) ECL 86
c) PY 88 d) QB 3/200)
e) QQE 03/12 f) YL 1250?

Lektion 19: Prüfungsfragen

Folgende Prüfungsfragen stellen einen Ausschnitt dar von Fragen zum Fachbereich Elektrotechnik, Elektronik. Sie sind dem von der Regulierungsbehörde für Telekommunikation und Post herausgegebenen Fragenkatalog für den Erwerb des Amateurfunkzeugnisses entnommen. Bei der Prüfung zum Amateurfunkzeugnis werden zu jeder Frage vier Auswahlantworten gegeben, die aber im Fragenkatalog nicht genannt sind. Es wird nur die richtige Lösung angegeben. Diese Lösungen finden Sie am Ende dieses Buches unter Lösungen Lektion 19. Bei der Prüfung erhalten Sie eine einfache Formelsammlung mit den wichtigsten Grundformeln und dem Farbcode für Widerstände, die im Anhang zu diesem Buch zu finden ist.

Die Prüfungsfragen werden aus folgenden Gebieten gestellt:

A Allgemeine mathematische Grundkenntnisse und Größen
B Elektrizität, Elektromagnetismus und Funktheorie
C Elektrische und elektronische Bauteile sowie deren Merkmale
D Elektronische Schaltungen und deren Merkmale
E Analoge und digitale Modulationsverfahren
F Funkempfänger
G Funksender
H Antennen und Übertragungsleitungen
I Funkwellenausbreitung
J Meßinstrumente und Messungen
K Störemission, Störfestigkeit, Schutzanforderungen, Ursachen, Abhilfe
L Elektromagnetische Verträglichkeit und deren Anwendung, Personen- und Sachschutz

Die Nummern vor den folgenden Fragen haben die Bedeutung: T steht für Technische Kenntnisse, der zweite Buchstabe gibt das Gebiet an (siehe oben).

19.1 Elektrizität

TB501 Welches der folgenden Metalle hat die beste elektrische Leitfähigkeit?
TB502 Welches der folgenden Metalle hat die schlechteste elektrische Leitfähigkeit?
TB503 Welche Gruppe von Materialien enthält nur Nichtleiter (Isolatoren)?
TB504 Die Maßeinheit der elektrischen Leistung ist ...
TC511 Eine Transformatorwicklung hat einen Drahtdurchmesser von 0,5 mm. Die zulässige Stromdichte beträgt 2,5 A/mm^2. Wie groß ist der zulässige Strom?
TC523 Welches der folgenden Bauteile hat einen positiven und einen negativen Pol?
TC524 Welche Bauteile kann man, ohne auf die Polarität zu achten, anschließen?

19.2 Wechselstrom

TB505 Welche Einheit wird für die elektrische Schwingung verwendet?

TB522 Eine sinusförmige Wechselspannung hat einen Spitzenwert von 12 V. Wie groß ist der Effektivwert der Wechselspannung?

TB523 Im folgenden Diagramm ist eine sinusförmige Wechselspannung und mehrere Gleichspannungen U_1 bis U_6 eingezeichnet. Welche dieser Gleichspannungen setzt an einem Widerstand R die gleiche Verlustleistung um wie die Wechselspannung?

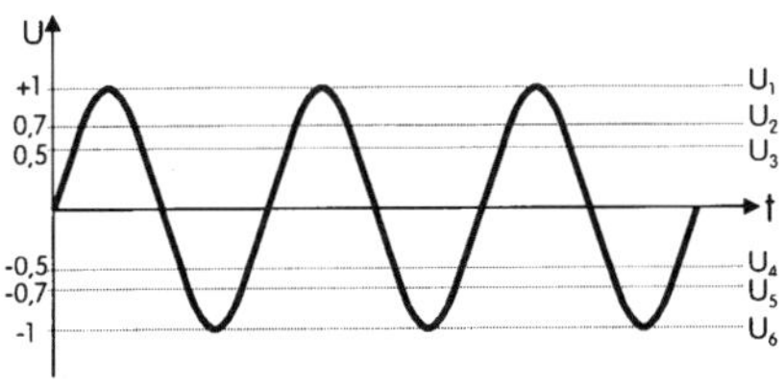

Abbildung 19-1: Sinusförmige Wechselspannung

TJ 502 Die Zeitbasis eines Oszilloskops ist so eingestellt, daß ein Skalenteil 0,5 ms entspricht. Welche Periodendauer hat die angelegte Spannung?

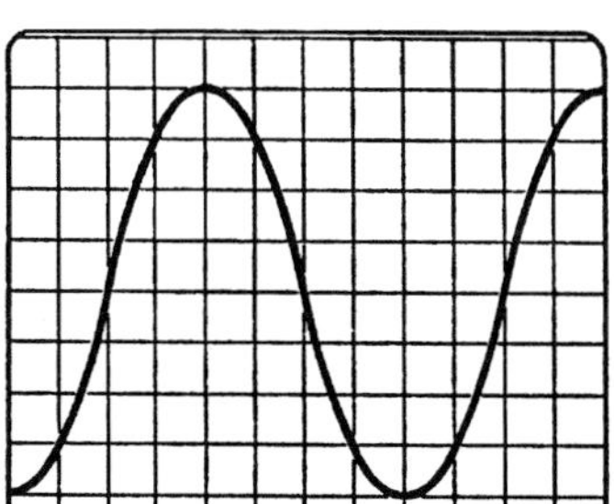

Abbildung 19-1: Sinusförmige Wechselspannung

19.3 Widerstand, Farbcode

TC512 Welchen Widerstand hat eine Kupferdrahtwicklung, wenn der verwendete Draht eine Länge von 1,8 m und einen Durchmesser von 0,2 mm hat? (Den notwendigen spezifischen Widerstand finden Sie in der Formelsammlung im Anhang.)

TC527 Welchen Multiplikator bedeutet ein grüner Farbring auf einem Widerstand mit 4 Farbringen? (Eine Tabelle mit dem Farbcode für Widerstände ist in der gegebenen Formelsammlung enthalten.)

TC528 Die Farbringe gelb, violett und orange auf einem Widerstand mit 4 Farbringen bedeuten einen Widerstandswert von ...

TC529 Die Farbringe rot, violett und orange auf einem Widerstand mit 4 Farbringen bedeuten einen Widerstandswert von ...

TC530 Die Farbringe grün, blau und rot auf einem Widerstand mit 4 Farbringen bedeuten einen Widerstandswert von ...

TC531 Die Farbringe braun, schwarz und schwarz auf einem Widerstand mit 4 Farbringen bedeuten einen Widerstandswert von ...

TC532 Die Farbringe braun, schwarz und rot auf einem Widerstand mit 4 Farbringen bedeuten einen Widerstandswert von ...

TD500 Drei parallel geschaltete Widerstände haben einen Gesamtwiderstand von 1,66 kΩ.

R_1 hat 3,3 kΩ, R_2 hat 5,6 kΩ. Welchen Wert hat R_3?

TD502 Wie groß ist der Gesamtwiderstand der folgenden Schaltung?

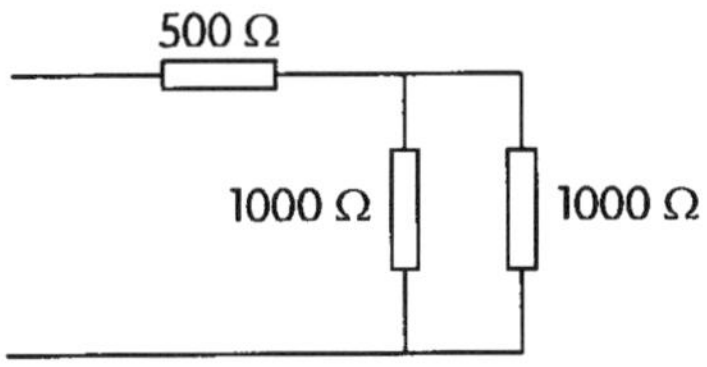

TD503 Wie groß ist der Gesamtwiderstand der folgenden Schaltung?

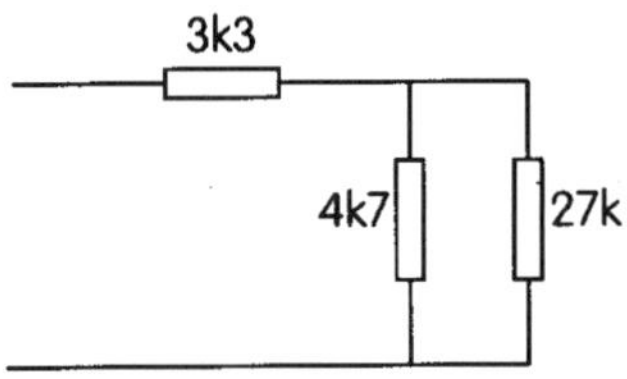

19.4 Ohmsches Gesetz, Leistung

TB525 In welcher Antwort sind alle dargestellten Zusammenhänge zwischen Strom, Spannung, Widerstand und Leistung richtig? (Eine Formelsammlung mit den Grundformeln erhalten Sie bei der Prüfung. Sie müssen aber die Formeln umstellen können.)

TB506 Welcher der nachfolgenden Zusammenhänge ist falsch? (Hier werden sicher ein paar Kombinationen von U, I und R aufgezählt.)

TB507 Welche Spannung läßt einen Strom von 2 A durch einen Widerstand von 50 Ohm fließen?

TB508 Welcher Widerstand ist erforderlich, um einen Strom von 3 A bei einer Spannung von 90 V fließen zu lassen?

TB526 In welcher Antwort sind alle dargestellten Zusammenhänge zwischen Widerstand, Leistung, Spannung und Strom richtig?

TB527 Eine Stromversorgung nimmt bei 230 V einen Strom von 0,63 A auf. Welche elektrische Arbeit wird bei einer Betriebsdauer von 7 Stunden verbraucht?

TC500 Ein Widerstand von 10 kΩ hat eine Belastbarkeit von 1 W. Welche Spannung darf an den Widerstand höchstens angelegt werden, um ihn nicht zu überlasten?

TC501 Ein Widerstand von 120 Ω hat eine Belastbarkeit von 23 W. Welcher Strom darf höchstens durch den Widerstand fließen, um ihn nicht zu überlasten?

TC502 Welche Belastbarkeit muß ein Vorwiderstand haben, an dem bei einem Strom von 48 mA eine Spannung von 208 V abfallen soll?

TC516 Durch einen Widerstand von 10 kΩ fließt ein Strom von 30 mA. Wie groß ist die über dem Widerstand liegende Spannung?

TC522 Die Klemmenspannung einer Batterie geht von 13,3 V auf 12,8 V zurück, wenn ein Verbraucher angeschlossen wird, der 1 A Strom aufnimmt. Wie hoch ist der Innenwiderstand der Batterie?

TD501 Zwei parallel geschaltete Widerstände stehen im Verhältnis $R_1:R_2 = 1:2$. Durch R_2 fließt ein Strom von 50 mA. Wie groß ist der Strom durch R_1?

TD504 Wie teilt sich die Spannung an zwei in Reihe geschalteten Widerständen auf, wenn R_1 5mal so groß ist wie R_2?

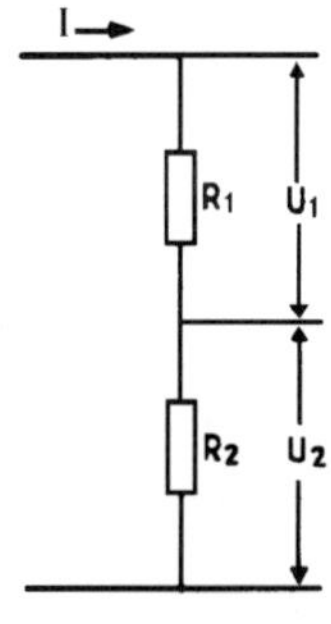

19.5 Kondensator

TB509 An einem Wickelkondensator mit 0,15 mm dickem Dielektrikum liegt eine Spannung von 300 V. Wie hoch ist die elektrische Feldstärke zwischen den Metallbelägen (Platten)?

TB524 Welches der folgenden Diagramme zeigt den zeitlichen Verlauf der Spannung beim Aufladen eines Kondensators über einen Widerstand R mit der Gleichspannung U?

TC504 Wie groß ist der Wechselstromwiderstand eines Kondensators mit 50 pF bei einer Frequenz von 145 MHz?

TC505 Wie groß ist der Wechselstromwiderstand eines Kondensators mit 100 pF bei einer Frequenz von 435 MHz?

TC506 Wie groß ist der kapazitive Blindwiderstand eines 10-pF-Kondensators bei 100 MHz?

TC507 Wie groß ist der kapazitive Blindwiderstand eines 100-pF-Kondensators bei 100 MHz?

TC508 Von welcher der Größen ist die Kapazität eines Plattenkondensators <u>nicht</u> abhängig?

TC509 Welche Aussage bezüglich der Kapazität eines Plattenkondensators ist <u>falsch</u>?

TD505 Wie groß ist die Gesamtkapazität, wenn drei Kondensatoren Mit C_1 = 0,06 nF, C_2 = 40 pF und C_3 = 20 pF in Reihe geschaltet werden?

TD506 Welche Gesamtkapazität ergibt sich bei einer Parallelschaltung der Kondensatoren 0,1 µF, 150 nF und 50000 pF?

TD507 Welche Gesamtkapazität ergibt sich bei einer Reihenschaltung der Kondensatoren 0,1 µF, 150 nF und 50000 pF?

TD508 Welche Gesamtkapazität hat die nachfolgende Schaltung?

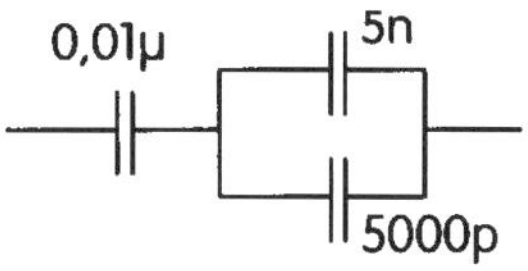

19.6 Spule, Transformator

TC 503 Wie groß ist der Wechselstromwiderstand einer Spule mit 2 mH bei einer Frequenz von 10 kHz?

TC510 Ein Trafo liegt an 45 Volt und gibt 180 Volt ab. Seine Primärwicklung hat 150 Windungen. Wie groß ist die Sekundärwindungszahl?

TC513 Wie groß ist der Wechselstromwiderstand einer Spule mit 3 mH Induktivität bei einer Frequenz von 100 MHz?

TC515 Mit einem Schalenkern, dessen A_L-Wert mit 250 angegeben ist, soll eine Spule mit einer Induktivität von 2 mH hergestellt werden. Wie groß ist die erforderliche Windungszahl?

19.7 Elektronische Bauelemente

TC 519 Das folgende Symbol entspricht einem ...

TC518 Operationsverstärker sind ...

TC520 Welche der folgenden Bauteile können ein Signal verstärken?

TC521 Welche Bauteile mit einer hohen Versorgungsspannung können ein kleines Signal verstärken?

19.8 Schwingkreis, Bandfilter

TC514 Wie ändert sich die Frequenz eines Schwingkreises, wenn
1. die Spule mehr Windungen erhält?
2. die Länge der Spule durch Zusammenschieben der Drahtwicklung verringert wird?
3. ein Kupferkern in das Innere der Spule gebracht wird?

TC533 Die Kapazität eines Kondensators ist mit „m33“ angegeben. Welcher Kapazität entspricht diese Angabe?

TC534 Die Kapazität eines Kondensators ist mit „n47“ angegeben. Welcher Kapazität entspricht diese Angabe?

TC535 Die Kapazität eines Kondensators ist mit „8p2“ angegeben. Welcher Kapazität entspricht diese Angabe?

TD509 Welcher Schwingkreis paßt zu dem neben der jeweiligen Schaltung dargestellten Verlauf des Scheinwiderstandes?

TD510 Was stellt folgende Schaltung dar?

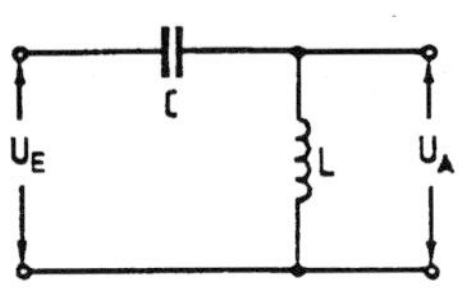

TD511 Was stellt folgende Schaltung dar?

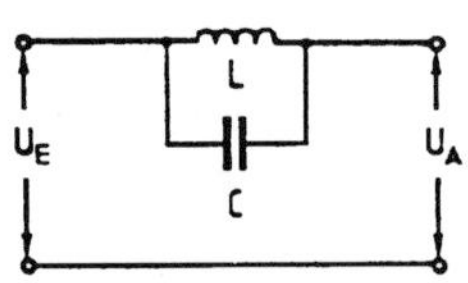

TD512 Was stellt folgende Schaltung dar?

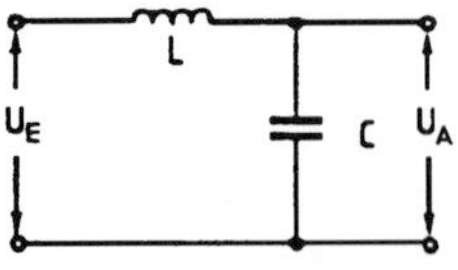

TD513 Was stellt folgende Schaltung dar?

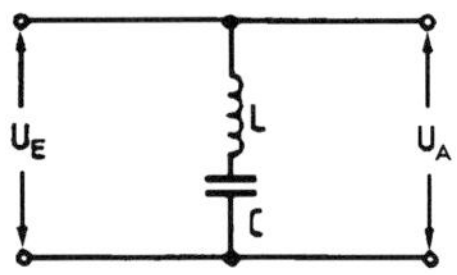

TD514 Welche der nachfolgenden Eigenschaften trifft auf einen Hochpaß zu?

19.9 Meßtechnik

TJ500 Wie werden elektrische Spannungsmesser an Meßobjekte angeschlossen, und welche Anforderungen muß das Meßgerät erfüllen, damit der Meßfehler möglichst gering ist?

TJ501 Wie groß ist der Widerstandswert R_V und die Belastung P_V eines Vorwiderstandes zur Erweiterung des Meßbereiches eines Meßinstrumentes mit einem Endausschlag von 2 V auf einen Meßbereich von 20 V Endausschlag? Bei Vollausschlag fließt ein Strom von 2 mA.

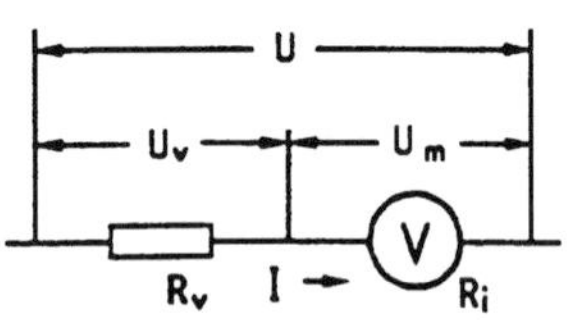

Anhang

Anhang 1

Lösungen der Aufgaben

Lektion 1

Aufgabe 1
1 Elektron, 2 Elektronenschalen, 3 Atomkern, 4 Proton, 5 Neutron

Aufgabe 2
Da die Protonenzahl im Kern größer ist als die Elektronenzahl in der Hülle, ist dieses unvollständige Kohlenstoffatom nach außen hin positiv geladen.

Aufgabe 3
29,3 Skalenteile ergeben 2,93 Volt.

Aufgabe 4
8,8 Skalenteile ergeben 8,8 Volt.

Aufgaben zum Schluß der Lektion 1
1. Gleichnamige Ladungen stoßen sich ab.
2. Die gemessene Spannung wäre zirka 88 Volt.
3. a) 2,5 kV = 2,5 · 1000 V = 2500 V
   b) 3 mV = 3 · 1/1000 V = 3 · 0,001 V = 0,003 V
   c) 60 µV = 60 · 1/1000000 V = 60 · 0,000001 V = 0,00006 V (4 Nullen hinter dem Komma!)
4. a) 0,055 V = 55 tausendstel Volt = 55 mV
   b) 0,2 V = 0,200 V = 200 tausendstel Volt = 200 mV
5. Spannung ist Potentialdifferenz:
   U = 28 V – 19 V = 9 V
6. Bei einer Reihenschaltung addieren sich die Teilspannungen. Es sind 30 Zellen zu je 2 Volt nötig.
7. 3 Zellen in Reihenschaltung ergeben 3 · 1,5 V = 4,5 V,
   2 Zellen in Reihenschaltung ergeben 2 · 1,5 V = 3 V. Da die Zellen 4 und 5 zu den Zellen 1 bis 3 in Gegenreihenschaltung geschaltet sind, beträgt die Gesamtspannung 4,5 V – 3,0 V = 1,5 V.
8. $U_Z = U - U_R = 12\,V - 3\,V = 9\,V$
9. Spannungen ab 50 Volt sind lebensgefährlich.
10. Verband Deutscher Elektrotechniker

Lektion 2

Aufgabe im Abschnitt 2.5

Größe	Formelzeichen	Einheit	Abkürzung
Elektrische Ladung	Q	1 Coulomb	1 C
Elektrische Spannung	U	1 Volt	1 V
Elektrischer Strom	I	1 Ampere	1 A

Aufgaben zum Schluß der Lektion 2
1. a) 1 A = 1000 mA, also 2 A = 2000 mA
   b) 0,2 A = 0,2 · 1000 mA = 200 mA
   c) 0,02 A = 0,02 · 1000 mA = 20 mA

2. a) I = 27,9 mA, b) I = 93,1 mA, c) I = 2,79 A

3. a) Q = I · t mit 500 mA = 0,5 A
   Q = 0,5 A · 2 h = 1 Ah
   b) 1 h = 60 min; 1 min = 60 s,
   → 1 h = 3600 s 1 Ah = 3600 As

4. Q = I · t = 20 A · 24 h = 480 Ah

$$\text{Anzahl } N = \frac{480\,\text{Ah}}{66\,\text{Ah}} = 7{,}27$$

Es werden also 8 Akkus (mehr als 7,27) benötigt.

5. a) $R_3 = \frac{R_1}{R_2} \cdot R_4$ oder $R_3 = \frac{R_1 \cdot R_4}{R_2}$

   b) $R_4 = \frac{R_3}{R_1} \cdot R_2$ oder $R_4 = \frac{R_3 \cdot R_2}{R_1}$

6. a) $\Delta\vartheta = \frac{R_w - R_k}{R_k \cdot \alpha}$

   b) $\alpha = \frac{R_w - R_k}{R_k \cdot \Delta\vartheta}$

7. Die Elektronengeschwindigkeit liegt im Millimeterbereich. Der Impuls pflanzt sich auf einer Leitung mit zirka 200000 Kilometer pro Sekunde fort.
8. a) Stromstärke → Ampere
   b) Spannung → Volt
   c) Ladung → Coulomb (Amperesekunden)

Lektion 3

Aufgabe 1

$$T=\frac{1}{f}=\frac{1}{2\,\text{kHz}}=\frac{1}{2000\,\text{Hz}}=0{,}0005\text{s}=0{,}5\text{ms}$$

Aufgabe 2

$$\lambda=\frac{300000\ \text{km/s}}{3{,}5\ \text{MHz}}=\frac{300000000\ \text{m/s}}{3500000\cdot 1/\text{s}}=85{,}71\ \text{m}$$

Aufgabe 3

Frequenz	10 kHz	100 kHz	1 MHz	10 MHz	100 MHz	1 GHz	10 GHz	100 GHz
Wellenlänge	30 km	3 km	300 m	30 m	3 m	3 dm	3 cm	3 mm

Aufgabe 4
Siehe Bild 3-4!

Aufgabe 5

$$U=\frac{\hat{u}}{\sqrt{2}}=\frac{100\text{V}}{1{,}414}=100\text{V}\cdot 0{,}707=70{,}7\text{V}$$

Aufgabe 6
Zunächst wird die Formel nach î umgestellt, und dann werden die Werte eingesetzt.

$$\hat{i}=\sqrt{2}\cdot I=1{,}414\cdot 10\ \text{mA}=14{,}14\ \text{mA}$$

Aufgaben zum Schluß von Lektion 3

1. Bei Wechselstrom ändert sich im Unterschied zu Gleichstrom die Bewegung der Ladungsträger ständig.
2. Mischstrom ist eine Überlagerung von Gleichstrom und Wechselstrom.
3. Die Frequenz einer Wechselspannung ist die Anzahl der Perioden (vollen Schwingungen) pro Sekunde, die Einheit ist Hertz.
4. a) Tonfrequenz umfaßt den hörbaren Frequenzbereich von ca. 20 Hertz bis 20 Kilohertz.
   b) Sprachfrequenz im Amateurfunk umfaßt den Frequenzbereich von 300 Hz bis 3 kHz.
5. Hochfrequenz ist der Bereich zur Funkübertragung von etwa 100 kHz bis in den Gigahertzbereich.
6. $T=\frac{1}{f}$ oder $f=\frac{1}{T}$
7. $\omega=2\,\pi\,f$
8. Der Effektivwert einer Wechselspannung ist der Wert, der einer Gleichspannung entspricht, die dieselbe Wirkung hervorruft.
9. $\hat{u}=\sqrt{2}\cdot U=1{,}414\cdot 230\ \text{V}=325\ \text{V}$
10. Die Zeit für 2 volle Perioden beträgt 2 Millisekunden.
11. Diagramm A, da der Strom in keiner Zeit in die entgegengesetzte Richtung fließt.
12. C
13. D
14. A
15. f = 1 kHz
16. $\lambda=\frac{300\ \text{m}}{28{,}5}=10{,}52\ \text{m}$
17. $\hat{u}=\sqrt{2}\cdot U=1{,}414\cdot 10\,\text{V}=14{,}14\,\text{V}$

    $U_{SS}=28{,}28\ \text{V}$

Lektion 4

Aufgabe 1

$$I=\frac{U}{R}=\frac{24\ \text{V}}{2\,\text{k}\Omega}=12\ \text{mA}$$

dann 6 mA, dann 3 mA

Aufgabe 2
Durch Widerstand und Transistor fließt der gleiche Strom von 2 mA. Da die Hälfte der Betriebsspannung am Widerstand abfallen soll, beträgt die Spannung am Widerstand 6 V.

$$R=\frac{6\ \text{V}}{2\ \text{mA}}=3\ \text{k}\Omega$$

Aufgabe 3
Gegeben: P = 100 W
U = 12 V
Gesucht: I
Lösung: Durch Umstellung der Formel P = U · I erhält man

$$I=\frac{P}{U}=\frac{100\ \text{W}}{12\ \text{V}}=8{,}33\frac{\text{V}\cdot\text{A}}{\text{V}}=8{,}33\ \text{A}$$

Volt kürzt sich heraus und es bleibt Ampere übrig.

Aufgabe 4
Gegeben: R = 50 Ω
U = 100 V
Gesucht: P
Lösung:

$$P=\frac{U^2}{R}=\frac{100\ \text{V}\cdot 100\ \text{V}}{50\,\Omega}=200\ \text{W}$$

Aufgabe 5

1 kWh = 1000 W · 3600 s = 3600000 Ws

Aufgaben zum Schluß der Lektion 4

1. a) $R = \frac{U}{I} = \frac{6\,V}{50\,mA} = 0{,}12\,k\Omega = 120\Omega$

   b) $P = 6\,V \cdot 50\,mA = 300\,mW$

   c) $P = 12\,V \cdot 50\,mA = 600\,mW$

2. Lösungsweg a: $I = \frac{U}{R} = \frac{2\,V}{220\,\Omega} = 9{,}09\,mA$

   $P = U \cdot I = 2\,V \cdot 9{,}09\,mA = 18{,}18\,mW$

   Lösungsweg b: $P = \frac{U^2}{R} = \frac{2\,V \cdot 2\,V}{200\,\Omega} = 0{,}01818\,W$

3. Grundformel: $P = I^2 \cdot R$, umgestellt

   $I = \sqrt{\frac{P}{R}} = \sqrt{\frac{4\,W}{1000\Omega}} = \frac{2}{100} A = 20mA$

4. $W = U \cdot I \cdot t = 12\,V \cdot 2\,A \cdot 10\,h = 240\,Wh$

   240 Wh = 0,24 kWh

   a) Von 12,5 V auf 8 V reduzieren bedeutet 4,5 V Spannungsabfall. Bei 1,5 A Ladestrom ergibt sich ein Widerstand

   $R = \frac{U}{I} = \frac{4{,}5\,V}{1{,}5\,A} = 3\,\Omega$

   b) Er muß eine Belastbarkeit haben von

   $P = U \cdot I = 4{,}5\,V \cdot 1{,}5\,A = 6{,}75\,W$

   c) Aus dem Akku wird eine Arbeit entnommen von

   $W = U \cdot I \cdot t = 12\,V \cdot 1{,}5\,A \cdot 4\,h = 72\,Wh$

Lektion 5

1. Ri	2. Ri	3. Ri	4. Ri	5. Ri	Wert
or	or	or	si	-	33 kΩ
3	3	000	±10 %		
gn	bn	rt	gd	-	5,1 kΩ
5	1	00	±5 %		
bn	rt	gn	rt	bn	12,5 kΩ
1	2	5	00		

Aufgabe 1

Antworten zu den Fragen der Lektion 5

1. Bei den Nichtleitern sind die Elektronen fest an die Atomkerne gebunden. Sie können sich nicht bewegen, und nur bewegte (transportierte) Ladung ist Strom. Bei den Metallen dagegen sind die Valenzelektronen frei beweglich im Atomverband.
2. Die Größe des Widerstandswertes hängt ab von der Länge des Widerstandsdrahtes, von der Querschnittsfläche und vom Material.
3. Ein NTC-Widerstand hat einen negativen Temperaturkoeffizienten, das bedeutet, daß er bei höherer Temperatur einen kleineren Widerstand hat.
4. Kohleschicht-, Metalloxid-, Metallschicht(EMS)- und Drahtwiderstände.
5. Drahtwiderstände werden verwendet, wenn ein Widerstand mit sehr hoher Belastbarkeit benötigt wird und es auf seine Frequenzabhängigkeit nicht ankommt.
6. 47 kΩ ±10%
7. 10, 12, 15, 18, 22, 27, 33, 39, 47, 56, 68, 82 kΩ
8. Ein logarithmisches Potentiometer ist ein Drehwiderstand, bei dem bei gleichem Drehwinkel der Widerstandswert nicht gleichmäßig, sondern logarithmisch verändert wird.

Lösungen des Tests von Lektion 5

1 D, 2 A, 3 D, 4 B, 5 C, 6 D, 7 C, 8 B, 9 C, 10 B

Lektion 6

Aufgabe 1

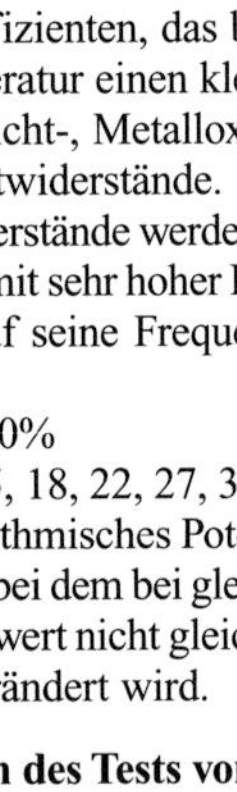

Aufgabe 2

$\frac{I_1}{I_3} = \frac{R_3}{R_1} \rightarrow \frac{6\,mA}{2\,mA} = \frac{3\,k\Omega}{1\,k\Omega} \rightarrow \frac{6}{2} = \frac{3}{1}$

Lösungen des Tests von Lektion 6

1 B, 2 C, 3 A, 4 B, 5 C, 6 B, 7 A, 8 B, 9 B, 10 C

Lektion 7

Lösungen der Aufgaben zum Schluß der Lektion

1. a) Die Kapazität ist abhängig von der Fläche A der Platten, dem dazwischen liegenden Dielektrikum und dem Abstand der Platten.

   b) $C = \frac{\varepsilon_0 \cdot \varepsilon_r \cdot A}{l}$

2. a) $\frac{1}{C} = \frac{1}{40} + \frac{1}{60} + \frac{1}{120} = \frac{3}{120} + \frac{2}{120} + \frac{1}{120} = \frac{6}{120}$

   $C = \frac{120}{6}\,\text{pF} = 20\,\text{pF}$

   b) C = 40 pF + 60 pF + 120 pF = 220 pF

3. $C = \frac{C_1 \cdot C_2}{C_1 + C_2} = \frac{20 \cdot 30}{20 + 30}\,\text{pF} = \frac{600}{50}\,\text{pF} = 12\,\text{pF}$

4. a) $C = \frac{C_1 \cdot C_2}{C_1 + C_2}$ oder $\frac{1}{C} = \frac{1}{C_1} + \frac{1}{C_2}$

   b) $X_C = \frac{1}{\omega \cdot C}$ oder $X_C = \frac{1}{2\pi f \cdot C}$

5. Mit zunehmender Frequenz wird X_C kleiner.

6. $X_C = \frac{1}{2\pi \cdot 2\,\text{MHz} \cdot 159\,\text{pF}} = 0{,}5\,\text{k}\Omega$

7. Man könnte die Aufgabe durch Rechnung lösen, indem man zunächst die Kapazität berechnet und dann mit der neuen Frequenz X_C berechnet. Das ist sehr aufwendig.
   Da bei doppelter Frequenz der kapazitive Widerstand halb so groß ist, kann man direkt die Lösung angeben mit $X_C = 159\,\Omega$.

8. Voll geladen bedeutet 5 tau.

   $5 \cdot \tau = 5 \cdot R \cdot C = 5 \cdot 12\,\text{k}\Omega \cdot 4\,\text{mF} = 240\,\Omega \cdot \text{F} = 240\,\text{s}$

Lektion 8

Lösungen des Tests

1	2	3	4	5	6	7	8	9	10
B	C	B	B,C	D	C	D	C	B	C

Lektion 9

Aufgabe 1

$$H = \frac{I \cdot n}{l} = \frac{0{,}3\,\text{A} \cdot 100}{0{,}06\,\text{m}} = 500\,\frac{\text{A}}{\text{m}}$$

Aufgabe 2

$$A = \frac{\pi \cdot D^2}{4} = \frac{\pi \cdot 4\,\text{cm}\,4\,\text{cm}}{4} = 12{,}56\,\text{cm}^2$$

$12{,}56\,\text{cm}^2 = 0{,}001256\,\text{m}^2$

$$L = \frac{1{,}25 \cdot 10^{-6}\,\text{A s} \cdot 1 \cdot 0{,}001256\,\text{m}^2}{\text{V m} \cdot 0{,}1\,\text{m}} 30^2$$

$$L = 14{,}13 \cdot 10^{-6}\,\frac{\text{A s}}{\text{V}} = 14{,}1\,\mu\text{H}$$

Aufgabe 3

Aus $L = A_L \cdot n^2$ wird durch Umstellung

$$N = \sqrt{\frac{L}{A_L}} = \sqrt{\frac{4\,\text{mH}}{0{,}4\,\mu\text{H}}} = \sqrt{\frac{4000\,\mu\text{H}}{0{,}4\,\mu\text{H}}} = 100$$

Es werden 100 Windungen benötigt.

Aufgabe 4

$$X_L = 2 \cdot \pi \cdot 50\,\frac{1}{\text{s}} \cdot 1\,\frac{\text{A s}}{\text{V}} = 314\,\Omega$$

Sekunde kürzt sich heraus und Ampere durch Volt ist Ohm.

Aufgabe 5

Wenn Sie richtig gerechnet haben, muß sich eine Gerade ergeben.

Aufgabe 6

a) L = 4 mH + 4 mH = 8 mH

b) Bei der Parallelschaltung von zwei gleichen Induktivitäten halbiert sich der Gesamtwert (wie bei Widerständen), also L = 2 mH.

Aufgabe 7

a) $\ddot{u} = \frac{230\,\text{V}}{4\,\text{V}} = 57{,}5$

$\frac{x}{n} = \frac{5\,\text{V}}{4\,\text{V}} \rightarrow x = \frac{5}{4} 20 = 25$

Sie müssen 5 Windungen *dazu*wickeln.

Aufgaben zum Schluß der Lektion

1. $n_2 = \frac{U_2}{U_1} n_1 = \frac{15\,\text{V}}{230\,\text{V}} 690 = 45$

2. a) Bei Verdopplung der Windungszahl vervierfacht sich die Induktivität (wegen n^2).

   b) Ein Ferritkern vergrößert und ein Kupferkern verkleinert die Induktivität.

3. a) $L = \frac{L_1 \cdot L_2}{L_1 + L_2} = \frac{3 \cdot 6}{3+6} \text{mH} = 2 \text{mH}$

   b) $L = L_1 + L_2 = 3 \text{mH} + 6 \text{mH} = 9 \text{mH}$

4. Mit zunehmender Frequenz wird der Wechselstromwiderstand einer Spule größer (proportional) und eines Kondensators kleiner (umgekehrt proportional).
5. 5,2 µH = 5,2 · 10^{-6} = 0,0000052 H
6. Die Länge der typischen 1-µH-Spule ist verdoppelt worden, also halbiert sich die Induktivität auf 0,5 µH.
7. Bei einer bifilaren Wicklung haben die nebeneinander liegenden Windungen entgegengesetzte Richtung.

Lektion 10

Aufgaben 1–7

Die Lösungen finden Sie jeweils im Text oder in den Diagrammen innerhalb der Lektion.

Aufgaben zum Schluß der Lektion

1.

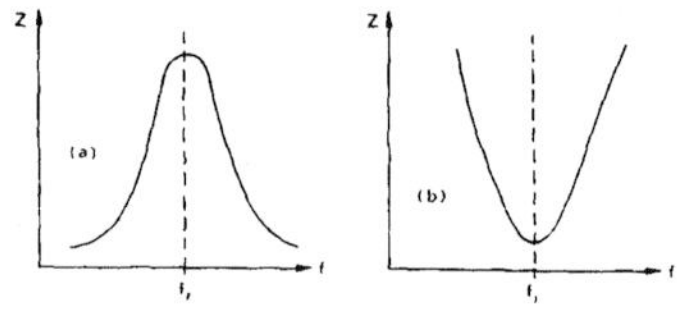

Abbildung L10-1: Verlauf des Scheinwiderstandes Z eines Parallelkreises (a) und eines Reihenkreises (b) in Abhängigkeit von der Frequenz.

2. Bei halber Frequenz muß C viermal so groß werden, also C = 400 pF.
3. Bei halber Frequenz muß C viermal so groß werden, also C_{ges} = 60 pF. Es müssen also noch **C = 45 pF parallel** geschaltet werden.

4. $$\frac{f_2}{f_1} = \sqrt{\frac{C_1}{C_2}} = \sqrt{\frac{100}{50}} = \sqrt{2} = 1{,}414$$

   $f_2 = 1{,}414 \cdot f_1 = 1{,}414 \cdot 3000 \text{ kHz} = 4242 \text{ kHz}$ = 4,24 MHz

5. $$Q = \frac{f_{res}}{b} = \frac{3500 \text{ kHz}}{3{,}5 \text{ kHz}} = 1000$$

6.

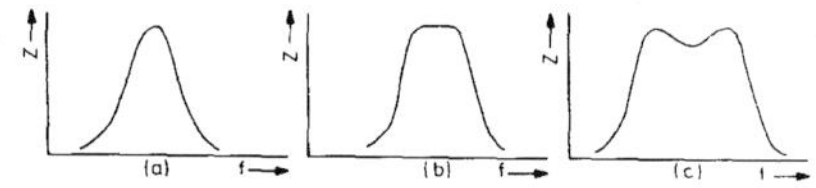

Abbildung L10-2: Bandfilterkurven bei unterschiedlicher Kopplung

7. a) $b = f_2 - f_1 = 472{,}5 \text{ kHz} - 457{,}5 \text{ kHz} = 15 \text{ kHz}$

   b) $f_{res} = \frac{f_2 + f_1}{2} = 465 \text{ kHz}$

   $$Q = \frac{f_{res}}{b} = \frac{465 \text{ kHz}}{15 \text{ kHz}} = 31$$

8. Bandfilter sind Bandpässe, die aus zwei oder mehr auf eine Frequenz fest abgestimmter Resonanzkreise bestehen. Die Kreise können induktiv, kapazitiv oder galvanisch miteinander gekoppelt sein. Die Bandbreite ist abhängig von der Güte und der Kopplung sowie dem Abgleich des Filters.
   Hauptanwendungsgebiete: Kopplung der einzelnen Stufen in ZF-Verstärkern älterer Empfänger. Sie werden auch in Sendern zur Kopplung benutzt, um eine gute Ober- und Nebenwellenunterdrückung zu erzielen.
9. Ein Quarz hat ein ähnliches Verhalten wie ein Schwingkreis. Er hat sowohl eine Serienresonanz wie eine Parallelresonanz. Er hat eine sehr hohe Güte und eine konstante Frequenz.
10.

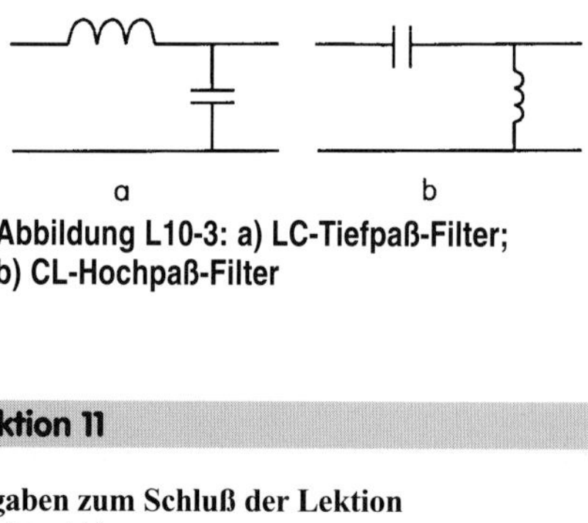

Abbildung L10-3: a) LC-Tiefpaß-Filter; b) CL-Hochpaß-Filter

Lektion 11

Aufgaben zum Schluß der Lektion

1. a) und b)
   Selen ca. 1... 1,2 Volt
   Germanium ca. 0,2 ... 0,4 Volt
   Silizium ca. 0,6 ... 0,8 Volt
   c) Silizium wegen der höheren Sperrspannung
2. a) Halbleitermaterialien sind Werkstoffe, deren elektrische Leitfähigkeit zwischen jenen der Leiterwerkstoffe und der Nichtleiter liegt.
   b) Dotieren ist eine bei der Herstellung gezielte „Verunreinigung" von Halbleitern zur Herstellung von N- oder P-dotiertem Material für Dioden und Transistoren.

3. a) siehe Bild 11-5
   b) In der Grenzschicht zwischen P- und N-Schicht wandern die Elektronen aus der N-Schicht in die P-Schicht und rekombinieren. Dadurch verschwinden die freien Ladungsträger, und eine Stromleitung ist nicht mehr möglich.
4. a) und b) siehe Bild 11-11 b
   c) Formel: $U_{CL} = \sqrt{2}\ U_{eff}$
5. a) und b) siehe Bild 11-12
6. Siehe Bild 11-13 a mit Kondensator zwischen den Punkten C und D
7. Siehe Bild 11-14 oder 11-15.
   Haben Sie die Dioden in gleicher Richtung gezeichnet wie in diesen Bildern? Sonst ist auch die Polarität der Ausgangsspannung umgekehrt!
8. Siehe Bild 11-16 ohne C4 und D4.
   Haben Sie den Lastwiderstand an der richtigen Stelle zwischen den Punkten A und E eingezeichnet?

Lektion 12

Aufgabe aus Abschnitt 12.8

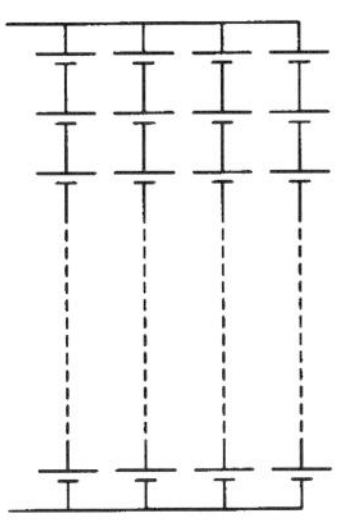

$$\frac{18\,\text{V}}{0{,}6\,\text{V}} = 30$$

Für 18 V werden zunächst 30 Zellen in Reihenschaltung benötigt = 1 Reihe.
Diese Reihe würde 1 A Strom erzeugen. Um die gewünschten 4 A zu erhalten, müssen 4 solcher Reihen parallel geschaltet werden. Es werden also insgesamt 30 · 4 = 120 Solarzellen benötigt.

Aufgabe aus Abschnitt 12.9

$$U_V = 5{,}0\,\text{V} - 1{,}6\,\text{V} = 3{,}4\,\text{V}$$

$$R_V = \frac{U_V}{I} = \frac{3{,}4\,\text{V}}{20\,\text{mA}} = 170\,\Omega$$

$$P_V = U_V \cdot I = 3{,}4\,\text{V} \cdot 20\,\text{mA} = 68\,\text{mW}$$

Aufgaben zur Lektion 12

1. a)

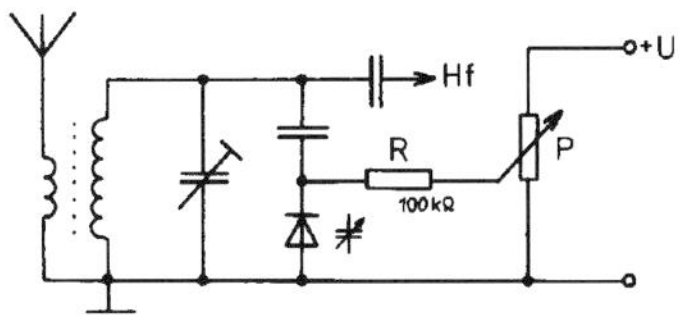

Abbildung L12-1: Frequenzabstimmung eines Schwingkreises mit Kapazitätsdiode

b) Bei Vergrößern der Sperrspannung mit dem Potentiometer P wird die Kapazität kleiner und die Frequenz höher.

2.

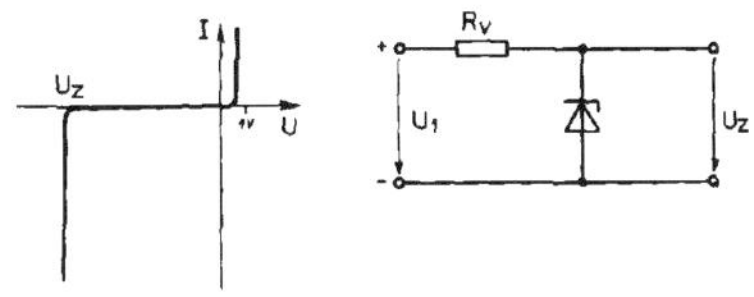

Abbildung L12-2: Kennlinie und Grundschaltung einer Z-Diode

3. a)

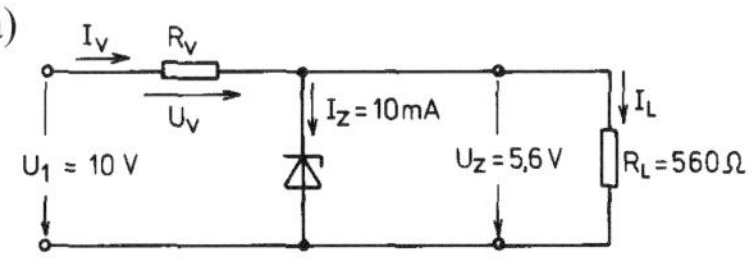

Abbildung L12-3: Z-Dioden-Stabilisierungsschaltung

b) $$I_L = \frac{U_Z}{R_L} = \frac{5{,}6\,\text{V}}{560\,\Omega} = 10\,\text{mA}$$

$$I_V = I_Z + I_L = 20\,\text{mA}$$

$$U_V = U_1 - U_Z = 10\,\text{V} - 5{,}6\,\text{V} = 4{,}4\,\text{V}$$

$$R_V = \frac{U_V}{I_V} = \frac{4{,}4\,\text{V}}{20\,\text{mA}} = 220\,\Omega$$

$$P_V = U_V \cdot I_V = 4{,}4\,\text{V} \cdot 20\,\text{mA} = 88\,\text{mW}$$

4. Eine PIN-Diode hat zwischen der P- und der N-Schicht noch eine I-Schicht (Widerstandsschicht). Dadurch hat sie die Eigenschaft, als stromgesteuerter Widerstand für hohe Frequenzen zu wirken.
   a) Sie wird als Hochfrequenzregelschaltung im Eingang von hochwertigen Empfängern eingesetzt.

5. Eine Fotodiode wird mit einer Hilfsspannung in Sperrichtung betrieben. Der Sperrstrom ist beleuchtungsabhängig.
   Ein Fotoelement ist wie eine Fotodiode aufgebaut, wird aber ohne Hilfsspannung betrieben. Sie dient als Stromerzeuger.
6. LED ist die Abkürzung für lichtemittierende Diode oder Leuchtdiode.
7. a) Germanium Universaldiode
   b) Silizium Kapazitätsdiode
   c) Silizium Z-Diode
   d) Diode, amerikanische Typenbezeichnung
8. Bei 10stündiger Ladung mit 4,8 Ampere würden die 48 Amperestunden erreicht. Da jedoch mit 10% Verlust gerechnet werden muß, werden 11 Stunden benötigt.
9. Siehe Bild 12-19.
10. Eine Feldplatte ist ein magnetfeldabhängiger Widerstand.

Lektion 13

Aufgabe 1

$$I_E = I_B + I_C = 0{,}1\,\text{mA} + 43\,\text{mA} = 43{,}1\,\text{mA}$$

Aufgabe 2

$$B = \frac{I_C}{I_B} = \frac{43}{0{,}1} = 430$$

Testaufgaben

1 C, 2 B, 3 A, 4 A, 5 D, 6 C, 7 A, 8 C, 9 B, 10 C

Lektion 14

Wiederholungsfragen zu Beginn der Lektion 14

1. NPN und PNP
2. Beide positiv gegenüber Masse (Merkhilfe: P in der Mitte)
3. Siehe Bild 13-9
4. In Durchlaßrichtung: Basis-Emitter-Strecke
5. Siehe Bild 13-11 a
6. Siehe Bild 13-11 b
7. Emitterstrom = Kollektorstrom plus Basisstrom
8. Die Gleichstromverstärkung ist des Verhältnis aus Kollektorstrom zu Basisstrom.

Aufgabe aus Abschnitt 14.5

$$\ddot{u} = \sqrt{\frac{R_1}{R_2}} = \sqrt{\frac{2000\,\Omega}{200\,\Omega}} = \sqrt{10} = 3{,}16$$

$$\frac{N_1}{N_2} = 3{,}16 \rightarrow N_2 = \frac{N_1}{3{,}16} = \frac{80}{3{,}16} = 25{,}3$$

Etwa 25 Windungen müßte die Sekundärwicklung N_2 erhalten.

Aufgabe aus Abschnitt 14.7

1000000 · 1 μV= 1 V

Aufgaben zum Schluß der Lektion 14

1. $$I_C = \frac{9\,\text{V} - 5{,}7\,\text{V}}{3{,}3\,\text{k}\Omega} = \frac{3{,}3\,\text{V}}{3{,}3\,\text{k}\Omega} = 1\,\text{mA}$$

2.

	Emitterschaltung	Kollektorschaltung	Basisschaltung
Stromverstärkung	groß	groß	etwa gleich 1
Spannungsverstärkung	sehr groß	etwa gleich 1	sehr groß

3. Kollektorschaltung
   b) Basisschaltung
   c) Kollektorschaltung
   d) Kollektor- und Basisschaltung
   e) Emitterschaltung
4. Vorteile der Trafokopplung: Leistungsanpassung möglich, dadurch hohe Leistungsverstärkung
   Nachteil: Im NF-Bereich teuer, da Transformatoren teurer sind als Kondensatoren
5. Siehe Schaltung Bild 14-7 oder 14-11
6. Ein Operationsverstärker ist ein Universal-Gleich- und Wechselspannungsverstärker mit sehr hoher Verstärkung.

Lektion 15

1. Ein Resonanzverstärker hat anstatt eines Widerstandes einen Parallelresonanzkreis im Lastkreis. Er verstärkt nur einen schmalen Frequenzbereich.
2. Meißner, Hartley, Colpitts
3. Siehe Bild 15-5.
4. $$f_0 = \frac{1}{2\pi \cdot \sqrt{10\mu \cdot 100\text{p}}} \qquad \mu = 10^{-6};\ \text{p} = 10^{-12}$$
   $f_0 = 5{,}03$ MHz
5. Der abstimmbare Drehkondensator ist zur Spule in Reihe geschaltet.
6. Vorteil: hohe Frequenzstabilität
   Nachteil: Frequenz nicht veränderbar

Lektion 16

Aufgabe 1

a) $U_a = 12\,\text{V} - 2\,\text{mA} \cdot 4{,}7\,\text{k}\Omega = 12\,\text{V} - 9{,}4\,\text{V} = 2{,}6\,\text{V}$

b) $I_C = \frac{12\,\text{V}}{4{,}7\,\text{k}\Omega} = 2{,}55\,\text{mA}$

c) Wenn kein Strom fließt, fällt auch keine Spannung ab, und das Potential am Punkt A ist gleich der Betriebsspannung.

Aufgabe 2

R_L = 500 Ω, denn bei gleichen Widerständen verteilen sich die Spannungen je zur Hälfte auf Vorwiderstand und auf Lastwiderstand.

Aufgabe 3

E1	E2	A
L	L	L
L	H	L
H	L	L
H	H	H

E1	E2	A
0	0	0
0	1	0
1	0	0
1	1	1

Aufgabe 4

Die Eingangsdioden sind gesperrt. Der Strom fließt durch den Widerstand R und die Diode und erzeugt einen Spannungsfall

$U_a = 5\,\text{V} - 1\,\text{mA} \cdot 1\,\text{k}\Omega - 0{,}7\,\text{V}$

$U_a = 5\,\text{V} - 1\,\text{V} - 0{,}7\,\text{V} = 3{,}3\,\text{V}$ (also HIGH-Pegel)

Aufgabe 5

An der Ausgangsdiode fällt 0,7 Volt Spannung ab, damit bleibt 4,3 Volt für die beiden Widerstände, und es fließt ein Strom

$I = \frac{4{,}3\,\text{V}}{11\,\text{k}\Omega} = 0{,}39\,\text{mA}$

$U_a = 5\,\text{V} - 0{,}39\,\text{mA} \cdot 1\,\text{k}\Omega - 0{,}7\,\text{V}$

$U_a = 5\,\text{V} - 0{,}39\,\text{V} - 0{,}7\,\text{V} = \underline{\underline{3{,}91\,\text{V}}}$

Aufgabe 6

E1	E2	A
0	0	0
0	1	1
1	0	1
1	1	1

Aufgabe 7

Lösung im Text

Aufgabe 8

E1	E2	A
L	L	H
L	H	L
H	L	L
H	H	L

Die Arbeitstabellen sind gleich.

Aufgabe 9

Siehe Bild 16-12

Aufgabe 10

E1	E2	A
0	0	1
0	1	0
1	0	0
1	1	0

Die Ausgangszustände sind umgekehrt.

Aufgabe 11

E1	E2	A
L	L	H
L	H	L
H	L	L
H	H	L

Aufgabe 12

Siehe Text

Aufgabe 13

E1	E2	A
0	0	0
0	1	1
1	0	1
1	1	0

E1	E2	A
0	0	1
0	1	0
1	0	0
1	1	1

Die Tabellen sind identisch.

Aufgabe 14

E1	E2	A
0	0	0
0	1	1
1	0	0
1	1	0

A

E1	E2	A
0	0	0
0	1	0
1	0	1
1	1	0

B

Aufgabe 15

E1	E2	A
0	0	1
0	1	1
1	0	0
1	1	1

C

E1	E2	A
0	0	1
0	1	0
1	0	1
1	1	1

D

Aufgabe 16

Hierzu gibt es keine Lösung.

Aufgabe 17

E1	E2	A
L	L	H
L	H	H
H	L	L
H	H	H

Die Tabellen sind identisch.

Aufgabe 18

E1	E2	A
L	L	L
L	H	H
H	L	L
H	H	L

Die Tabellen sind identisch.

Aufgabe 19
Die Tabellen sind identisch.

Lösungen des Tests

1. A (Schließer mit Pull-up-Widerstand) und D (Öffner mit Pull-down-Widerstand)
2.

a)	b)	c)	d)
0	1	0	1
1	1	0	0
0	0	1	1
0	1	0	1

3.

a)	b)	c)	d)
0	1	1	0
1	0	0	0
1	0	1	1
0	1	1	0

4.

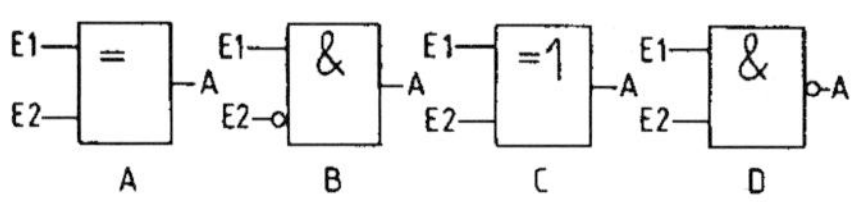

5. **A** Siehe Bild 16-24 A
6. **C** Siehe Bild 16-24 B
7. **A** Siehe Bild 16-5
8. **B** Siehe Bild 16-8
9. Alles sind NAND-Verknüpfungen
10. **D**, denn aus ODER wird NAND, indem man alle Eingänge und den Ausgang invertiert.

Lektion 17

1. **C** Ein Sperrschicht-FET erkennt man am nicht isolierten Gate. Beim N-Kanal-Typ zeigt der Pfeil auf das Gate.
2. **B** Selbstleitend erkennt man am durchgehenden Kanal. P-Kanal zeigt vom Gate weg.
3. **C** Beim Anreicherungstyp fließt ohne Gatespannung kein Strom. Ein N-Kanal-Typ benötigt positive Gatespannung.
4. **D** Drainschaltung
5. Source – Emitter, Gate – Basis, Drain – Kollektor
6. Siehe Lösung 2 C
7. Siehe Bild 17-6
8.

E1	E2	A
0	0	1
0	1	1
1	0	1
1	1	0

9. Ein Impedanzwandler hat einen hohen Eingangswiderstand und einen niedrigen Ausgangswiderstand und normalerweise eine Spannungsverstärkung von ungefähr 1.
10. Siehe Bild 17-10 links

Lektion 18

1. **D** an der offen gezeichneten Katode zu erkennen
2. **C** penta = 5
3. **A** Die Gitterspannung ist positiver geworden.
4. **C** Der Strom I_a geht in die Sättigung.
5. **A** Der Strom I_a wird nach oben aufgetragen.
6. $I_k = 1{,}8\ \text{mA} + 0{,}2\ \text{mA} = 2\ \text{mA}$

$$R_k = \frac{2{,}4\ \text{V}}{2\ \text{mA}} = 1{,}2\ \text{k}\Omega$$

$$P = 2{,}4\ \text{V} \cdot 2\ \text{mA} = 4{,}8\ \text{mW}$$

7. Steilheit, Durchgriff, Innenwiderstand. Der Zusammenhang ist durch die Barkhausensche Röhrenformel gegeben: $S\,D\,R_i = 1$.
8. Elektronenröhren werden noch für Senderendstufen mit Leistungen über 500 W verwendet.
9. Die Hexode wurde zur Mischung von zwei Frequenzen verwendet.
10. a) Pentode; 6,3 V Heizung; Miniatursockel
b) Triode + Pentode; 6,3 V Heizung; Novalsockel
c) Einweggleichrichterröhre; 0,3 A Serienheizung; Novalsockel
d) Sendetetrode mit 3 kV und 200 W
e) Sende-Doppeltetrode, 300 V Anodenspannung und 2 · 12 W Ausgangsleistung
f) Senderöhre, Tetrode oder Pentode, neue Bezeichnung

Lösungen der Prüfungsfragen

Lektion 19

TB501	Silber
TB502	Zinn
TB503	Epoxid, Polyäthylen (PE), Polystyrol (PS)
TB504	Watt
TB505	Hertz
TB506	$I = U \cdot R$
TB507	100 V
TB508	30 Ω
TB509	2000 kV/m
TB522	8,5 V
TB523	U_2 oder U_5
TB524	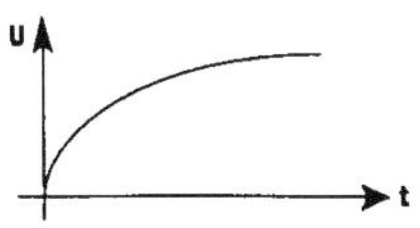
TB525	$I = \sqrt{\frac{P}{R}}$; $U = \sqrt{P \cdot R}$
TB526	$R = \frac{U^2}{P}$; $R = \frac{P}{I^2}$
TB527	1,01 kWh
TC500	100 V
TC501	438 mA
TC502	10 W
TC503	125,7 Ω
TC504	22 Ω
TC505	3,7 Ω
TC506	159 Ω
TC507	15,9 Ω
TC508	Spannung
TC509	Je größer der Abstand der Platten, desto größer ist die Kapazität.
TC510	600 Windungen
TC511	0,49 A
TC512	1 Ω
TC513	1885 kΩ
TC514	Die Resonanzfrequenz wird bei 1. und 2. kleiner und bei 3. größer.
TC515	89
TC516	300 V
TC518	gleichstromgekoppelte Verstärker
TC519	npn-Transistor
TC520	Transistoren
TC521	Röhren
TC522	0,5 Ω
TC523	eine Batterie
TC524	Widerstände
TC527	· 100 kΩ
TC528	47 kΩ
TC529	27 kΩ
TC530	5,6 kΩ
TC531	10 Ω
TC532	1 kΩ
TC533	330 µF
TC534	470 pF
TC535	8,2 pF
TD500	8,3 kΩ
TD501	100 mA
TD502	1000 Ω
TD503	7,3 kΩ
TD504	$U_1 = 5 \cdot U_2$
TD505	10,9 pF
TD506	0,3 µF
TD507	0,027 µF
TD508	5 nF
TD509	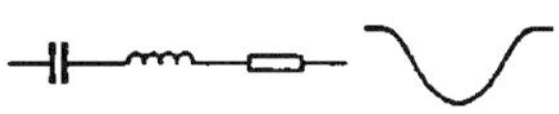
TD510	Hochpaß
TD511	Sperrkreis
TD512	Tiefpaß
TD513	Saugkreis
TD514	Frequenzen oberhalb der Grenzfrequenz werden durchgelassen.
TJ500	Sie sind parallel zum Meßobjekt anzuschließen und sollten möglichst hochohmig sein.
TJ501	$R_V = 9$ kΩ, $P_V = 36$ mW
TJ502	4 ms

Hinweise zur Prüfung für das Amateurfunkzeugnis

Den Fragenkatalog bekommen Sie für 7 DM plus 3 DM Porto bei der Regulierungsbehörde für Telekommunikation und Post, Z 23 DrV-1, Postfach 80 01, 55003 Mainz.

Prüfungsinhalte und -anforderungen der fachlichen Prüfung für Funkamateure

Die Prüfungsinhalte und -anforderungen für die Zeugnisklassen 1 und 2 entsprechen den harmonisierten Standards der CEPT. Der Umfang ist begrenzt auf Themen, die bedeutsam sind für den Betrieb von Amateurfunkstellen, und Versuche, die von Funkamateuren durchgeführt werden.

Für die Zeugnisklasse 3, die nicht den harmonisierten Standards der CEPT entspricht, wird für die Prüfungsfächer Technische Kenntnisse, Betriebliche Kenntnisse und Kenntnisse von Vorschriften mit einem gesonderten Fragebogen nur das Grundwissen geprüft.

Für die Zeugnisklassen 1 und 2 werden über dieses Grundwissen hinaus weiterführende Kenntnisse in den Prüfungsfächern Technische Kenntnisse, Betriebliche Kenntnisse und Kenntnisse von Vorschriften geprüft.

Die fachliche Prüfung für Funkamateure nach §2 in Verbindung mit §6 umfaßt:

A Prüfungsinhalte

1 Prüfungsfach Technische Kenntnisse

1.1 Allgemeine mathematische Grundkenntnisse und Größen
1.2 Elektrizität, Elektromagnetismus und Funktheorie
1.3 Elektrische und elektronische Bauteile sowie deren Merkmale
1.4 Elektronische Schaltungen und deren Merkmale
1.5 Analoge und digitale Modulationsverfahren
1.6 Funkempfänger
1.7 Funksender
1.8 Antennen und Übertragungsleitungen
1.9 Funkwellenausbreitung
1.10 Meßinstrumente und Messungen
1.11 Störemission, Störfestigkeit, Schutzanforderungen, Ursachen, Abhilfe
1.12 Elektromagnetische Verträglichkeit und deren Anwendung, Personen- und Sachschutz

2 Prüfungsfach Betriebliche Kenntnisse

2.1 Internationales Buchstabieralphabet
2.2 Q-Schlüssel
2.3 Betriebliche Abkürzungen, die im Amateurfunkdienst verwendet werden
2.4 Frequenzbereiche für den Amateurfunkdienst; internationale Not-, Dringlichkeits- und Sicherheitszeichen des See- und Flugfunkdienstes; Notfunkverkehr und Nachrichtenverkehr bei Naturkatastrophen
2.5 Rufzeichen, Landeskenner
2.6 Abwicklung des Amateurfunkverkehrs
2.7 Abwicklung des Amateurfunkverkehrs in digitalen Betriebsarten
2.8 Betrieb mit fernbedienten und automatisch arbeitenden Amateurfunkstellen
2.4 Führen eines Stationstagebuchs

3 Prüfungsfach Kenntnisse von Vorschriften

3.1 Vollzugsordnung für den Funkdienst der Internationalen Fernmeldeunion (MIT)

3.3 Nationale Gesetze, Vorschriften und Bestimmungen

4 Prüfungsfach Hören und Geben von Morsezeichen

Der Bewerber muß seine Fertigkeiten nachweisen, Texte in offener Sprache sowie Gruppen von Buchstaben, Ziffern und Zeichen nach dem internationalen Morsealphabet abzugeben und aufzunehmen.

Der Prüfungstext besteht aus simuliertem Amateurfunkbetrieb, darin enthalten:

- Rufzeichen,
- Q-Schlüssel,
- amateurfunkübliche Abkürzungen,
- Ziffern,
- deutscher Klartext,
- Satzzeichen.

Bei der Morseabgabe ist die Benutzung von Mithöreinrichtungen erlaubt.

B Prüfungsanforderungen

Die Mindestanforderungen für die fachliche Prüfung für Funkamateure in den Zeugnisklassen 1 bis 3 sind:

1 Schriftliche Prüfung

1.1 Die für das Bestehen der Prüfung zum Erwerb der Amateurfunkzeugnisklasse 1 oder 2 zu erreichenden Punktzahlen betragen für die Teilprüfungen Technische Kenntnisse, Betriebliche Kenntnisse und Kenntnisse von Vorschriften jeweils 75 vom Hundert.

1.2 Die für das Bestehen einer Prüfung zum Erwerb der Amateurfunkzeugnis Klasse 3 zu erreichende Punktzahl beträgt für die Teilprüfungen Technische Kenntnisse, Betriebliche Kenntnisse und Kenntnisse von Vorschriften jeweils 75 vom Hundert des Fragebogens über „Grundzüge“. Grundzüge sind:

a) Im Prüfungsfach technische Kenntnisse:

das Verständnis der grundsätzlichen Zusammenhänge und prinzipieller Wirkungsweisen aller unter Teil A Nr. 1 genannten Sachverhalte, so daß ein eigenverantwortliches Befassen mit Funktechnik möglich ist;

b) Im Prüfungsfach Betriebliche Kenntnisse:

die Kenntnis über alle unter Teil A Nr. 2 genannten Themenbereiche, soweit dies für die mit der Zeugnisklasse 3 eingeschränkten Betriebsmöglichkeiten notwendig ist;

c) Im Prüfungsfach Kenntnisse von Vorschriften:

die Kenntnis über alle unter Teil A Nr. 3 genannten Rechtsgrundlagen und Vorschriften, die für eine ordnungsgemäße Teilnahme am Amateurfunkdienst im Rahmen der eingeschränkten Zulassungsbedingungen der Zeugnisklasse 3 notwendig sind.

1.3 Werden in Prüfungsteilen der schriftlichen Prüfung keine 75, aber mindestens 70 vom Hundert der Höchstpunktzahl erreicht, so kann der Bewerber in den nicht genügenden Prüfungsteilen mündlich nachgeprüft werden.

1.4 Anforderungen für die schriftliche Prüfung werden in einem Frage- und Antwortenkatalog festgeschrieben.

2 Praktische Prüfung

2.1 Höraufnahme von Morsezeichen

Höraufnahme der Morsezeichen und gleichzeitiges Niederschreiben in gut lesbarer Handschrift unter folgenden Bedingungen:

- Morsegeschwindigkeit von mindestens 12 Wörtern (zu je 5 Zeichen) pro Minute,
- Dauer mindestens 3 Minuten,
- höchstens 4 Fehler.

2.2 Abgabe von Morsezeichen

Abgabe eines Prüfungstextes in Morsezeichen unter Verwendung einer Morsetaste, mit der mechanisch oder elektronisch die Morsezeichen per Handabgabe erzeugt werden, ausgenommen Einrichtungen, die das Erzeugen von Morsezeichen ohne aktive Kenntnis des Morsecodes zulassen, unter folgenden Bedingungen:

- Morsegeschwindigkeit mit mindestens 12 Wörtern (zu je 5 Zeichen) pro Minute,
- Dauer längstens 3 Minuten,
- höchstens 4 nichtkorrigierte Fehler.

Durchführung der fachlichen Prüfung für Funkamateure

1. Allgemeines

Prüfungen werden nichtöffentlich durchgeführt.

Vor Beginn der Prüfung haben die Bewerber ihre Identität nachzuweisen. Der Vorsitzende des Prüfungsausschusses hat vor Beginn der Prüfung über die Folgen eines Täuschungsversuchs zu belehren.

Erscheint der Bewerber nicht zur Prüfung oder erklärt der Bewerber vor Beginn der Prüfung glaubhaft, daß er sich auf Grund körperlicher Beschwerden nicht dazu in der Lage fühlt, an der Prüfung teilzunehmen, gilt die Prüfung als nicht angetreten. Tritt der Bewerber nach Bekanntgabe der Prüfungsaufgaben in einer Teilprüfung von der Prüfung zurück, gilt die Teilprüfung als nicht bestanden. Tritt der Bewerber nach Bekanntgabe der Prüfungsaufgaben von der gesamten Prüfung zurück, gilt die Prüfung als insgesamt nicht bestanden. Der Regulierungsbehörde entstandene Kosten sind auch beim Rücktritt von der Prüfung vom Antragsteller zu erstatten. Bei Täuschungsversuchen oder bei Störung des Prüfungsablaufs wird der Bewerber von der Prüfung ausgeschlossen. Die Prüfung gilt in diesem Fall als nicht bestanden. Die Entscheidung über den Ausschluß trifft der Vorsitzende.

Die Prüfung ist von mindestens einem Mitglied des Prüfungsausschusses ständig zu beaufsichtigen.

Eine Wiederholungsprüfung findet nur nach erneuter Anmeldung innerhalb von 24 Monaten nach der Erstprüfung statt.

2. Schriftliche Prüfungsteile

Die Dauer der Prüfung beträgt für die schriftlichen Prüfungsteile:

	Klassen 1 und 2	Klasse 3
1. Technische Kenntnisse	90 Minuten,	45 Minuten,
2. Betriebliche Kenntnisse	60 Minuten,	30 Minuten,
3. Kenntnisse von Vorschriften	60 Minuten,	30 Minuten.

Zwischen den schriftlichen Prüfungsteilen Technische Kenntnisse, Betriebliche Kenntnisse und Kenntnisse von Vorschriften ist jeweils eine Pause einzulegen.

Als Hilfsmittel dürfen nur Schreibgerät und Taschenrechner ohne Textspeicher und eine Formelsammlung benutzt werden.

3. Prüfungsteil Hören und Geben von Morsezeichen

Der Nachweis für das Hören von Morsezeichen findet für alle Bewerber gleichzeitig statt. Die Prüfung beginnt mit der Vorspielung eines Morsetextes in Prüfungsgeschwindigkeit für die Dauer von etwa einer Minute zur Einpegelung der Höreinrichtungen der Bewerber. Anschließend folgt der Prüfungstext. Für Bewerber, die diesen Prüfungsteil nicht beim ersten Mal bestehen, ist ein zweiter Versuch möglich.

4. Ergebnis der Prüfung

Der Vorsitzende teilt den Bewerbern das Prüfungsergebnis mit. Für Bewerber, die die Prüfung bestanden haben, veranlaßt der Vorsitzende das Ausstellen eines Amateurfunkzeugnisses. Bewerbern kann die Einsicht in ihre Prüfungsarbeiten nur auf schriftlichen Antrag bei der Regulierungsbehörde gewährt werden.

5. Widerspruchsverfahren

Gegen das Prüfungsergebnis kann innerhalb eines Monats bei der Regulierungsbehörde schriftlich Widerspruch eingelegt werden.

Anhang 2:
Formelsammlung zur fachlichen Prüfung für Funkamateure

Die folgenden Seiten stammen aus „Prüfungsfragen für den Erwerb des Amateurfunkzeugnisses Klasse 3"

Grundlagen

	Pegel	*Leistungsverhältnis*	*Spannungsverhältnis*
⋮	*-20 dB*	*0,01*	*0,1*
$10^{-3} = 0{,}001$	*-10 dB*	*0,1*	*0,32*
$10^{-2} = 0{,}01$	*-6 dB*	*0,25*	*0,5*
$10^{-1} = 0{,}1$	*-3 dB*	*0,5*	*0,71*
	-1 dB	*0,8*	*0,89*
$10^{0} = 1$	*0 dB*	*1*	*1*
$10^{1} = 10$	*1 dB*	*1,26*	*1,12*
$10^{2} = 100$	*3 dB*	*2*	*1,41*
$10^{3} = 1000$	*6 dB*	*4*	*2*
⋮	*10 dB*	*10*	*3,16*
	20 dB	*100*	*10*

Kennfarbe	*Wert*	*Multiplikator*	*Toleranz*
silber	-	10^{-2}	±10%
gold	-	10^{-1}	±5%
schwarz	0	10^{0}	-
braun	1	10^{1}	±1%
rot	2	10^{2}	±2%
orange	3	10^{3}	-
gelb	4	10^{4}	-
grün	5	10^{5}	±0,5
blau	6	10^{6}	±0,25%
violett	7	10^{7}	±0,1%
grau	8	10^{8}	-
weiß	9	10^{9}	-
keine	-	-	±20%

Wertkennzeichnung durch Buchstaben

p	*Pico* 10^{-12}	μ	*Mikro* 10^{-6}	*R, F*	10^{0}	*M*	*Mega* 10^{6}
n	*Nano* 10^{-9}	*m*	*Milli* 10^{-3}	*K*	*Kilo* 10^{3}	*G*	*Giga* 10^{9}

Ohmsches Gesetz $U = I \cdot R$ *mit U ... Spannung; I ... Strom; R ... Widerstand*

Leistungsformel $P = U \cdot I = \frac{U^2}{R} = I^2 \cdot R$ **Arbeit** $W = P \cdot t$

mit P ... Leistung; U ... Spannung; I ... Strom; R ... Widerstand; W ... Arbeit; t ... Zeit

Widerstand von Drähten $R = \frac{\rho \cdot l}{A}$ *mit R ... Widerstand; A ... Drahtquerschnitt;*

$\rho_{Kupfer} = 0{,}0178 \; \frac{\Omega \cdot mm^2}{m}$ (bei 20° C) *ρ ... spezifischer elektrischer Widerstand*

$\rho_{Aluminium} = 0{,}030 \; \frac{\Omega \cdot mm^2}{m}$ (bei 20° C) *l ... Drahtlänge*

$\rho_{Eisen} = 0{,}17 \; \frac{\Omega \cdot mm^2}{m}$ (bei 20° C)

Widerstände in Reihenschaltung $R_G = R_1 + R_2 + R_3 + \ldots R_n$

bei 2 Widerständen $\frac{U_1}{U_2} = \frac{R_1}{R_2}$; $U_G = U_1 + U_2$

mit R_G *... Gesamtwiderstand;* R_1, R_2, R_3, R_n *... Teilwiderstände*
U_G *... Gesamtspannung;* U_1, U_2 *... Teilspannungen*

Widerstände in Parallelschaltung $\frac{1}{R_G} = \frac{1}{R_1} + \frac{1}{R_2} + \frac{1}{R_3} + \ldots \frac{1}{R_n}$

bei 2 Widerständen $\frac{I_2}{I_1} = \frac{R_1}{R_2}$; $I_G = I_1 + I_2$

mit R_G *... Gesamtwiderstand;* R_1, R_2, R_3, R_n *... Teilwiderstände*
I_G *... Gesamtstrom;* I_1, I_2, *Teilströme*

Effektiv- und Spitzenwerte bei sinusförmiger Wechselspannung

$U_{max} = U_{eff} \cdot \sqrt{2}$ $\quad U_{ss} = 2 \cdot U_{max}$ $\quad$ *mit* U_{max} *... Spitzenspannung;*
U_{eff} *... Effektivspannung;* U_{ss} *... Spannung von Spitze zu Spitze*

Magnetische Feldkonstante $\mu_0 = \frac{4\pi}{10^7} \frac{Vs}{Am} \approx 1{,}2566 \cdot 10^{-6} \frac{H}{m}$

Elektrische Feldkonstante $\varepsilon_0 = \frac{1}{\mu_0 \cdot c_0^2} \approx 0{,}885 \cdot 10^{-11} \frac{As}{Vm}$ $\quad$ *mit* $c_0 \approx 3 \cdot 10^8 \frac{m}{s}$

Feldwellenwiderstand $Z_{F0} = \sqrt{\frac{\mu_0}{\varepsilon_0}}$

Frequenz und Wellenlänge $c = f \cdot \lambda$ $\quad$ *mit* $\quad c = c_0 \approx 3 \cdot 10^8 \frac{m}{s};$
f *... Frequenz;* λ *... Wellenlänge*

Frequenz und Periodendauer $T = \frac{1}{f}$ $\quad$ *mit* $\quad T$ *... Periodendauer;* f *... Frequenz*

Induktiver Widerstand $X_L = \omega \cdot L$ $\quad$ *mit* $\quad \omega = 2 \cdot \pi \cdot f;$ $\quad \omega$ *... Kreisfrequenz;*
f *... Frequenz;* L *...Induktivität;* X_L *... induktiver Blindwiderstand*

Induktivitäten in Reihenschaltung $L_G = L_1 + L_2 + L_3 + \ldots L_n$
mit L_G *... Gesamtinduktivität;* L_1, L_2, L_3, L_n *... Teilinduktivitäten*

Induktivitäten in Parallelschaltung $\frac{1}{L_G} = \frac{1}{L_1} + \frac{1}{L_2} + \frac{1}{L_3} + \ldots \frac{1}{L_n}$
mit L_G *... Gesamtinduktivität;* L_1, L_2, L_3, L_n *... Teilinduktivitäten*

Induktivität der Ringspule $L = \frac{\mu_0 \cdot \mu_r \cdot N^2 \cdot A}{l_m}$ $\quad$ **(auch für Zylinderspule wenn l > D)**

Induktivität von Schalenkernspulen $L = N^2 \cdot A_L$ $\quad$ **(auch für mehrlagige Spulen)**
mit N *... Windungszahl;* μ_0 *... magnetische Feldkonstante;* μ_r *... relative Permeabilität*
A *... Querschnittsfläche der Spule;* l_m *... Feldlinienlänge (mittlere);* L *...Induktivität*
A_L *... Induktivitätsfaktor in nH*

Magnetische Feldstärke in einer Ringspule $H = \frac{I \cdot N}{l_m}$
mit H *... magnetische Feldstärke;* I *... Stromstärke;* l_m *... mittlere Feldlinienlänge*

Transformatoren $\frac{N_p}{N_s} = \frac{U_p}{U_s};$ $\quad P_p = 1{,}2 \cdot P_s;$ $\quad A_{Fe} \approx \sqrt{P_p} \cdot \frac{cm^2}{\sqrt{W}};$ $\quad n_v \approx \frac{42}{A_{Fe}} \cdot \frac{cm^2}{V};$ $\quad S = \frac{I}{A_{Dr}}$
mit N_p *... Primärwindungszahl;* N_s *... Sekundärwindungszahl;* U_p *... Primärspannung;*
U_s *... Sekundärspannung;* P_p *... Primärleistung;* P_s *... Sekundärleistung;*
A_{Fe} *... Eisenkernquerschnitt;* nv *... Windungszahl pro Volt;*
S *... Stromdichte;* I *... Stromstärke;* A_{Dr} *... Drahtquerschnitt*

Kapazitiver Widerstand $X_C = \frac{1}{\omega \cdot C}$ *mit* $\omega = 2 \cdot \pi \cdot f$; ω ... *Kreisfrequenz;*
f ... *Frequenz;* C ...*Kapazität;* X_c .... *kapazitiver Blindwiderstand*

Kondensatoren in Reihenschaltung $\frac{1}{C_G} = \frac{1}{C_1} + \frac{1}{C_2} + \frac{1}{C_3} + \ldots\ldots \frac{1}{C_n}$
mit C_G ... *Gesamtkapazität;* C_1, C_2, C_3, C_n ... *Teilkapazitäten*

Kondensatoren in Parallelschaltung $C_G = C_1 + C_2 + C_3 + \ldots\ldots C_n$
mit C_G ... *Gesamtkapazität;* C_1, C_2, C_3, C_n ... *Teilkapazitäten*

Kapazität eines Kondensators $C = \varepsilon_0 \cdot \varepsilon_r \cdot \frac{A}{d}$ *mit* C ... *Kapazität,*
ε_0 ... *elektrische Feldkonstante;* ε_r ... *relative Dielektrizitätszahl;*
A ... *wirksame Plattenfläche einer Platte;* d ... *Plattenabstand*

Elektrische Feldstärke $E = \frac{U}{d}$ *mit* E ... *elektrische Feldstärke,*
U ... *Spannung;* d ... *Plattenabstand*

RC-Tiefpaß / RC-Hochpaß $f_g = \frac{1}{2 \cdot \pi \cdot R \cdot C}$
mit f_g ... *Grenzfrequenz;* R ... *Widerstand;* C ... *Kapazität;*

RC-Glied *Aufladung* $u_C = U \cdot (1 - e^{-\frac{t}{\tau}})$ $i_C = \frac{U}{R} \cdot e^{-\frac{t}{\tau}}$

Entladung $u_C = U \cdot e^{-\frac{t}{\tau}}$ $i_C = -\frac{U}{R} \cdot e^{-\frac{t}{\tau}}$

Zeitkonstante $\tau = R \cdot C$
mit U ... *Spannung am RC-Glied;* u_c ... *Spannung am Kondensator;* τ ... *Zeitkonstante;*
i_C ... *Strom in der Reihenschaltung;* $e = 2{,}718\ldots$

RL-Tiefpaß / RL-Hochpaß $f_g = \frac{R}{2 \cdot \pi \cdot L}$
mit f_g ... *Grenzfrequenz;* R ... *Widerstand;* L ... *Induktivität*

Schwingkreis $f_0 = \frac{1}{2 \cdot \pi \cdot \sqrt{L \cdot C}}$ $Q = \frac{f_0}{B} = \frac{R_p}{X_L} = \frac{X_L}{R_s}$
mit f_0 ... *Resonanzfrequenz;* L ... *Induktivität;* C ... *Kapazität;*
Q ... *Güte;* B ... *Bandbreite;* X_L ... *induktiver Blindwiderstand;*
Rp ... *paralleler Verlustwiderstand;* Rs ... *serieller Verlustwiderstand*

Spiegelfrequenz / Zwischenfrequenz $f_S = f_E + 2 \cdot f_{ZF}$ *für* $f_O > f_E$
$f_{ZF} = f_E \pm f_O$; $f_S = f_E - 2 \cdot f_{ZF}$ *für* $f_O < f_E$
mit f_S ... *Spiegelfrequenz;* f_E ... *eingestellte Empfangsfrequenz;*
f_O ... *Oszillatorfrequenz;* f_{ZF} ... *Zwischenfrequenz*

3 x Kompetenz
aus einer Hand

Hobby-Fachzeitschriften zum Thema Funktechnik

funk

funk ist die kompetente Fachzeitschrift, die seit 1977 Monat für Monat mit einer Fülle an Beiträgen aus allen Funkbereichen erscheint.
Gut recherchiert und in allgemein verständlichem Stil schreiben namhafte Autoren über Theorie und Praxis des vielfältigen Funk-Hobbys. Testberichte über das Marktangebot sowie Reportagen aus der Funkszene und praktische Anleitungen zum Selbstbau sorgen dafür, daß jeder aktive Funkamateur auf dem laufenden bleibt und am aktuellen Funkgeschehen in aller Welt teilnimmt. **funk** hat einen Umfang von 100 Seiten pro Ausgabe und erscheint 12 mal jährlich.
Einzelheft: DM 6,80 **Abonnement:** Inland DM 75,60 / Ausland DM 81,60

CB funk

Cbfunk ist die Nr. 1 unter den deutschsprachigen Zeitschriften für diesen interessanten Funkbereich. Praxisnahe und leicht verständliche Beiträge kompetenter Autoren haben dieses Blatt unter CB-Funkern zur meistgekauften und meistgelesenen Fachzeitschrift werden lassen. Jede Ausgabe bringt aktuelle Tests von Geräten der verschiedenen Hersteller, Tips und Tricks rund um das Hobby, Selbstbauanleitungen, praxisbezogene Beiträge über Funktechnik sowie das vielfältige Geschehen in den Verbänden und Clubs des In- und Auslandes. **Cbfunk** sorgt dafür, daß dieses Hobby auch außerhalb der Szene den ihm gebührenden Stellenwert erlangt und viele neue Freunde gewinnt. **Cbfunk** hat einen Umfang von 68 Seiten pro Ausgabe und erscheint 12 mal jährlich.
Einzelheft: DM 5,80 **Abonnement:** Inland DM 69,60/ Ausland DM 79,20

Radiohören & Scannen

Radio ist mehr als nur hören!
„Radiohören & Scannen" ist die auflagenstärkste Fachzeitschrift für alle hobbyorientierten Radiohörer, die Besitzer von Allwellenempfängern, Scannern der neuen Generation bis hin zu den Anwendern von digitalem Daten- und Satellitenfunk. Dazu gehören auch jene, die Radioempfänger und Scanner mit auf die Reise nehmen. Denn „**Radiohören & Scannen"** begleitet Sie in Freizeit und Beruf, daheim und unterwegs, auf allen Frequenzen von 0 bis 275 GHz. Ein Team von anerkannten Autoren bringt Monat für Monat sorgfältig recherchierte Beiträge aus der Welt der Empfangs-Monitore und Radiosurfer. Dabei werden alle Wellenbereiche, auf denen es etwas zu hören gibt, berücksichtigt. **Mit Radiohören & Scannen** ist eine „nachrichtentechnische Lücke" zwischen den Zeitschriften für Radiohörer und Scannerfreaks geschlossen worden. **Radiohören & Scannen** hat einen Umfang von 60 Seiten pro Ausgabe und erscheint 12 mal jährlich.
Einzelheft: DM 7,30 **Abonnement:** Inland: 81,- / Ausland DM 93,-

Dazu jede Menge Fachbücher aus de Reihe "Funk Technik-Berater".
Fordern Sie einfach unseren kostenlosen Funk-Fachliteratur-Prospekt an.

***vth** Verlag für Technik und Handwerk GmbH, Postfach 2274, D-76492 Baden-Baden*